高度経済成長期の農業問題

戦後自作農体制への挑戦と帰結

西田美昭・加瀬和俊【編著】

日本経済評論社

提供：新利根川土地改良区

目　次

序　章　本書の課題と方法

第1節　問題の所在

本書は茨城県稲敷郡東村（現、東町）における高度経済成長期――本書では、一九六〇年代を中心としつつ、概ねその前後五年間程度も含めて、昭和三〇年代～四〇年代を主たる対象としている――の農業実態について、文書記録および聞き取りを通じて分析した調査の報告書である。

一九六〇年代は日本近代史の中で国民の日常生活の様相が最も激しく変化した一〇年間であった。なかでも農村における変化は著しく、裸電球だけが電気製品であった一九五〇年代末の状態から、七〇年代の初頭にはテレビ・洗濯機・冷蔵庫は普及を終わり、自動車の普及が都市部よりも急速に進展中であった。牛馬耕はこの時期にほぼ姿を消し、農村部にもアスファルト道路が整備された。五〇年代末の農村部ではラジオの普及が進まず、人々はほぼ完全に方言の世界に生きていたが、テレビが休息時間の大半を占拠するようになった七〇年代初頭には、都市と同じ流行が農村部にも直ちに広まり、若者たちは相手に応じて標準語を使用することに困難を感じなくなっていた。

こうした日常生活の急変は、それだけが孤立して進んだわけではなく、農業生産・農家経済の急変と併行して進むほかはなかった。一九六〇年代における農家経済の変化、特に現金収入の増加と労働強度の軽減を追求した農家世帯員の行動様式は、自給食糧の確保と限度一杯の労働投入を基本原理としていたそれまでの農家経済のあり方を大きく変容させた。この変化はもちろん地域的な個性をともなって進んだのであるが、変化の方向と速度に大きな差はなかった。

わずか一〇年の間に進展したこうした大きな変化が、具体的にはどのようにして進行し、経営規模が異なる農家、年齢・性別・志向が異なる農家世帯員がその中でどのように行動し、自分自身と家族の生活を切り開き形づくってきたのか。本書はこの課題を一地域を舞台として実証的に検討してみようとするものである。高度経済成長が当初は、農産物価格の上昇、農業機械・肥料・農薬類の安価な提供、農閑期の現金取得機会の提供といったルートを通じて農家経済の強化を支えたこと、しかし、その過程における農家経済・農業労働の変容がさらなる経済成長の下で大半の農家の地すべり的な兼業化へと帰結し、他方、選択的拡大に乗りえた少数の農家、少数の産地には、競争に負けないための激しい労働を強いることになったことは、すでによく知られた事実であるが、それを農家各階層、農家世帯員の具体的な動きにそくして実証的に検討することが本書の課題である。

調査地の東村は、利根川流域の湿田地帯として知られ、米単作地帯でありながら、湛水田での苦しい作業と水害常習地としての不安定な収穫によって特徴づけられていた。しかし敗戦直後から開始された排水・用水事業と一九五〇年代半ば以降に進展した区画整理・交換分合によってその様相を一変し、耕作規模の大きな専業的農家を多数擁する地域となった。低い土地生産性のゆえに一戸当たりの耕作面積は広くなければならなかったという戦前の特性が、土地改良による土地生産性の急伸によって、全国平均に比較して平均耕作規模が著しく大きな、したがって大半の農家の農業所得が都市勤労者所得を上回るという地域特性に転化したのである。

土地生産性の急伸を可能とした農業土木技術は、同時に、沼沢地をはじめとした未墾地を耕地へ転換することも可能にした。そうした耕地の拡張は、既存農家の耕作規模の拡張をもたらすとともに、外部から入植者を受け入れる基盤ともなり、東村およびその周辺地域には多数の入植集落が形成された。その一つである平須開拓農場は、一五戸の農家からなる小規模な農場にすぎなかったが、「満州」から引き上げた開拓民の沼沢地への入植という困難な出発を、共同作業による開拓と共同経営の展開によって成功裏に切り抜け、さらに高度経済成長期を通じて個別経営に分解することなく、選択的拡大政策の対象であった畜産業を展開し、複合経営・共同経営のモデルとして全国的な注目を集めた。その代表者であった上野満は、基本法農政の下で推奨された共同経営のリーダーとして全国にその名を知られ、的場徳三ら当時の共同経営の推奨者達と親交を深めつつ、全国を舞台として活躍していた。

このように、この地域は、一九六〇年代において農業基本法が描いた方向――自立経営の育成、複合経営＝選択的拡大の推進、共同経営化――の貴重な成功事例として注目を集めていた。そうした成功の条件を探り、全国の施策に生かす必要性と、農業政策の積極的利用のために必要な調査の要請もあって、この地域については行政および研究者によるいくつかの調査がすでに残されている。

しかし同時代の調査類は、直接的ないし間接的に、各種の農業関係事業の推進の意図をもって自治体ないし農業研究機関等によって実施されているという制約があったために、対象に対して十分な距離をもって客観的・多面的に分析することが困難であった。たとえば、農業構造改善事業に関連して実施された調査類は、同事業にかかわる諸項目だけに検討を絞る傾向が強かったし、共同経営の分析においては強固な方針を維持して共同経営を貫いているという事実を賞賛する立場を離れることが困難であり、共同経営を構成する各農家世帯の消費生活と労働の実態をそれ自体として把握する姿勢は弱かった。したがって、今日の時点において、そうした分析視点の制約を離れた位置に立って、客観的な立場から、基本法農政の先端を走った地域の農業構造の歴史的な到達点とその限界を明らかにすることは独自の意味ある作業であると思われる。

さて本書は、以上のような特徴を持った調査地域の農業構造とその動態を捉えることを課題としているが、同時代になされた調査報告類と比較して独自の意義があるとすれば、以下の二点がそれにあたる。

第一は、視点および手法において意識的に経済史学的な立場を重視していることである。役場文書、土地改良区の内部文書、農民の日記、共同経営体の経営関係文書等の文書資料を重視したことはその一つの現われである。

第二は、この地域の農業・農家経済の変化を、前後の時期と対比しつつ、本書の副題とした「戦後自作農体制への挑戦と帰結」という視点で分析しようとしたことである。その含意はおよそ以下のようなものである。

農地改革を経て確立された戦後自作農体制は、土地改良と機械化・化学化を通じて土地生産性と労働生産性を並進させたが、それは農業労働の投入総量を大幅に削減することにつながり、国民経済に占める農業労働の比重を低落させた。そのことは、農業所得を国民所得の上昇によって規定される家計費の増大と同じテンポで上昇させようとすれば、農家数の大幅な減少か農産物市場の大幅な拡大が必要であることを意味していた。

こうした客観的状況の下で、調査地である東村十余島地区においては、一・五町歩以上層が農家総数の三分の二を占めるという規模の大きさを基盤とし、耕地面積の不足は複合経営化によって補充できるという判断の下に、農家全体を「自立経営」とする方針が採られた。他方、平須協同農場においては自作農経営の限界を共同経営方式で突破し、引き続き土地生産性と労働生産性を並進させることが目指されていた。

しかし一九六〇年代、十余島地区においては、米作に有利な価格関係の下で、水田への牧草栽培を必要とした酪農は拡大しなかった。中堅以上農家を含めて兼業化が確実に進行し、請負耕作、借地による上層農家の規模拡大も一定の進展を見つつあったとはいえ、上層農家も安定的な存在になることはできなかった。六〇年代末において地域全体として分解基軸の上昇傾向に追いついていくことが困難になりつつあった時に、米価抑制と転作強制の方向に経営環境が転じたことによって、抵抗力の限界が露呈してしまったのである。このように、初発的な大規模性と複合経営化によって戦後自作農体制の限界を越えようとした意図は、次第にその限界があらわになり、上層農家にまで及ぶ急速な兼業化が進展することになった。

他方、共同経営形態での複合経営化を早期に達成した平須協同農場は、基幹部分としての共同経営部分と、個別農家の私的経営部分との緊張と再編を繰り返しながらも、周辺の入植地が高度成長期に相次いで個別農家経営へ分解していった流れに抗して、単一共同経営として発展を遂げていった。それは戦後自作農体制を経営形態面で越える有力な事例として、引き続き高く評価されていた。

しかるに畜産業の規模拡大競争に打ち勝つための投資の継続と、兼業労働機会の否定とによって各農家への配分金が制約される中で、後継者として予定されていた跡取り層の不満をきっかけとして一九七八年に共同経営は解体して個別経営に還元され、再び戦後自作農体制の枠内に戻ることになったのである。

以上のように、農業基本法、構造改善事業の出発時点である一九六〇年代前半期においては、耕作規模の大きさと共同経営・複合経営の達成によって戦後自作農体制の制約を突破したと見られていた調査地の農業は、高度成長の過程でその内実を掘り崩され、結局は戦後自作農体制の限界を越えることができなかったのである。

こうした推移の因果連関を実証的に明らかにし、その過程における農家各層、農家世帯員各層の行動を内在的に理解することが本書の課題である。

第2節　調査地の性格

1　大規模土地改良事業

本書が分析対象とする東村（現東町）は一九五五年に伊崎村・本新島村・十余島村が合併して東村となり、さらに一九五八年に大須賀村と合併し、今日に至った村である。そして、この東村は茨城県最南部に位置する県内でも有数の穀倉地帯に属する。また地形的条件としては、南は利根川本流に、北は霞ヶ浦の最南部に囲まれ、村内のほぼ中央を新利根川が霞ヶ浦に向かって貫流するというように、もともと常習的に水害を受ける低湿地帯であったが、今日では用排水路・揚排水機場の整備により、安定した土地条件を確保している。

したがって、この地域の農業経営の展開にとって、耕地条件の安定化を目指す土地改良事業は決定的意義をもった。戦前期においてはもちろん――昭和期に入ってからだけでも一九三五年、一九三八年、一九四一年と大水害があった――戦後になっても一九四五年、一九四七年、一九四八年、一九五〇年、一九五八年と水害を受けており、東村を含む新利根川流域の水害対策は焦眉の課題であった(1)。一九四六年から開始される新利根川国営灌排水事業は、「新利根川の堤防のかさ上げ補強と、霞ヶ浦に面する堤防を新設して外水を防ぐとともに、用排水路と揚（排）水機場を造って地区内の用排水を行う(2)」ことが目的であった。工事は十数年の長期にわたったが一九四九～五一年にかけての機場の完成により長期の湛水害はなくなり、先の一九五八年の水害を最後に水害は基本的に防止することができるようになったのである(3)。この国営工事に附帯する県営灌排水事業により、一九六一年までに農家にとって目にみえる形で用排水の利便が増し、さらに新利根川土地改良区による区画整理を中心とする土地改良事業により、それまでの「江間」という水路を稲束などの運搬に利用した舟農業から、農道を利用するものに変化したのである。また、交換分合が集落により難易の差はあったが積極的に行われたから、土地改良事業は農家にとっては革命的ともいえる重労働からの解放につながったといえる。一九五〇年代半ばから、一九六〇年代初頭にかけて強湿田水害常習地域に特有の苦汗労働から解放され、安定した耕地条件の下での農業労働へという変化は、東村農業にとっての大変革であったことをまず強調しておきたい。

こうした耕地条件の安定化は、表序-1に示したように、水稲生産力の画期的上昇として現われる。戦前期はもち

表序‐1　水稲反収の推移

年	茨城県	鹿島郡	稲敷郡	十余島村	東村
1953	1.478	1.441	1.604	1.670	
1954	2.180	1.984	2.251	2.290	
1955	2.491				
1956	2.230	2.123	2.540		2.662
1957	2.183	2.023	2.373		2.427
1958	333	362	340		351
1959	391				
1960	389	397	394		404
1961	387	412	413		441
1962	413	422	413		421
1963	387	393	418		419
1964	396				
		鹿行	南部		
1965	375	384	387		398
1966	372	404	356		363
1967	426	445	438		452
1968	424	436	430		449
1969					
1970	430				
1971	403				
1972	432	442	433		447
1973	432	442	432		452
1974	409	430	414		450
1975	454	476	459		502
1976	419	428	434		444
1977	435	455	438		456
1978	465	478	466		489
1979	454	464	464		489
1980	435	433	452		454
1981	434	447	452		494
1982	429	428	444		443
1983	433	440	449		480
1984	487	480	506		540
1985	471	469	483		517
1986	451	464	477		530
1987	478	472	491		516
1988	428	431	440		470
1989	462	461	482		511
1990	490	497	504		533
1991	468	469	477		504
1992	483	488	482		495
1993	406	392	422		416
1994	511	516	522		540
1995	489	495	494		505
1996	518	502	526		542

注：1957年まで単位は石，1958年以降は㎏。
出典：各年『茨城県農林水産統計年報』

ろんのこと一九五〇年までの十余島村――本書で分析する東村の旧村の一つで、東村では最大の農家戸数・耕地面積を占める――の水稲反収は県平均や稲敷郡平均より常に低く、二石台に届くことはなかった（表1‐5を参照）。ところが一九四九～五一年にかけての国営灌排水事業により排水機場が完成し、舟農業は継続していたが、一定の水位調整が可能になって以降は、反収が急速に高まり、県平均・郡平均を大きく上回るようになり、一九五〇年代で二石台、一九六〇年代以降は四五〇㎏（三石）を上回る水準を示し、今日に至っている。土地改良事業が東村を低位生産力地帯から県内でも有数の高位生産力地帯に押し上げたことは疑いないところといえよう。

2　農民層分解

では東村の農民層分解の特徴はいかなるところにあったであろうか。まず指摘しなければならないことは戦前における地主制の展開が農地改革直前の一九四五年の時点で県平均の小作地率五四・八％、稲敷郡五九・六％に対し、十余島村は、四五・九％でしかないというように比較的弱かったことである。また農地改革後の残存小作地の割合も、茨城県平均で一四・三％、稲敷郡が一四・四％であるのに対して、十余島村では五・二％というようにきわめて低い水準にあった。(4) したがって戦前における地主支配も強力とはいえず、十余島村では五町歩以上を所有する不在地主は一戸しかなく、在村地主も九戸を数えるのみであった。(5) また一九一四年の調査によれば、農家戸数三九〇戸中、二町経営以上が二一六戸と過半を占めることと考え合せれば、(6) 比較的規模の大きい自小作・自作層が早くから分厚く存在していた村であったと推測できるのである。そして農地改革によって十余島村ではほとんどの小作地が自作地に変化したから、一九四九年には農家総数五〇〇戸中二町以上経営層は二二八戸で四五・六％というように、二町以上経営の自作農家が主流となったのである。(7) こうした特徴は、東村全体でみても基本的に変らず、表序-2に示したように県全体の経営耕地規模別農家構成と比べて二ha以上層の分厚さが際立っていることがわかる。大規模経営農家が多く、小規模経営農家が少ないことがまずもって東村の農民層分解を特徴づけていたのである。

表序-2から確認できる第二の特徴は、県全体では一九五〇年以来、農家戸数は一貫して減少傾向にあり、その中で一九六〇年までは一～三ha層が増加するという中農標準化傾向をみせ、それ以降は、分解基軸の上昇をともないつつ一・五ha以下層が減少し、さらに一九七五年になると二ha以下層が全般的に大きく減少し、三ha以上層のみがやや増大するという傾向がみられる。これに対して東村では、農家戸数は一九六〇年まで増大し、その中で一～二ha層が大幅に増大するという中農標準化傾向が強くみられるという対照的な動きを示す。これは一九五〇年代までは大重沼・平須沼・曲川などの沼沢地が多く、ここを開拓して入植する人々の増加と、土地改良によるこれら沼沢・低湿地の耕地化により分家が容易に行われた結果と思われる(8)。そして一九六五年以降になると県と同様に農家戸数が急速に減少するが、一ha以下層は絶対数でも割合としても急速に減少し、三ha以上層が増大するという形をとる。しかしここで注目しておきたいことは、三～五ha層の増大は絶対数でみるならば、一九七〇年までは顕著にみられるが、それ以降は停滞的であり、五ha以上層のみが一九八〇年以降増大するという形となっていることである。このことは広報『あずま』でみられる一九五〇～六〇年代の集落ぐるみ、村ぐるみの農業生産への意欲が、一九七〇年以降薄まり、一部の大経営だけが形の上では成長するということになったことと関係すると思われる。

　こうした経営規模別農家構成の変化の特徴は、専兼別農家構成の変化と重ね合わせると、その意味がより明瞭になると思われる。表序-3によれば、一九五〇年の東村の専業農家率は八〇・七%であり、これは県平均を一二ポイント上回り、逆に第二種兼業農家率はわずか八・四%ときわめて低いことがわかる。東村では比較的経営規模の大きい専業農家が大部分だったのである。こうした特徴は一九六〇年まで基本的に変わらず、県平均と比べれば、専業農家率は二三ポイントも高く、

農家数

～5.0	～10.0	10.0ha～	合計
(0.4)　887	(0.0)　23	—	(100.0)　211,440
(0.3)　642	(0.0)　19	(0.0)　2	(100.0)　209,777
(0.4)　746	(0.0)　25	—	(100.0)　209,733
	(0.5)1,022		(100.0)　201,485
(0.9) 1,759	(0.0)　83		(100.0)　193,115
(1.2) 2,148	(0.1)　129		(100.0)　181,074
(1.7) 3,023	(0.1)　255		(100.0)　172,918
(2.2) 3,597	(0.3)　424		(100.0)　164,353
(2.8) 4,356	(0.5)　798		(100.0)　152,864
(3.5) 4,891	(0.8)1,149	(0.1)　186	(100.0)　140,001
(2.5)　47	—	—	(100.0)　1,908
(2.0)　40	—	—	(100.0)　1,990
(1.7)　36	—	—	(100.0)　2,147
	(3.0)　62		(100.0)　2,068
(11.8)　235	(0.8)　15		(100.0)　1,990
(13.1)　249	(0.8)　15		(100.0)　1,894
(14.6)　263	(1.3)　23		(100.0)　1,803
(17.2)　284	(3.0)　49		(100.0)　1,648
(17.6)　265	(3.8)　57		(100.0)　1,502
(20.0)　263	(6.8)　90	(0.6)　8	(100.0)　1,314

表序-2　経営耕地規模別

	年	～0.5ha	～1.0	～1.5	～2.0	～3.0
茨城県	1950	(27.7) 58,638	(29.9) 63,253	(23.6) 49,829	(12.5) 26,512	(5.8) 12,180
	1955	(26.1) 54,717	(30.2) 63,344	(25.0) 52,424	(13.0) 27,345	(5.4) 11,287
	1960	(25.0) 52,372	(28.7) 60,105	(25.5) 53,551	(14.5) 30,419	(6.0) 12,515
	1965	(24.0) 48,306	(27.6) 55,566	(25.3) 50,921	(15.5) 31,314	(7.0) 14,185
	1970	(24.0) 46,406	(26.8) 51,712	(24.1) 46,514	(15.7) 30,395	(8.3) 16,025
	1975	(26.1) 47,225	(27.4) 49,605	(22.3) 40,391	(14.3) 25,912	(8.5) 15,437
	1980	(27.5) 47,497	(27.1) 46,854	(20.8) 36,017	(13.5) 23,372	(9.1) 15,653
	1985	(28.8) 47,356	(27.1) 44,505	(19.6) 32,240	(12.6) 20,686	(9.3) 15,253
	1990	(30.4) 46,495	(26.9) 41,183	(18.1) 27,659	(11.4) 17,489	(9.3) 14,231
	1995	(31.7) 44,355	(26.8) 37,467	(17.1) 23,902	(10.7) 14,963	(8.9) 12,512
東　村	1950	(18.2) 348	(18.7) 356	(19.9) 380	(18.8) 358	(22.0) 419
	1955	(19.3) 385	(19.7) 393	(19.0) 378	(19.7) 393	(20.2) 401
	1960	(15.0) 321	(18.5) 397	(20.1) 432	(26.7) 573	(18.1) 388
	1965	(12.2) 253	(18.1) 374	(17.7) 366	(28.9) 597	(20.1) 416
	1970	(9.5) 189	(14.8) 295	(14.1) 281	(25.0) 498	(24.0) 477
	1975	(11.0) 209	(13.8) 262	(13.0) 247	(23.9) 452	(24.1) 456
	1980	(8.2) 148	(12.6) 228	(14.0) 252	(23.8) 430	(25.4) 458
	1985	(7.5) 124	(10.6) 174	(13.8) 228	(24.3) 401	(23.5) 387
	1990	(5.5) 83	(10.0) 150	(16.9) 254	(22.2) 334	(23.4) 351
	1995	(4.4) 58	(7.3) 96	(13.8) 181	(22.8) 300	(24.0) 316

出典：各年『農業センサス』より。1955年は『臨時農業基本調査』。

第二種兼業農家率では一一ポイントも低い。東村は一九六〇年までは、農業専業で発展していこうという志向を強く持っていた村であったといってよい。このことは、後で触れるように、東村で一九六〇年に全国で三カ所しかなかった農業機械化実験集落が選定され、一九六四年には十余島地区全体で構造改善事業が大々的に開始される前提であったと思われる。ところが、一九六五年から一九七〇年にかけて専業農家は激減し、兼業農家が激増するという変化をみせる。すなわち一九七〇年の東村の専業農家率は一五・七%と県平均をこれまでとは逆に四ポイントも下回り、第二種兼業農家率は二二・九%と県平均を一六ポイント下回るものの、第一種兼業農家が六一・四%と激増して、二〇ポイントも上回る。東村が兼業化に急速に傾いていったことは争えない事実であるにしても、なお専業農家と農業所得が過半を占める第一種兼業農家を合わせれば、七七・一%になるのであるから、一九七〇年までは農業中心に経営の発

表序-3　専業別農家数

	年	農家総数	専業農家	第1種兼業農家	第2種兼業農家
茨城県	1950	211,440	(68.6) 145,083	(17.3) 36,654	(14.0) 29,703
	1960	209,733	(54.0) 113,265	(25.1) 52,710	(20.9) 43,758
	1965	201,485	(34.5) 69,419	(36.5) 73,534	(29.1) 58,532
	1970	193,115	(19.8) 38,196	(41.7) 80,444	(38.6) 74,475
	1975	181,074	(13.7) 24,831	(35.0) 63,451	(51.2) 92,792
	1980	172,918	(14.0) 24,225	(27.5) 47,549	(58.5) 101,144
	1985	164,353	(13.6) 22,314	(22.9) 37,652	(63.5) 104,387
	1990	152,864	(13.6) 20,784	(15.7) 23,949	(70.7) 108,131
	1995	140,001	(13.2) 18,430	(15.7) 22,032	(71.1) 99,539
東　村	1950	1,908	(80.7) 1,540	(10.4) 198	(8.4) 160
	1960	2,147	(76.9) 1,652	(13.5) 290	(9.5) 205
	1965	2,068	(41.3) 854	(45.5) 941	(13.2) 273
	1970	1,990	(15.7) 313	(61.4) 1,221	(22.9) 456
	1975	1,894	(9.6) 182	(51.4) 974	(39.0) 738
	1980	1,803	(8.9) 161	(44.0) 793	(47.1) 849
	1985	1,648	(6.3) 104	(33.6) 554	(60.1) 990
	1990	1,502	(5.8) 87	(20.9) 314	(73.3) 1,101
	1995	1,314	(6.2) 82	(25.0) 329	(68.7) 903

注：1950年は東村は大須賀村，伊崎村，十余島村，本新島村の合計。しかし，1950年は専＋1兼＋2兼の合計は1898戸で総数より10戸少ないが原数値のままとしてある。
出典：各年『農業センサス』より。

展をはかろうとしていた村であったといえよう。しかし、一九七〇年以降の東村の動向は、それまでの動きとは全く異なる。東村の専業農家率は、その後も急減し、一九九五年には県平均の半分にも及ばない六・二％にまで低落し、これまで急増していた第一種兼業農家も逆に急激な減少を示し、第二種兼業農家のみが激増し、一九八五年以降は県平均の第二種兼業農家率とほとんど同じ水準にまでなる。一九七〇年以降の東村は、農家戸数の大幅な減少、専業農家・第一種兼業農家の急減、第二種兼業農家の激増という事態と、耕地面積、作付面積の減少——一九七〇年以降の長期にわたる米の生産調整＝減反によるところが大きく、たとえば『農業センサス』によれば、東村の耕地面積は一九七〇年から一九九〇年にかけて田が三三六〇haから三一五四haに、畑は一七六haから七〇haに減少し、特に田の作付面積は三三三三haから二六三一haと七〇二haの大幅な減少となっている——という事実を考え合せるならば、一部で大規模稲作経営、酪農経営の発展がなおみられるにしても、大勢としては農業が衰退の度を深めたといってよいであろう。

以上みてきたように、農民層分解のあり方からみて、一九五〇年代までの東村と一九七〇年代以降の東村では、その方向は全く異なることが明らかであり、その変化は一九六〇年代すなわち高度経済成長期に生じていると考えられることである。本書が東村を対象に、高度経済成長期の農業問題の性格を集中的に明らかにしようとするのも、大規模専業農家をはじめとして集落ぐるみで農業経営の発展に取り組んでいた村から、一部に大規模経営を残しつつも典型的な第二種兼業農家を主体とする村へと変化するのが明確に把握できるからであった。

3　農事研究会の活動

東村農業を考える上で重要なことは、主として農業技術の改良を目的とする農事研究会が、一九五〇年代から活動していることである。東村の広報である『あずま』は、一九五五年に三村が合併して東村になって以来発行されているが、同年四月の第二号では、二集落（橋向・六角）の農事研究会が、乳牛の導入による「多角的経営」や二毛作、水稲施肥、養豚・養鶏などで会員の研究が活発に行われていることを報じている。また同年六月には、本新島生産同志会が「稲作りについて」という講演会を県の農業試験場の技師を招いて開催している。さらに一九五六年一月には、第3章で分析する村松家の当主であり、かつ六角農事研究会の活動家でもあった村松節夫が、「新品種と合理的施肥をモットーとして」という体験記を寄稿している。また二月号では「曲淵で、東養豚同志会誕生する」として、飼料の共同購入がはかられる。そして、こうした各地区の農事研究会をまとめる形で、この年一一月には、東村農業研究連絡協議会が、村松節夫を会長として誕生し、村内の農事研究の交流が集落レベルから村レベルへと拡大したのである。そしてこの東村農業研究連絡協議会は、一二月には早速、農協、共済組合、土地改良区、農業改良相談所等との協力を得て、五日間にわたって村内各地区の土壌調査を実行している。いわば、村ぐるみで農業条件の改良に取り組む中心に、自主的に組織された農事研究会とその連合体が位置することになったのである。

こうした自主的農業改良の動きは、その後の『あずま』でもしばしば取り上げられる。一九五七年三月には、「養豚の普及経営の改善を図り農家経済の安定と、自給肥料の増産、社会的地位の向上」のために本新島で養豚同志会が結成される。また早くから活動していた橋向農事研究会についても、同年一二月「会員九名という、いかにも小さい研究会であるが、十五頭の乳牛を飼育して単作地農業経営から脱皮し酪農経営の研究に努力している」と報じられ、一九五八年一月にはこの橋向農研の根本功が、「家畜なくして農業なし」という諺を引用しつつ、水田酪農に踏み切る決意を表明している。そして一九五九年五月には先の東村農業研究連絡協議会は、「東地区普及所管内に出来た東地区農業研究クラブの誕生を機会に発展解消し、東村農業研究会として再発足した」のである。この研究会の総員は四八六名、三二集団という規模であり、これは一九六〇年の東村農家戸数の五分の一強、集落単位数（区長数）四八を分母とすれば、実に七割近くの集落で農事研究会が組織されていたことになる。一九五〇年代後半の『あずま』には、こうした自主的な農事研究会の動きのほかに、農業改良普及所の農業技術指導、土地改良の進行状況等が、数多く報告されており、村民＝農民の農業経営・技術改善への強い関心が伝わってくるのである。

以上のような自主的農事研究会の活動、それに積極的に応える行政側の対応という状況が一九五〇年代後半に東村村内に横溢していたことが、一九六〇年代の農業機械化実験集落や農業構造改善事業地区に指定される前提となったことは疑いないところであろう。

4　農業機械化実験集落の指定と構造改善事業の展開

一九六〇年、東村の三集落——橋向・押砂・大重——が、農林省より農業機械化実験集落として指定される。これは全国で三カ所——茨城・群馬・青森——しかない最初の指定で、三集落が茨城県分として選ばれたのであるから、いかに農業の発展条件を備えた集落として注目されていたかがわかる。このことは、『あずま』の一九六〇年一〇月号で、「何回かの打合せ会や調査をおこなった結果、すでに土地改良を完了した地区で、比較的各種条件の揃った橋向（関係農家十二戸）、押砂（関係農家九戸）、大重干拓（関係農家十六戸）に決定をみた」という報告を行っていることからもうかがえる。

もともと、農業機械化実験集落は、「国が中型トラクタを積極的に導入して農業の発展を促進するために行うもので、農業機械化に適応する栽培方法、土地条件、機械の共同利用、農業の共同化等の問題を、農家の生産の場において直接実験し検討するもの(9)」として設置されたが、東村の農業機械化実験集落の特徴はいかなるところにあったか。詳しくは、第2章第1節で分析するが、とりあえず、次の三点を指摘しておきたい。

第一は、開拓・入植集落である大重は全戸の参加であるから別として、橋向・押砂の参加農家は著しく上層に集中していることである。すなわち橋向の一二戸はすべて二ha以上層であり、押砂の九戸も八戸までが二ha以上層となっている。農業経営の改善を強く志向する上層農家が、中型機械を中心とする機械化の実験を担ったのである。第二は、機械化により〝鹿島乙女〟などの雇用労働力を排除するとともに、水田酪農という複合経営を強く志向したことである。これは一九五〇年代後半の農事研究会などの有畜農業を目指す動きが前提となったと考えられるが、三集落とも水稲生産の増大とともに、一戸当たり四～五頭の成牛の保有を目標としている。こうした複合経営が実際に発展し定着したか否かについては、第2章で分析されるが、ここでは、こうした方向を〝実験〟に参加した農家も、農業改良普及所、県の農業試験場、村の農業委員会や経済課という行政側も積極的に支持したことを強調しておきたい。第三は、第4章で分析する新利根開拓実験農場という協同経営の発展にも刺激され、実験集落の農業者群は強く協業経営を志向したことである。大重は、開拓入植当初から協同経営であったが、押砂でも「全部門にわたる完全協業方式で進む予定」であったし、橋向でも「酪農部門の協業化をはかり、水稲については耕作のみを機械化利用による共同作業方式を採用する」予定であった[10]。全国的にもブームと思われるほどの共同経営に注目が集まるのが、一九六〇年前後であり[11]、その先端を行く同じ村内の新利根開拓実験農場は、農業機械化実験集落の〝実験〟にも大きな影響を与えたのである[12]。

以上のように、東村の農業機械化実験集落での〝実験〟は、一九五〇年代の全村的な農事改良の動きを歴史的前提としつつ、農業経営の強化をはかろうとする上層農の協業化を基礎とした複合経営の実現にあったのである。そして、この農業機械化実験集落の事業が、農業構造改善事業展開の「パイロット的な役割」を果したのである[12]。

東村では、上記の三集落のある十余島地区で、一九六四年から構造改善事業が始まる。十余島地区が指定された理由は、『あずま』によれば、「一、基盤整備（区画整理）の完了した地区、一、経済基盤（農協活動）の強力である地区、一、事業実施農業者のこの事業に対する理解と意欲旺盛な地区」（一九六三年一一月）であったことにある。特に最後の点は、事業の成否を決める最も重要なことと認識され、事業を管轄する村役場当局も、「実際に改善事業に着手するには、農家の自主的な強いもりあがりが必要条件となっています。改善事業は、将来の近代化事業への出発点であるので、この事業への計画着手は農家の皆さんと役場関係機関の密接な相互浸透が必要であります」（一九六四年四月）と農家に呼びかけたのである。

では、十余島地区の構造改善事業の特徴はいかなるところにあったか。ここでも詳しい分析とその評価は第2章で行うが、あらかじめその特徴を示せば、以下の点になると思われる。

第一は、農業機械化実験集落の場合と異なり、事業対象農家は、十余島地区の全農家五一一戸を対象としたことである。農業機械化実験集落の〝実験〟によっても、小型耕耘機を使用して水稲作を行う農家が周辺にいるかぎり、大型トラクターを使用できるだけの、完全乾田化は農民全体の要望とはならなかったのである。したがって大排水機場を完全稼働させて乾田化し、「大型機械を自由に使える条件をつくってゆく[13]」ためにも、地区内全農家の参加が必要と考えられたのである。しかし、トラクター利用組合に加入して構造改善事業に参加した農家が約三〇〇戸であったから、少なからぬ農家が、協同作業にも参加せず個別経営のままでこの事業に参加しなかったことにも注目しておきたい。(14)

第二は、協業を基礎とした水田酪農という複合経営が、農業機械化実験集落の場合と同様に目標とされたことである。水稲が基幹作目であることは当然であるが、乳牛は十余島地区全体で、一九六四年現在の七一頭を事業完了後には九〇〇頭にすることが目標数値として示され、協業経営加入農家も、トラクター利用組合を中心とするもの（五六戸）、生産組合農家（四四戸）の合計一〇〇戸が目標とされたのである。(15)土地改良事業と、その基礎上で実施される大型機械の導入により余剰となる労働力の基幹的部分――農業後継者を含む――は、相当程度酪農経営に投入されることが予定されていたのである。この目標は結局達成されず、水田単作化が進行するのであるが、一九六四年という段階で、二二戸の水田酪農経営を一五〇戸まで増加させようという計画をもっていたことは、十分注目しておきたい。

第三に、東村の構造改善事業は、トラクター利用組合を中心に組み立てられたことである。茨城県内では、第一次構造改善事業で、村役場直営方式を採った大野村、農協直営方式を採った水海道市、石下町、茨城町、玉里村、竜ヶ崎市、利用組合方式をとった東村、藤代町などに分類される。しかし村役場直営方式は、「営農集団による生産組織が発達していないこと」、しかも「農協が事業を実施するだけの力がない」ため、やむをえずとられた方式であった。(16)また農協直営方式も、「農業者による生産組織が発達していないこと」と「構造改善事業のうち補助事業は、主に農協で実施したことからトラクターも農協で実施することになったもので、農協自体が組合員の経営改善のため導入し、事業を実施したというほど、積極的なものでない」といわれている。(17)これに対して東村には、「三五年から農業機械化実験集落事業が実施されており、トラクター利用が営農集団で行われる方が、個々の農業経営に密接な効果を上げるものであるとの考え方が存在していた」とされ、実際この方式のものが、最も利用度が高いと観察されていた。(18)つまり、東村のトラクター利用組合方式による構造改善事業の展開には、農家の意向が反映されていたのであり、行政側もそのことを支援する姿勢にあったといえる。

東村の農業構造改善事業の歴史的評価は、第2章に譲らなければならないが、計画段階では、最も各農家の農業経営強化への意欲を取り入れたものであったことは強調しておきたい。

5　新利根開拓実験農場の発展

すでに触れてきたように、東村の一九五〇年代から六〇年代にかけての農業の特質を論じる上で、一九四八年に創立され、一九七八年まで実に三〇年にわたって存続・発展してきた新利根開拓実験農場の役割を無視することはできない。新利根開拓実験農場は、一九四七年、県外入植者（上野満ほか一二名）と地元入植者により平須沼を干拓する目的で設立された平須開拓帰農組合を前提とする。そして翌一九四九年には上野満を組合長として新利根川流域に散在する開拓農家を束ねる形で平須開拓農業協同組合を設立し、その中核として、平須沼干拓地の一角を占める市崎丑新田に新利根開拓実験農場（実験農場と略）が設立されたのである。この実験農場は、当初五戸を一組とする三組一五戸の協同経営であったが、一九六二年には部落全体、つまり一五戸の完全共同経営である新利根協同化実験農場となり、その後新平須協同農場と名称を変え一九七八年の解散に至る。

実験農場および新利根開拓農業協同組合の本格的分析は第4章で行われるが、あらかじめその特徴点と、東村農業の中での位置づけを与えておけば、以下のようになろう。

第一は、一五戸からなる実験農場が三〇年間存続したことの意味である。一般には入植者が当初共同して開拓を行う事例はかなりあるが、開拓が完了すると個別経営に分解し、共同経営を継続する事例はほとんど存在しない。また先にも触れたように、一九六〇年前後に共同化ブームといえるほどの共同・協業組織が生まれるが、それも個別利害が噴出することで数年にして解散するものが大部分であった。したがって、実験農場だけが何ゆえ、長期にわたって発展しつづけることができたかが、まず問われなければならないであろう。

第一の理由は、設立当初から共同経営の理念を掲げて実験農場が出発していることである。一九四八年の「決議」によれば、「日本在来の小農対立の個人主義法を修正し、できるかぎり個々の農家の労力と資本を組織化し、分業化し、分業化した部落共同農業をおこない」、農村文化の創造をすることを宣言している。そして一九四八年から一九五一年にかけて、この目的を達成するための組織・運営方法を細かく決めるとともに、営農研究会、営農共励会、営農協議会を設け、定期的に意見交換を行う場を保証し、実際の共同営農に役立てる体制をとったのである。[19]そして上野満という優れた指導者が、こうした体制作りの中心にいたことはいうまでもない。つまり実験農場は、高い共同経営の理想を当初から掲げるとともに、そのことを実現するための地道な努力と方策を具体的に示していたのである。

第二は、上記のことと密接に関連するが、実際に近隣農家と比較しても遜色のない営農実績を上げたことである。開拓初期は、第4章で示すように苦労の連続であったが、一九五八年までには、資金繰の問題は残ったが、機械化を進めるとともに水田酪農経営を安定的軌道に乗せ、水道もブロック住宅も完成させ、個人生活としても一応安定したのである。そして、すでに触れたように、東村が農業機械化実験集落に指定されるときにも、構造改善事業地区に指定されるときにも、実験農場はモデルとされ、大きな影響を与えた。実際、一九六三年に出された、「農業構造改善事業の進展にともなって、私達の農場を訪ねる人々は、益々ふえる一方である」という書き出しで始まる小冊子の中では、実験農場の組織と経営が数値入りで細かく示され、一九六四年度には、一戸当たり年間配当金が三三万二四四〇円になることが示されている。[20]これは、「農家経済調査」の一九六四年の全国平均の一戸当たり農業所得が三一万八八〇〇円であるから、ほぼ比肩しうる水準にあったといってよい。[21]以上のように、実験農場は当初から確固とした共同経営理念にもとづいて建設されるとともに、その実績も目にみえる形で示したのであり、それが長期にわたる存続を可能にさせた一因といえよう。

第二に、この実験農場との関連で注目しなければならないことは、一九五六年に共同農業を体験し研修する場として、新利根協同農学塾農場を実験農場脇に設立し、多数の研修生を世に送り出したことである。この農学塾農場は、一九六一年の共同化ブームの中で、日本農業協同化普及協会——理事長に東畑精一、理事に農林次官の小倉武一、県知事の岩上二郎、朝日新聞記者の団野信夫、農総研の的場徳造等を迎えている——が経営することになるが、塾長は上野満であり、事業の継続性に変わりはない。農学塾の研修生は、短期で最も多かった一九六七年に三一五名、一九五八～八一年の通計で、合計三五七三名、長期では通計で九六名を受け入れており、共同農業の全国への発信基地となったのである。共同化ブームが去ると研修生も極端に少なくなるが、実験農場の〝実験〟は東村内のみでなく、全国的意味をもつようになったという意味で、農学塾は位置づける必要があろう。

6　高度経済成長と東村農業

東村は、一九六〇年代前半までに大規模な土地改良事業を完成させ、もともと大規模経営農家の割合が高い東村——特に十余島地区——農業の基盤は、他地域と比べても格段に強化されることになった。この基盤の上で、農業機械化実験集落の指定や構造改善事業地区の指定が行われ、農事研究会を自主的に運営していた農民もこれに積極的に応えていったことはすでに示してきた。また実験農場も、一九五〇年代後半から一九六〇年代前半にかけて水田酪農の共同経営として安定軌道に乗り、全国にその名を馳せたことも示してきた。

では、こうした東村の農業は、高度経済成長下でいかなる展開を示すか。詳しい分析と評価は第2章以下の各章で示されるが、特徴点を記せば、以下のようになろう。

第一に注意しなければならないことは、土地改良事業の完成→農業機械化実験集落の指定→構造改善事業の展開、さらには実験農場の発展という展開過程は、高度経済成長にともなう大規模な労働市場の形成による農村労働力流出の時期と重なっていたことである。もともと東村は、土地改良以前には農繁期に大量に〝鹿島乙女〟などを雇い入れる村として知られていた。たとえば、一九五四年の東村役場経済課の調査によれば、「東村の総農家戸数一四一九戸、その内雇人を入れる農家が春秋それぞれ七割に達し……これらの雇人は、農繁期中の延人員にすると春は男女一週間前後になるので二万人強、秋は男女一八日位雇入れて五万人強」（『あずま』一九五五年六月）という雇入れがあった。一方、農業後継者の確保もこの時期は順調であり、一九五七年の本新島中学校の進路希望は、「就職及養成機関希望二二名、在家希望二一名、進学希望二四名」（同一九五六年一二月）であり、一九五八年の東中学校卒業生の動向をみても「進学者九三名、就職者三六名、在家者九四名」、大須賀中学の場合は、「在家庭二六名、就職者二四名、進学者二七名」（同一九五九年四月）であったから、ほぼ農業後継者を確保しえている数値といえよう。ところが、構造改善事業が東村で始まる一九六四年になると、東村の中学卒業生の動向調査によれば、「進学一九六名、就職一四七名、村にのこる人三三名」（同一九六四年九月）と在家希望者は激減し、農業後継者に「夢と希望」をもたせる必要があることが強調されている。ここでは、本来農業経営に「夢と希望」をもたせるための構造改善事業が始まった年には、農業後継者になることに「夢と希望」がもてなくなっている事態が東村でも進行していたことに注目しておきたい。そしてこのことは、一九六五年以降、急速に兼業農家が増大していくこととも連動していたと考えられるから、首都圏からの労働力需要をはじめ、鹿島開発、成田空港建設、筑波研究学園都市の建設等による労働力需要との関連でも東村の農業経営の変化は捉えなければならないことを示していると思われる。

第二は、農業機械化実験集落の「計画」でも、農業構造改善事業の「計画」でも強調されていた水田酪農という複合経営は発展せず、結局、水稲単作経営という形になったことである。第2章第4節で詳細に分析するように、後継者の確保は、一九六〇年代半ば以降むずかしくなるとともに、基幹的農業就業者の高齢化・減少が進行し、客観的にも常時複数の基幹的労働力を必要とする水田酪農を行う条件は農家経営の側からも失われていったのである。そして一九七〇年から始まる米の生産調整＝減反という事態を迎え、新平須協同農場や大重の水田酪農経営は、逆に村の減反割当分を引き受けるという形で酪農経営一本に最終的には純化することになる。

第三は、東村で目標とされた協業経営は、基本的に育たず、一部にトラクターやコンバインの共同使用という形は残るものの、基本的に個別経営による個別の機械利用が主流になっていったことである。また開拓入植集落で続いていた共同経営も、一九六三年頃には一〇年続いた本新島の共同経営が個別経営に移行し、一九六八年には二〇年続いた大重の共同経営も個別経営となり、ついに一九七八年には、新平須協同農場も、後継者達の個別経営を強く志向する動きに抗しきれず、三〇年にわたる共同経営にピリオドを打つ。

模範事例として、基本法農政を推進する行政の側からも期待された東村農業の特色は、最終的には高度経済成長にともなう農業環境の激変という全国に共通する波にのまれ、失われていったのである。むしろ基幹的農業地帯で生じた、こうした激しい変化こそが、調査地である東村の特徴なのであり、その変化の性格を問う必要があると考える。

（1）　渡辺一男「東村における農業技術構造とその発展の背景――昭和二〇年～昭和四一年――」（一九六〇年、未定稿）七頁。
（2）（3）　関東東山農業試験場農業経営部『水田単作地帯における農業の実態と動向――茨城県稲敷郡東村の調査――』（以下『実態と動向』と略。一九六一年）六頁。
（4）　農地改革資料編纂委員会『農地改革資料集成』第一一巻（一九八〇年）「市町村農地委員会別明細表」一二四〇～一二五五頁より算出。
（5）　前掲『実態と動向』三九頁。

(6) 同右、三五頁。
(7) 『茨城県統計書』(一九五〇年版) 七九頁。
(8) 広報『あずま』一九五五年八月一〇日、第四号の記事によれば、「本新島干拓と八筋川耕地にはさまれた」八二町歩の原野を耕地にするという工事が行われ、「次三男の移住と増反とに決定した」とあり、さらに同号の「三男坊の願い」という記事では、「就職難を解決する方法が、村内に一つあると思う。それは村内にある大干拓えの入植である。東村に住所をもつ、次三男に優先的に干拓地を提供して、将来えの生活の場を与えていただきたい」とあることから、分家がこの時期かなりあったと推測してよいであろう。
(9) 前掲『実態と動向』二三頁。
(10) 関東東山農業経営研究会『水田単作地帯の構造改善――茨城県稲敷郡東村現地研究会記録――』(一九六一年) 一五頁。
(11) 橋本玲子は、「農業構造改善事業が始まる直前、一九五四~六一年に、農業で頑張っていこうとしていた若者たちの多くの心をとらえ、その心を燃やさせたのは、農業共同化への夢であった」とした上で、農林省調査の数値を表示し、「一九六五年現在で存続している約五千の共同経営のうち、もっとも多いのは六一年創始のもの(二五%)であった」ことも紹介している。橋本玲子『日本農政の戦後史』青木書店、一九八五年、七二頁。また、『実態と動向』の二三頁では、「新利根開拓農業協同組合の一五戸共同による機械化水田酪農について従来は、「無理して酪農をやらなくても米がとれるのに」、「あそこは開拓だから別だ」、「指導者がすぐれているからだ」等いろいろにみられていたが、「土地改良後の農業のあり方がいよいよ現実の問題になってきて、共同化は別としても水田酪農については、自分達の先進事例としてみるように変ってきている」と観察しており、実際「共同化」もその模範とされたのである。また、注(10)の報告書では、新利根開拓実験農場の上野満が、農業機械化実験集落を評価する座談会に出席し発言している。
(12) 茨城県農業会議『農業生産組織の発展過程と農業就業構造の近代化』(一九七〇年) 一三頁。
(13) 茨城県農林水産部構造改善課『茨城県における農業協業化の実態と推進対策――農業共同化類型策定調査報告書(1)――』(一九六四年) 六五頁。
(14) 東村役場『農業構造改善事業会計検査関係』(一九六六年) にある「利用組合員名及び導入事業量」より計算。
(15) 東村役場『昭和39-44年 第一次農業構造改善事業計画書綴』より。

(16)(17)(18) 茨城県農業構造改善対策協議会・茨城県農林水産部農政企画課『農業構造改善事業地域における施設管理の実態と対策——農業構造改善事業実態調査報告書——』(一九六八年) 四一〜四二頁。
(19) 的場徳造・鶴田知也・上野満『農業の近代化と共同経営——新利根開拓農協の歩み——』(文教書院、一九六〇年) 四二一〜六一頁。
(20) 新利根協同化実験農場編『私達の部落協同農業の概要と昭和三十八年度の営農設計』(財団法人日本農業協同化普及協会) 一九六三年。
(21) 農林省統計情報部・農林統計研究会編『農家経済累年統計　第一巻　農家経済調査』(一九七四年) 一三九頁。

第3節　本書の構成

第1章では、東村を水害常習の低生産力地域から県内でも有数の高生産力地域へと変化させた原動力となった土地改良事業の展開とその特質を分析する。特に、第1節では強湿田地域であった時代の農業の特徴がまず析出され、ついで、第2節では国営事業・県営事業・団体営事業と相次いで実施された土地改良事業の展開過程を主として新利根川土地改良区の資料にもとづいて明らかにする。そして、上流部から下流部に向かって順次実施されていった区画整理実施の際に生じた地域間対立、賦課金をめぐる争論、交換分合を行う際の問題点など、土地改良事業が全体としては強湿田時代の苦汗労働からの解放につながることを理解しつつも、個別の地域利害、個別の農家の利害が噴出し、それらを調整しつつ進められていった過程についても立ち入って分析を加えたい。また、土地改良事業自体が大規模な土木建設事業という性格をもったから、出役など農家にとっての兼業機会の提供ともなったことを明らかにする。

第2章は、まず第1節で土地改良事業の完成ということを前提に実施された農業機械化実験集落の指定、農業基本法農政の具体化として実施された農業構造改善事業がいかなる性格をもっていたかを、東村役場所蔵資料を中心に、これらの事業の実績をも踏まえつつ明らかにする。ついで、第2節では農業委員会の資料を主体としつつ、農地移動の規模と性格を問題にする。ここでは区画整理以前と以後、さらには一九六〇年代と一九七〇年代の移動理由の違いに注目し、東村の農民層分解の性格とのかかわりについても分析する。そして第3節では、東村農業に決定的ともいえる影響を与えた労働市場の展開の具体相を村内・村外に区分しつつ明らかにし、鹿島開発等との関係も首都圏の労働需要との比較で具体的に問題にする必要があること等を示す。第4節は、東村の『農業センサス』、『農業基本調査』を使用し、農民層分解の実態を集落類型別・経営類型別に明らかにするとともに、農家労働力構成を個別農家にまで降りて、時系列的にその変化を明らかにする。ここでは、第1節の構造改善事業の実績を検証することも意図しており、水田単作化、基幹的労働力の弱化と減少、急速な兼業化の進行等が分析される。

第3章は、十余島地区六角に在住する三町歩農家村松家の分析である。村松家の当主節夫は一九五二年以来系統的に「日記」を綴っており、そこには農作業はもちろんのこと、日々の行動・金銭出入が克明に記入されているから、東村の上層農の典型的な姿を把握することができる。まず第1節では、村松家の農業経営を中心とする構成（家族・生産物）を示し、経済収支についても可能なかぎり明らかにする。ここでは一九五〇年代の自由販売米の多さ、さらに一九六〇年代以降の複合経営を目指す動きがあったものの最終的には圧倒的な稲作収入への依存に帰結することなど、第2章で析出された事実を再確認する。第2節では、村松家の農業生産技術の変化を一九五〇年代、一九六〇年代、一九七〇年代という段階を区切って分析する。ここでは特に、一九五〇年代に品種や施肥技術について強い関心を示していること、一九六〇年代になると土地改良があり、また労働力構成の変化もあることから省力化の方向をとり、一九七〇年代にはさらにそうした方向が強まることが明らかにされる。一九五〇年代の農業技術への強い関心は、節夫が、東村農業研究連絡協議会の会長に就任していることにも現われていたといえよう。第3節は、農作業の変化と労働配分の変化を「日記」に記載されているデータから詳細に分析する。ここでは田植・刈取の早期化が一貫して進行すること、しかし稲作への投入労働時間は、区画整理後は大幅に減ってゆき、雇用労働力を排除するとともに、家族労働力の軽減にもつながったこと等が示される。この章は一農家の行動を通して東村農業の変化をリアルに示すことが目的である。

第4章は、実験農場という協同経営の成立・展開・解消という三〇年間の動きを、上野達家所蔵の資料および新利根開拓農業協同組合事務所（実験農場の事務所でもある）に残されていた資料を使って分析する。第1節では、第2節以下の分析の前提として敗戦直後の開拓・入植政策とその実態を国・県レベルで示し、合わせて全国・県の開拓者同盟の役割を紹介する。第2節は、平須開拓帰農組合から実験農場の建設という協同経営の初期段階の分析である。平須沼の一角に堤防を築き、その中の水を排水して干拓するという事業を自力で遂行し、協同経営を軌道に乗せるまでが分析される。第3節は、実験農場を中核とする新利根開拓農業協同組合の性格を分析する。ここでは各開拓集落の性格が分析されるとともに、開拓者同盟との関係についても示し、新利根開拓農協が開拓組合としての性格から脱していく過程を分析する。第4節は、実験農場が水田酪農の協同経営として一九五〇年代後半から一九六〇年代にかけて本格的に発展する過程を分析し、東村農業の展開にも大きな影響を与えたことが示される。第5節は、三〇年間の長きにわたって存続した協同経営が、一九七八年には解体し、個別経営に移行する過程が分析される。多頭飼育による個別利益の追求という大勢には抗しがたかったこと、後継者と協同経営の創始者たちとの世代間の考え方のギャップは埋めることができなかったこと等が示される。また補論では、実験農場の建設から解散まで一貫して指導力を発揮した上野満の協同経営思想とそれを実現するための戦略について独自に分析する。三〇年間にわたる協同経営の存続は上野の存在抜きには考えられないからである。この章は、東村農業にとってのみでなく、全国的にも注目された共同経営体の歴史的分析という性格をもとう。

終章は、以上の分析を踏まえ、高度経済成長期の農業問題の歴史的性格について総括する。

〔補注〕　本書で用いられる「共同」・「協同」の表記の区別については、上野満の著作や平須農場の文書ではほとんどもっぱら「協同」が用いられていることを考慮して、対象が限定されて固有名詞に近い文脈では「協同経営」、「五戸組協同」、「協同農場」のように「協同」を用い、普通名詞として一般的に用いる場合には「共同経営」、「共同畜舎」、「共同化」のように「共同」を用いている。ただし同じパラグラフの中で両者が過度に入り乱れることを避けるために、原則を多少修正している部分もある。

第1章　土地改良事業の展開と大規模稲作化

第1節　湿田地帯農業の基本的性格と克服の努力

1　はじめに

前章第2節で述べられたように、調査対象地域は南は利根川本流、北は霞ヶ浦に接し、村内のほぼ中央を新利根川が貫流しており、土地改良事業以前には絶えず水害に悩まされていた。そうした地理的条件の下で、江間を通って舟で居宅と耕地との間を行き来する農業が営まれていた。本節の課題は、この時期の耕地状況と農作業の実態を明らかにすることである。

当地の耕地と農作業の推移については、すでにいくつかの研究が存在している。まず、渡辺一男の著作は(1)、耕地整理前における農作業の実態について著者の見聞をもとに描写した貴重な記録である。また、関東東山農業試験場の研究報告は(2)、耕地条件とその所有関係に注目しつつ、農作業のあり方を整理している。本節ではこれら先行研究を参照するとともに、新利根川土地改良区に残されている諸資料も用いて分析を行う。

2　地理的形成史と水害の歴史

新利根川はおよそ三三〇年前に開削された人工河川であり、現在ではその沿岸地域には整然と区画された田が広がっている。しかし当初は、香取流海と呼ばれる入海であり、鬼怒川、小貝川が流れ込み、周囲は葦の繁る湿地帯であった。その後、戦国時代末期には、河川からの堆積によって陸化が進んで耕地が開かれるようになり、続く江戸時代初期には、さらなる耕地拡大を目指して利根川の東遷、新利根川開削が実施された。しかし、この新利根川開削が、沿岸地域を洪水・湛水状態に陥らせることになった(3)。以下、この過程をやや詳しく見ておきたい(4)。

新利根川沿岸地域において本格的な村落開拓が行われるようになるのは、一五九〇（天正一八）年徳川氏による沖ノ島の開発からである。この開発は一六三八（寛永一五）年までに長島・六角・三島・境島・磯山・結佐など十六の新村、いわゆる十六島新田を開発する。まだ多くの沼および葦原を残していたとはいえ、この十六島の開拓面積は約一〇〇〇町歩に及んだ。その後さらなる食糧増産を目指し利根川の東遷といわれる大土木事業が一五九四（文禄三）年から一六五四（承応三）年に至る六〇年間、徳川四代にわたり進められた。このような大規模な瀬替え工事の結果、香取海は西の端から急速に埋積し砂洲が拡大し沖積平野を形成することになった(5)。これが関東流といわれた治水方法である。この治水方法は、「従来一般に、堤防は普通程度の洪水を防御すればよく、それ以上の洪水は堤防を越流させ堤内に氾濫させる方法(6)」であった。つまり洪水時の対処方法として、流路沿岸に堤外流作地を設け、流水調節は一里四八曲といわれるように蛇行を多くして鉄砲水を防ぎまた沿岸湖沼を遊水地とし増水を収容した(7)。この事業により江戸は水害の危険性が薄れるとともに、新田開発により多くの米穀増産を達成した。しかし利根川の東遷により遊水地化された新利根川流域は、これ以後、戦後の本格的土地改良事業までの長い間、相次ぐ洪水に悩まされることになる。そしてこの時期に水田の砂州ごとに区画した用排水路を縦横に掘り、香取海に連絡させた江間の利用が始まる(8)。この後享保年間に入り幕府の年貢増徴政策を背景に新たな新田開発が台頭し、いわゆる紀州流といわれる新しい治水方法がとられた結果、新利根川流域はさらなる洪水に悩まされるようになる(9)。つまり遊水地を設けた関東流の治水方

表１－１　新利根川流域水害年表

×…破堤　○…氾濫

堤防決壊年	決壊堤防箇所[1)]			
	小貝川筋		下利根川筋	
	町村名	箇所名	町村名	箇所名
1667				○下桜井，宮原
1704		×押付付近		
1721		×		○（清水，佐倉，洪水）
1724		×		○満水
1726				×布川二番割　○満水
1728				
1734				○満水
1735				○満水
1742	文間村	×押付新田		×
1745	文間村	×		
1762		×上曽根		
1766				○
1775		×上曽根		
1777				○(印旛沼，香取)
1781			布川	×徳満寺裏
1787	北文間，文	×豊田，押付		○(香取，佐原)
1808				○香取
1812	北文間	×長沖		○(香取，佐原)
1824	北文間	×長沖		
1828				×布川川岸
1840				×十六島浸す
1846	北文間	×豊田	東文間	×加納新田　十六島軒まで水没
1849				○香取
1856				○印旛沼
1858	北文間，文	×羽根野，豊田		
1870			生板	×大徳鍋新田
1871			金江津	×十三間戸
1878			源清田	×猿島新田
1885			十余島	×神崎橋向　×八筋川　×押砂
1890			十余島	×清久島，×十六島，○木下
1892			十余島	×四ッ谷
1896	川原代，北文間	×花丸，豊田	東文間，金江津	×布鎌，加納新田，十三間戸
1898			布川，金江津	×二番割，金江津，布川
1902			十余島	×四ッ谷
1906			布川	×三番割
1908	北文間	×豊田	長竿	×十里，八筋川
1910	川原代，北文間	×豊田，太田	源清田	×猿島新田，島，岩ヶ先，安食
1935	高須	×高須橋下		
1938				×，○牛久沼
1941		×川原代		○
1945				
1947				
1948				
1950		×高須		
1958				

注：各堤防の決壊は必ずしも同一の洪水によるものではない。つまり同年内においても決壊した月日が異なる場合がある。

出典：『利水豊穣』，『水田単作地帯における農業の実態と動向――茨城県稲敷郡東村の調査――』，『利根川治水の変遷と水害』より作成。

表１-２　耕地条件

標高	0.75ｍ未満		0.75～１ｍ		１～1.25ｍ		1.25～1.5ｍ		それ以上		合計
	ha	%	ha	%	ha	%	ha	%	ha	%	ha
耕地面積・比率	0	0	677	58.2	429	36.9	56	4.8	0	0	1,162

注：土地改良投資協会「農林省新利根水利事業の経済効果調査報告」11～12頁より換算。
出典：『水田単作地帯における農業の実態と動向――茨城県稲敷郡東村の調査――』。

法とは対照的に、紀州流は「遊水地を排除し、連続した高い堤防によって洪水を絶対堤防から溢流させない方法[10]」であった。つまり蛇行していた河道を直線とし、増水をすみやかに流出させるとともに、それまで流作地や遊水地であった土地を開発しようというものである[11]。この事業により沿岸流作地・遊水地の新田開発が急速に進み、下利根川流域の湿地帯も開発された[12]。しかし結果としてこの新田開発後、増水期の水位上昇が激化することとなり、以後たびかさなる水害の被害を受けるようになる。その後一七八三（天明三）年に浅間山の噴火によって、新利根川の川床が高められたこともあり、水害はいっそう多発するようになる。

表１-１は水害の頻度を示しているが、これによると、一六六七年から一九五八年までの間に、五～六年に一回の割合で洪水が起こっていたことになる。また記録に残った大きな洪水以外にも、小規模な洪水は頻発しており、総じて三～四年に一度は収穫を諦めていたといわれている[13]。

ところで、常時湛水していた水田がどの程度の割合を占めていたのかを検討するために、新利根川と利根川とにはさまれた位置にある旧十余島村の耕地の標高を表１-２によって見てみよう。浅間山の噴火等による川床が高められたこともあって、耕地の過半は平均水位以下であり、したがって、周辺の霞ヶ浦、横利根川、新利根川の水位が高いと排水することができず、わずかな増水によっても湛水状態にならざるをえなかったし、ひとたび洪水になれば、地域全体が霞ケ浦の水面とつながってしまったのである[14]。

しかし洪水は大きな被害を与える反面で、上流部からの肥沃な土壌をもたらし、地力回復の効果を与えるものでもあった[15]。当地の農業はこうした水利条件に翻弄されつつ、同時にそれによって支えられてもいたのである。

3　江間農業・舟農業について

図1‐1によって、耕地整理前の耕地の状態について、その特徴を確認しておこう。同図によると、耕地は不整形であり、一区画の大きさは種々雑多である。さらに同一農家の耕作地が何カ所にも分散していた。また、交通路でも用排水路でもあった江間に接している耕地の割合が少なく、隣接の田を通らなければ自分の田に入れない場合が多かった。こうした特性は、一面では、水害の危険を分散させる意味もあったと考えられるが、労働効率はそれだけ犠牲にされたといえる。こうした耕地の形状は、耕地整理によって根本的に改変され、大きさの等しい定型化した田になり、すべての農地が農道に接することになった。図中に示されているA、B両農家の所有耕地分布をみると、土地改良事業の際に実施された換地によって、それぞれの農家の所有地が団地化した様子を読み取ることができる。

江間農業においては、耕地の良否は第一には標高に、第二には江間からの距離に依存していた[16]。「耕地が一寸高ければ米が一斗余計にとれた[17]」といわれているように、土地の等級は標高が高いほど上であり、平年水位と同等の標高の水田が中田、それよりも高い位置にある田が上田、それよりも低い位置にある田が下田、下下田とされ、住居、苗代は通常標高の最も高いところに位置していた[18]。周辺地域の中でもこの地域は、標高が低く、下田、下下田の割合が高かった[19]。

もちろん標高の高い田には用水の問題が生じた。用水は利根川から樋門を通して江間に導かれたが、標高の高い田には自然灌漑は困難であり、足踏み水車で水を供給する必要があった（口絵参照）。この作業は夏場の炎天下での重労働であり[20]、一九三八年頃、用水ポンプが利用されるようになるまで継続されていた。

耕地の良否を決める第二の要素である江間からの距離については、江間から田に行くために他人の田を通って農機具や収穫物等を運搬せざるをえないため、江間に隣接する田での作業に比較してそれだけ重労働になることは明らかであるが、同時に盛土作業の際の困難がこれに加わった。田を高くするために盛土作業が頻繁に実施されたが、これは舟に泥を載せ、江間を何度も往復して泥を運び、田まで泥を運び入れて播くという作業であった。江間から遠い田の場合には労働の重さは加速度的に加わったのである(21)。

こうした耕地の条件は所有者の階層性とも関係していたと言われている。すなわち、標高の高い田は収穫が安定しその量も多いので豪農層が所有し耕作していたとされるのに対して、収穫が不安定でその量も少ない低地の田は、貧しい農家が耕作しており、危険分散のために零細分散度がそれだけ激しかったとされる。つまり、規模の大きい田と小さい田の格差は、耕地条件の良否や農家階層差とも対応していたのである(22)。

次に農業労働の推移にそくして農作業の実態を確認しておこう。労働手段として重要な舟は、長さ四m、幅一m、深さ六〇～七〇cmの大きさであり（口絵参照）(23)、これが農業者の移動手段でもあり、農機具・収穫物の運搬手段でもあった。また畜力の利用は限られており人力中心の作業であった。その理由は、湛水田のために大家畜による畜力耕の可能な田が限られており、大家畜を舟に乗せて江間を移動することも容易ではなかったためである(24)。作業順序は「秋季収穫後一回耕起シ翌年三月ヨリ四月ニ亙リテ二回之ヲ耕鋤シ苗代ヲ作製ス本田ハ秋耕スルモノトセサルモノトアレトモ春季ノ耕鋤ハ三月ヨリ五月中旬ニ亙リ二回之ヲ行ヒ尚畦畔其他ヲ悉整理シ以テ苗ノ移植ニ着手スル順序ナリ」（大須賀村是）(25)というように何回かの耕起が行われた後、苗代が作られるという順序であった。耕起作業には鍬、万能が使用された。苗代は揚床すりこみ撤水苗代、昭和一〇年代後半よりは揚床苗代が普及していく(26)。播種は四月二〇～三〇日の間に行われ、その後田植作業が六月一～一五日に実施された(27)。田植方法は縄植え、後退方式で実施され、疎植（四〇株／三・三m²）であった(28)。

以後の耕地の変化

土地改良事業以後

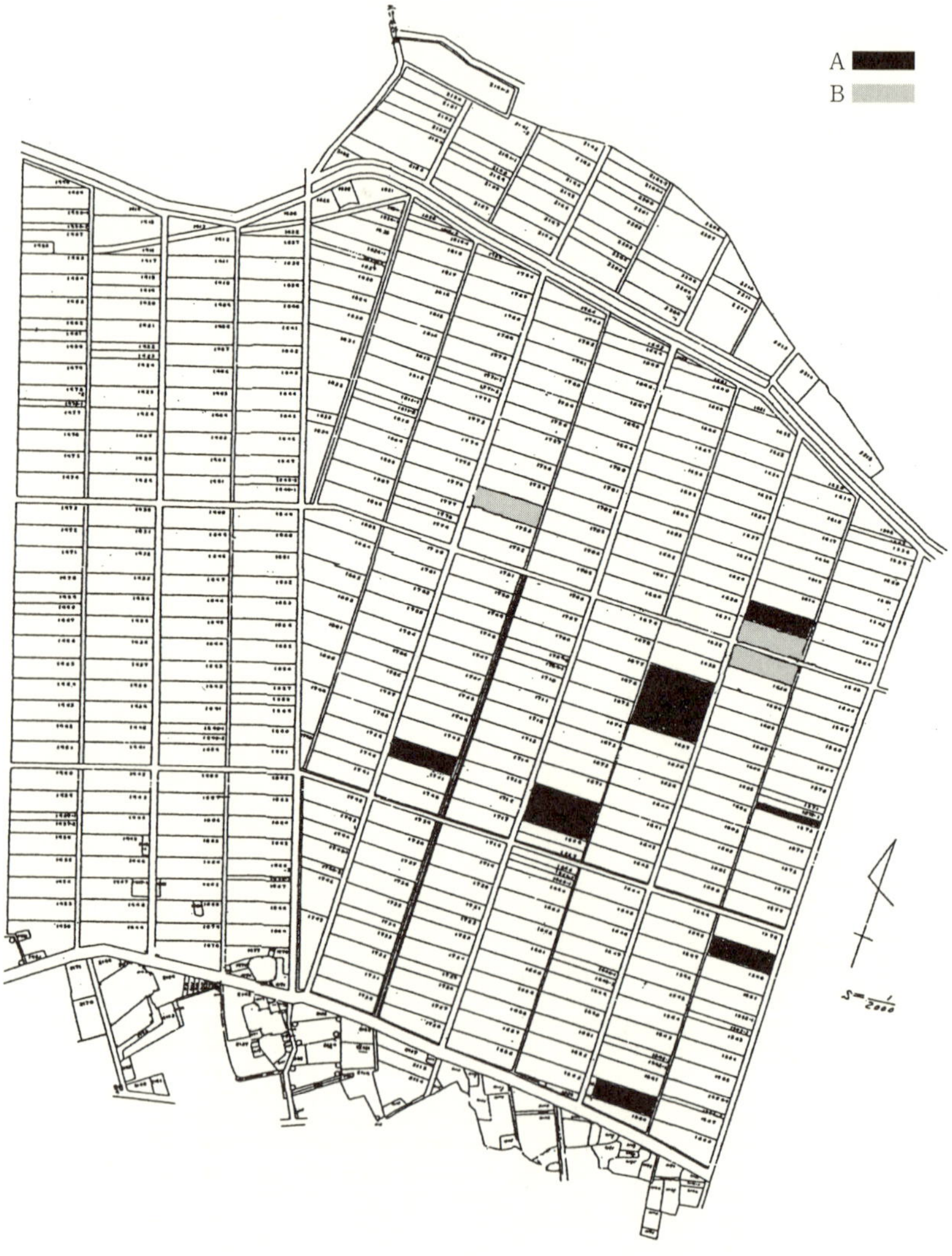

図１－１　土地改良事業以前，

土地改良事業以前

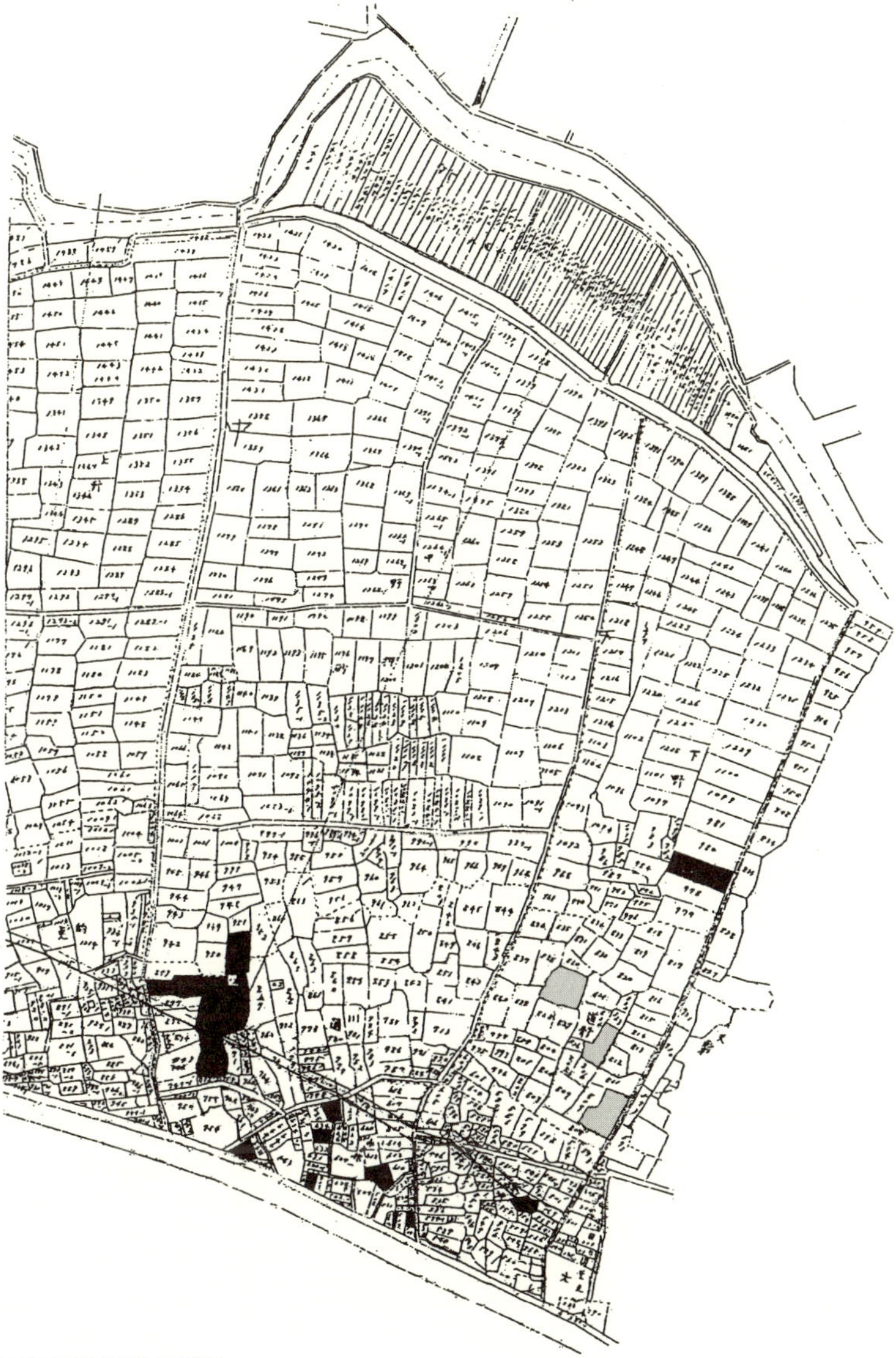

出典：新利根川土地改良区資料。

田植の始期は明治時代から次第に早まる傾向があり、明治末には六月一日が一般的になったという。(29)この早期化の理由は、秋の洪水期までに収穫が終了するようにしたためであり、明治期には上州こぼれ、昭和初年からは農林一号などがそのための適正品種とされた。(30)

除草は手作業であり、除草機は当地では一九四〇年頃に一般化したという。(31)収穫は九月一日から一〇月二五日までであったが、(32)湛水田・半湛水田においては、「わづけ」と呼ばれる田下駄をはいて長時間水の中で手刈りで収穫し、湿った重い稲束を江間にとどめておいた舟まで何度も運ぶことを繰り返した。(33)江間から離れた水田は、江間との間の水田の刈取りが終了して通行可能になるまで収穫作業にかかれなかったから、早生品種は導入することが困難であり、台風被害なども受けやすかった。(34)

刈り取った稲の乾燥は、舟で「おだぎ」と呼ばれた干し場まで運搬して架干しし、乾燥後には再び舟に積んで居宅まで運搬した。(35)脱穀調整作業は居宅においてなされたが、戦前期には足踏脱穀機、昭和二〇年代には動力脱穀機が使用されるようなった。(36)

稲作作業が終了した農閑期には、通常の藁加工作業等のほかに、先に触れた盛土作業や地力補給のための印旛沼の青草のすきこみ作業等があった。(37)

このように年間のかなりの時期を水につかって重労働をしなければならなかったために、他の地方ではまだ農作業に従事している四〇～五〇歳代においても神経痛などで農作業ができない人々が目立ち、(38)また「風土病といわれたワイル病に罹って命を落とす人もあった」(39)という。

(1) 渡辺一男『鹿島乙女と水場の農業――利根川辺りの史実――　下』筑波書林、一九八六年。

(2) 関東東山農業試験場農業経営部『水田単作地帯における農業の実態と動向――茨城県稲敷郡　東村の調査――』(以下

『実態と動向』と略。一九六一年）。
(3) 以上については関東農政局新利根川沿岸農業水利事業所『利水豊穣』（一九九三年）一～一三頁。
(4) 地理的形成史については前掲『利水豊穣』、『実態と動向』を、また利根川の水害については大熊孝『利根川治水の変遷と水害』（東京大学出版会、一九八一年）を参照した。
(5) 前掲『実態と動向』二七頁。
(6) 前掲『利根川治水の変遷と水害』五九頁。
(7) 前掲『実態と動向』二七～二八頁。
(8) 江間は農道がない時代に、現在の農道と同様の役割を担い、交通路として利用されていただけでなく、水道が引かれる以前には飲料水源としても利用されていた。前掲『鹿島乙女と水場の農業――利根川辺りの史実――下』一六頁。
(9) 前掲『実態と動向』二八頁。
(10) 前掲『利根川治水の変遷と水害』五九頁。
(11) 前掲『実態と動向』二八頁。
(12) 同右、二八頁。
(13) 前掲『利水豊穣』四四頁。
(14) 同右、三一頁。
(15) 前掲『鹿島乙女と水場の農業――利根川辺りの史実――下』一七頁。
(16) 前掲『実態と動向』三二頁。
(17) 同右、三四頁。
(18) 同右、三二頁。
(19) 同右、三二頁。
(20) 新利根川土地改良区での聞き取りによる。
(21) 一キロ移動するのに二五～三〇分もかかる江間の移動を長い場合は約三～四キロにも及ぶ距離を運ぶ作業を繰り返したのである。前掲『実態と動向』八六頁および新利根川土地改良区聞き取りによる。

(22) 前掲『実態と動向』三三頁。
(23) 前掲『鹿島乙女と水場の農業――利根川辺りの史実――下』一六頁。
(24) 同右、一七頁。
(25) 茨城県史編集委員会『茨城県史　市町村編Ⅲ』(一九八一年)六四七頁。
(26) 茨城県農業会議『農業生産組織の発展過程と農業就業構造の近代化』一九七〇年、八～一一頁。
(27) 前掲『実態と動向』九頁。
(28) 前掲『農業生産組織の発展過程と農業就業構造の近代化』八～一一頁。
(29) 前掲『茨城県史　市町村編Ⅲ』六四八頁。
(30) 前掲『実態と動向』三三頁。
(31) 前掲『農業生産組織の発展過程と農業就業構造の近代化』一〇頁。
(32) 前掲『実態と動向』九頁。
(33) 前掲『実態と動向』三四頁および新利根川土地改良区聞き取りによる。
(34) 同右、三四頁。
(35) 前掲『茨城県史　市町村編Ⅲ』六四九頁。
(36) 前掲『農業生産組織の発展過程と農業就業構造の近代化』一〇頁。
(37) 前掲『鹿島乙女と水場の農業――利根川辺りの史実――下』一四～一五頁および前掲『実態と動向』三三頁。
(38) 同右『実態と動向』一〇五頁。
(39) 前掲『茨城県史　市町村編Ⅲ』六五〇頁。

第2節　土地改良事業の展開

1　戦後土地改良事業の展開

1　農業基本法制定による土地改良事業の転換

戦後の土地改良事業の本格的展開は、一九四九年の土地改良法施行を基点とした一連の諸施策によって開始される。その展開は折々の農政の要求に応じて絶えずその性格を変化させつつ進展しているというのが実情である。

農地改革は、土地改良制度の展開において戦前と戦後を大きく分かつ契機となっていることはいうまでもない。戦前の土地改良の実施主体であった普通水利組合、北海道土功組合、耕地整理組合は地主階層を中心とした組織であった。だが土地改良法によって設立された土地改良区は、農地改革の所産である耕作農民主体の民主的組織という性格をもち、この組織がすべての土地改良事業の推進主体となったのである。土地改良区による土地改良事業の実施は、地域の全耕作農民が組合員となることが原則であり、耕作農民が直接的に組織の運営や事業参加へかかわる道を開くものであった(1)。

それは、農村の民主化という課題を実現していく上で重要な契機として占領当局によって位置づけられたことの影響とみることもできようが、[2] 同時に、戦後自作農民の土地所有にもとづく生産性向上意欲を土地改良事業の推進力へと転化させる上での重要な要件でもあった。政府の要求たる食糧問題解消のためには、新たな開墾・開拓や既墾地の改良・整備が早急に必要であり、そのためには、耕作農民からいかに土地改良事業の推進力を引き出すかにその目的の到達の鍵があったのである。それは行政当局の指摘するところの土地改良の「つよい公共性」[3]の含意するところであり、また土地改良法によって事業遂行における国の補助金投入が正式に制度化されたことにも現われていよう。

しかし、量的な食糧増産への要求が徐々に鎮静化し、一九六一年の農業基本法の制定によって「食糧問題から農業問題へ」（小倉武一『日本の農政』岩波新書、一九六五年）と農政の流れが変化するなかで、土地改良事業の性格は以前のそれから転機を迎えることになる。[4] 食糧増産政策の比重の相対的低下の下における土地改良事業への要請の変化は、土地改良事業のあり方や事業施行の効率化を問うものであった。

基本法制定前夜の一九五〇年代後半にはすでに、計画年限内に未終了である事業の量が増加傾向にあり、これにともなって事業効果の発生が遅れるという事態が進行していた。経済の高度成長という情勢下において、国政全体における土地改良事業の位置づけは、当然ながら他の公共部門との競合という点からの批判を受けることになる。また、食糧増産の政策的基盤の縮小下における農政内の対応としては、土地改良投資の効率性という観点から見直しが迫られるようになる。このような外在的・内在的批判は、一九六一年の農業基本法制定と一連の施策において、従来の土地改良事業の見直しを迫るものであった。

具体的には、農業基本法の制定を受けた一九六四年の土地改良法改正という形で大きな転換がなされ、農業基本法が掲げた農業生産性向上、農業構造改善に資するための土地改良事業の性格づけを行うとともに、事業の総合化、効率化をはかるための諸規定の整備が行われたのである。[5]

2　本節の課題

高度経済成長の胎動期に実施された旧東村の土地改良事業の実態とその効果が、制度や社会経済状況の変化、それに規定される農民の性格変化等を受けつついかにして展開したのかを、史料にもとづき描くことが本節の課題である。とりわけ、耕作農民による自主的・主体的性格のもとで出発した戦後土地改良事業が、高度経済成長の日本農業への政策的要請たる農業基本法制定を目前にして、その性格を次第に変化させていくなかで、土地改良区や集落、農民がいかなる対応を行ったのかが主要な分析課題となる。

分析時期は、終戦から農業基本法制定前後の一九六〇年代初頭における土地改良事業の展開を中心に行う。本書で事例として扱う旧東村十余島地区における土地改良事業が主になされた時期であるということと、以下のような旧東村の構造改善事業の性格から、この時期を取り上げるものである。

わが国における土地改良事業の本格的展開は、農業基本法施行とともに構造改善事業によってなされるが、旧東村十余島地区における構造改善事業は、以下の章でも検討されているように、すでに着工済みの区画整理事業も含めた土地改良事業の成果の上に行われたトラクター導入事業等の機械化の推進が主であった。要するに、旧東村十余島地区で実施された土地改良事業は、食糧増産期と、農業基本法制定前夜の農業生産構造の効率性追求が開始された時期とにわたって展開されているのである。よって、本節では主に一九五〇年代に展開した十余島地区の土地改良事業を分析する。

具体的な分析対象としては、土地改良事業を重ねるなかで次第に高まっていく農業生産力と、さらなる土地改良投資の必要性が増していく過程において、農民がいかに地域内調整を行い事業推進をはかっていったのか、という事業の末端レベルにおける諸問題を取り上げていく。また約五〇〇〇haという広大な受益地を持つ新利根川土地改良区が、どのようにして地区間の利害を調整し、また土地改良区がどのような運営上の問題を抱えていったのか、という課題にも接近したい。

土地改良区の運営問題を分析する際の具体的課題としては、財政逼迫下における大規模灌漑排水事業とその後の末端事業との齟齬や地区間の事業配分、交換分合や換地処分などといった事業の公平性にかかわる問題、また賦課金徴収や事業後の維持管理体制など土地改良区の財政・運営にかかわる問題等を取り上げる。土地改良事業への農民の自主的・主体的なかかわりの現われともいうべき土地改良区の行動様式は、新たな農業生産力発展段階を展望する農民的理念と、現実的に発生する農業問題との狭間において、土地改良区の機能がどのような意義と限界を持っていたのかを実態にそくして明らかにすることになると考えるものである。

2　東村における土地改良事業の展開過程

1　国営農業水利事業の展開と新利根川土地改良区の設立(6)

新利根川は寛文年間（一六六一～一六七三年）に開削されたが、ほとんど無堤に等しく、流域は洪水による災害が頻発していた。上流の紫崎堰において水を貯留して用水とする半面、洪水時には災害を引き起こしたため、水門の開閉をめぐっての係争を常としていた。一九一八年の争いを期に、河川改修の気運が盛り上がり、関係町村長名をもって県に対して河川改修陳情を行った。これにより茨城県は用排水幹線改良事業として河口より二六㎞の改修を一九二六年より開始し、一九三八年に竣工した。

これにより上流部の排水は改善されたが、柴崎堰より下流部は緩勾配となり、田面は新利根川の平水位とほとんど同じ高さとなったことから、わずかな水位上昇によっても排水不良となっていた。一九三八年の大洪水の際には霞ヶ浦からの逆流もあって甚大な被害を受け、さらに一九四一年にも水害を受けた。農民は厳しい農業労働からの解放や、水害による農業収益の低下を補うため出稼ぎや救済工事の労賃によって生活を支えるという困窮した生活からの脱却を切望し、一九四二年に「新利根川下流部湛水排除期成同盟会」を結成して政府に対して排水工事の実施を求めたのである。

この地域では厳しい農業生産条件を反映し、第二次大戦中より水害から耕地を守る運動と事業（主に県営農業土木事業）の展開がなされていた。それらの運動が「新利根川下流部湛水排除期成同盟会」結成に結実するが、戦時中の労働力や工機不足により活動は停滞し、事業も中断されていた。しかし終戦を迎えて運動も再開され、全国に先駆けて国営農業水利事業地区として採択されたのである。

戦後の新利根川流域の国営農業水利事業は、新潟県阿賀野川流域と同時に第一号事業として、土地改良法施行以前の一九四六年に、五一七八haの耕地を約一六億四〇〇〇万円の国費をもって「農林省新利根川農業水利事業」として着工された。低湿地で自然排水が望めない本地区においては、新利根川および霞ヶ浦の防水堤を強化して地区内への浸水を防ぎ、地区内の湛水は排水路と排水機を新設して新利根川および霞ヶ浦に排除することが事業の目的とされたのである。

用排水および洪水防禦の根幹工事と、用排水機場および用排水路の新設工事は、六六キロボルト変電所、用排水機場七カ所、用排水路延長四万六一三〇m、堤防工事三万六一一四mが計画・実施され、一九五九年に竣工した。以上の国営農業水利事業の概要図と事業内容を図1-2と表1-3に示す。

終戦後から土地改良法による土地改良区設立までの期間、すなわち耕作農民の組織たる土地改良区が制度化される以前の土地改良事業の実態に関する新利根川流域の分析は、現時点では史料不足により不可能であるので、ここでは

図１－２　新利根川農業水利事業概要図

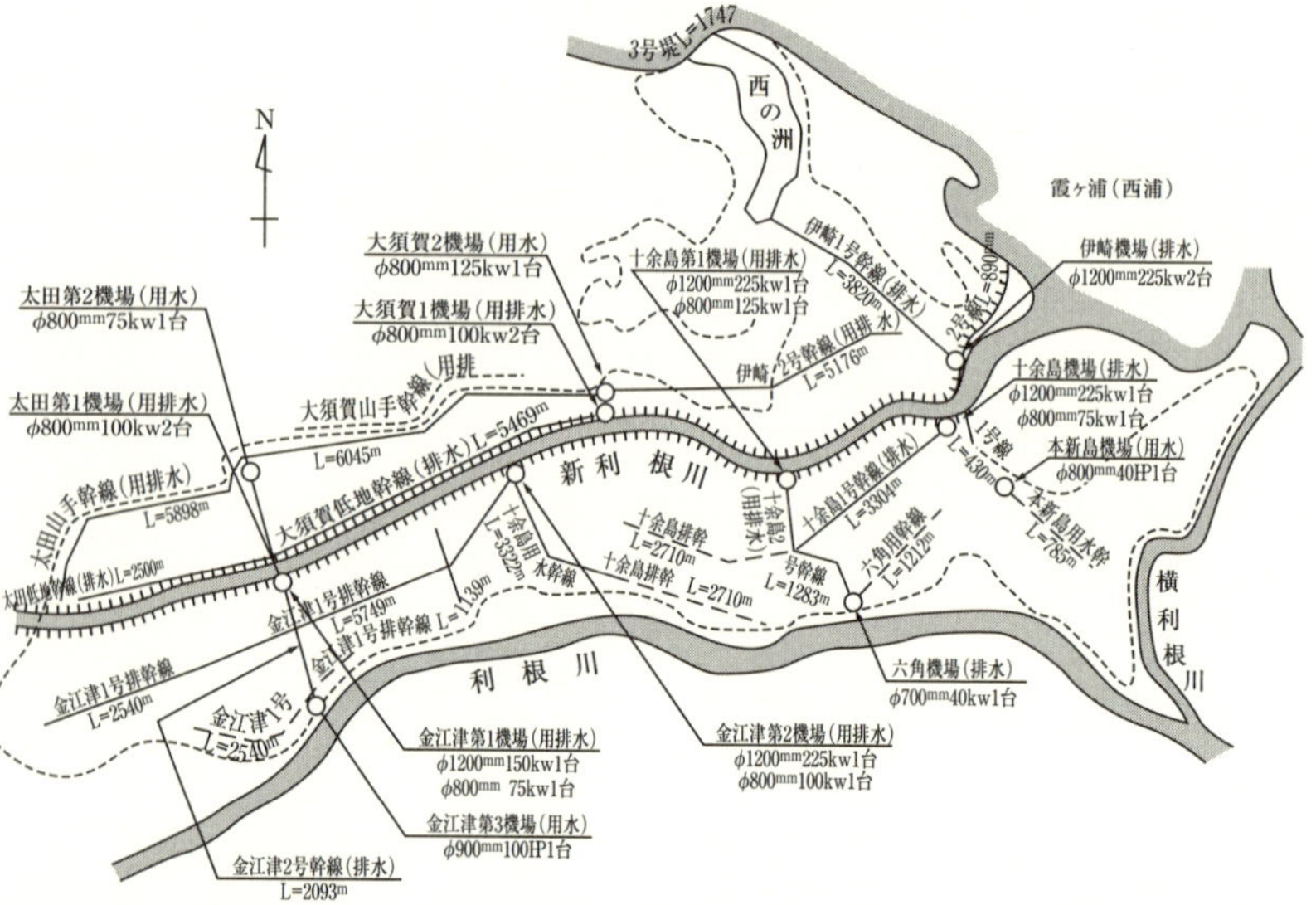

出典：農林水産省関東農政局・利根川水系農業水利調査事務所編『利根川水系農業水利誌』農業土木学会，1987年。

事業遂行の政策的方針を、当時の通達や実施要綱により概観することとしたい。

　戦後の土地改良や開拓、農業水利の整備等の事業は、終戦の一九四五年の「緊急開拓事業」によって開始される。「開拓」の名を冠してはいるものの、客土、排水、耕地整理などの土地改良も事業内容として定められており、必ずしも開墾・干拓のみではない。しかし農政課題が食糧不足問題と復員者や引揚者、失業者の収容問題に集中していた時期だけに、開拓事業により食糧不足と就業対策の解決を一挙にはかっていこうという方針が盛り込まれている。

　ただし玉城哲も指摘するように、食糧問題への対応とともに、就業の場を作り出すための雇用政策という農政の枠を超えた過大な負担を背負わされた「緊急開拓事業」は、非現実的な性格を持たざるをえなかった[7]。そこに、開拓よりも容易な既耕地の改良を重視する政策への重点の移動の理由が見出されよう。一九四五年の「緊急開拓事業実施要領」の改訂版である一九四七年の「開拓事業実施要領」では、受益面積三三三万町

表１－３　国営農業水利事業の概要と十余島地区での内容

⑴　防水堤防工事
・1949年～堤防工事開始。
・1952年～新利根川嵩上補強工事に着工。
・十余島地区は第１号堤・新利根川右岸嵩上げの直接受益対象であり，外水防禦対策が完成。
⑵　排水工事
・湛水害除去による二毛作化・原野開墾（357ha）干拓（37ha）
・機場工は1950～52年に完成，排水幹線は1951～57年に完成。
・十余島地区は，十余島第１機場と十余島第２機場が設置。十余島第１号排水幹線，十余島２号排水幹線が掘られ，1950年には第１機場が完成し，翌年には第２機場と第２号排水幹線が完成。1954年には第１号排水幹線が完成。
⑶　用水工事
揚水機場は1950～51年に完成し，用水路は1952～57年に完成。十余島地区は金江津第２機場より地区を横断し利根川堤防に添って走る十余島用水幹線の受益対象であり，これは1958年完成。この年以降は灌漑対策の末端工事としての区画整理事業が団体営で行われることになる。
⑷　事業費
・当初の予算額10億円→15億円超に改訂。
・工事費の中では湛水対策としての水路工費が最も多く，ついで外水対策としての堤防工費であった。

出典：新利根川土地改良区資料より作成。

歩（内地二七五万町歩、北海道五八万町歩）を目標に五年間（北海道は一〇カ年）をもって完成とする農業水利事業の項目が新たに設けられ、入植政策の項よりも前に位置づけられている。また事業実施方法は、受益面積五〇〇町歩以上の農業水利幹線事業に関しては、主要工事の全部または一部を国の直営で行うことが原則であり、五〇〇町歩未満の事業は、国の補助により、都道府県・市町村または耕作者の組織する団体に行わせるとしている。さらに費用負担は、国の直営の場合、事業費の一定割合を地元負担として都道府県等に課す方途を講ずる、としている。

約五二〇〇haの受益面積をもつ国営新利根川農業水利事業に関しては、一九四六年から新利根川土地改良区が設立される一九五三年までは当然国による直轄事業として行われた。一九五三年以降も、国営事業に対する新利根川土地改良区の事業施行への直接的関与を示す史料や記述はないため、新利根川土地改良区は、国営事業によって造成された用排水機場や用排水路等の完成施設の維持管理や、償還金の負担業務をその任務としていたといえよう。土地改良区の直接的な事業施行への関与は、一九五四年からの県営事業と、その後の団体営事業の展開で開始される。

最後に、このような大規模土地改良事業が、この地域で行われた事由についてであるが、まず第一に、全国の事業導入地域の共通項として、いずれも大河川中下流平野の大稲作地帯に立地していたことが上げられる。他の国営事業導入地域は、新潟県の信濃川・阿賀野川両河川沿岸、岩手県の北上川沿岸、富山県における庄川、神通川、常願寺川、黒部川等であり、これらの地域では国営・都道府県営事業によって下流湿地を排水するための幹線水路を開設し、それがさらに末端の圃場整備へと展開する点では共通している(8)。また、当初開墾・干拓による農地造成が主体であった食糧増産対策において、河川の下流部に大小の沼沢地が存在するこれらの地域では、干拓事業の導入が容易であった点が指摘できよう。しかし、開墾・干拓による農地造成は、緊急の方法ではあっても根本的な解決にはならず、食糧増産政策は既耕地の生産性を高める土地改良へとシフトしていくのである(9)。

第二に、事業導入地域の耕作者に土地改良費用負担に耐えうるだけの何らかの蓄積が存在していたことが条件となろう。食糧増産政策の課題である稲作振興をはかる上で、序章でも述べられているように、この地区において比較的大面積を耕作する条件が農民に備わっていたことは否定できない。その上に立って、地域の農業構造が事業導入によって大きく変貌し、収量増加や水害回避などによる農業生産力の飛躍的な前進が農家の蓄積につながり、土地改良費用負担をなしえたことも事実である。さらに、新利根川下流域においては、大規模農業水利事業導入によって、後述するような米の早期出荷奨励金制度やヤミ米市場を通じた経済的有利性を獲得する条件があったのである。

しかし一方で、農民の直接的要求たる団体営区画整理事業に関しては、後述するように、新たな農業生産力発展の限界局面に達しないかぎり、進展しなかった。特にこの地域では、大規模農業水利事業の効果による経済的有利性が、かえって団体営区画整理事業の展開を阻害する役割を果たしたのである。

2　新利根川土地改良区による事業の展開

(1)　農業水利事業

国営農業水利事業の展開による造成水利施設の維持管理および償還金の負担事務と、その後の県営・団体営事業の推進を目的として、新利根川土地改良区が設立された。国営事業施工地域（五一六五ha、四五〇〇名）を区域として一九五二年一〇月一〇日に県知事へ申請し、翌一九五三年一月一七日に認可を受けた。

新利根川土地改良区の初代理事長には、一九四六年から衆議院議員を務めていた中山栄一が就任した(10)。中山は戦前の「新利根川下流部湛水排除期成同盟会」の会長として国営新利根川農業水利事業を導入する先頭に立った人物である。また国会議員在任中は、北海道開発庁、行政管理庁の政務次官、災害対策特別委員長等を歴任しており、農業政策や開発行政とも深いつながりを有していた。莫大な補助を受けて推進される国営事業導入とその後の展開においては、地元において強いリーダーシップを発揮し、また政治的圧力を事業導入や補助金交付に反映させられる中山の役割は、非常に大きかったと推測される。

新利根川土地改良区による直接実施事業は表1-4のように、一九五四年から開始される県営農業水利事業による大規模な用排水整備から着手された。

国営・県営農業水利事業の実施は、その後の団体営土地改良事業、とりわけ区画整理事業の進展を準備した起点として重要である。しかし、基幹工事という過渡的な性格を持つため、独自の事業効果を判定することは困難である。大規模な水利事業によって湛水害は大部分が解消され、部分的には乾田化されたとはいえ、未だに江間を中心とした従来の農業は残存していたからである。

大規模農業水利事業導入以後の農業の特徴としては、第一に、区画整理が行われていないため農道がなく、江間を

表１－４　新利根川土地改良区による農業水利事業の展開

No.	地区名	施行年度	補助・非補助の別	事業費（千円）	事業内容
1	県営かんぱい	1954～1961	国補	150,800	国営附帯　機場４ヶ処 用排水路　l＝11,916.4m
2	特殊団体営	1958～1959	〃	18,910	県営附帯　用水路工　l＝2,122.8m 附帯工　9ヶ処
3	十余島	1962	県単補助	13,000	排水路工　l＝1,420m 附帯橋梁　2ヶ処
4	上須田	〃	〃	9,000	機場工１ヶ処，附帯工
5	金江津第二	〃	〃	5,900	モーター巻替整備
6	中神橋	〃	〃	2,576	国営附帯橋梁工
7	桑山	1963～1964	〃	6,836	機場工　１ヶ処，用水路工　734m
8	平須	1964	非補助	2,300	農道舗装　l＝791m
9	六角	1965	県単補助	3,500	導水路工　l＝1,071m
10	加納	1967～1968	国補	4,330	機場工　１ヶ処
11	新利根	1972～1973	〃	25,736	用水路工　l＝1,126m
12	曲渕	1972	〃	25,544	機場工　１ヶ処 用水路工　l＝820m
13	十余島	1976	県単補助	9,300	ポンプ補修
14	金江津	1977	〃	8,200	〃
15	太田	〃	〃	4,600	〃
16	太田第一	1979	国補 非補助	8,200	〃（維持管理適正化事業適用）
17	金江津第二	1980	〃	8,100	〃（〃）

出典：新利根川土地改良区『土地改良区30年のあゆみ』1983年。

交通路とした舟運が中心であったため、江間は舟の通れる水位を維持しなければならず、水位を著しく下げるような排水の実施は、農作業上の問題を生じさせざるをえなかった。

また第二に、未だ用水工事が不完全のために、排水によって水位を下げることにより、上流に位置する田が用水不足に陥るという問題が発生した。用水供給としての江間の役割がなお健在だったのである。

第三に、「鍋底」や「袋田」といわれるような耕作不便農地における収穫・運搬作業も、水位が下がるほど困難になった。

これらの諸矛盾を解決し、

国営・県営事業の成果を農家経営に結びつけるためにも、土地改良区による比較的小規模の用排水事業や区画整理の実施が求められたのである。国営事業で効果が発揮されない二五八〇ha余りの用排水事業は、一九五四年から国営附帯県営事業として実施され、国営事業と同じく一九五九年に竣工した。その主な内容は、①排水幹線の延長・新設、②機場の新設と用水路・導水路の新設、であった(11)。

(2)　農業経営の実態と区画整理導入の必然性

国営農業水利事業が一九四六年に開始され、事業が進行していくなかで、常習水害地帯からの脱却がなされたわけだが、なお上記のような農作業上の問題を抱えていたにもかかわらず、十余島地区における区画整理の開始は一九五七年をまたねばならなかった。国営事業から区画整理の展開時期は図1-3のごとくであるが、国営事業の終了地区から順次区画整理がなされたのではなく、国営・県営事業がほぼ竣工する時期に、川上の集落からほぼ一年遅れで一斉に区画整理が進行していることが指摘できる。おそらく、団体営事業の進捗に関しては、集落間の事業を可能なかぎり均等に行うという平等原則が強く働いていたと思われる。

大規模な農業水利事業の直後に、区画整理が開始されなかった事由として土地改良区の財政問題が横たわっていたが、同時に、農業経営が区画整理を必要とするような生産力段階にあったのかどうかという検討も必要である。以下では、この区画整理開始の「遅れ」の意味を、この間の農業経営の実態と関連づけつつ検討したい。

国営農業水利事業によって洪水の危険性が減少したことによって、農業経営にとっては重要な変化が起こった。まず第一に、この地域が早場米の産地として形成されていったことである。それは大規模農業水利事業の効果を反映した栽培技術の変化による土地生産性の向上をともなって進行した(12)。

この地域は以前より農林一号（五〇～六〇％）を中心とした早生品種が主体であったが、事業導入により乾田化が

展開（1949～61年）

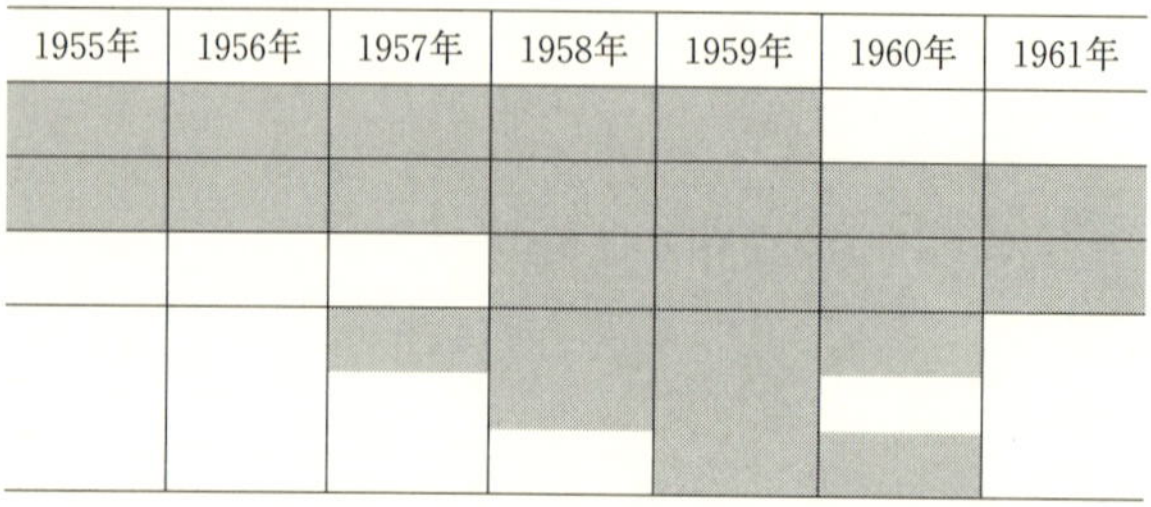

進むにつれて、早生品種への傾斜はいっそう強まった。加えて、保温折衷苗代の普及によって、早植え・早刈り（八月下旬から九月中旬）が定着していった。早期米出荷の増加は、早期供出奨励金制度による予約売渡制度の下での期別価格差と、ヤミ米市場における端境期販売の有利性によって支えられた。

また、早植えによる増収効果も期待された。早生品種も従来の農林一号を中心とする少肥性の品種から、ホウネン早生・越路早生等の多肥性、耐病性の強い品種が普及し、かつ刈取期の台風・洪水被害を回避することによって、収量は著しく増加した。表1-5により収量の推移をみると、戦前の十余島村は稲敷郡平均や県平均に及ばない水準であったが、戦後においては最も差が大きかった全県平均を凌駕するまでに増加しており、一九五九年の水準は一九二〇年代のおよそ二倍になっていることが確認できる。この点の詳細な分析は後章を参照されたい。

第二に、乾田化による地盤硬化は稲作の機械化を促進する要因となった。この地域は早期出荷奨励金制度とヤミ米販売を背景として、動力脱穀機・籾摺機・精米機が導入され、農舟の動力化も進められてきたが、戦後の乾田化にともなって畜力利用が増加し、ついで耕耘機の導入が一九五〇年代後半から開始された。十余島村において一九五七年に五七台であった耕耘機は、わずか三年後の一九六〇年には二二五台（うち共同所有が二二台）に達している。

以上のような保温育苗技術と耕耘機導入という技術的要因と早期出荷奨励金制度に支えられ、また刈取期の台風禍と洪水害を避けることを目的として、早期栽培が普及・定着していったのである。[13] このような稲作の安定化に満足した多くの農民は、小規模用排水事業や区画整理による新たな負担を望まず、土地改良区を中心とした団体

図1－3　十余島地区における土地改良事業の

事業名	集落・事業対象	1949年	1950年	1951年	1952年	1953年	1954年
国営農業水利							
県営農業水利							
特殊団体営農業水利	十余島幹線整備						
団体営区画整理	清久島 橋向・押砂 曲渕・佐原組						

出典：新利根川土地改良区資料より作成。

表1－5　新利根川地域水稲収量の推移

（単位：10a 当たり・石）

	1926～27年	31～35年	36～40年	41～45年	46～50年	51～55年	51～55年（51年除く）	59年
金江津村（河内村）	1.3	1.43	1.63	1.31	1.94	2.14	2.27	
十余島村（東村）	1.5	1.58	1.59	1.66	1.98	2.19	2.33	2.8（東村）
本新島村（東村）	1.5	1.58	1.59	1.66	1.98	2.19	2.28	
稲敷郡	1.65	1.64	1.78	1.7	1.94			
茨城県	1.79	1.79	1.92	1.8	2.03	2.126	2.29	2.6

出典：関東東山農業試験場農業経営部『水田単作地帯における農業の実態と動向――茨城県稲敷郡東村の調査――』（1961年）62頁。
資料：農林省統計調査部。

営事業への意欲は高まらなかったのである。(14)

また、村の広報誌である広報『あずま』（一九五六年七月二〇日付）では、「土地改良推進はいかに――事業所と青年代表」という土地改良区と農家青年による座談会が掲載されているが、ここでは以下のような発言がなされている。

私の部落（橋向――引用者）は承知のように国営、県営の工事がこれから実施されるのです。（中略）またところにより、なわのびがあること、昔からの土地をそのままでおきたい、経営規模の大きい人はやらなくても良い、などの意見がある。然し青壮年層はほとんど（区画整理に対して――引用者）賛成であるようです。

すなわちここでは、農地面積が正確に把握されることについての不安や、所有面積の大小、所有地の地味や立地の良否による所有耕地への執着等、土地所有に規定された農家意識が区画整理への「消極性」に結果していたことを指摘できるのである。

特に条件不利圃場所有率が高く、圃場分散も激しかった下層農においては、大規模農業水利事業の効果は薄く、早期米出荷を拡大し経済的優位性をもった上層との間の経済的格差が拡大した。[15] 引用した広報『あずま』の発言のように、上層農家の稲作の経済的優位性・安定性は区画整理進捗の抑制要因として作用したといえるのである。

しかし一方で、小規模の用排水事業や区画整理が行われていない状況下では、国営・県営事業により乾田化した圃場と、灌漑排水条件不利圃場（「鍋底」、「袋田」と呼ばれた）とが混在するようになり、進展する機械化や、早期栽培・早刈化による労働力不足とも相俟って、圃場ごとの耕作条件の差を拡大させる傾向があった。

また、終戦直後からのヤミ米景気が一段落する一方、耕耘機や火力乾燥機等の農業機械導入・肥料増投による経費増大や農家の生活費の上昇は、次なる生産力を高める手段としての区画整理を農家にとって避けられないものとさせた。こうして、農家階層を問わず区画整理の必要性が顕在化することになったのである。逆にいえば、この時期の土地改良事業が農業生産力を大きく改変しうる効果を持ったものだったからであろう。[16]

全国的にみるならば、大規模灌漑事業実施地域のなかでも、大規模事業に照応して個々の一枚一枚の水田の整備まで区画整理を行った地域や、区画整理までは行わない地域、さらに大規模灌漑排水事業が進行しないにもかかわらず区画整理事業を先に行った地域など、その過程は一様ではなかった。それは単に事業進行が、農産物価格や農業労賃、補助金や低利融資の有無等によって左右されるだけでなく、地域ごとにその事業の意味が異なり、農業生産力の地域差や農地所有状況を反映して展開していったからだと思われる。

また、交換分合や換地をともなう区画整理は、農地の一筆ごとの相違を明確化し、事業によって均質化を行う過程であり、農地所有権を調整する過程でもある。地域ごとに一律ではない農業構造のもとで、農地所有を対象とする区画整理の進展がバリエーションをもったこともまた当然といえよう。十余島地区の区画整理の進捗においても、以下で述べるように、集落間の農業構造の差を反映した事業内容の相違がみられたのである。

(3) 区画整理事業の進展

① **事業費**

新利根川土地改良区によって実施された区画整理事業は、国営・県営農業水利事業の終了した順に、左岸・西側（新利根川の川上）より実施されていった（表1-6を参照）。上述のとおり区画整理事業の実施に関しては農民間、特に階層・世代間によって温度差もみられたが、事業が開始されてからは農民からの強固な反対はなかった。十余島地区における区画整理事業は以下述べるように進展した。

一九五八年に十余島用水幹線が完成することになり、またすでに一九五六年に新利根川北岸の大須賀地区の中島・福田・市崎の三集落で区画整理を実施したこともあり、十余島地区最西部に位置する清久島集落において、一九五七～六〇年の四年間をかけて、区画整理（一四二ha）が補助事業として実施された。ついで一九五八～五九年にわたって橋向・押砂集落（二二七ha）、一九五九年の曲渕集落（九一ha）、一九五九～六〇年の佐原組新田集落（二二五ha）と順次実施され、十余島地区の区画整理の受益地は六八五haに達した。これは地区内耕地面積の約五〇％、農家戸数の約四七％にあたり、十余島地区の約半分の耕地と農家が事業対象となった。

事業実施における地域差は、同じ十余島地区の集落間でも発生している。各集落の区画整理事業の相違点は、主に以下のとおりである。

第一に、区画整理の客土の入手方法である。十余島地区において最も早く区画整理に着手した清久島集落においては、建設省が行った利根川浚渫工事によって生じた泥を、補償金を出すことなく手に入れることができた。江間や沼を埋め立てて、農道や畦畔を作り出すためには大量の土が必要であったため、この機会は重要であった。他の集落も

表1－6　新利根川土地改良区における区画整理事業の展開

No.	地区名	施行年度	計画面積(ha)	補助・非補助の別	事業費(千円)	事業内容
1	中島	1954～56	75.0	県単補助	11,168	区画整理
2	清久島	1957～60	142.7	〃，非補助	29,290	〃
3	橋向，押砂	1958～60	230.0	〃	27,000	〃
4	市崎	1959	6.1	県単補助	865	〃
5	曲渕	〃	91.0	非補助	13,000	〃
6	佐原組	1959～60	270.0	県単補助	63,000	〃
7	新川	1961	10.9	〃	2,400	〃
8	手賀組	1961	157.6	〃	30,500	〃
9	六角 四ツ谷	1961～62	94.5	〃	23,350	〃
10	八千石	1962～63	205.1	国補	57,000	〃
11	町田	1963	53.7	県単補助	15,800	〃
12	大沼	〃	24.3	〃	7,200	〃
13	結佐	1963～64	168.8	国補	76,534	〃
14	上之島 口ノ部	1964	26.2	県単補助	7,940	〃
15	上須田	1964～65	237.9	国補	133,999	〃
16	金江津	〃	108.3	〃	30,600	〃
17	太田	〃	121.7	〃	44,382	〃
18	境島	1965	30.0	県単補助	20,560	区画整理，パイプライン同時施行
19	新川(2)	〃	2.9	非補助	1,670	区画整理
20	下須田	1965～66	202.3	国補，非補助	182,100	〃
21	伊佐部	〃	82.4	国補	34,000	〃
22	脇川	〃	158.0	〃，非補助	81,960	区画整理，パイプライン同時施行
23	流作	〃	85.0	〃	59,606	〃
24	上之島	〃	146.4	国補	89,000	〃
25	西代第一	1965～67	134.2	〃	134,720	〃
26	西代第二	1966～68	203.0	〃	208,050	〃
27	金江津第二	1966	142.8	〃	65,800	区画整理
28	上之島原野	1966～67	36.0	非補助	40,000	区画整理，パイプライン同時施行
29	柳浦	〃	22.4	国補	19,000	〃
30	釜井	1967	37.0	非補助	24,000	区画整理
31	小中島	〃	5.7	県単補助	2,280	〃
32	新橋	1968～72	196.0	国補	189,795	区画整理，パイプライン同時施行
33	平川	〃	196.5	〃	202,696	〃
34	柴崎	1968～71	143.2	〃	121,569	〃

表１－６　続き

№.	地区名	施行年度	計画面積(ha)	補助・非補助の別	事業費(千円)	事業内容
35	太田下	1969～70	120.0	非補助	153,260	〃
36	立切池	1969	6.8	〃	15,800	埋立
37	四箇	1969～75	374.2	国補（県営）	918,868	区画整理
38	駒塚	1970～72	177.7	国補	187,270	区画整理，パイプライン同時施行
39	清水	1972～74	100.0	〃	196,590	区画整理，パイプライン同時施行
40	神宮寺	1974～76	35.0	〃	195,830	〃
41	太田池	1975	35.8	非補助	145,000	〃
42	新利根	1977～	542.0	国補（県営）		〃（継続中）
43	桑山新田	1978～81	57.0	国補	247,420	〃
44	内沼	1979～80	5.5	県単補助	30,721	〃
45	宮前	1980～81	2.8	非補助 国補 （モデル）	29,694	〃
46	谷中	〃	11.0	〃	97,970	〃
47	東大沼	1981～	10.0	国補		〃（継続中）
48	大須賀北部	1982～	33.3	国補（新農構）		〃（〃）

出典：新利根川土地改良区『土地改良区30年のあゆみ』1983年。

この泥を利用したが、遠方の佐原組新田集落では、この用土に対する補償金に全体で一〇〇万円を要した[17]。

第二に、事業費の調達方法である。これには補助事業で行うか、それとも融資事業で行うか、の二つの選択が可能であったが、十余島地区の集落がすべて同じ方法を採ったわけではなかった。清久島集落を除いた各集落は非補助融資利子軽減対象事業（利率三・五％）を利用して、事業を冬期間の単年度に実施した。

この資金調達方法における清久島集落と他集落の相違の理由については、三つの事情が考えられる。

第一に、土地改良法施行以降、増加の一途をたどっていた団体営事業への補助金予算が押さえられて、多くの事業の補助待ち状態が続いており、事業進捗が遅れていたことである。基幹工事が完了してもこれに続く団体営事業が進まない地区も多くなっていた。全国的にも、土地改良事業へ外資導入がはかられたり（愛知用水事業や篠津泥炭地開発事業等）、末端整備の促進をはかり、事業効果の発現を早めることを目的として一九五八年に「非補助小団地等土地改良事業助成基

金」が設置されるなど、政策的な処置がなされている。(18)

第二に、地元負担を軽減するというものである。たとえば一九五八年一一月二日の第一九回臨時総代会において、橋向・押砂集落の区画整理事業の事業費を非補助融資利子軽減対象事業として行うという理事会の提案については、「総代会議事録」によれば、以下のようなやりとりがなされている。

総代：「単年度施行には受益者負担反当三五〇〇円で負担能力に心配はないか」

専務理事：「負担面に於いて反当三五〇〇円は一般団体営よりみれば多いように思われるが、単年度の方がきわめて安価に上がり、地元としても特にこの点に重点を置き暫定反当二〇〇〇円を地元に於いて徴収済で万全の策を施している。又労力面に於いては十余島地区として（中略）徐々に施行せんと計画中の全面区画整理を考慮し、単年度施行の試金石として挙村労働力援助を徹底されているから先ず心配はないと思う」

第三に、補助率や金利などの経済的要因だけではなく、事業のスムーズな遂行という観点から、融資事業によって単年度で施行をはかるという理由もあった。

清久島は補助事業で行い事業費の三六％の補助があったが年度を三年に分けることになるが実際は四カ年をかけた。他部落はこの事例から補助事業で三年に亘ることはむつかしい換地処分がともなう区画整理事業規模を三分し（事業区域を三つに分割して実施――引用者）、一層むつかしさを加え却って集団化を制約することになり、また陸運地区・水運地区ができ運搬手段を複雑化するので望ましくなく、一挙に行える融資事業の方が得策であることを

表1-7　十余島地区における団体営事業の概要（1957～60年）

集落名	事業内容	年　度	受益面積	事業費	農林漁業資金	国庫補助金	補助率	10a 当事業費
清久島	区画整理	1957～60	123ha	29,290千円	17,900千円	6,390千円	36%	28,813円
清久島	灌漑排水	1960	140	5,648	4,500		0	4,034
橋向・押砂	区画整理	1958～59	227	27,000	21,000		0	11,850
押砂	客土	1959	29	1,800	1,400		0	6,207
橋向	灌漑排水	1960	90	1,840	1,400		0	2,044
押砂	灌漑排水	1960	26	1,000	800		0	3,846
曲渕	区画整理	1959	91	13,000	10,000		0	14,286
佐原組新田	区画整理	1959	225	49,000	39,000		0	22,778
佐原組新田	客土	1960	21	2,000	1,600		0	9,524
特殊団体営（橋向・押砂・佐原）	灌漑排水	1958～59	436	19,410	7,800	9,700	48	4,452

出典：新利根川土地改良区資料より作成。

学んだ。よって各部落は非補助融資利子軽減対象事業（三・五％）で秋から翌年春にかけて一年弱で一挙に実施した[19]。

以上から明らかなように、事業を行う際の資金調達方法に関しては、補助事業の利用か、それとも低利融資を受けるかを、土地改良区の理事会や総代会を通じて、農民自らの利益に照らして選択していくことが可能であった。それは、上で述べたように補助金不足という隘路を打開するという側面もあったが、諸制約のある補助事業でなくより自由度の高い融資事業を選択して実施することが十分可能であったことがうかがえるであろう。

特に十余島地区で最も早く区画整理が実施された清久島集落の補助金採択とその後の事業進捗の動向は前記引用文に見られるように、他の集落が区画整理を行う際の参考となったのである。

以上のような地区間における事業費確保方法の違いは、当然事業費総額の違いと密接に関連している。表1-7に十余島地区における団体営事業の概要をまとめたが、区画整理の一〇a当たり事業費をみると、二カ年度で区画整理を実施した橋向・押砂集落が一万一八五〇円であるのに対し、四年をかけた清久島集落は二万三八一三円と、二倍以上の事業費が投入されていることがわかる。同じく団体営灌漑排水事業も、橋向の二〇四四円と清久島の四〇三四円とではおよそ二倍の違いが生じたのである。

② 換地処分

区画整理時において採用された区画の形状・面積の地域による違いは、地域農業の構造を反映したものであると同時に、換地処分方法の地域による相違をも反映しており、重要である。

最も早く区画整理が実施された清久島集落では、一区画一〇aが太宗を占めていたが、その後に施工される他の集落では、一区画の平均的な大きさは二〇～三〇aが普通であった。これは県や土地改良区の指導がなされたこともあったが、農民自身の機械耕作への自覚の現われであったともいえよう。押砂集落の根本政夫氏（一九三九年生まれ）からの聞き取り（一九九六年一〇月二三日実施）によれば、「押砂集落において二〇a区画にするということは、役場や農協の指導というよりも、集落の意向で決めた」のである。また本格的な耕耘機の導入は区画整理終了の一九六〇年以降をまたねばならなかったが、「農機具を有効に使うためにも、大きい区画の方が便利だった。区画整理前の圃場の四隅を耕すのは大変だった」ことから、機械化による肉体労働からの解放と、機械耕作の効率性が集落農民の一致した結論だったことがわかる。

しかし、橋向の一部（三〇・五ha）や佐原組新田、曲渕の苗代地区（二七ha、二〇ha）は一〇a区画で施工された。一〇a区画を設けた理由は、橋向では零細農への換地と換地調整地区としての機能を持たせるために、また佐原組新田や曲渕、さらに手賀組新田の大重集落などでは、苗代地区の再配分を容易にするために行われたということである（大重集落における聞き取りによる）。ここで、換地処分方法の地域差が重要な分析課題となってくる。

この地域において区画整理が比較的スムーズに進行した背景として、集落ごとに柔軟な換地処分方法が取られたことが指摘できるだろう。十余島地区における換地処分方法の集落の対応は、大きく以下の二つに区別することが可能である[20]。

(一)　区画整理前に耕地が占めていた場所に工事後割り当てる方式（「現地換地」主義）
(二)　区画整理前占めていた場所にとらわれずに大集団化を促進する方式（「大集団的換地」主義）

(一)の換地手法では、耕地の集団化による効果は薄いが、換地単位（区画）を一〇aから二〇a、さらに三〇aと大きくすることによって耕地を少ない枚数に集中することは可能である。十余島地区においては最初に区画整理を実施した清久島がこの方式でなされた。また橋向・押砂・佐原組新田の各集落では、集団化を意識した現地換地主義で行われた。すなわち、区画整理以前に比較的広い面積を持っていた場所に可能な限り集団化する方式である。

根本政夫氏からの聞き取りによれば、押砂集落においては、上の換地案が出された以降、工事進行中でも、個人相対で交換が進んでいったという。具体的には、集会所に大きな紙を貼り、計画図を落として、農民同士で協議を繰返したとのことである。また橋向集落では、段階的に集団化を実現していく方法をとった。すなわち、第一段階では現地主義で仮換地を行い、その後は個々の農家の自覚にもとづいた交換分合を積み重ねて集団化を徐々に実現し、合議にもとづく本換地を行ったのである(21)。

さらに、現地換地主義をとった集落のなかでも、佐原組新田のように区画整理に先立って交換分合を実施して、ある程度集団化をした後に区画整理を行った集落もあったという。この集落は農地面積一六一haのうち、集落内農家による所有地が九三haであり、残りが他集落からの入作である。関係農家も二〇三戸のうち集落内が五三戸であり、かえって他集落関係者の方が一五〇戸と多く、通作距離も長く、かつ分散も激しかったため、まずこの解消がはかられて交換分合が先行したのである。このため、団地のまとまりを大きくすることができ、換地後は一団地七〇a～一haとなり、なかには二・五haや三haのものまで現われるようになった。このように、同じ現地主義による換地でも、その実施に関しては集落ごとの耕地状態を反映して多様であり、その実施手法の選択は、農民によって自由になされていたことが指摘できる。

(二)の大集団的換地手法を採った集落は曲渕が代表であった。根本政夫氏からの聞き取りによれば、この手法を採った集落は各戸の希望を満たす換地案の作成に困難をきわめ、かなり強制的に作成されたとのことであり、そのため最終決定をめぐって農民間で折り合いがつきにくく、植えつけ時期が大幅に遅れたということである。

③ 区画整理事業による農業経営と農家経済への影響

区画整理が農業経営へ与えた影響は、以下の四点に集約することができよう。

① 舟運が陸運になり、通作距離が短縮され、労働が軽減されたこと。

② 用排水が整備され、乾田化されたことによって、耕起・代掻き・田植え・刈取などの作業能率が上がったこと。

③ 酪農家における飼料作物・牧草の導入など田畑輪換の可能性が拡大し、農業経営の複合化への道が開かれたこと、また大型トラクター導入による機械化実験集落の設置などの前提条件が整ったこと。

④ 多肥性品種の導入や密植技術の導入による土地生産性の向上が実現したこと。

他方、一連の土地改良事業が農家経済へ与えた重要な影響として、工事の人夫としての出役によって、多くの農民が初めて農外収入を得たという事実がある。集落ごとに実施された区画整理などの団体営事業の工事に関しては、複数の請負業者が土地改良区によって指名されたが、その人夫として地元集落や周辺集落の農家労働力が雇用された。集落のほとんどの農民が働き、隣接集落で工事がある場合も手馴れた農民から順に出役したという。また日当約二二〇円であった賃金は一年ごとに上昇したし、また農閑期労働であるため、地域の農家にとっては重要な収入源となった(根本政夫氏からの聞き取りより)。

3　土地改良区の運営問題

冒頭で述べたように、土地改良事業への農民の自主的・主体的なかかわりは、土地改良区の運営を通じて体現されていくわけだが、同時に、農政の土地改良事業への要求変化のなかでさまざまな矛盾が蓄積し、独自に問題の解決を迫られたのも、また土地改良区であった。さらに、市町村の枠を超えた範囲に受益地がまたがる新利根川土地改良区は、市町村単位の農政の枠組みを超えて、地域農業や農民間の利害調整を行う役割をも担うことが求められたのである。

1　理事会の機能

新利根川土地改良区において上記の問題に対処し、実質的な意志決定機構として機能したのは、各地区より代表として選出された理事によって構成されている理事会であった。もちろん土地改良区における最高議決機関は、各地区から選出された総代によって組織される総代会であるが、理事会では事業内容の検討や総代会への提出議案の検討、工事請負業者の決定、借入金額や借入先の検討、国や県、市町村などとの交渉内容の決定など、土地改良区の運営にかかわる重要な事項に関する議論を、最低月一回は行っており、理事会における検討内容は土地改良区の運営上、重要な役割を果たしていた。

また各理事は、土地改良区全体の運営に責任を持つとともに、旧村単位の地域代表としての役務も課せられている。理事会では各地区の理事から地元の問題点や改善点が常に議案として提出されており、各地区の代表者としての理事は、土地改良区全体の運営において地域の利害を反映させる役割も担ったのである。

また各地区の代表としての理事から構成される理事会の性格ゆえに、同様の事業が時間を追って導入されていく状況下では、事業導入の際に実施地区の状況を未実施地区が参考にすることが可能であるというメリットもあった。

理事会の事業導入決定権とともに、土地改良区が独自に団体営事業へ補助金交付を行う際の決定権も重要である。「新利根川土地改良区補助金交付規程」（一九五八年より施行）の第一条（目的）には、「地元部落主体の末端工事及び既設、新設の電力料に要する経費に対し、予算の範囲内で理事会が適当と認めるものに補助金を交付することができる」と定めており、第三条では「工事に対する補助金交付を受けんとする者は、工事着手手前一〇日以内に関係理事を通じ工事計画書を提出して、理事会の承認を得なければならない」とされている。「関係理事」とは、同地区より選出されている理事のことであり、地元の補助金交付要請を理事会に反映させる重要な役割を同地区出身理事が担っていたことを意味している。ちなみに「交付規程」には、交付条件として「関係受益者が当改良区費を完納していなければならない。但し、未納者のある場合には完納の際補助金を交付するものとする」となっており、事業への補助金交付は集落の区費（経常賦課金）完納という土地改良区組合員義務履行を条件としていることがわかる。このことが、土地改良事業を進める上での集落内における一種の集団的規制となって働いていたのである。

理事会の権限を示す一事例として、一九六一年に東村の総代四七名によって提出された東村選出理事の定員増を求める請願書をめぐる問題をあげることができよう。同請願書では、各地区の面積・組合員の比率と理事定数の比率が不均衡であり、これを是正するために東村地区からの理事定数の最小限三名の増員要求を提案している。以下の引用はその理由付けを述べている部分である。

> 耕地の大小にかかわらず、（理事は——引用者）人格的には対等であるから同等の権利を持つべきであると主張する方もありますが、之は土地改良区の性格を考慮しない誤つた考い《ママ》であると思います。

申すまでもなく土地改良区は経済的事業団体でありますので役員選出の基盤を耕地面積組合員数に置き、之に比例し之等の要素を加味して選出方法を定むべきは自明の理であると思います。町村のような行政団体或は政治的団体等でありますならば人格的要素を条件として考いる《ママ》だけでも充分でせうけれども、土地改良区の場合にはどうしても耕地面積を無視して役員選出をすることは矛盾があると思います。

各地区の受益地面積に応じた理事定数の配分をせよ、という請願主旨は、いうまでもなく事業導入の必要性と事業量に応じて、地区の利益を可能な限り反映させることのできる役員体制を求めるということであり、自分の地区の土地改良事業導入と早期終了を実現することを目的とした請願である。この請願に対する特別調査委員会のなかで、古参の理事が「残りは区画整理であるが、徐々にやれば自然に終わる。橋も徐々にかけられる」と発言しており、総代に対して自地区の利益を優先するような請願内容を戒めていることからも、請願の意図が明らかであろう。

この東村総代からの請願に対して、理事と各地区総代から構成された二回の特別委員会がもたれ、議論がなされたが結論が出ず、理事会へ一任されることになった。理事会では、当初の東村地区の増員三名の要求を認めた上で、桜川地区を除く他地区についても増員を認めるという折衷案を第二十八回臨時総代会（一九六一年一〇月八日）へ提案し、可決されている。

総代会議長の「原案通り可決決定」の宣言に、議場は一時ざわつき、理事増員がなされなかった桜川地区の総代からは、「今回の理事増員した后、改良区に政治を導入して改良区の運営に支障をきたさない様にして貰いたい」という発言もなされている。理事会の性格を示す史実であろう。

よって以下の事実把握に関しては、総代会関連史料とともに、理事会議事録や理事会提出議案等の検討を中心に分析を進めていくこととする。

図1－4　一般会計予算と食糧増産対策費の推移

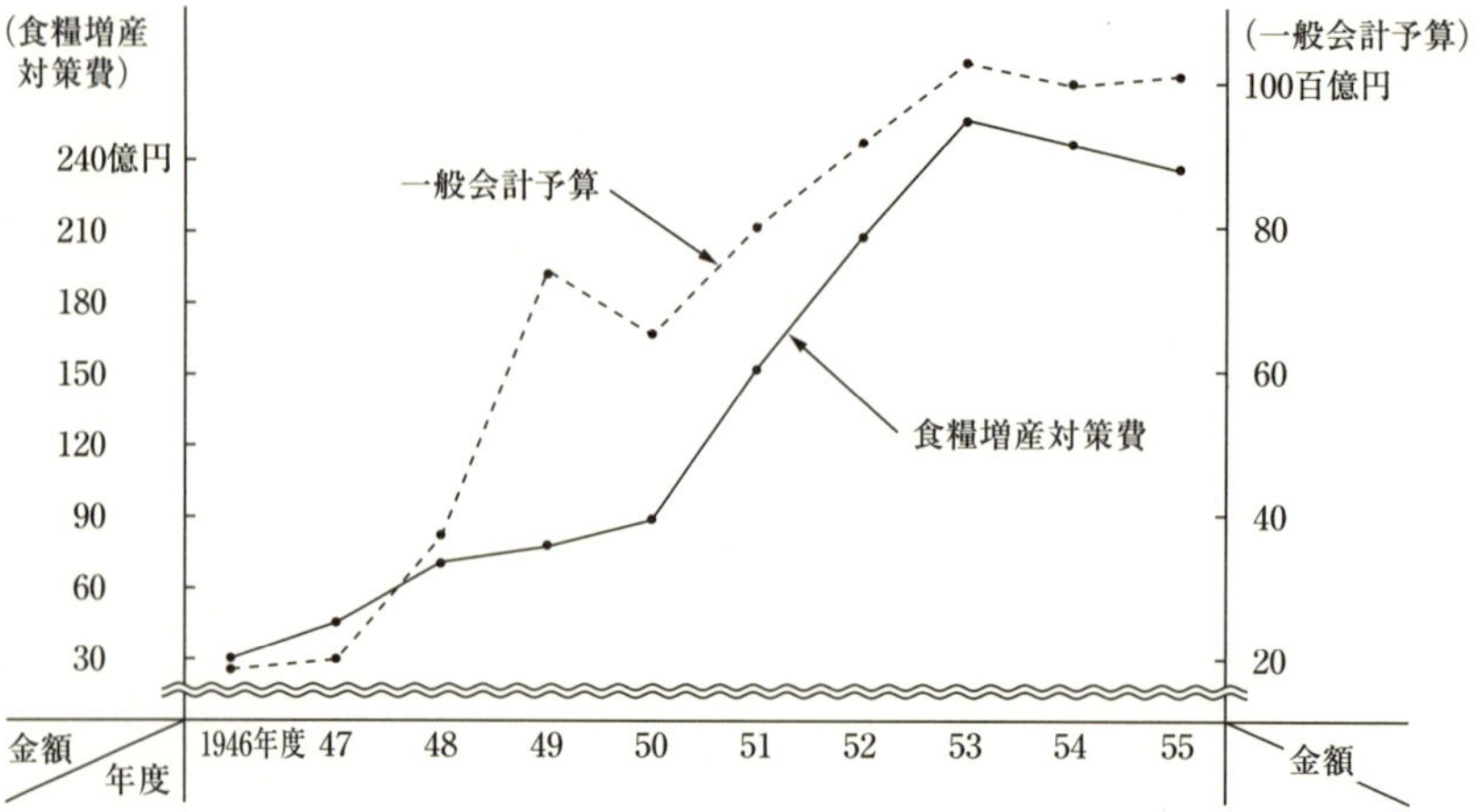

注：1940～50年度は，「国の予算」1955年度による。1951～55年度は，「国の予算」1956年度による。食糧増産対策費は，開拓，土地改良を中心とする額であって，耕種改善等を含まない。

2　土地改良事業をめぐる経済状況

まず終戦から高度成長までの土地改良事業をめぐる経済状況を概観する。一九四九年度のドッジ・プランによる緊縮財政は、土地改良事業に対しても大きな影響を与え、土地改良関連事業費は戦後最低水準に低下した。特に小規模な団体営事業が最も影響を受け、新規事業に対する国庫補助は打ち切られることになった。しかしその後、朝鮮動乱によるインフレーションへの対処として、低価格農産物の確保と食料の自給体制の強化（＝増産）が再び要請され、農業予算規模の増大により土地改良事業等食糧増産対策予算額も一九五一年、五二年と大きく伸び、緊急開拓当時の水準を超えて増加した（図1－3）。また一九五一年に農林漁業資金融通法が制定され、土地改良事業に対する長期低利資金の供給が再びなされるようになった。さらに翌五二年には農林漁業金融公庫法が制定され、土地改良事業への融資制度が確立したのである。いわば食糧増産財政という状況下で土地改良事業が展開した時期である。

しかし、朝鮮特需後の国内消費需要の増大にもとづく輸入増加により、一九五三年のわが国の国際収支は赤字に転落した。

表1－8　1950年代後半における国の一般会計予算および公共事業費と食糧増産対策費

（単位：億円）

	1955年	1956年	1957年	1958年	1959年	1960年
一般会計予算総額(A)	10,133	10,897	11,846	18,331	15,121	17,651
公共事業費(B)	1,410	1,419	1,645	1,815	2,485	3,136
農林関係予算(C)	963	913	1,214	1,053	1,153	1,669
食糧増産対策費(D)	229	247	270	293	329	390
(D)／(A)　（%）	2.3	2.3	2.3	2.2	2.2	2.2
(D)／(B)　（%）	16.2	17.4	16.4	16.1	13.2	12.4
(D)／(C)　（%）	23.8	27.1	22.2	27.8	28.5	23.4

出典：農村開発企画委員会『昭和30年代以降における農地行政の展開とその評価』（1973年）58頁。

よって翌一九五四年度は、国内購買力の引締めを目的とした財政緊縮と設備投資の抑制のために、一般会計予算は前年より約三〇〇億円下回る九九九六億円に縮小され、緊縮財政期へと移行していく。また世界的に食糧の過剰傾向が現われ、一方で国内の食生活の高度化も進行し、米麦増産中心の農業政策に対する批判が高まっていた。そのため、政策重点が、食糧の絶対的確保よりも農業の生産性の向上へと移行し、土地改良事業も総花的実施でなく、投資効率性に着目すべきであるという批判が内外よりなされるようになったのである(22)。以後、土地改良事業は食糧増産という政策的基盤を失うなかで、新たな展開を求められるようになる。

以上のような一九五〇年代後半の土地改良投資への効率的観点からの批判への対応と、財政上の隘路を打開するために、種々の対応策がなされた(23)。また同時期に進行した経済成長により、一般会計予算とほぼ同程度の水準で土地改良関連予算は着実に拡大し（表1-8）、一九五九年には食糧増産対策費が三〇〇億円を超えた。同年には農林関係予算に占める食糧増産対策費も二八%を超える水準となった。

このような経済成長下の土地改良事業関連費の増大傾向と事業内容に関して、農林漁業基本問題調査会による『農業の基本問題と基本対策』では、以下のように評価がなされている(24)。

(一)　現在の土地改良事業は灌漑施設の基幹工事が中心であり、末端圃場における農地の集団化や経営規模の拡大、協業経営の育成等という構造改善に資する観点が二義的になっている。

㈡　食糧事情の緩和・コメの生産過剰のおそれがある一方で、畜産の進展等による農業生産や農地利用の高度化が強く要請されているなかで、生産政策の観点から、従来の土地改良事業に対する行政投資のあり方への反省が必要である。

このような批判の上に立ち、一九六一年制定の農業基本法における土地改良事業は、耕地の整備、農用地の集団化、経営規模の拡大と協業経営の育成などの構造政策と、畜産の進展に資する目的の草地造成・改良など農地利用の高度化という生産政策の手段としての位置づけが与えられ、それを受けて冒頭に述べたような土地改良法の改正による制度の整備が行われたのである。

3　土地改良区の財政問題

(1)　賦課金未収問題

当土地改良区の会計内容は大別して以下の三つであった。

㈠　国・県営事業造成施設の維持管理費や事務費を主体とした一般会計

㈡　農林漁業資金等借入金償還特別会計

㈢　団体営工事特別会計

このうち㈠の一般会計の収入・支出内容の五〇年代後半から六〇年代前半までの推移を表1－9によって確認する。

表1－9　新利根川土地改良区の一般会計予算の推移

(単位：円)

(1)　収入

収入項目	1956年	1957年	1958年	1959年	1962年	1963年
賦課金	8,342,348	10,579,007	11,528,364	13,015,665	16,301,734	23,509,651
財産収入	8,005	7,995	726	5,322	19,909	57,588
借入金	3,900,000	4,100,000	3,200,000	9,900,000	10,700,000	4,240,000
寄付金	4,700	12,000	203,583	248,356	2,822,000	2,000
雑収入	17,684	8,789	6,425	350,974	360,761	137,006
未収賦課金	414,972	1,317,939	1,061,562	266,922	81,541	1,519,530
繰越金	181	16,942	9,629	24,705	8,812	40,936
補助金	0	0	208,700	5,811,500	1,422,500	0
収入計	12,687,890	16,358,932	17,213,071	31,302,444	34,583,595	32,713,828

(2)　支出

支出項目	1956年	1957年	1958年	1959年	1962年	1963年
事務費	2,196,342	2,460,641	3,222,783	3,384,803	5,278,857	5,699,635
総代会費	220,661	246,890	229,396	276,589	349,379	283,293
事務所費	161,415	166,159	237,830	261,219	不明	746,950
維持管理費	4,455,722	4,466,321	5,265,449	5,637,720	15,968,798	14,120,589
事業促進費	136,021	212,533	4,566,603	588,468	584,919	567,128
財産費	40,000	64,600	30,000	80,000	157,000	100,000
借入金	217,323	311,460	656,592	2,440,940	5,310,096	7,989,446
負担金・事業費	5,245,434	5,554,970	6,083,824	17,312,405	6,378,263	2,571,469
支出計	12,670,948	16,349,360	17,188,366	31,273,439	34,542,659	32,676,472

注：(1)　項目は主なものを掲げたため，項目の合計は収入計・支出計には一致しない。
　　(2)　1959年の補助金は国庫から，また1962年の補助金は，茨城県からのものである。
出典：新利根川土地改良区資料より作成。

収入の過半は当然ながら耕作農民からの賦課金によっている。また表1-10を確認すれば、賦課金の徴収率はおおむね八〇～九〇％であり、各年度一〇％以上の「未収賦課金」が毎年発生している。ここでいう「未収賦課金」とは、単年度ごとに徴収すべき賦課金の未収分であり、累積されていった。一九六二年の賦課金収入二三五〇万九六五一円のおよそ一割に相当する二五三万一六八〇円が未収賦課金として発生し、土地改良区が発足してからの累積金額は、同年で六一八万五八二八円に達していた。

国営事業によって造成された水路や灌漑排水施設に関しては、完成した施設から順に新利根川土地改良区が国より管理委託を受けて利用し、

表1-10　新利根川土地改良区における経常賦課金水準の推移と徴収率・未納累積金額

年度	賦課金（10a当・円）		徴収率（%）	未納累積金額（円）
	田	畑		
1953	150	50	76.4	17,570
1954	200	70		60,941
1955	230	80		146,714
1956	245	85	82	139,674
1957	300	100	85.5	335,070
1958	300	100	92.6	452,298
1959	350	120	82.5	523,363
1960	360	120	88.6	683,942
1961	370	130		1,294,576
1962	460	155	83	2,531,680
合　計				6,185,828

注：空欄は不明。
出典：新利根川土地改良区資料より作成。

施設の維持管理に要する費用を耕作農民からの区費（経常賦課金）徴収によって支弁していくという形を採っており、一九五八年度より順次、農林省と管理委託協定を締結している。また事務費（職員賃金が主）等の運営費用に関しても賦課金収入から支弁されるため、土地改良区の経常的な運営にあたっては、経常賦課金の徴収をいかに進めていくかが最重要課題であった。

しかしながら、支出金額のなかでも高い割合を占めている施設維持管理費（機場排水費や変電所設置による人件費など）は、国営・県営事業による造成施設の完成にともない、増大傾向が著しかった。それを補うために、当時の土地改良区では、これらの経費の増大を借入金にも依存していた。表1-11にみるように、一般会計借入金が一九五〇年代後半より漸増傾向にあることは明らかであり、一九六二年には全収入金額の三割を超える借入金収入がなされている（前掲表1-9）。施設の維持管理費の増大を借入金に依存せざるをえない財政状況であったことがうかがえる。一九六五年に県によってなされた会計検査の検査報告書においても、一般会計の問題点として以下のような指摘がみられる。

> 償還金特別会計については、償還賦課金の未収分を一般会計からの一時借入によって補てんするなどの応急処置もみられるが、よく完全償還に努められその労を多とするものであるが、一般会計については若干の問題点がつぎ

のように認められる。

昭和三八年度収支決算をみるに収入総額三二七一万三八二八円に対し、支出総額三二六七万六四七三円で差し引き繰越剰余金三万七三五六円となり、決算上収支の均衡が得られているのであるが、過去一ヵ年の経理経過と出納閉鎖日における財産の実態からみれば、必ずしも均衡を得ていないうらみがある。

すなわち、二回にわたる予算更正を行つているが、その主たる理由は湛水排水費及び変電所設置にともなう人件費の増加によるもので、このような経常的支出に対しその財源を賦課金または積立金等の自己資金によらず外部借入金に依存していること。

また、出納閉鎖日における外部からの一時借入金の残高が一五〇万円あるいは総代手当て等の未払金二六万円が認められるなど、これらは経常的支出に対し経常的収入が当該額だけ不足していることによるもので、実質的にはいわゆる赤字決算であること。

表1-11　新利根川土地改良区の借入金の推移

（単位：円）

年度	一般会計借入金額	特別会計	
		借入金額	事業地区名
1953	—	2,000,000	阿波崎
1954	—	1,100,000	阿波崎
		2,600,000	浮島
		1,000,000	萩原
		200,000	中島
1955	2,700,000	1,500,000	中島
1956	3,900,000	3,000,000	中島
1957	4,100,000	1,700,000	清久島
1958	3,200,000	3,400,000	清久島
		3,200,000	特殊団体営
		21,000,000	橋向・押砂
		1,300,000	町田
1959	4,400,000	10,000,000	曲渕
		39,000,000	佐原組
		6,500,000	清久島
		480,000	市崎
		2,400,000	尾島
		1,400,000	押砂（客土）
		4,600,000	特殊団体営
合計	18,300,000	106,380,000	124,680,000

注：事業地区名最下欄の数字は，一般会計借入金額合計と特別会計借入金額合計との和。
出典：新利根川土地改良区資料より作成。

このような経常賦課金の滞納は、改良区内の地区ごとの差を含みつつ累積している。表1-12により経常賦課金徴収の地区による差をみるならば、徴収率の高い地区と低い地区が区別できよう。すなわち、前掲表1-4の農業水利事業の展開を振り

表1-12　新利根川土地改良区の経常賦課金徴収実績

（単位：円，％）

地区名	1956年		1958年		1959年		1963年	
	未収金額	徴収率	未収金額	徴収率	未収金額	徴収率	未収金額	徴収率
本新島	157,800	87	52,616	96	714,386	65	188,410	95
十余島	269,450	89	108,956	95	122,361	96	644,594	89
金江津	122,043	92	122,515	92	275,322	86	348,727	91
長竿	8,032	82	0	100	25,820	64	9,860	93
柴崎	365,027	64	107,777	89	131,936	88	340,650	84
太田	66,442	91	56,340	94	79,750	93	366,880	83
高田	15,137	93	21,964	92	64,740	81	66,720	89
大須賀	237,169	77	60,929	94	281,799	79	350,480	86
阿波	149,946	67	179,292	63	347,305	41	607,300	42
古渡	0	100	0	100	13,235	91	13,570	95
浮島	127,350	76	8,560	98	2,000	99	215,220	87
伊崎	340,065	67	71,663	93	266,848	81	601,250	77
千葉県	5,361	95	19,043	87	35,690	79	119,170	63
甘田入干拓	—	—	101,951	37	134,015	61	504,050	14
計	1,863,822	82	911,606	92	2,495,207	83	4,090,349	85

出典：新利根川土地改良区資料より作成。

返れば、一九五〇年代後半においては比較的早く農業水利事業が展開し、国営・県営事業の恩恵によって耕地条件が改善された地区において相対的に賦課金の徴収率が高いことがうかがわれる。十余島・金江津両地区はいち早く幹線整備がなされた地区であり、どの年度もおおむね九〇％を超えている。そしてそのような地区では、団体営区画整理事業の導入も最も早く行われている。一方、徴収率の低い桜川村阿波地区は、用水整備が遅れ、区画整理もなされなかった。

一九六〇年センサスで各地区の水田率を比較すれば、東村十余島地区（旧十余島村）九〇・九％、河内村金江津地区（旧金江津村）八一・四％であるのに対し、桜川村阿波地区（旧阿波村）は四〇・二％であり、農業経営は畑作や養蚕の依存率が高かったという農業構造上の相違も多いに関係していると思われる。水田農業を中心とした土地改良区の事業への農民の関心の薄さや、事業恩恵を受けないままでの平等負担への反発等もあったと思われる。

理事会は、地区間の事業導入の格差が発生し、桜川村等の未実施地区から反発が起こってきたことに対し、それまで一律であった賦課金を、それらの地区に関して減額を、他の地区は増額という措置を行う方針を出した。以下は理事会の方針に対する総代会における総代と理事とのやり取りである。

担当理事：「県営償還金が多くなってきたので賦課の対象になった本年度をまかなうには、田反当三八〇円、畑反当一三〇円にしなければならない」
東村総代：「特別地区を作り指定して反当一三〇円に（減額を――引用者）したのは何故か」
専務理事：「一部特別地区を指定して減額したのは、昨年修正した総代会に提出する前です。桜川のやうに国営・県営とも受益地でない場所に差をつける様にした。これは改良区内にあって受益されないものに対しても事務上の実費は負担して頂くために三分の一を賦課してあります」
東村総代：「受益地は現在の賦課でもよいとしても区域内で受益されない場所においては亦工事による損害を受けた地域については――」
常務理事：「減額するについてはさまざまに意見もありますので五千町歩の受益を個々に分けた場合は他にもありますがそれでは改良区が成立して行けないからしばらく辛棒《ママ》して頂きたい」
東村総代：「改良区内に一部特殊地帯を作ったので他の地区では区費徴収に行っても追い返される様な状態である。区域内は区費は平等に徴収せられるように」
常務理事：「改良区開設以来平等を基本として出発して来たが発足以来工事の出来ない地区が出来たので平等賦課の原則がくずれて来た。桜川地区だけ特別地区として指定その他の地域で改良区内に在って受益の少ない所即ち発動機等使用の場合は小施設電力料として還付しております」

東村総代：「区域内に特別地区を作りその他の地区は平等賦課については不満あり未だに補償問題等も解決していない。外堤は出来たが中は何もしていないにもかかはらず平等賦課に余《ママ》んじている所もあり、桜川地区にやった様に其の他の地区にも適用せられよ」

「湛水排除期成同盟設立以来永年努力して来て出来ない地区と反対して土地改良事業の出来ない地区を一緒にして取り扱ってもらっては納得がいかない」

（『昭和三五年度臨時総代会議事録』一九六一年三月二七日開催）

理事会のこのような措置は、徴収率の低い地区による未収金増加や、反発を回避するうえでの苦肉の策といえようが、平等を原則としていた受益地区内へ地域間格差を導入し、伏在していた事業導入格差を表面化させる要因となったことは明らかである。

このような地区間における事業導入状況の違いによる賦課金徴収率の差は、実施された事業の効果を発揮させるための次なる事業導入に際して、「区費の納入状況」という形で事業対象の評価基準となったことも、事業導入による地区間格差をさらに拡大する要因として作用した。たとえば最も区画整理事業導入が早かった十余島地区清久島集落の「工事施工認可申請書」には、清久島集落において区画整理事業を導入する事由を以下のように述べている。

本申請の清久島地区は、当改良区域内、国営県営事業施行により、直ちに着工可能の数地区より、耕作農民の熱意、即ち、同意の状況、区費の納入状況等を勘案し、厳選した地区で、国営十余島用水幹線の施行により、早急に区画整理工事を実施すれば、貴重な国費を費やした国営工事の恩恵を十二分に享受できるので施行せんとするものである（『昭和三二年度～三三年度定款変更・工事施工認可申請綴』）。

以上のように、未収賦課金の問題は、直接的な収入減という財政問題とともに、国営事業の進捗度合いや事業効果の地域間格差が一律賦課金の徴収率の差として顕在化し、それが次なる団体営事業導入の際に影響し、いっそう地域間格差が拡大していくという現象をもたらしたという点でも、大きな問題であった。事態を重くみた土地改良区では、一九六一年度以降、三つの対応策を導入して未収賦課金の回収に努めることになる。第一は、先に上げた国営事業の未実施地区における賦課率の減額と国営事業実施地区における増額、第二は、茨城県債権整理協会より滞納整理の専任職員を採用したことであり、第三は、受益地が属する各町村に賦課金徴収を委託することであった。賦課金徴収の町村への委託は、集落区長等を代表とする納税組合が実質的に徴収にあたり、徴収総額の四％が徴収手数料として納税組合に支払われた。集落の納税組合という集団的規制を利用して、低下していた徴収率を高めることを企図した方策であるが、以後、未収賦課金問題は土地改良区の運営に際して最も重要かつ解決困難な問題となっていく。

(2)　補助金打切り問題

当土地改良区では団体営土地改良事業への国からの補助金が減少し、補助事業採択が滞っていくなかで、事業のスムーズな進捗の実現を目的として、むしろ積極的に融資を受けて事業促進をはかっていったことは前述のとおりである。国営事業の成果を十分に発揮し、生産力を高めていくためには、その後の県営事業や団体営事業のスムーズな展開こそが最重要課題であったからである。

しかし、県営事業および相次ぐ団体営土地改良事業の導入による地元負担金を充当するための農林漁業資金借入金額の膨張は、一九六一年度途中までで累積で約一・四億円に達していた（表1-13）。借入金の一部はすでに償還期に入っており、最も受益地の大きい東村地区における区画整理事業の償還が一九六一年度から開始される時期である。

表1-13　事業借入金額の推移（農林漁業資金）

（単位：円）

年度	県営事業		特殊団体営事業		団体営事業		合　計	
	借入額	残　高	借入額	残　高	借入額	残　高	借入額	残　高
1954					6,900,000	3,579,912	6,900,000	3,579,912
1955	2,700,000	2,469,437			1,500,000	1,302,952	4,200,000	3,772,389
1956	3,900,000	3,566,965			3,000,000	2,236,819	6,900,000	5,803,784
1957	4,100,000	3,930,453			1,700,000	1,630,267	5,800,000	5,560,720
1958	3,200,000	3,200,000	3,200,000	2,790,000	25,700,000	25,700,000	32,100,000	31,690,000
1959	3,600,000	3,600,000	4,600,000	4,600,000	59,780,000	58,770,600	67,980,000	66,970,600
1960	5,850,000	5,850,000			8,550,000	7,126,400	14,400,000	12,976,400
1961					6,000,000	8,375,000	6,000,000	8,375,000
小計	23,350,000	22,616,855	7,800,000	7,390,000	113,130,000	108,721,950	144,280,000	138,728,805

出典：新利根土地改良区各年度財産目録より作成。

表1-14　特殊団体営事業（十余島幹線かんがい排水）の概要

年度	収入（円）				支出（円）			事業量
	国庫補助金	農林漁業資金	一般会計繰入金	計	工事費	事務費	計	
1958	3,491,000	2,790,000	900,126	7,181,126	6,982,250	198,876	7,181,126	676m
1959	5,811,500	4,600,000	1,211,539	11,623,039	11,623,039	0	11,623,039	1,447m
計	9,302,500	7,390,000	2,111,665	18,804,165	18,605,289	198,876	18,804,165	2,123m

出典：新利根川土地改良区資料より作成。

加えて、国営事業負担金の償還開始を一九六六年に控えていた（年額二四三〇万円・一五年定額償還）。

このような時期において、相次ぐ団体営事業導入によるさらなる多額の長期資金借入が予測されるなかで、当初補助事業として予定されていた県営灌漑排水事業の補助打ち切りにより、団体営事業が増加したことは、土地改良区の財政運営に大きな影響を及ぼした。『第一九回臨時総代会議事録』（一九五八年一一月二日）より、土地改良区専務理事による説明を引用する。

「特殊団体営事業は、県営事業が一億三七〇〇万円の予算で着手したが、大蔵省の事業費整備で打ち切られた末端工事である。このたび新しい法律により施行するものであるが、法の確定しない現在は国補四割、地元六割、県費補助は一応ないものと考える。確定後は国補五割になると思う」。

「県営事業当初見込三二〇〇万円が一六一四万円となり、これに対する地元負担金が融資を含み四〇四万三〇〇〇円となり、三九五万七〇〇〇円の減少となる。従ってこの中融資見込二四〇万円を差し引いても一五五万七〇〇〇円の余裕があるので特団は県営打切りの線で県営並に取り扱うのでこの中特団地元負担金八〇万円を特別会計に繰り入れ処理するものでご心配の追徴はしなくて運営できる確信をもっている」。

当初県営事業として計画されていた十余島幹線水路整備事業は、県予算整備によって排水路末端事業が打ち切られた。事業範囲は佐原組新田・押砂・橋向の四三六haで、国営事業の効果を向上させるために排水路末端を二一二三m延長するというものであった。

土地改良区は特殊団体営事業として表1-14のように七四〇万円（地元負担金の約八割）を借入し、地元負担金は県営事業と同様の水準になるように調整をはからざるをえなかったのである。

このほかにも補助事業から融資事業へ切り替えられた事例として、一九六二年度の十余島灌漑排水事業（戸指川付替工事）が上げられる。この事業の場合は、農林省の補助金の予算額が不足しており、また「面積が少ないため国営でも取り上げて呉れない」（『一九六一年六月二一日理事会議事録』）ため、単年度事業として行うことが不可能であることが判明し、特殊団体営非補助融資事業に切り替えられたのである。この際も県からの支援を受けつつ、事業計画規模を削除・縮減することによって地元負担は当初計画どおりとすることを理事会において決定している（『一九六二年八月七日理事会会議録』より）。

（1）　玉城哲「『土地改良法』の成立」（土地改良制度資料編纂委員会編『土地改良制度資料集成第一巻』全国土地改良事業団体連合会発行、一九八〇年）三四六頁。

（2）　同右、三三九頁。

（3）　農林事務次官通達「土地改良法の施行について」（一九四九年九月三〇日付二四農地第九一四号。農林事務次官から各農地事務局長・都道府県知事あて）。

（4）　土地改良制度ならびに土地改良事業の時期区分については、これまで種々の試論が示されているが、それらの各論を踏まえた上での最近年のものとして、今村奈良臣「戦後土地改良政策の展開過程」（加藤讓編『水田利用再編と土地改良』農林統計協会、一九八四年、所収）を参照のこと。同論文では以下の三期に区分している。

第一期：終戦から農業基本法制定まで。

第二期：農業基本法の制定から米過剰問題を契機に土地改良事業の転換がみられた一九六〇年代後半まで。

第三期：総合農政の開始から激しい変貌過程を内包する一九七〇年代前半にかけて。

なお今村も指摘するように、この第一期を二分して、戦後改革期を前期に、それ以降の食糧増産政策期を後期とする考え方も存在する。今村は第一期の戦後性と第二期以降との異質性を明確化するため、第一期を一括して捉える考え方を採用している。

（5）　戦後復興期の土地改良事業の変遷については、農村開発企画委員会『昭和三〇年代以降における農地行政の展開とその評価』（農村開発企画委員会発行、一九七三年）に詳述されている。また、土地改良事業が大きく転換する農業基本法制定前後に、行政側から一九六四年土地改良法改正に携わった者の解説として、横尾正之「解説　昭和三二年改正後から昭和三九年・四〇年改正時まで——土地改良制度及び水利制度の概要——」（土地改良制度資料編纂委員会編『土地改良制度資料集成第二巻』全国土地改良事業団体連合会、一九八一年）を参照。

（6）　新利根川農業水利事業の概要については、久保田治夫「新利根川農業水利事業」（農林水産省関東農政局・利根川水系農業水利調査事務所編『利根川水系農業水利誌』農業土木学会、一九八七年）を参照。

（7）　玉城前掲論文、三三二頁。

（8）　古島敏雄・新井信男「水利団体と水利秩序」（農業水利問題研究会編『農業水利秩序の研究』御茶の水書房、一九六一年）を参照。

（9）　玉城哲『川の変遷と村——利根川の歴史——』（論創社、一九八四年）一七七頁を参照のこと。

（10）　中山は衆議院議員を六期務め、また、本土地改良区の理事長を一九五三年から死去する一九七六年まで務めた。

(11)　土地改良事業の詳細な内容に関しては、関東東山農業試験場農業経営部『水田単作地帯における農業の実態と動向――茨城県稲敷郡東村の調査――』(一九六一年)を参照。
(12)　同右、五九頁。
(13)　茨城県農業会議『農業生産組織の発展過程と農業就業構造の近代化』(茨城県農業会議、一九七〇年)一五頁。
(14)　前掲『水田単作地帯における農業の実態と動向』六六頁。
(15)　同右、六五頁。
(16)　古島・新井前掲論文、四四八頁。
(17)　前掲『水田単作地帯における農業の実態と動向』六八頁。
(18)　この時期の国・都道府県営事業に直接関係する末端の団体営事業への補助金予算の伸びは、都道府県営事業に対して小さかった。そのため団体営事業の補助金採択が遅れ、補助待ちの地区が多くなるという事態が起こり、事態打開のために、補助率の低い小規模事業は低利資金の融資に切り替えて事業の促進をはかることとした。一九五八年七月に制定された「経済基盤強化のための資金及び特別の法人の基金に関する法律」にもとづき、国庫剰余金の一部を農林漁業金融公庫に出資して助成基金を設置し、その運用益によって非補助土地改良事業のうち特に必要なものに対し、公庫の貸付金利を軽減することとした。
(19)　前掲『水田単作地帯における農業の実態と動向』六八頁。
(20)　同右、七一頁。
(21)　同右、八一頁。
(22)　前掲『昭和三〇年代以降における農地行政の展開とその評価』一八頁、五二頁。
(23)　同右、五六頁において、以下の五点が指摘されている。①土地改良事業への外資導入、②残事業量の圧縮と事業の早期完了をねらいとする「特定土地改良工事特別会計制度」の発足、③開拓事業制度の改定と開拓営農に対する融資枠の拡大、④低利融資による土地改良事業の推進をはかろうとする「非補助小団地等土地改良事業助成基金」の設置、⑤土地改良事業計画上における調査基準の設定と経済効果の測定方法の明確化。

(24) 農林漁業基本問題調査事務局監修『農業の基本問題と基本対策・解説版』(農林統計協会、一九六〇年)一九〇頁。

第3節 小括

新利根川下流域の土地改良事業の展開に関する分析を、二つの視点から小括する。

まず第一に、土地改良事業の展開が農業生産力上昇へ与えた影響についてである。一連の食糧増産政策の中心として位置づけられた国営・県営の大規模農業水利事業のこの地域における展開は、乾田化による収量の飛躍的な増大へ結果し、国家的要請にも、また早期栽培・早刈技術の導入にもとづく早期米産地化による経済的メリットによって、農民的要請にも一定の範囲で応える内容であった。大規模農業水利事業の土地生産性の飛躍的向上への寄与は特筆すべき点である。

だが、大規模農業水利事業のみではすべての既耕地を乾田化することはできず、かえって乾田化圃場と排水条件不利圃場の格差を新たに生み出すことになった。特に排水条件不利圃場の所有率が高く圃場分散率も高かった下層農と、反対に比較的好条件の圃場を所有し稲作の安定化がひとまず得られた上層農との生産力の格差が顕在化し、その後の上層農の蓄積と合わせて格差の拡大を招いた。大規模農業水利事業は、土地所有に規定された上層農と下層農の生産力の格差を生み出す要因として作用し、一方では上層農の安定性は、その後の区画整理進捗の抑制要因となったとさえ言いうる点は、第2節のとおりである。この間の団体営小規模灌漑排水事業は、排水条件不利圃場の解消による格差是正に積極的役割を果たしていった。

しかし、一九五〇年代後半から進展する耕耘機導入と相俟って、上層と下層の圃場条件の格差是正と均質化、また圃場の団地化の手段としての区画整理事業や小規模灌漑排水事業が、新たな生産力発展段階、とりわけ労働生産性向上を重視する段階において農民から要請されるようになり、事業の進捗が促進されていくのである。

さらに、前掲表1-6にみるがごとく、一九六五年には区画整理と同時にパイプラインの同時施行が開始され、農業用水の個別的利用が促進されていき、農家は用排水の集団的規制から解き放たれていく。

なお、国営事業を起点として、県営事業、団体営事業という戦後の一連の事業体系確立がなされたのも、戦前との大きな相違点である[1]。食糧問題が国家的課題となり、国が土地改良事業へ直接関与し、土地改良事業体系が抜本的に改変されたことも、国営事業等の大規模農業水利事業の導入の意義としてあげられよう。

第二に、土地改良事業の実質的な推進主体たる土地改良区の運営問題の発生要因の解明である。

農業基本法は、それまでの食料増産基調の農政に対して、産業政策としての生産性の向上と構造改善に資する観点からの土地改良投資を要求した。投資効率を最優先させる事業展開のもとでは、総花的な財政支出は制限され、土地改良関連への国庫補助金は高まる土地改良事業要請に応じて増加することはなかった。その隘路を打開するために、農林漁業資金等の低利融資を柱とした各種の方策が採られた。新利根川土地改良区では県営事業の補助打ち切りによる団体営融資事業の増加によって農民の負担が増加することを回避するために、なおいっそうの借入金に頼るというかたちで、膨大な負債を抱えていくことになるのである。

加えて国営事業の完成にともない、造成施設の維持管理費の負担が土地改良区の一般会計を直撃した。必然的に農民から徴収される賦課金の増額が必要となり、合わせて外部借入金依存による一般会計の実質的赤字決算問題も顕在化するようになった。

賦課金の増額は、伏在していた大規模農業水利事業の恩恵の地区間不平等問題を表面化させた。また特に恩恵が薄い地区における未収賦課金の発生を招き、賦課金徴収率が事業導入地区の選定基準として重要であったことから、徴収率の低い地区と高い地区との間によりいっそうの事業導入格差が発生したのである。

土地改良事業による農業生産力の上昇という側面とともに、一方での上層・下層農民間の土地所有に規定された格差の発生・拡大や、地域間での事業導入量格差の発生という問題は、土地改良区の財政運営に大きな影響を与えた。国政レベルの土地改良事業の位置づけの変化により土地改良区に発生した各種矛盾は、最終的には賦課金増額や地区間の導入事業量格差の発生という形で、農民の負担増加へと帰結していったのである。

ともあれ、東村十余島地区における土地改良事業の展開過程は、以上のような問題を発生させつつも、その最終的な事業効果として、苦汗労働から農民を解放し、また土地生産性の向上を実現し、さらに農業基本法下における農業機械化段階に比較的スムーズに対応していく条件整備となったという事実は揺るがしがたい。

（1） 玉城哲『川の変遷と村――利根川の歴史――』（論創社、一九八四年）一九一頁。

第2章　自立農家経営への模索

第1節　農業構造改善事業の展開

1　はじめに

東村の広報誌『あずま』は、一九六〇年において「東村も五年続きの豊作で岩戸景気とまではいかなくとも好調である」(1)と述べ、「昨年から始まった村の十ケ年計画は……各戸の所得倍増を計画し」たものであると説明していた(2)。中央政府が所得倍増計画を公表し、それに呼応した新しい農業政策構想を準備している下で、村政当局から農業を基幹とした積極的な村づくりを進めようという意欲が示されていたのである。農業基本法の制定（一九六一年）に前後して農業政策関連の各種の事業メニューが提示されることになるが、東村、特に十余島地区は、こうした事業メニューに積極的に応えていくことになる。

一九六〇年代前後における稲作農業の機械化はめざましいものがあった。調査対象地域について見れば、まず一九五〇年代後半から一九六〇年代前半期に耕耘機・トラクター導入による田植準備作業（耕起、砕土、代掻）の機械化が進み、六〇年代後半期から七〇年前後にかけてバインダー・コンバインによる刈取作業の機械化が続き、七〇年以降には田植機の導入が進んだ。この過程は、基本的には個別農家における機械導入によって担われたが、その際に集団的利用を目的として中・大型機械の導入が政策的に補助されたことが、少なからぬ影響を与えている。

本節の課題は、農業機械化実験集落事業（一九六〇〜六四年度、一部は六七年度まで）、農業構造改善事業（一九六四〜六六年度）として、旧十余島村地域で相次いで実施された農業機械導入政策の内容を明らかにし、それが農業経営のあり方をどのように方向づけようとしたのか、そしてその目標はどのような結果に終わったのかについて検討することである。

調査地における両事業は、単純化していえば、機械貸付または補助金給付によって共同利用目的の大型トラクターを導入する政策であったが、その背後には、あるべき農業構造についての行政機関の構想が示されていた。そうした農業構想は、農業基本法の理念の具体化として農政当局が演繹的に導き出したものであったので、現実の農家の経営行動を通じて異なった結果がもたらされたし、機械化の内容も政策当局が想定した大型機械による共同作業化の方向とは異なって、個々の農家がワンセットの農業機械を所有する方向に進んでいった。そこで、この地域における農業施策の流れを確認した上で、共同利用型の機械化促進政策の基本性格とその限界についてまず検討しておきたい。

東村は、戦後早くから農業政策が手厚くなされてきた地域であるが、その内容はおよそ以下のようなものであった(3)。

第一は土地改良事業であり、これはまず一九四七〜五四年にかけて湛水排除事業が国営事業として実施され、機場敷設、堤防嵩上工事がなされた。続く五四年からは継続して区画整理事業が実施され、一九六〇年代を通じて区画整理、交換分合、用排水路の整備等が、村内全域にわたって実施され、七〇年時点で全耕地の八六・三％を完了していた。区画整理による田の形状の規格化は、一〇アール規格（一九五四〜六〇年度事業）、二〇アール規格（五九〜六二年度事業）、三〇アール規格（六一〜六七年度事業）と、国の施策の方針にそって順次拡大されていった(4)。

第二は、近代化施設の導入促進策であり、まず一九五九〜六三年度には、新農村建設事業として恒久的な地域住民の福祉と文化向上を目的として、有線放送設備や生活環境の整備がなされたが、その一環として、農業機械化センター、共同作業場が作られ、小型防除機、ブルドーザーが導入されている。これは以後の施策と同様に、個人的施設ではなく、共同で利用する施設に対する財政補助策であった。続いて同事業と時期的に重なりながら、一九六〇～六七年度に農業機械化実験集落事業が十余島地区内の三集落を対象として実施されたが、これは具体的には国が乗用トラクターを貸与して、農作業の場でその利用上の問題点について調査するものであった。さらに六四年度からは農業構造改善事業が実施され、その最初の指定を受けた十余島地域では、六四～六五年度に乗用トラクター二六台が導入された。

十余島地区における農業構造改善事業は、直接的には田植準備工程の労働力の削減を目指すものであり、機械化実験集落事業と同じ内容であったが、同時に、機械化によって余剰化した労力を活用して複合経営を実現し、出稼農家をなくして兼業農家を専業的な自立農家に育成するという目標が明示されていた。構造改善事業はこの後、同村内の本新島地区で六六～六九年度に、伊崎地区で七〇～七三年度に実施されたが、導入される機械・施設としてはコンバイン・ライスセンター・田植機が加わり、稲作以外の推奨対象が酪農から施設園芸に変化したという修正は見られたものの、機械化と複合化の促進という点は共通していた。

以上の概観を前提として、以下、機械化奨励政策の実態と行政当局による農業生産改変構想の内容を計画と実態の対比を通して明らかにし、さらに個々の農家による農業機械化の進展と行政的施策との関連について検討しよう。

2　機械化実験集落事業（橋向・押砂・大重集落）

1　事業の内容と背景

農業機械化実験集落事業は、国が一五～二五馬力の中型（乗用）トラクターを各種の作業機とともに貸与し、その運用実態を試験研究機関が詳細に調査して機械化の条件を探るという事業であり、事業指定の一九六〇年度には三県で実施されたが、茨城県では東村が指定を受け、十余島地区内の橋向・押砂・大重各集落の三農業者群(5)が対象となり、それぞれ九戸（当初は一二戸が登録したが、三戸が脱落）、九戸、一六戸の農家集団が、農作業に乗用トラクターを共同利用したのである。機械利用の実態、効果、問題点等については、参加農家による作業内容の記帳等にもとづいて試験研究機関・行政当局が詳細に検討し、毎年度、『調査報告書』が作成された。期間としては、第一年度＝一九六〇年度を基準年として、第二年度＝六一年度から実際にトラクター作業が実施され、第五年度＝一九六四年度にいったん終了し、押砂農業者群はこの時点で事業対象から外れて構造改善事業に移行したが、橋向・大重の二農業者群はさらに三年度間事業を継続し、六七年度をもって終了している。

事業の目的は、直接的には、乗用トラクターの利用上の問題点を把握することであったが、間接的には、構成員農家の農業の内容を、稲作中心から変化させ、共同作業を加味した水田酪農方式を定着させることが明示的に意図されていた。

ただし、橋向・押砂の二農業者群と大重では、農業の内容は大きく異なっていた。すなわち一九六〇年における農業粗収入に占める稲作収入の割合は、橋向農業者群では八一・四％、押砂農業者群では九二・一％であって、稲作中心の農業であったのに対して、大重では六五・五％であり養豚の比重が高かった(6)。また、橋向・押砂農業者群が個別農家経営として完結しており、共同作業方式の導入が新しい課題であったのに対して、開拓入植者集団である大重農業者群は、入植過程の必要性にもとづいて共同経営ないし共同作業を実施していた。すなわち、大重集落一六戸は、「地元入植の三戸を除いて、一三戸が五戸組と四戸組の二つの単位の共同経営の方式をとり、五戸組は、すでに、共同畜舎を設置して、乳牛九頭を飼育している。農機具については全戸で共同利用しており、大型機械化の素地はかなりできている」と評価されていたのである(7)。

なお村政当局がこの事業を受け入れた理由は、第一に、田植前作業、および田植作業のための雇用労働力が集まりにくくなり、その労賃が昂騰しており、その対策が必要であったこと、第二に、「個別経営における小型機械の急速な導入は、農業経営費の増大をもたらす」という傾向がすでに生じつつあり、より能率的な機械を共同利用することが合理的であると考えられたこと、第三に、水稲単作農業の先行き見通し難（食生活の変化、貿易自由化による食料輸入増大予測が背景）を考慮して、水田地帯での酪農導入の必要性が認識されていたことであった。(8)

2　事業の実際――トラクター利用の実態――

まず各年度の事業の内容を年度ごとの『調査報告書』によって確認しておこう。(9)

【一九六〇年度】

基準年次として農業経営の実態把握と年次別計画の作成がなされた。

【一九六一年度】

乗用型トラクターの貸与を受けて耕起・砕土・代掻作業に利用したが、いずれのグループでも機械が土地条件に適合せずに順調に作業が進まず、問題点が多数発見された。たとえば、導入されたトラクターの「車輪径の小さいことは農道と圃場との高低差が圃場の出入に大きく影響して実作業率を低下させる原因となっている」ことがわかったし、下流側に位置する押砂地区では、排水状況が悪かったため、トラクターが砂を巻き込み、作業能率が上がらなかった。また大重でも、土質に乗用トラクターが合わなかったために九六時間しか使用できず、特に代掻、運搬は従来から所有していた小型トラクターを利用せざるをえなかった。

しかしいくつかの注目すべき動きもあった。その一つは、トラクターの共同利用をきっかけとして橋向農業者群が田植の共同作業を実施し、田植準備作業の機械化と合わせて田植時の雇用労働を四分の一程度に削減したことである。

いま一つは、県・村の農政担当者が、国事業としてのトラクターの貸与だけでは不十分であると考えて、全額補助（県が半額、村が半額負担で合計九七万円）で刈取機三台、堆肥散布機一台、尿散布機二台を導入し、各農業者群にその利用をさせたことである。このように、トラクターの貸与をきっかけとして、機械化のさらなる進行が見られたのは、農家が機械化の動きに積極的に応えようとする意向をもっていたことを推測させる。

【一九六二年度】

トラクターおよびアタッチメントに改良を加えたこと、排水条件が改善されたこと等によって、トラクター利用時間は伸びた。また、トラクターの運転免許の取得のために県から半額補助を受けている。

集落別では、まず橋向農業者群がトラクターの故障対策として、農業近代化資金を借り入れて二台目のトラクターを購入したこと、県費半額補助で全自動脱穀機・全自動籾摺機・尿散布機（水田裏作としての牧草栽培のため）を導入し、加えて田植労働の軽減のために共同苗代を設置している。押砂ではトラクターが砂を巻き込むことへの対策を続けたが、その成果は十分でなく、トラクターの利用時間は伸びなかった。他方、田植労働の省力化のために水田直播の試験を行った。大重では、共同畜舎を建設したが、それに必要な資材の運搬用にトラクターを利用したため、耕起・代掻以外のトラクター利用時間が増えた。また、橋向と同様に、県費半額補助で尿散布機を導入した。

このように、引き続き実験集落事業の直接の対象以外の分野で県費補助等を受けながら、農業者群自身の負担で各種の機械を購入し、あるいは共同作業の試みが進められていたことがわかる。

【一九六三年度】

全額補助（半額県費、半額村費）で中古の小型四輪車二台が一二万円で導入され、各農業者群の利用に任された。また、前年度の各種対策が継続されるとともに、新たに刈取作業を本格的に能率化する可能性を探る必要から、橋向でコンバインの利用試験が実施された。これは、農林省の主催によって開催された「コンバイン導入の基本方針を決めるための水稲現地研究会」であり、籾の「落ちこぼれなどのロス」が一〇％以内にとどまり、期待のもてるものであったと報告されている。(10)

集落別では、橋向農業者群は、トラクターによる耕起・代掻作業は二〇ヘクタール前後で伸び悩んだが、トラクターを運搬、排水ポンプ用に利用したため、総利用時間は増加した。押砂農業者群は、土地条件の困難がなお継続しており、「三農業者群の中では最も排水不良であり、その上、水田車輪の機構上、車輪に土を抱き滑りが多いため、走行不能となり作業ができなかった」。(11)大重では、トラクター作業は順調に進み、「酪農部門の拡大によって田畑輪換が増加し、水稲の作付面積は減少している」と報告されている。

このように運搬・刈取部門の機械化が意識されてきた様子がうかがえる。

【一九六四年度】

この年度からは機械類が古くなり修理が必要となったので、県費・村費を半額ずつ出してトラクターおよびそのアタッチメント等の修理がなされている（六四年・六五年＝各六万円、六六年・六七年＝各八万円）。(12)

この年度において、下流域の土地改良が完成し、それを受けて旧十余島村全域を対象とする構造改善事業が開始された。完全乾田化が可能となったことを受けて、実験集落事業では、水田裏作として牧草の栽培を本格化する計画を立てたが計画倒れに終わった。

集落別では、橋向農業者群は、六三年度に引き続いて水田直播試験を試みたが、「早期栽培による移植栽培の用水慣行が乾田直播栽培に適していないため……直播田を集団化し、用排水慣行を直播栽培に適合させる必要がある」ことが明らかになったという。(13)また押砂農業者群は苗取り・田植作業について共同化を実現した。

【一九六五年度】

三農業者群とも、構造改善事業によるトラクター利用組合となりそれぞれ新たにトラクターを購入した。この際、押砂農業者群が機械化実験集落事業から離脱し、橋向農業者群・大重は事業を延長した。

【一九六六年度】

新旧のトラクターの性能比較等を行いつつ、ほぼ順調に農作業に利用した。

【一九六七年度】

事業の最終年度の成果として、橋向農業者群は一〇a当たりの米収量五六七キロを挙げ、六五～六六年度の四七一キロ水準を大きく超えて、共同作業の実施が生産力的にプラスに作用したと評価され、「共同苗代の設置、共同田植を中心とする共同利用の体制は完全に定着」したと総括された。二台のトラクターの利用時間は合計八一〇時間で前年の五三三時間を大きく超えたが、その理由は、「集落外利用として賃耕、橋向部落の共同耕作地及び……請負耕作などにより、作業実施面積の拡大をはかったことによるもの」であった[14]。農家自身の負担で共同作業用のトラクターを購入したために、トラクターのコストを回収する目的で賃耕・請負耕作を実施したことがわかる。

大重では、二台のトラクターの使用時間が減少したが、これは農用自動車の導入によって、刈り取った稲の運搬用にトラクターを利用していた時間が減ったためである。農業関係機械類の専門分化とそれにともなうコストの上昇がうかがわれる。

以上の推移から判断すると、機械利用の技術的側面と、機械の共同利用にかかわる社会・経済的側面の双方について、以下のようないくつかの重要な論点が明らかになる。

第一に、大型機械の利用のためには完全な乾田化と地盤の強化が必要であり、そのためには一九六四年における下流域の土地改良・区画整理の完了が必要であったという事実である。また車輪の大きさ・幅等が、出来合いのものでは利用できず、道路・畦・田面の高さの違い等に適合したものを選択しなければならないことも明らかにされた。

表2-1　機械化実験集落事業での農業機械稼動状況

（単位：時間）

	橋向				大重		
	ランツ D2016	ランツ D300	インター D439	インター D414	シバウラ S17	小型トラクター3台	インター B414
取得方法	国貸与	県補助	国補助	国貸与	国貸与	自己資本	国補助
1961	652	—	—	—	667	—	—
	524	—	—	—	565	—	—
1962	513	—	—	—	1336	669	—
	426	—	—	—	1213	669	—
1963	698	410	—	—	1092	895	—
	642	331	—	—	932	862	—
1964	273	289	—	—	877	201	—
	218	232	—	—	815	201	—
1965	72	—	390	—	408	—	728
	62	—	350	—	341	—	652
1966	—	—	655	247	162	—	871
	—	—	557	195	141	—	751
1967	—	—	452	357	273	—	665
	—	—	373	275	233	—	575

注：上欄は総稼動時間（作業時間，移動時間，修理整備時間の計）。下欄は作業時間のみ。
出典：茨城県『農業機械化実験集落調査報告書（昭和42年）』1968年3月。

第二に、機械の故障が多く、それを修理する時間が長くかかるために、いったん故障が生じると農作業を中断せざるをえず、その際には各農家の耕耘機を利用するか、乗用トラクターを複数台使用できるようにしておかなければならないことであった。乗用トラクターの導入期には個々の機械の「当たり外れ」が大きかったことがわかるが、こうした事実とも関連して、表2-1に見られるように、各トラクターの耐用年数は短く、またほとんど使用されないトラクターもあるというように、効率的利用とはいえない状況であった。集落別に見ても、押砂農業者群は最後までトラクターの利用時間が短かかったし、大重では耕作用よりも運搬用に利用する時間が長かった。

第三に、事業目的の限定性（乗用トラクターの導入）は、機械利用に積極的であった農民側の要求からすれば不十分であり、稲作の刈取・脱穀・調整過程や牧草栽培に利用する各種のアタッチメント類が別途の事業や低利資金措置によって導入されていることである。農家間の共同作業の実施も、同じ流れの中で実現された変化といえよう。農家は稲作労働全体の合理化を希望しており、その実現のためには、共同利用のための機械についても、ある程度の自己負担を行っているのである。

トラクター利用による田植準備労働の効率化はこの時点では技術的に最も成功しやすい道であり、そこに政策的な重点が置かれていたが、必要労働量では田植・刈取の方が多かった。このため、各グループでは、刈取機の導入、共同苗代、直播等が試みられているが、その過程は試行錯誤の連続であった。たとえば、除草剤の普及によって除草の便宜のための正条植が必要ではなくなったと意識されたために、労働時間短縮目的で直播法が押砂農業者群によって試みられたが、「播種時の地下水位が高く、水利慣行にも問題が多いため収量的には移植栽培に匹敵するに至らない結果に終わり[15]、試験段階から実用段階へ進むことはなかった。このように試験場段階では確立した技術であっても、各地の土地条件と社会関係の下では、新たな技術導入にともなう失敗を避けることは困難であったことがわかる。

3　農業経営変化の目標と実際

農業機械化実験集落事業を通じて東村では、米の収量は減少させることなしに水田酪農を普及させて農業所得の増加をはかることを目指し、それを実現するために、以下のような構想を示していた。まず、共同利用の大型機械を導入して稲作労働を合理化し、雇用労賃の節減をはかるとともに、酪農のための家族労働力を確保する。また、酪農のための畜舎、サイロ等を設置し、乳牛を購入して共同飼育方式を採用する。搾乳牛の頭数は橋向・押砂両農業者群では一戸当たり五頭、大重では四頭とする。さらに、乳牛の飼料については、飼料作付を水田裏作、田畑輪換によって実施するとともに、利根川河川敷を利用することによって飼料の七〇％を自給することが計画されていた[16]。

この目標は農業構造改善事業にも引き継がれ、一九六〇年代後半にも追求されたが、のちに見るように従来から畜産部門の比重の高かった開拓入植地を除くと、畜産の比重はかえって低下して米単作化傾向が強まることになった。

3 構造改善事業

1 概況と背景

農業構造改善事業は農業基本法にもとづいて、一九六二年度から全国の農村部市町村のほぼすべてを対象として順次実施されたが、東村では十余島地区を対象として一九六四年度から実施された。事業の趣旨は土地改良、機械設備の導入等を一体化して実施し、農業の近代化をはかることであったが、東村では土地改良事業は新利根土地改良区の計画にしたがって順次実施されつつあったので、農業用機械の導入だけの事業となった。

東村が構造改善事業の対象地区としてまず十余島地区を選択した理由について、矢崎村長は県に宛てて以下のように述べている[17]。

すなわち十余島地区は、「この事業に対する理解と意欲旺盛である地区で、しかも本地区は土地基盤整備事業は強力な新利根川土地改良区に依頼し経営近代化施設整備という方針から区画整理の完了地区であり又経済的裏付けの強力な地区という三つの点より十余島地区を選定し」たこと、加えて、「十余島農協は県内でも優秀な農協」で事業に好都合であること、また「参加農家の本事業に対する態度」に関しては、「トラクターについては、土地基盤整備完了という条件もあって台数不足を感じている状況であり、その意欲は旺盛」であること等が説明されていた。

ただし、コンバイン、ライスセンターについては、「現況では困難を予想されるがトラクター導入には欠かせぬものであり、二年後或は三年後に於ては可能であるとして楽観的な態度である」という微妙な説明をしている。年度計画の中には含まれていたとはいえ、刈取・調整過程のための大型機械の導入については必ずしも明確な見通しを持っていなかったことが推察される。

認可された事業計画は、トラクター二四台（事業主体は各トラクター利用組合）、格納庫一五棟（同前）、コンバイン四台（事業主体は十余島農協）、ライスセンター一棟（同前）という一連の機械・施設の導入であった(18)。しかも実際には、コンバイン、籾乾燥施設は導入が見送られたので、結果的には乗用トラクターを二台増やして二六台購入し、それを保管するための格納庫を建築して事業を終了したのである。

トラクターの導入だけで終わったという点ではこの地区の構造改善事業は機械化実験集落事業の拡大版にすぎなかったともいえるが、いくつかの点で新しい特徴も持っていた。すなわち、実験集落事業が国所有のトラクターを農民が実地利用し、それを試験研究機関が観察するという事業であったのに対して、構造改善事業は半額だけ国庫補助金を受けるとはいえトラクター利用組合の構成員自身が農業機械を購入し、自分たちの判断にしたがってそれを利用し、オペレーターは賃金を受け取り、オペレーター以外の組合員は委託作業費を支払い、さらに、機械費用の組合員自己負担分を軽減するために余力があれば賃耕によって収入を得ることも目指すものであった。その意味で構造改善事業は、個々の農家の経済計算という条件をクリアしなければ実施できない事業であった。

2　事業実績

実際の事業は当初計画の事業費予定一億一四三三万円、補助金五七一七万円（事業費の五〇％）に対して、事業費決算六八四四万円、補助金決算三四二一万円であり、計画の消化率は五九・九％であった。

まず、一九六四年度に一二の農民グループで、トラクター一四台が購入され、格納庫六棟が建設された。六五年度には一〇の農民グループに、トラクター一二台、格納庫四棟が導入された。こうして二年度間で二六台の大型トラク

表2-2　トラクター利用組合内訳（1964～65年）

トラクター番号	名称	員数	受益面積（アール）	事業費（千円）
1	?	10	2,477	2,881
2，3，4	新田第二	36	7,974	9,093
5	?	12	2,799	2,938
6	新田第三	13	1,950	2,340
7	結佐第一	11	2,850	2,636
8	結佐第二	14	3,410	1,716
9	結佐第三	9	2,500	1,716
10	結佐第四	12	3,690	3,560
11	結佐第五	12	3,180	2,424
12	結佐第六	10	2,845	2,527
13	結佐第七	10	2,830	2,976
14	六角第一	12	3,140	2,437
15，16	橋向第一	21	5,835	5,436
17，18	橋向第二	21	4,343	5,524
19	橋向第三	11	2,577	2,771
20	押砂第一	9	2,731	2,388
21	押砂第二	10	2,080	2,410
22	押砂第三	13	3,015	3,078
23	押砂第四	11	1,993	2,775
24	押砂第五	13	2,656	2,185
25	六角第二	15	2,970	2,722
26	六角第三	12	2,970	1,910
	総計	298	70,815	68,443

出典：東村構造改善関係資料。

ターが購入されたことによって、事業そのものは実質的には終了したことになる。というのは、十余島農協を事業主体としてコンバイン、同格納庫、籾乾燥調整施設を導入するという計画（六六年度）は、その条件がないとして六七年度に先送りされ、結局、すべて中止になってしまったからである。

とはいえ、わずかに三〇戸強の農家を対象とした実験集落事業とは異なって、表2-2に見られるように、十余島地区内五一一農家のうち二九八戸の農家を対象とし、受益面積が七〇八ha――十余島地区の総水田面積八六四haの八二％――に及んだのであるから、地域農業に対する影響は大きかったと見られる。

そこで、これによって農作業はどう変化したかについて、表2-3を参考にして検討してみよう。これは、東村が一九六六年度に本新島地区の構造改善事業の計画を定めた資料の中に、先行した十余島地区の事業効果を強調するために付加した資料であるが、これによって稲作労働のどの部分に事業効果が発揮されたのかが判明する。

これによると、耕起から田植までの一連の作業のうち、最大の比重は田植が占めているが、トラクター導入によっても田植作業そのものには影響を与えておらず、作業日数の減少は耕起、砕土、代掻で延べ二八一〇日から七五四日へ約四分の一に減少したことに限定されているのである。比率としての減少度は大きいが、田植作業全体の中ではわずかな改善にとどまっている。
しかし同表に付記された説明は、トラクター導入の効果を強調するために、田植での雇用労働削減も同時に進行したことを述べている。すなわち、「田植は共同田植が行われるようになった（三集落）。又、ゆい作業が行われた（関係農家一三七戸、延一九四七人）。その結果、田植期間が以前の五〜七日から一〇〜一三日と長くなり、雇用労力が減じた」という。耕起、砕土、代掻には従来も雇用者は入っていなかったようであるから、表に示されている雇用者数の削減三三〇〇人日分は田植えの共同化、ゆいの実施による削減分であり、機械化による効果とはいえないことになろう。

表2-3　トラクター導入による効果（十余島地区，1964〜65年度）

	改善前	改善後
水田面積	864ha	864ha
作業別：耕起	1,730日	408日
砕土，代掻	1,080日	346日
田植	18,500日	18,500日
雇用労働力	389戸で22,167人	327戸で18,867人
雇用労力の増減		3,300人

出典：東村「昭和41年度　農業構造改善事業実施計画書」15頁。

そこで田植における雇用労働の削減度を見ると、三八九戸で二万二一六七人を雇用（一戸平均五七・〇人）していたものが、トラクター導入後には三二七戸で一万八八六七人を雇用（一戸平均五七・七人）するようになって、全体で三三〇〇人の削減効果があったという関係が読み取れる。みられるように、削減効果は田植の共同化によって六二戸の農家が雇用者を排除したために生じているのであって、雇用を続けている農家の平均雇用者数は減少していないことがわかる。
同文書は、合計三三〇〇人の雇用削減の効果を強調して、一二〇〇円×三三〇〇人＝三九六万円の労賃の節減になったことを強調しているが、当初の雇用者数が七分の一程度減少しただけであり、しかもトラクター導入による直接的効果ではないことがわかる。田植期間が五〜七日から一〇〜一三日に延長されたというのは、地域全体における始期と終期の間隔についていっていると思われるので、共同田植をしなかった農家の田植期間は変化せず、したがってその雇用者数にも短期的な変化はなかったも

表2‐4　乗用トラクターの稼動状況

（単位：時間，ha）

				耕起	砕土	代掻	施肥	防除	運搬	他	計
橋向農業者群	1961	A	作業時間	215	16	213	12	0	19	0	476
			作業面積	30	4	24	1	0			
	1962	A	作業時間	174	6	219				7	406
			作業面積	23	1	24				0	
	1963	A＋B	作業時間	323	31	455		9	196	80	1,096
			作業面積	34	6	33		2			
	1964	A＋B	作業時間	177	7	246				5	534
			作業面積	20	1	20					
	1965	A＋C	作業時間	189	7	261				5	462
			作業面積	32	1	25					
	1966	C＋D	作業時間	143	7	221	27	5	34	4	442
			作業面積	27	1	27	5	1			
	1967	C＋D	作業時間	265	0	281	15	5	52		619
			作業面積	44	0	30	3	3			
東村全体	1966	30集団・30台平均	稼動時間	135	154	100	0	3	2	1	394
			稼動面積	28	31	14	0	0	0	1	74
	1967	40集団・40台平均	稼動時間	170	89	111	6	19	21	16	432
			稼動面積	33	22	24	2	11	1	1	94

注：橋向農業者群のトラクターは，A＝ランツ D2016，B＝ランツ300，C＝インター D439，D＝インター B414。
出典：茨城県『農業機械化実験集落調査報告書（昭和42年）』85頁。茨城県農業会議『農業生産組織の発展と農業就業構造の近代化』27～28頁。

のと判断される。

　それではトラクターは実際にはどの作業に、どれだけ利用されていたのだろうか。表2‐4は機械化実験集落となった橋向農業者群と、構造改善事業の対象となった東村の全トラクター利用組合についての作業別の作業時間と作業面積を整理したものである。これによるとまず、トラクターの利用が耕起・砕土・代掻にほぼ限定され、東村全体では一台当たり四〇〇時間前後、橋向農業者群では六四年度以降は二台で五〇〇時間前後であることがわかる。また、耕起・砕土・代掻という各作業の対象面積がかなり異なっており、特に橋向農業者群では、耕起・代掻に比べて砕土の面積が少なく、砕土はほとんど各農家のトラクターによってなされていることが推測される。東村全体については、一九六六年には代掻の対象面積が少なく、六七年には耕起作業に比べて砕土・代掻の面積がやや少ない。のちに見るように、各農家の個別的な小型トラクターの購入と集団利用の大型トラクターの導入が併行していたこの時期には、こうした形で機械の使い分けがなされていたものと推定される。大型トラクターが導入されればトラクター利用組合の構成員の耕地はすべてその耕作対象になったとは言えないわけである。

3　農業構造改変構想と帰結

東村における農業構造改善事業は、農業基本法の理念にそって選択的拡大、具体的には有畜複合農業を目指し、農業機械化はそのための手段として位置づけられていた。そして農業構造ないし作目構成は、以下のように改変することが意図されていた[19]。

まず、構造改善事業の「趣旨」は、「米を基幹作目に選定し、これを大型トラクター、コンバイン、大型乾燥調整施設の大型機械施設利用により、既存の小規模個人経営経費の削減と米作りの機械化一貫作業を確立し、余剰労力を活用して農家の所得増大、生活向上を目的とする。従って大型機械の前提条件として土地基盤整備の必要性があるが、これらについては新利根土地改良区を中心に急速な進展が見られ、本構造改善事業地区は昭和三九年度完了予定であり、昭和三九年度を初年度とする事業と一致することとなる。もちろん現在の揚排水路を各々の水路に分離する必要はあるが、当面稲作期間を除いた期間においては常時田面より五〇cm程度水位を下げることにより相当乾田化出来、トラクター稼動条件が形成される。又水田土層は乾田――排水化により最初は細い亀裂を生じトラクター稼動――乾田という循環により漸次乾田化すると予想されるので、最初の段階として大型機械の導入、農業の近代化を推進しようとするものである」。

その上で作目の構成については、「水田は基盤整備事業が実施されており、全耕地の完全乾田化を計って、トラクター等の近代化施設設備の導入により田畑輪換方式とし、裏作として牧草を栽培して米と畜産との主産地形成を計る。畑地帯は逐次麦作より飼料作目に転換し、飼料の自給体制を確立して養豚、酪農の拡大を計る。一方蔬菜の生産拡大を計る」とされていた。

構造改善事業の発足時点における農業構造の改変計画は表2-5に要約されているように、以下の内容からなっていた。

(一) 総農家数五一一戸は変化がないものと想定している。農業基本法・農業構造改善事業は理念としては農家数の減少を見込んでいたが、農村の現場では全農家が引き続き農家としてとどまることを想定せざるをえなかったものと思われる。

(二) 耕作規模が五反程度以下のごく零細な農家（表中の「自給的農家」と「半商品生産農家」）は五八戸から五六戸へとほぼ現状維持とされていた。飯米確保目的の米作は現状のまま残しつつ、麦作部分は止めてその耕地を専業的農家の経営に委ねることが想定されている。

(三)「商品生産農家」のうち水田面積が狭い一〇〇戸（平均一・五ha）を

計画（1964年立案）

（単位：面積は10ａ，頭数は１頭）

面積・飼養頭数

乳　牛		豚		麦	
飼養頭数		飼養頭数		面　積	
計	1戸当	計	1戸当	計	1戸当
—		—		37	1.5
71	3.4	—		50	2.3
—		386	5	105	1.3
71	3.4	386	5	192	5.1
—				100	3.4
—				67	5.5
71	3.4	386	5	359	8.9
—				300	1.5
450	3.0				
—		2,275	35		
450	3.0	2,275	35	300	1.5
—					
—					
450	4.5				
900	—	2,275	35	300	1.5
*450					

表2－5　十余島地区構造改善事業

				農家数	耕地	主要作目の作付 水稲 面積	
						計	1戸当
現況	個別経営	商品生産農家	水稲	354	6,807	6,809	19.9
			水稲と乳牛	21	398	398	18.9
			水稲と豚	78	1,404	1,407	18.0
			小　計	453	8,647	8,614	19.0
		半商品生産農家		46	318	218	4.7
		自給的農家		12	95	18	1.5
		合　計		511	9,024	8,860	17.3
目標	個別経営	商品生産農家	水稲	140	3,346	3,046	21.7
			水稲と乳牛	150	3,000	3,000	20.0
			水稲と豚	65	1,365	1,365	21.0
			小　計	355	7,711	7,411	20.9
		半商品生産農家		50	218	218	4.3
		自給的農家		6	18	18	3.0
		協業経営参加農家		100	1,503	1,503	15.0
		合　計		511	9,450	9,150	17.9
	協業経営			*10	*1,503		

注：*は，協業経営参加農家100戸で10の協業経営を営み，協業の対象は乳牛であることを示す。
出典：東村役場資料。

「協業経営」に参加させ、一・五haの稲作と一戸平均四・五頭の乳牛飼育の複合経営とする。

(四)「商品生産農家」のうち水田面積が大きい三五五戸（平均二・一ha）については、水田面積の相対的に大きな一四〇戸の農家は米単作のままとするが、その他は酪農ないし養豚との複合経営とする。

(五) 現在行われている麦作は水稲作のみの農家による分以外はすべて廃止し、その分、家畜飼料を栽培する。

以上の内容を単純化していえば、米作付面積を基準にして農家を四階層に区分し、最上層は米単作を継続し、第二階層は米による所得を補充するために個別経営形態で酪農ないし養豚を加え、第三階層は協業経営形態で酪農を経営して、米と酪農で所得を増加させ、最下位層は飯米農家に純化する（実質的には請負耕作へ誘導する）というものであったと整理できる。

以上の計画は、地域全体としては酪農の飛躍的発展を目指すものであった。増産目標は乳牛七〇頭、搾乳量一九一トン（一頭当たり二・七三トン）から、九〇〇頭、三三七五トン（一頭当たり三・七五トン）に増加が見込まれており、相当に意欲的な計画であったといえる。他方、米については反当四・八トン（八俵）の現状が反当五・一トン（八・五俵）に増加するとされているだけであり、増産余地はほとんど期待されていなかった。また、豚については頭数で六倍化が意図されており、飼育農家一戸当たり約五頭から三五頭への急増が目指されている。

以上のような生産の変化を通じて、常時農業に従事する者を一二七七人（一農家当たり二・五人）から、一〇二二人（同二人）に減少させ、総生産額を三・八億円から五・八億円強へ引き上げることによって、常時農業従事者一人当たりの農業生産額を三〇万円弱から四七万円に引き上げること、以上が農業構造の改変構想であった。

ここで表明されている構想は、米単作型の農業を稲作と乳牛の複合経営の方向に誘導し、同時に協業経営農家を相当数作ることによって、ごく零細で自給的・半自給的な農家にとどまる一割程度の農家を除けば、すべて他産業と匹敵する所得を挙げることができる自立農家にするという構想であったが、耕作規模の大きな当地では、米価の上昇と農業技術の改変が続いている中で、こうした目標がかなりのリアリティを持って受け止められていたと思われる。

県の農政当局も、道路条件の改善によって当地が大都市市場に接近したことを、複合経営展開の有利な条件とみなしていた。すなわち、「国道一二五号線の完全舗装化、鹿島行方経済圏の成長と商業圏の定着とともに、京葉・京浜へ二時間で出荷でき、有利な環境となってきた」といった強気の判断が強調されていたのである[20]。

しかし一九六〇年代後半期には、従前から酪農に比重をかけていた大重集落を別にすれば、複合経営化の方向は各種の挑戦にもかかわらず成功せず、過渡的段階として構想された養豚経営も軌道に乗ることなく、稲作専業性が強められることになった。

この原因については、「水田単作経営からの脱皮は早期栽培を中心とする早場米地帯としての水利慣行の問題や導入作業機の不備ならびに農業をとりまく諸条件の変化、特に米価と乳価との相対関係が三六年度以降の毎年にわたる米価の大幅引上げによって、米作農民の酪農への意欲を減退させる結果ともなり、収穫作業の機械化とともに水田酪農への発展を困難としてきた」と述べられている。[21]

米作の作業適期の選択に影響を与える水田での牧草作りが米作に有利な価格体系の下で忌避されたことは指摘の通りであると考えられるが、今一つの原因として、世帯労働力の兼業賃労働への進出を困難にさせる酪農の導入が、急速に増加しつつあった賃労働機会との関係で望まれなくなったという事情も追加しておきたい。

4　その後の展開

(1)　機械化の奨励

東村では十余島地区で一九六四～六五年度に構造改善事業による乗用トラクターの導入がなされた後、六六年度から本新島地区で、七〇年度から伊崎地区で、それぞれ構造改善事業が実施され、乗用トラクター、コンバイン、ライスセンターの導入がなされた。[22] それらは基本的には補助金によって大型機械を導入し、それを一〇戸前後の農家に共同利用させるというものであったが、農家が個別的に、あるいは数戸共同で、トラクター、コンバイン、乾燥機を購入・利用している度合に応じて、新しい機械が選択された。構造改善事業に指定されていない地区も、指定地区での新しい機械の導入にならって、県単独補助事業等を活用してそれらの機械を積極的に導入していった。

七〇年前後になると、田植機の利用が省力化の中心課題として意識され、農業政策の重点もその導入に向けられた。たとえば一九七〇年度の村の農業施策として、二条植えの田植機械を清久島に二〇台、押砂に二〇台、佐原組新田、手賀組新田、結佐それぞれに二五台というように、一挙に導入することが意図されていたが[23]、この台数からすると、大型トラクターのように共同利用方式ではなく、低利資金の融通その他の何らかの奨励措置をつけて個別農家ないし数戸共同利用者に田植機を普及しようとする構想であったと考えられる。機械化実験集落事業・構造改善事業を経ても、結局、個別農家のトラクター利用が進展したことを受けて、「共同利用」という条件を緩めて、現実的な判断を示したものと推測される。

しかし、同時に、構造改善事業に際して結成されたトラクター利用組合の一部が、機械利用を中軸とした生産組織に転化していく動きもあった。たとえば、押砂第五トラクター利用組合は、一九六八年度に県費半額補助でコンバインを購入するとともに（購入価格六〇三万円）、ライスセンターを建設し（一二五八万円）、正組合員一五戸（その耕作田は三五・五ヘクタール）を中心に、準組合員八戸（その耕作田は一五・八ヘクタール）も加えて、共同作業分野を広げていた。この点について県の農政関係文書は、「トラクタの導入とそれに対応して結成された利用組合は、その後に導入されたコンバイン、ライスセンターの利用組織の母体となり、さらに一部においては協業経営への発展をも誘導してきた。トラクタ利用組合はそれ自体が大型生産手段の組織的な導入・利用単位であるばかりでなしに、生産過程における一連の大型機械化を中核とする生産組織化を誘導する先行的な機能をも果してきたといえよう」と評価している[24]。

こうした生産組織への発展がどの程度の規模で実現したのかは確定できないが、専業的農家の大型機械の共同利用組織として構想された利用組合が、兼業農家の農作業を専業農家が請負う生産組織へと転化する条件が醸成されていたことは確かである。

(2) 農業構想の改変

構造改善事業が実施されていた時期は、同時に、農家労働力の兼業化が急速に進展した時期でもあった。一九六〇年代後半から七〇年代初頭にかけての時期には、こうした兼業化への流れの中で、構造改善事業の開始に際して提示された農業構想が、客観的には見直しを迫られていたといえる。とはいえ、農家全体が農業所得で生計を立てるようにするという基本目標を放棄することのできない村政当局としては、構造改善事業の際の認識を新たな装いで提起せざるをえなかった。

たとえば、一九七〇年の村の計画では、十余島地区の今後の農業について、「営農類型は、水稲専作経営のほか、水稲にハウス園芸、養豚、肥育牛等をそれぞれ組合わせた複合経営が考えられる。目標とする営農類型の規模は、水稲専作四・五ha、複合の場合、水稲二・〇ha＋ハウス二〇〇〇㎡、水稲二ha＋いちご一〇〇〇㎡と、水稲二ha＋肉豚二五〇頭、水稲二ha＋肥育牛二〇頭が考えられ、さらに共通して水田裏作にビール麦の栽培が考えられる」と述べている(25)。この時点では、米専作の農家の平均規模が四・五haにまで高められており、また施設園芸が重視されるようになったという変化があるとはいえ、上層農家は米単作で、それ以下の農家は複合経営でという考え方は従来通りであった。

4　農業機械化と農家経済

機械化実験集落事業、農業構造改善事業によってトラクターの共同利用が進められた時期は、個々の農家が農業機械を積極的に導入していた時期でもある。そこで以下、農家の側から農業機械の導入・利用にかかわる諸問題を検討しておきたい。

表2-6　十余島地区の農業機械所有状況

			1960年	1965年	1970年	1975年
耕うん機・トラクター	個人有	農家数	203	362	393	392
	数戸共有	農家数	20	59		
	同上	台数		17	52	
	組織有	台数	0	18		
	利用農家	農家数			477	
刈取機・バインダー・自脱型コンバイン	個人有	農家数			212	309
	うちコンバイン	農家数			118	300
	コンバイン利用農家	農家数			180	
田植機	個人有	農家数			10	265
	利用農家	農家数			25	
米麦乾燥機	個人有	農家数			460	386
	利用農家	農家数			467	
農用トラック	個人有	農家数		186		
	同上	台数			358	341
	利用農家	農家数			359	

注：利用農家数には，請負・賃作業の利用者も含む。
出典：『農業センサス』。

1　農業機械の個別的導入と共同利用

東村全体の動力耕耘機の台数は、一九五六年には六台に過ぎなかったが、五八年には一二九台、五九年には四〇四台となっており、この時期に急速な普及がみられたことがわかる。[26] 十余島地区における農業機械の普及状況を表2-6によって見ると、耕耘機・トラクターの利用農家数については、個人有と数戸共有の農家が一九六〇年の二二三戸（五二一農家の四二・八％）から、六五年の四二一戸（五〇六農家の八三・二％）へ急増しており、六四～六五年度における乗用トラクターの集中的な投入期には、耕耘機がほぼ全農家に行き渡っていたことがわかる。トラクター利用組合による乗用トラクターの共同利用は、各農家によるトラクターの個別的所有・個別的利用を抑制・代替してはいなかったといわなければならない。トラクター利用組合が機械の老朽化とともに活動を縮小し、乗用トラクターによる耕作面積を縮小させ、大半の乗用トラクターが再び更新されることはなかったという事実も[27]、農家の作業体系の中に乗用トラクターの利用が不可欠の位置を占めるものとはなっていなかったことを示している。

こうした傾向は、当時から全国的に確認され、批判されていた。すなわち、乗用トラクターの早急な導入を推進した政策は、田の一筆当たりの広さの制約やオペレーター方式の浸透度等を無視した政策であり、農家は零細な田に見合った小回りのきく小型の機械を個々の農家ごとに使用することを必要としているという批判である(28)。

この種の批判は当地においても基本的に妥当していた。聞き取りによれば、利用組合の構成員は、乗用トラクターで耕作した後で、大型トラクターの入りにくい軟弱地盤の田、田の縁辺部分等については、改めて自分の小型トラクターで作業をしたという。また、すでに表2-4に関連してふれたように、耕起・砕土・代掻という一連の作業の中で、農家が自分で担当する部分を残していることが普通であり、その意味で乗用トラクターの導入は部分的に農家労働を代替したにすぎなかったといえる。

ただしそのことは、トラクター利用組合が全く無用のものであったことを意味しない。すなわち、オペレーターによる耕作という方式は、機械化農業に積極的に対応した若手の上位規模農家がオペレーターになることとも関連して、上位階層農家への農作業の集中の過渡的形態としての意味を持っていた。これはその後の推移の中で、必ずしも順調に耕地の集中にはつながらなかったが、土地移動の制限等が強い中で、当時において可能な現実的な一方式ではあった。

同時に、トラクターの共同利用の仕方いかんでは——すなわち上層農家が自分のトラクターのようにそれを利用できる場合には——、過渡的ではあれ、政策的意図が実現される可能性が存在していたことも否定できない。表2-7は、橋向集落の全農家三八戸について、一九六五年の『農業センサス』の個表から、トラクターの私有・共有の状況と田面積規模をとり、それと『農業機械化実験集落事業調査報告書（昭和三八年）』の実験集落参加農家の名簿を対照して表示したものであるが、実験集落に参加してトラクターを共同利用している農家がトラクターを私有していな

表2-7　橋向集落農家の田面積とトラクター所有状況（1965年）

田面積（アール）	実験集落農家群	トラクター	
		私有	共有
340	○		○
320			
320		○	
270		○	
270		○	
265	○		○
260	○		○
260		○	
250			○
250	○		○
250	○		○
240		○	
230		○	
220	○		○
210	○		○
210		○	
180		○	
180			
180		○	
160			
150			
120			
95			
90			
81			
70		○	
65			
60			
60			
60			
60			○
60			
30			
30			
20			
20			
20			
15			

注：実験集落農家群９戸のうち，『農業センサス』個表で氏名を確認できた者は表に示した７戸である。
出典：『農業センサス』個表と茨城県『農業機械化実験集落調査報告書（昭和38年）』を対照した。

いこと、実験集落事業に参加していない二ha以上農家はそれを私有していることがわかる。また、一・六ha以下階層の農家はほぼトラクターを私有しておらず、オペレーターに耕作を依頼していたことを推察させる。ここで言う「トラクター」が小型の耕耘機を含んでいるかどうかは必ずしも明確でないが、「トラクター」の所有状況が、実験集落農家とその他とで異なっていることは明瞭である。

こうした事情は東村全体についてトラクターの私有農家の比率を見た表2-8によっても、ある程度うかがうことができる。同表において、大規模農家ほど馬力数の大きいトラクターを私有しているという予想される傾向以外で注目される点は、トラクター私有農家の割合が二ヘクタール前後階層の農家で最も高く、それより大規模な農家でそれ以上の比率の上昇が見られないという事実である。このことから、馬力数の大きなトラクターを必要とする大規模層は、財政補助を得られる共同利用のトラクターが使い勝手良く利用できる限り、自己所有のトラクターを重複投資しないという選択もありえたと推測することが許されよう。とはいえ、その可能性が部分的なものでしかなかったことは、同表でのトラクター私有率の高さが示しているが。

表2-8　動力耕うん機・農用トラクターの階層別所有状況（東村）

	所有農家数 a	所有台数	馬力別の台数			農家数 b	a／b（%）
			～10PS	10PS～	20PS～		
～0.5ha	19	19	19			201	9.5
0.5～	154	155	155			298	51.7
1.0～	287	289	275	13	1	322	89.1
1.5～	477	505	475	26	4	493	96.8
2.0～	245	260	223	36	1	266	92.1
2.5～	162	184	143	38	3	180	90.0
3.0～	192	232	165	53	14	205	93.7
計	1,536	1,644	1,455	166	23	1,965	78.2
共有	363	67	4	6	61		

出典：茨城県農業会議『農業生産組織の発展過程と農業就業構造の近代化』（1970年）21頁。

2　参加農家の性格

実験集落事業に参加した農家は、集落ぐるみで参加した大重を別にすれば、集落内で耕作規模が上位を占める農家層に限定されていた。橋向農業者群については、表2-9によってこの点を確認することができる。すなわち、水田作付規模は一九六〇年において全戸が二ヘクタール以上であり、六〇年から六七年初までの水田面積の変化は増加が五戸、減少が二戸であり、六七年中には九戸中七戸が水田面積を増加させていることなど、上位階層かつ上向層であると見ることができる。これらの農業者群について県の農政担当者は、「その構成員は考え方が進歩的であり、常に周囲の農家をリードしており、農業技術面でも先駆的役割を果すなどかなり大きな影響力をもっている」と述べている。

これに対して構造改善事業は、参加した農家は十余島地区内で二九八戸であり、地区内全農家数五一一戸の五八・三%に当たるから、相対的に規模の小さな農家も参加していることになる。橋向トラクター

表2-9　橋向農業者群の構成員

（単位：a，歳）

農家番号	水田面積			オペレーター	年齢（1967年）	備考
	1960年	1967年初	1967年末			
1	325	345	387		34	
2	210	217	242	オペレーター	46	
3	300	300	300	補助オペレーター	39	
4	255					不参加
5	220					不参加
6	260	265	277	オペレーター	39	
7	287	298	315		46	
8	250					不参加
9	300	250	261		48	
10	250	248	248		40	
11	260	263	270		30	
12	200	200	212	補助オペレーター（子）	59	

注：(1)　これは1960年の事業発足時に参加した12戸の農家であるが，4番，5番，8番の3農家は翌61年に共同作業に加わらないとして脱退している。

(2)　この表に示した農家番号は，表2-10，11，12，16の農家番号と対応している（表2-13については対応しない）。

出典：茨城県『農業機械化実験集落調査報告書（昭和38年)』，『同（昭和42年)』。

利用組合の場合は、表2-9の一二戸以外に、一〇戸が加わって発足しているが、その新規参加者一〇戸の田の面積は、一ha未満が六戸で、一〜二haが二戸、二〜三haが二戸という構成である。(29) 上位階層は実験集落事業から参加しているのに対して、下位階層の農家が構造改善事業に際して新たに参加していることがわかる。

このように上位階層農家は機械化事業に積極的であったといえるが、その理由は、農繁期における労働力不足に対する対処の必要性の強さにもとづいていた。ただし、同時に、後でふれる村松節夫の事例に見られるように、篤農家として個々の農作業に細かな工夫を行っている者の中には、画一的・機械的な単純作業であるトラクターの共同利用には必ずしも積極的に参加しない者もあった。その意味では、大型トラクターの共同利用方式は政策的奨励がなければ、上層農家の多数を巻き込むことができる条件はなかったと見られる。

3　農家の作業時間の変化

この時期における農業機械の導入によって個別農家世帯

員の労働は着実に減少し、次第に遊休労働時間を増加させていった。最も農業労働時間の長かったと考えられる上層稲作農家層の状況を、橋向農業者群参加農家について整理したものが表2-10、表2-11、表2-12である。これは各年の『農業機械化実験集落調査報告書』において一九六二年には六戸、六三年には三戸、六七年には六戸についての数値が示されているので、それを集計したものである。

これによってまず経年的な変化を見ると、この間の各世帯および世帯員の農業労働時間が急減したことが明瞭である。たとえば一番農家の総農業労働時間は、一九六二年に六六三〇時間、六三年には五五四五時間、六七年には四五四五時間であり、経営者本人についてはそれぞれ三〇九九時間、二三二一時間、一〇三三時間と急減しているし、妻も二六六〇時間、一七六五時間、一一〇一時間と減少している。また三番農家は、世帯としてはそれぞれ七二三二時間、六九四〇時間、三五五〇時間と半減し、そのうち経営主は二五七一時間、二二一五時間、一〇九二時間と減少し、妻は二〇八六時間、二四一七時間、一五九三時間と推移している。

こうした顕著な労働時間の短縮の原因は第一には、冬季の労働が大幅に減少したことである。すなわち、一二～二月の三ヶ月間の労働時間を六二年と六七年で対比すると、一番農家では一一七六時間から四七時間へ、七番農家では七七五時間から〇時間へと推移している。この内容は原表によればほとんどが「藁加工」の廃止によるものである。これに対して六七年時点で畜産を有している三番農家は、六二年の一〇六四時間から六七年の五二〇時間へとなだらかな減りかたにとどまっている。したがって、六七年以前における藁加工の廃止が、畜産部門を持たない農家の冬季の労働力を遊休化させたことは、耕作規模を問わず妥当すると見られる。

続いて田植の準備作業から田植の終了までの三～六月の労働時間の変化については、一番農家は六二年の二〇七一時間から六七年の一四二三時間へ、七番農家は二三〇八時間から八六二時間へと減少している。冬季間の三カ月ほどではないが、着実に減少しているといえる。(30)

表2-10　実験集落事業参加農家の労働時間（橋向・1962年）

		年計	1月	2月	3月	4月	5月	6月	7月	8月	9月	10月	11月	12月
1	経営主	3,099 448	248	252	238 48	274 172	294 228	277	223	302	386	231	225	144
	妻	2,660 328	222	224	227 34	199 103	222 191	197	208	233	355	240	197	86
	母	453 123					123 123			90	240			
	雇用	418								99	319			
	計	6,630 899	470	476	485 82	473 275	639 542	474	431	724	1,300	471	422	230
3	経営主	2,571 456	230	243	286 48	367 172	312 236	267	159	247	220	146	94	
	妻	2,086 347	174	174	194 34	175 103	247 210	193	158	245	226	218	80	
	母	1,188 226	97	129	101	115 35	198 191	95	105	82	230	36		
	祖父母	730	9	3	15	19	210	96	84	110	184			
	雇用	657		5	51		80	24		255	197			
	計	7,232 1,029	510	554	647 82	676 310	1,047 637	675	506	939	1,057	400	174	
7	経営主	2,479 423	80	84	177 48	306 160	267 215	230	176	289	358	175	187	110
	妻	2,763 337	155	236	277 34	236 103	309 200	228	188	285	347	189	203	110
	母	509 225				45 35	203 190			83	178			
	雇用	666			30					144	492			
	計	6,417 985	235	320	484	587 298	779 605	458	364	801	1,375	364	390	220
10	経営主	2,024 372	32	16	148 48	180 119	299 205	255	185	174	370	182	104	79
	妻	1,575 327	27	20	139 34	161 93	262 200	170	97	165	344	132	15	43
	母	341 47	7	20	10	11	120 47			10	110	29	24	
	雇用	610			43					103	464			
	計	4,550 746	66	56	340 82	352 212	681 452	425	282	452	1,288	343	143	122
11	経営主	2,670 367	237	221	263 48	206 134	191 185	222	215	236	327	204	231	117
	妻	2,534 327	209	217	236 34	163 88	217 205	188	182	244	321	183	234	140
	父	357	33				5			81	236		2	
	雇用	614								200	414			
	計	6,175 694	479	438	499 82	369 222	413 390	410	397	761	1,298	387	467	257
12	経営主	1,720 329	217	208	205 48	181 85	249 196	173	166	288	82			
	妻	2,387 326	178	184	195 34	155 93	247 199	178	138	244	271	177	212	208
	父	708 98	43	7		49 49	60 49	30	31	79	238	103	42	26
	母	35 3					6 3				29			
	雇用	275					75				200			
	計	5,125 756	438	399	400 82	385 227	637 447	381	335	611	820	280	254	234

注：上欄：総労働時間，下欄：共同労働時間。一欄しかない箇所は共同労働時間がないことを示す。
出典：茨城県『農業機械化実験集落調査報告書（昭和37年)』54頁以降。

表2-11　橋向農業者群の世帯員の農業従事時間（1963年）

農家番号		年計	1月	2月	3月	4月	5月	6月	7月	8月	9月	10月	11月	12月
1	経営主	2,322 403	168	236	239 49	200 162	231 192	224	141	224	315	125	71	146
	妻	1,765 308	168	208	113 45	119 87	176 176	48	208	219	300	142	64	0
	母	469 174				21 21	153 153		159	96			40	
	妹＋弟	153 153					153 153							
	雇用	836								186	590	60		
	計	5,545 1,038	336	444	352 94	340 270	713 674	272	508	725	1,205	327	175	146
3	経営主	2,215 362	48	195	223 56	244 115	295 191	212	208	169	271	117	126	107
	妻	2,417 325	224	99	195 49	227 102	257 174	195	185	195	271	223	208	138
	母	920 176	76	66	51	51 21	195 155	84	64	62	155	37	46	33
	祖父母	519					102	108			219	90	0	0
	雇用	869			12		34		16	12	779	16		
	計	6,940 863	348	360	481 105	552 238	883 520	599	473	438	1,695	483	380	278
10	経営主	2,393 412	133	130	200 53	255 167	258 192	217	206	213	325	232	128	96
	妻	1,957 329	100	115	112 44	142 109	191 176	112	170	203	314	227	135	136
	母	218 152					152 152	3		4	47	12		
	雇用	487			8					84	395			
	計	5,055 893	233	245	320 97	397 276	601 520	332	376	504	1,081	471	263	232

注：上欄：合計時間，下欄：共同作業時間。
出典：茨城県『農業機械化実験集落調査報告書（昭和38年）』76頁以降。

これに対して刈取期にあたる八~九月については、一番農家は六二年の二〇二四時間から六七年の二二八四時間へ増加しているのに対して、三番農家は一九九六時間から一三七〇時間へ、七番農家は二一七六時間から一二七六時間へ減少している。

以上のように、六〇年代半ばのわずか五年間だけでも、冬季の労働がなくなったこと、田植準備および田植労働が相当程度減少したことという変化が見ら

表2-12　橋向農業者群の世帯員の農業従事時間（1967年）

農家番号		年計	1月	2月	3月	4月	5月	6月	7月	8月	9月	10月	11月	12月
1	経営主	1,033	0	0	0	60	95	193	86	272	287	0	16	24
	妻	1,101	0	0	31	41	62	133	143	246	301	63	53	21
	父	1,330	0	2	78	163	175	186	154	205	157	132	78	0
	母	332	0	0	29	31	44	102	0	12	55	38	21	0
	ゆい	749	0	0	0	0	0	0	0	597	152	0	0	0
	計	4,545	0	2	138	295	376	614	383	1,332	952	233	168	45
2	経営主	1,549	138	91	83	50	99	178	109	261	234	135	89	83
	妻	1,637	0	7	52	99	86	146	170	223	223	197	165	269
	母	364	0	0	18	8	52	118	65	20	53	17	14	0
	弟	94	16	10	9	15	15	10	4	2	10	0	3	0
	動力	11	0	0	0	0	5	4	2	0	0	0	0	0
	計	3,654	154	108	162	172	257	456	350	506	520	349	271	352
3	経営主	1,092	100	127	51	24	*	225	107	269	130	28	21	9
	妻	1,593	26	40	84	145	*	173	152	271	150	134	232	186
	母	299	0	0	0	27	*	68	67	90	21	24	3	0
	長男	447	14	18	47	0	*	0	0	304	54	0	10	0
	長女	59	0	0	0	0	*	0	0	59	0	0	0	0
	次女	71	0	0	0	12	*	11	11	13	9	5	2	0
	計	3,550	140	185	182	208	0	477	337	1,006	364	191	268	195
6	経営主	1,002	82	48	38	35	74	103	83	184	155	99	101	0
	妻	1,641	92	141	120	90	84	192	183	193	148	208	190	0
	母	60	5	0	0	0	0	53	2	0	0	0	0	0
	長男	173	4	6	5	8	16	11	6	42	45	2	0	0
	妹	855	0	0	0	0	0	5	0	37	44	0	0	0
	雇用	288	0	0	0	0	0	0	0	279	9	0	0	0
	計	3,218	183	195	163	133	174	364	274	735	401	309	291	0
7	経営主	807	0	0	35	75	66	127	78	229	151	28	20	0
	妻	1,371	0	0	121	137	73	214	147	241	145	168	126	0
	長男	36	0	0	0	0	13	1	3	14	6	0	0	0
	雇用	488	0	0	0	0	0	0	0	416	72	0	0	0
	動力	2	0	0	0	0	0	0	0	2	0	0	0	0
	計	2,704	0	0	156	212	152	342	228	902	374	196	146	0
9	経営主	670	0	0	0	0	43	16	0	358	253	0	0	0
	妻	906	0	1	37	81	63	197	106	231	142	42	7	0
	父	219	0	0	26	3	24	73	14	28	32	17	3	0
	母	54	0	0	0	0	29	18	0	0	0	7	0	0
	計	1,849	0	1	63	84	159	304	120	617	427	66	10	0

注：＊部分は資料を欠く。
出典：茨城県『農業機械化実験集落調査報告書（昭和42年）』59頁以降。

れたのに対して、刈取労働については時間数の減少が見られるとはいえ、バインダー、コンバインの導入時期の違いもあって、農家間でのバラツキが大きかったことがわかる。こうした変化は、機械化の成果によるのみではなく、六四年に下流地域の土地改良が完了して水位調整が自由に行えるようになったことが、同じ手労働ではあっても田植の労働時間を縮小させることができた結果でもあった。

次に経営主夫婦に注目すると、年間の農業労働時間が顕著に減少しただけでなく、二〇〇時間以上の農業労働を行っている月が、一番農家では六二年に経営主が一一カ月、妻が八カ月であったのに対して、六七年には経営主・妻ともに二カ月に減少しているし、七番農家では六二年に経営主が五カ月、妻が八カ月であったのに対して、六七年には経営主が一カ月、妻が二カ月に減少している。ピーク時の繁忙度も刈取時期を除けば、わずか五年間で確実に低下したといえる。

続いて、三、四、五月に実施された「共同労働」についてみよう。ただし、これについては六五年以降は数値がないので、表2-10、2-11、2-13を対比してみよう。これによると、この三カ年のいずれも各農家の共同労働時間は一〇〇〇時間前後であり、年度間でも農家間でも差は大きくないことがわかる。果たすべき共同労働の義務量が、各世帯平等であったのか耕作面積に比例していたのかは確定できないが、農家間の共同労働の差が大きい場合には、金銭的に調整しなければならないこともあり、各農家の世帯員構成の相違にもかかわらずほぼ同様の出役が果されていたのであろう。

共同労働の中心が五月の田植作業であることは橋向農業者群についてのこれまでの検討から明らかであるが、注目されることは、耕起・砕土・代掻作業がなされる三～四月においても、どの世帯もほぼ等しい労働時間を提供している事実である。前掲表2-9に示されているように、橋向農業者群はトラクターのオペレーターとして四名が指定されていたが、三～四月の作業をこの四名だけが行って、他の農家がトラクター利用料に含めてオペレーターに賃金を

表２-13　水稲共同作業時間（橋向農業者群・1964年）

		3月	4月			5月		計
		下旬	上旬	中旬	下旬	上旬	中旬	
1	経営主	68	80	64	80	95	77	463
	妻	73	55	18	43	70	77	336
	母				37	60	68	165
	雇用						50	50
	計	141	135	82	160	225	272	1,014
2	経営主	74	89	62	84	96	75	480
	妻	43	59	26	44	71	77	320
	母				37	35	48	120
	雇用					21	44	65
	計	117	148	88	165	223	244	985
3	経営主	70	89	45	78	96	77	455
	妻	55	64	27	49	71	77	343
	母				40	65	72	177
	雇用						100	100
	計	125	153	72	167	232	326	1,075
4	経営主	74	99	72	96	96	77	514
	妻	63	59	26	44	71	77	340
	母					14	20	34
	雇用				37	66	74	177
	計	137	158	98	177	247	248	1,065
5	経営主	70	80	46	84	96	79	455
	妻	73	64	26	44	71	79	357
	姉				44	64	79	187
	雇用						11	11
	計	143	144	72	172	231	248	1,010
6	経営主	45	68	31	44	65	77	330
	妻	70	64	26	39	71	77	347
	母				50		45	95
	計	115	132	57	133	136	199	772
7	経営主	73	84	62	76	96	77	468
	妻	73	64	26	44	71	77	355
	母				36	56	64	156
	雇用					55	32	87
	計	146	148	88	156	278	250	1,066
8	経営主	73	79	63	80	96	77	468
	妻	68	66	26	44	71	77	352
	母				40	50	69	159
	雇用						22	22
	計	141	145	89	164	217	245	1,001
9	経営主	73	79	54	41	58	77	382
	妻				41	60	64	168
	長男妻	58	54	26	38	71	75	322
	雇用	68	64		44	121	210	507
	計	199	197	80	164	310	426	1,379
総計		1,264	1,360	725	1,461	2,099	2,458	9,367

出典：茨城県『農業機械化実験集落調査報告書（昭和39年）』86頁。

払っていたのではなく、構成員がほぼ同様の負担度で共同作業をしていたことがわかる。おそらくは、オペレーターとしての認定の有無にかかわらず、皆が作業に出、自分の田についてはオペレーターほど長時間ではなくとも本人もトラクターを操作する方式がとられたのであろう。

次に、年度間の比較ではなく、一九六七年だけについて、農業労働時間の特徴を確認しておこう。第一に、すでに述べたように、米作専従農家（一、七、九番）と畜産・酪農を兼ねる農家（二、三、六番）の違いが明瞭である。米作農家は一二～二月にはほとんど農業労働がないのに対して、畜産農家は一～二月にも一〇〇～二〇〇時間程度の労働を行っている。このことは、畜産農家は冬季に賃金労働に従事することが困難であることを示しているとともに、農繁期において畜産労働と稲作労働との競合を引き起こす可能性を示唆するものである。

第二に、月別の労働時間の変動に注目すると、五～六月の田植時よりも八～九月の刈取・調整時期の方がはるかに多くの労力を要していることがわかる。この時点は田植機が実用化されていなかったにもかかわらず、こうした状況であったのである。また、三～五月の耕起、砕土、代掻の作業時には、経営主はいずれも一〇〇時間未満しか労働しておらず、すでに田植準備作業期は農繁期というほどの集中的労働の時期ではなくなっていたといえる。このことは逆に、二～三町歩階層にとってはこの時点では刈取労働の機械化がきわめて重要な課題になっていたことを示唆するものである。「ゆい」がなされているのも、雇用労働力が採用されているのも、いずれも田植期ではなくて八～九月であることも、同様の事情を示しているといえよう。

なお、特定時期に集中的に労働を行っていた補助的従事者の存在も重要である。たとえば、三番農家の長男（経営主が三九歳であるから長男は一五歳前後のはずである）は八月に三〇〇時間を超えて労働しているが、原資料にはその部分に「ゆい」との注記がある。刈取期の共同作業の下で、通年的には農業に従事することのない中学卒業前後の者が、一日一〇時間を超えるほどの肉体的限界に近い労働を提供していることは、労働力確保面での無理がこの時期には刈取段階に集約されていたことを示しているといえよう。

第四に、経営者の妻の長時間労働が顕著であり、どの世帯も経営者よりもその妻の方が農作業時間が長い。妻にとってはこのほかに家事労働時間が加わるから、世帯内の労働時間は妻の方が相当に長いことになる。この点は、労働市場の拡大によって若壮年の経営主夫婦が兼業化する際に、夫婦のどちらが兼業化しやすいか、あるいはどのような労働力編成の変更が必要になるのかを示唆する事実である。

第五に、「動力」が二戸に入っている。二番農家は五～六月の代掻、七月の除草剤散布等と予想され、七番農家の八月はコンバイン利用ないしトラクターによる運搬作業と推察されるが、一定の農作業を共同作業グループのほかに依存している状況を推測することができる。

以上は二～三町歩規模の専業農家の状態であるが、経営主の年間労働時間は一〇〇〇時間を大きくは超えておらず、都市勤労者の勤務時間二五〇〇時間前後に比較すると相当に少なくなっていることがわかる。農繁期における物理的限界に迫る長時間労働と、他の時期における手余り状況の対比が顕著である。

したがって、この階層よりも規模の小さい農家では、通常時における労働力の余剰度は相当に大きかったと考えられ、一九七〇年前後に、収穫作業による労働のピークがコンバインの普及によって解消された段階では、年間を通して余剰労働を抱えることになったと想定することができる。したがって農家世帯員が経営主も含めて兼業に傾斜する可能性は十分にあったといえる。

4　機械化をめぐる経済計算

構造改善事業でのトラクターの導入は、機械化実験集落事業でのそれとは異なって、農家の自己負担をともなうため、トラクター利用の経費を考慮した採算関係が意識されざるをえない。実験集落事業の対象となった農業者群は同時に構造改善事業でのトラクター利用組合ともなっているし、すでに橋向農業者群では一九六二年度に農家が経費の一部を自己負担してトラクターを購入しているから、採算関係はその時点から意識されていたはずである。「トラクターの利用はほとんどが春季のみ」に限られているから、「将来は水稲の病害虫防除、収穫物の運搬……畑作地帯の秋季耕うんの実施など、機械の経済性向上に努める必要がある」といった指摘[31]は、そうした採算関係が機械の安定的な共同利用のためには不可欠であることが早くから意識されていたことを示している。

構成員の中に階層分化が進展していれば、トラクターの共同利用は順調に進みやすい。その場合には、耕作を委託してその期間に農外兼業を続ける農家がトラクターの利用料金を支払い、オペレーター農家は農業に専従して賃金を受け取ることができるからである。

しかし調査地域では、構成員農家の過半が二町歩以上の中堅以上規模であり、零細規模農家の土地を集めても構成員農家全体の農地のわずかな部分にしかならない。したがって、この時点でのトラクターの共同利用は、少数のオペレーターが機械作業に従事し、他の構成員は兼業労働に流出するといったものではなかった。

橋向農業者群九戸の中では正副のオペレーター四人（前掲表2-9参照）がトラクターの操縦を行い、他の五戸の農家は九戸の農地での共同作業を担当する建前になっていた。その場合、オペレーターは自分の田の手入れが手薄になってしまう傾向があったので、労働時間の相互精算のための評価額は、正規の労働時間の範囲内については他のメンバーと同額であるが、それを越える超過労働部分についてはオペレーターの方がやや高額になっていた。具体的には、一九六七年については、「オペレーターの身分は他の組合員と同様、共同田植を実施する構成員として平等に扱われるが、作業の遂行のため、定められた時間外の勤務については一時間当たり他の作業員の一〇〇円より五〇円高い一五〇円が支給され」る決まりであった(32)。

このオペレーターの確保について独自の配慮が必要であることは、「トラクターの作業時間は限定されたもので限られた時間内作業を処理するためには、オペレーターの熟練度と人間性が問題となる」し、オペレーター本人は「オペレーターの任務を遂行しながら自家の経営を成り立たせて行くことになるので、その処遇と出勤については細心の注意が必要」であると指摘されていた(33)。

このようにこの段階では、共同作業仲間の間では共同作業がなされており、オペレーターの労働も基本的には共同

表2-14　トラクターの経費試算値（橋向農業者群・1964年算出）

償却費（円）	236,911
金利（円）	53,916
修理費（円）	47,541
燃油（円）	31,780
オイル類（円）	11,300
グリス（円）	450
計(A)（円）	393,678
実施延面積（アール）	4,795
負担面積(B)（アール）	2,392
(A)／(B)（円／10アール）	1,646

注：償却費は，トラクター本体（ランツ D2016），水田車輪の耐用年数を8年，その他のアタッチメントの耐用年数を5年として算出してある。
出典：東村農業機械化実験集落連絡協議会『大型機械導入上の問題点』1964年7月，19頁。

作業の一部として処理されていたのであって、その労働全体に賃金が支払われていたわけではない。しかし正規の作業時間を超える夜間労働等には他の共同作業者の労働よりも高く評価されていたので、その部分については他の構成員が支払うことが必要であった。また、トラクター購入費、借入金利子、燃油代等の費用は利用面積に応じて負担しなければならなかった。

このトラクター利用料金を算出するために擬制的な計算がなされているが、表2-14は橋向農業者群の利用料の案を茨城県の担当職員が計算した数値例である。これによると構成員が耕地一〇a当たりで負担するトラクター利用料はこの表に示されている約一六五〇円にオペレーターに支払う若干の金額を加えた額になる。構造改善事業に導入された四〇馬力前後の乗用トラクターは二六台で六八四四万円であったから（ただし、各種アタッチメント・格納庫を含む）一台当たり二六三万円となる。国庫補助が半額出ているから農家の負担は一三二万円であり、本体（耐用年数八年）・アタッチメント（同四年）で耐用年数を平均六年とすれば、償却費は二二万円程度となり、表2-14とほぼ合致すると見られる。

ただし橋向農業者群は常時二台のトラクターを利用していたので、機械的に計算すれば構成員の耕地一〇a当たりの負担額は表2-14によって算出されている金額の二倍の約三三〇〇円にオペレーターの超過労働への賃金を加えた額となる。オペレーター賃金を除外すれば、二haでは六・六万円、三haでは約一〇万円という水準である。

これに対して表2-15は実際に一九六七年に構成員農家が「トラクター利用料」として支払った額を示しているが、各農家がほぼ五万円前後であり、農業経営費の七%前後を占めていることがわかる。六七年の二台目のトラクターは

表2-15　橋向農業者群の農業経営費の内訳（1967年）

（単位：千円）

		農家番号						
		1	2	3	6	7	10	12
実額	計	796	337	868	641	760	612	528
	肥料費	120	72	130	91	92	78	96
	防除費	25	7	29	3	3	18	23
	飼料費	0	50	250	96	176	120	120
	水利費	45	20	43	36	42	35	30
	土地改良償還金	56	28	49	44	51	42	34
	雇用労賃	220	31	120	100	140	98	40
	農具費	20	8	65	39	46	15	40
	トラクター利用費	60	49	48	49	52	43	34
	燃料光熱費	40	13	50	37	22	35	27
	その他	210	59	84	146	136	128	84
構成比	計	100.0	100.0	100.0	100.0	100.0	100.0	100.0
	肥料費	15.1	21.4	15.0	14.2	12.1	12.7	18.2
	防除費	3.1	2.1	3.3	0.5	0.4	2.9	4.4
	飼料費	0.0	14.8	28.8	15.0	23.2	19.6	22.7
	水利費	5.7	5.9	5.0	5.6	5.5	5.7	5.7
	土地改良償還金	7.0	8.3	5.6	6.9	6.7	6.9	6.4
	雇用労賃	27.6	9.2	13.8	15.6	18.4	16.0	7.6
	農具費	2.5	2.4	7.5	6.1	6.1	2.5	7.6
	トラクター利用費	7.5	14.5	5.5	7.6	6.8	7.0	6.4
	燃料光熱費	5.0	3.9	5.8	5.8	2.9	5.7	5.1
	その他	26.4	17.5	9.7	22.8	17.9	20.9	15.9

出典：茨城県『農業機械化実験集落調査報告書（昭和42年）』79頁。

国から貸与されたものであり、農家が負担しなければならなかったのは一部のアタッチメントの代金と燃油代等であったため、先の計算値より低くなっていると判断される。
トラクターの共同利用が安定的に継続されるためには、自らトラクターを操作する農家がこの金額を支払うだけのメリットを得られると判断した場合である。また、耕作規模の小さな農家が耕作を委託するためには、この金額にオペレーターの労賃を加算した額以上の兼業所得が得られることが条件となろう。このことは、構造改善事業による半額補助がなくなった場合に、上層農家が中心となった機械利用組合が委託耕作を引き受ける生産組織へと展開していくためには、なおいくつもの条件をクリアしなければならなかったことを意味している。

その条件は、第一には兼業機会の拡大であり、第二には田植および刈取の機械化も含む一貫した受託作業体制の整備であった。一九六六年度に構造改善事業の対象となった本新島地区の水神第一トラクター利用組合（一〇戸で構成）が六九年にコンバイン、ランスセンターを導入した事例は、以下の説明文から判断して、すでにそうした条件が形成されつつあったことを示しているといえる。

「構成農家のうち三戸、九人労働が実質的な担い手となり、他の七戸の農家は耕地の提供と資本参加したのみで事実上離農し」て、二九・二haの農地が三戸で耕作される生産組織となったのであるが、それが可能となったのは七戸の就業者二〇人のうち、「一一人が誘致した鉄筋加工業に従事し、他の九人はそれぞれ魚屋、八百屋を開業し、さらには就職等で片付いた」結果であった(34)。

ここには、労働市場の発展、他産業への転職可能性の拡大の下で、農民層分解が正常に進展する条件が示されているが、その後の現実は、そうした条件が充分に開花しないうちに米過剰による転作措置が取られ、規模拡大の条件が制約されてしまったことを示している(35)。

（1）広報『あずま』一九六〇年四月一五日号、二頁、「東村風土記（11）」。
（2）広報『あずま』一九六〇年六月一日号、三頁。
（3）茨城県南地域農畜産物生産流通対策協議会稲作専門委員会『機械化一貫作業体系による稲作集団栽培研修会資料』（一九七一年九月）による。
（4）茨城県農業会議『農業生産組織の発展過程と農業就業構造の近代化』（一九七〇年）一二頁。
（5）橋向集落・押砂集落の農家数はそれぞれ四五戸、六九戸（一九六〇年）であるので、そのうちで実験集落事業に参加した農家だけを呼称する場合には、毎年度の『調査報告書』に使用されている「農業者群」という用語を用いる。なお、大重は一六戸すべてが実験集落事業に参加している。
（6）関東東山農業経営研究会『水田単作地帯の構造改善――茨城県稲敷郡東村現地研究会記録』（一九六一年一〇月）七～一

四頁。
(7) 広報『あずま』一九六一年四月二五日号、三頁。
(8) 茨城県『農業機械化実験集落調査報告書（昭和三九年）』一九六五年三月、五頁。
(9) 茨城県の発行による『農業機械化実験集落調査報告書』と題した一連の報告書のうちわれわれが入手・参照できたものは、昭和三七年版（一九六三年三月刊。タイプ印刷、一四三頁）、昭和三八年版（一九六四年三月刊。タイプ印刷、一七六頁）、昭和三九年版（一九六五年三月刊。ガリ刷り、一七六頁）、昭和四二年版（一九六八年三月刊。ガリ刷り、二五〇頁）の四冊である。このうち昭和四二年版は総括編として、各年度の事業内容の概要を要約している。
(10) 広報『あずま』一九六三年一一月号、一頁。
(11) 前掲『農業機械化実験集落調査報告書（昭和三八年）』二頁。
(12) 前掲『農業機械化実験集落調査報告書（昭和四二年）』一五四頁。
(13) 同右、一六三頁。
(14) 前掲『農業機械化実験集落調査報告書（昭和四二年）』一二頁。
(15) 前掲『農業機械化実験集落調査報告書（昭和三九年）』二四頁。
(16) 同右、一七頁。
(17) 村長から県知事宛て、「昭和三九年度農業構造改善事業実施計画認定申請書」（一九六四年五月）。
(18) 全国農業構造改善協会『農業構造改善事業計画総覧』（昭和三九年度・地域版）三三六〜三三九頁。
(19) 東村農業構造改善事業地域推進協議会『昭和三九年四月一日　東村農業構造改善事業促進対策事務必携』中の「東村農業構造改善事業トラクター導入及び付属施設建設基準について」（五八頁）。
(20) 前掲『農業機械化実験集落調査報告書（昭和四二年）』二四頁。
(21) 同右、一一頁。
(22) 前掲『農業構造改善事業計画総覧』の昭和四一年度版、一六五頁、昭和四五年度版、八〇頁。
(23) 東村『東農業振興地域整備計画書』（一九七〇年三月）。
(24) 前掲『農業生産組織の発展過程と農業就業構造の近代化』二四頁。

(25) 前掲『東農業振興地域整備計画書』一二頁。
(26) 関東東山農業試験場農業経営部『水田単作地帯における農業の実態と動向』(一九六一年)一〇頁。
(27) 渡辺一男氏(当時、東村農業委員会職員)等からの聞き取りによる。
(28) この種の批判はこの時期の農業雑誌等に多数掲載されていた。なお、伊藤喜雄は、これとは異なる観点から、農民の「トラクターに対する要求が、反収向上、そのための深耕を目的とした」という理解に立って、「農業構造改善事業――そこにおける大型トラクターの強引な導入――は『反収向上』の論理を『省力』の論理にスリかえた点で、基本的な誤りをおこした」と主張している(加藤一郎・阪本楠彦編『日本農政の展開過程』東京大学出版会、一九六七年、一〇九頁)。
(29) 前掲『農業機械化実験集落調査報告書(昭和四二年)』四五頁。
(30) 三番農家は一九六七年の五月について調査を欠くため比較できない。
(31) 前掲『農業機械化実験集落事業調査報告書(昭和四二年)』九一頁。
(32) 同右、八〇頁。
(33) 東村農業機械化実験集落連絡協議会『大型機械導入上の問題点』(一九六四年七月)九頁。
(34) 前掲『農業生産組織の発展過程と農業就業構造の近代化』五一頁。
(35) なお、聞き取りによれば、トラクターの共同利用は、構造改善事業の事業年度が切れても機械が利用できる間は継続されたし、その後に展開した請負耕作等も、そうした経験を直接的ないし間接的に踏まえたものであったと言われている。また、一九七〇年三月の広報『あずま』に紹介されている村内全農家を対象とした意向調査では、「現在、生産組織に参加していますか」という設問に回答した一三一五戸については、生産組織に参加しているものが四一八戸(三一・八%)、機械共同利用に参加している者が八〇%であるとされており、実質的な両極分解が進みつつあったことを伺わせる(同、一二頁)。

表2-16　茨城県における農地法第3条関係許可状況

年	所有権移転 処理件数	所有権移転 許可件数	所有権移転 許可面積（町） 田	所有権移転 許可面積（町） 畑	所有権移転 許可面積（町） 計	所有権移転 不許可件数	賃借権設定 処理件数	賃借権設定 許可件数	賃借権設定 許可面積（町） 田	賃借権設定 許可面積（町） 畑	賃借権設定 許可面積（町） 計	賃借権設定 不許可件数
1958	17,669	17,657	1,029.1	1,357.1	2,386.2	12	749	742	43.7	54.3	98.0	7
1959	16,287	16,273	981.2	1,220.3	2,201.5	14	711	695	51.7	89.5	141.2	16
1960	14,900	14,899	817.9	942.2	1,760.1	12	203	203	7.7	12.6	20.3	0
1961	16,202	16,191	864.8	1,155.3	2,020.1	11	140	140	7.4	12.6	20.0	0
1962	14,492	14,480	840.8	1,316.1	2,156.9	12	580	577	40.8	46.0	86.8	3
1963	14,540	14,530	719.8	1,334.9	2,054.7	10	404	402	23.7	44.4	68.1	2
1964	14,663	14,643	849.4	1,394.9	2,244.3	20	387	386	39.5	47.5	87.0	1
1965	14,637	14,592	971.5	1,541.2	2,512.7	46	359	359	22.5	33.4	55.9	0
1966	14,675	14,646	991.8	1,582.4	2,574.2	29	321	320	20.5	36.2	56.7	1
1967	14,570	14,530	1,101.1	1,826.6	2,927.7	40	273	270	17.7	25.1	42.8	3
1968	15,646	15,628	1,392.9	2,036.4	3,429.3	18	285	284	16.6	32.8	49.4	1
1969	16,603	16,592	1,416.2	2,186.3	3,602.5	11	296	294	18.1	33.2	51.3	2
1970	15,614	15,580	1,279.0	1,975.2	3,254.2	34	77	77	20.0	22.9	42.9	0
1971	14,374	14,360	1,252.8	1,773.0	3,025.8	14	372	372	35.2	53.8	89.0	0
1972	16,090	16,056	1,362.1	1,887.3	3,249.4	34	394	390	34.0	49.0	83.0	4

出典：茨城県『農地調整年報』各年度版より。

第2節　農地移動と経営規模拡大

1　はじめに

本節では東村における農地移動について、農業委員会の史料を用いて分析する。戦後日本の農地移動は、農地改革によって獲得された戦後自作農体制を維持するため、一九五二年に制定された農地法にもとづき、その所有権移転、農地から宅地・商業地・工鉱業用地等への転用について、許可制が敷かれていた。この農地法の理念は一九七〇年における同法の改正により、法理念として大きな転換を迎えたが、移動・転用の許可制自体はその後も存続している。これらの審議を行うのは、市町村農業委員会であり、委員会は原則として月に一回、申請された各種の農地移動・転用等について審議・許認可の決定を行った。農業委員会は一九五〇年の農業委員会法にもとづく行政委員会であり、戦後改革期における農地委員会・農業調整委員会・農業改良委員会の三者を統合したものであった。そのため、農地移動の許認可を行う農地部会と経営指導や集荷割当等を行う農政部会とが併置され、活動を行ったが、本節では農地部会による農地移動に関する許認可をめぐる議論に注目し、村内農地移動の許認可の背景にある農地所有観念の変化についても考察したい。

本節で主に取り扱うのは、耕作目的の所有権移転（三条移動）、所有権移転をともなわない農地の転用（四条転用）、非耕作目的の所有権移転（五条移動）、農地賃貸契約の解消（二〇条）の各移動である。これら各種の農地移動の量と性質を検討することにより、高度成長期東村における農民層分解、農地所有観念の変化等を明らかにすることが本節の目的である。

2　茨城県の動向

まず最初に表2-16～表2-21によって、茨城県全体における農地移動の動向について概観しておこう。まず三条移動であるが、これは耕作目的で所有権を移転するもので、農地移動の最も一般的な形態である。また農地の賃借権を設定する、新規の小作契約を結ぶ場合にも第三条の許認可対象となった。一九六〇年代の茨城県の三条移動面積は一貫した増加傾向を示している。これに対し件数は安定しており、増加の傾向は見られない。これは件数当たりの農地の移動単位が大きくなっていったことを意味しており、六〇年代前半に全国的に展開した、

推移

賃借権設定	計
	17,657
	16,073
	14,900
	16,191
	14,480
402	14,773
386	15,028
359	14,940
320	14,959
270	14,796
494	16,122
293	16,883
254	15,716
365	14,168
385	15,927
3,528	232,613

表2-17　茨城県3条移動事由別件数

件名 / 年	小作地所有権移転	贈与・相続	交　換	廃農・兼業労力不足・耕作不便	資金獲得または負債支払	相手方要望	その他
1958	4,535	2,499	1,618	2,376	6,225	314	90
1959	3,878	2,392	1,401	3,672	4,233	302	195
1960	4,234	2,069	1,095	3,716	3,210	321	255
1961	3,197	2,674	1,357	3,402	4,738	609	214
1962	2,833	2,163	1,361	3,774	3,546	618	185
1963	2,055	2,723	1,521	3,935	3,108	815	214
1964	2,263	2,833	1,464	4,194	2,514	955	419
1965	2,155	3,219	1,520	4,000	2,327	932	428
1966	2,017	3,511	1,576	3,872	2,285	826	552
1967	1,982	3,420	1,617	3,273	2,939	857	438
1968	1,837	3,925	1,950	3,583	2,673	1,046	614
1969	1,713	4,036	2,494	3,370	2,977	1,283	717
1970	1,699	3,962	2,015	3,255	2,485	1,275	771
1971	1,246	3,431	2,110	2,991	1,895	1,555	575
1972	1,344	3,498	2,260	3,670	1,985	2,085	700
計	36,988	46,355	25,359	53,083	47,140	13,793	6,367

注：件数は「譲渡件数」で計算している。
出典：茨城県『農地調整年報』各年度版より作成。

表2-18　農地法第4条に基づく転用状況

項目 / 年	処理件数	許可件数	許可面積（町）			不許可件数
			田	畑	計	
1958	1,034	1,002	3.9	36.7	40.6	26
1959	1,070	1,056	5.5	44.9	50.4	14
1960	1,147	1,139	5.4	45.9	51.3	8
1961	1,206	1,197	6.8	48.1	54.9	9
1962	1,213	1,198	9.9	48.8	58.7	15
1963	1,331	1,323	12.8	57.7	70.5	8
1964	1,701	1,691	21.1	81.0	102.1	10
1965	1,939	1,923	24.6	88.6	113.2	16
1966	1,894	1,886	18.5	95.1	113.6	8
1967	2,167	2,162	21.9	106.2	128.2	5
1968	2,627	2,618	25.4	137.1	162.5	9
1969	3,691	3,679	65.7	204.5	270.2	12
1970	4,415	4,396	78.4	260.1	338.5	19
1971	3,359	3,356	91.5	284.5	376.0	3
1972	3,251	3,243	80.4	318.9	399.3	8

出典：茨城県『農地調整年報』各年度版より作成。

区画整理事業の影響であると考えられる。
移動件数を事由別に見ると、六〇年代初頭は小作地所有権移転と資金獲得または負債支払の項目が大きな割合を占めるが、この二者は六〇年代を通じて減少傾向をたどっている。これに対して増加傾向を示すのが、贈与・相続、交換、相手方要望である。減少傾向にあるとはいえ、小作地の自作化が六〇年代を通じて大きな比重を占め続けることは、当該期の農地移動の重要な特徴として指摘できる。また交換、相手方要望の増加は、経営拡大のために農地の売渡を要求する農家が増加していたことを示すものと考えられる。

次に農地転用に関する許認可を示す四条移動は、六〇年代において一貫した増加傾向をたどる。これは所有権移転をともなう農地転用申請である五条移動についても同様である。特に六七年から七〇年にかけての増加は急激である。

事由別に見ると、四条・五条ともに住宅地、しかも農家住宅以外への転用が圧倒的である。その他四条転用では農地の林地や原野への転換、五条移動では工鉱業部門への用地転用の増加が著しい。市街地、臨海工業地帯を含む、県全体で見れば、六〇年代後半に農地の農家以外への宅地と、工業部門用地への転用が急速に進んだものと言えるだろう。とはいえ工業用地、宅地への転用には大きな地域差があると思われる。純農村地帯である東村の実態について、以下分析を試みたい。

事由別面積

（単位：町）

道路水路鉄道等	植林	商業 サービス業	その他建物施設	計
1.1	40.6		2.3	93.8
0.2	6.2		2.2	50.4
0.5	2.5		5.6	49.7
0.9	5.7		4.0	54.9
1.5	8.1		5.5	58.3
1.7	16.7		310.9	373.3
2.9	28.4		10.8	101.4
2.7	31.5		14.4	113.2
4.0	28.9		13.3	113.5
5.3	37.6		12.2	128.2
6.0	50.2	1.9	16.5	162.5
6.6	84.5	9.6	31.0	270.2
8.6	97.9	13.6	23.3	339.9
6.5	148.5	9.3	40.5	376.0
3.4	174.1	6.6	57.5	399.3
51.9	761.4	41.0	550.0	2,684.6

算入せず。

表2-19　茨城県4条転用

年＼項目	農業施設	農家住宅	その他住宅	工場・鉱業用地	発電用施設	学校用地	公園・運動場広場敷地
1958	4.0	18.3	15.0		11.0	1.5	
1959	3.4	22.6	12.8	3.0			
1960	4.1	23.5	11.3	2.2			
1961	5.1	23.0	13.9	2.3			
1962	6.2	18.5	16.3	2.2			
1963	2.7	19.7	19.0	2.6			
1964	5.9	19.5	30.7	3.1	0.1		
1965	7.6	21.5	31.0	4.4			0.1
1966	8.9	20.0	34.5	3.4	0.1	0.4	
1967	6.9	19.7	42.7	3.5		0.1	0.1
1968	8.6	33.2	44.3	1.8			
1969	11.1	46.9	71.9	7.0	1.2	0.1	0.3
1970	26.2	45.6	109.6	13.2	0.1	1.1	0.7
1971	30.1	48.4	80.8	10.7	0.6	0.5	0.1
1972	29.1	43.5	73.4	11.5		0.2	
計	160.0	423.9	607.2	70.9	13.1	3.9	1.3

注：史料記載の転用面積の内，「4条・5条以外による転用」および1958年～62年の「地方公共団体」による転用は
出典：茨城県『農地調整年報』各年度版より作成。

表2-20　農地法第5条に基づく転用状況

年＼項目	処理件数	許可件数	許可面積（町）			不許可件数
			田	畑	計	
1958	4,010	3,992	13.6	124.9	138.5	12
1959	4,712	4,696	16.9	135.7	152.6	16
1960	5,666	5,644	30.5	191.3	221.8	22
1961	6,686	6,650	43.2	282.7	325.9	36
1962	6,222	6,115	44.1	263.6	307.7	107
1963	6,531	6,491	69.7	329.4	399.1	40
1964	7,410	7,376	73.9	461.6	535.5	34
1965	6,828	6,792	109.9	559.2	669.1	36
1966	7,077	7,071	96.5	318.7	415.2	6
1967	7,915	7,906	93.8	353.6	447.4	9
1968	9,130	9,118	122.5	406.7	529.2	12
1969	11,880	11,863	196.7	1,131.1	1,327.8	17
1970	15,072	15,036	378.3	875.3	1,253.6	36
1971	12,626	7,961	256.5	634.2	890.7	10
1972	7,068	7,051	240.4	657.3	897.7	17

出典：茨城県『農地調整年報』各年度版より作成。

事由別面積

(単位：町)

道路水路鉄道等	植林	商業 サービス業	その他建物施設	計
0.6	0.0		11.7	96.8
0.4	0.1		9.9	120.2
1.1	0.1		28.5	181.8
2.7	0.9		51.4	288.1
3.1	0.5		48.5	282.0
1.8	3.2		58.8	313.7
2.1	14.9		78.3	377.6
2.5	1.3		81.2	335.8
3.2	2.2		70.4	332.5
3.2	1.2		88.5	411.1
3.9	3.0		110.8	514.8
10.1	3.5	41.8	94.5	1,327.8
7.2	2.1	76.1	220.2	1,153.9
5.2	5.8	71.9	102.9	1,018.2
3.8	2.0	64.3	156.5	897.7
51.0	40.8	254.1	1,212.2	7,651.9

1963年以降の「大臣処分」による転用は算入せず。

3　東村の農地移動と経営規模

1　三条移動の動向と資金融通

東村における三条移動の動向を示したのが表2-22である。三条の対象となっている移動には売買、交換、贈与の三項目があったが、集落単位で行われた交換分合事業に関しては、一括で許認可を受けているため、ここでは集計されていない。同村における三条移動は、面積・件数ともに五九年から六七年にかけて、ほぼ一定した移動面積を維持している。しかし六〇年代後半に入ると、面積は急速な増加を見せる。こうした全体の傾向は、六九年をピークとして停滞することも含め、茨城県全体の動向と、ほぼ符合している。一方、耕作を目的とする賃貸借の権利設定についても三条にもとづく許認可事項であるが、東村行政文書の集計によれば、「小作地の所有制限」の受付件数は六八年まで皆無に近いが、六九年以降急増し、七三年には一四〇件

表2-21　茨城県5条転用

件名／年	農業施設	農家住宅	その他住宅	工場・鉱業用地	発電用施設	学校用地	公園・運動場広場敷地
1958	1.3	12.7	54.9	14.1		1.5	
1959	2.4	13.6	74.7	19.1			
1960	1.1	11.1	88.9	50.6		0.4	
1961	2.6	13.8	127.6	87.9		1.2	
1962	2.0	12.6	138.9	76.4		0.0	
1963	2.0	11.3	156.0	71.8		8.7	0.1
1964	2.3	9.1	189.1	70.6		9.5	1.7
1965	5.6	9.9	188.4	36.6	0.5	7.6	2.2
1966	6.7	14.8	191.5	33.2	0.4	8.1	2.0
1967	8.0	7.8	221.6	62.4	2.6	12.4	3.4
1968	9.2	23.8	254.6	82.0	2.7	22.5	2.3
1969	20.7	26.1	890.5	193.9	17.7	17.1	11.9
1970	32.1	15.7	530.8	226.2	14.4	10.8	18.3
1971	22.7	22.9	563.8	191.6	22.7	2.9	5.8
1972	20.4	16.5	436.3	173.3	4.1	10.0	10.5
計	139.1	221.7	4,107.6	1,389.6	65.1	112.7	58.2

注：史料記載の転用面積の内,「4条・5条以外による転用」および1958～62年の「地方公共団体」による転用,
出典：茨城県『農地調整年報』各年度版より作成。

に達している。借地農形態による経営規模拡大への展開が、この時期進みつつあったことを示す事例である。

三条移動による農地取得に際しては、その購入資金に対し自作農維持創設資金融通法にもとづく資金が融通された。この資金は「農家の経営の安定を図るため、自作地（中略）を維持したり、相続による自作地の細分化を防止したり、農地を取得したりするのに必要な資金を長期かつ低利で貸付ける」ことを目的としており、「その地方における中庸の経営規模を超えない」「農林水産業による所得が総所得の過半をしめ」「農業に精進する見込がある」農家を対象として貸付が行われた[1]。具体的な貸付金額については東村の史料で判明するかぎりでは、六六年に取得資金最高一〇〇万円、維持資金五〇万円、反当たり取得資金が六八年で三五万円であったとされている[2]。この貸付件数と金額推移を示したのが表2-23である。六〇年代前半に関しては、件数の安定に比べ、金額の増加が確認できるが、これは農地価格の上昇と対応するものである。六〇年代後半に入ると件数、金額ともに急激に減少している

表2-22　東村農地法3条所有権移動年別計

年＼項目	所有権移転						賃借権設定	
	件数	譲受人数	譲渡人数	面積計(畝・a)	有償移転	無償移転	件数	面積(a)
1959		204	213	3,129	2,867	262		
1960		230	223	3,771	3,264	507	2	50
1961								
1962								
1963	249	235	249	3,661	3,296	365		
1964	291	208	229	3,996	3,440	556	1	35
1965		222	261	4,701	3,631	1,070		
1966	231	221	225	4,078	3,333	745	3	175
1967	225	187	208	3,547	3,081	466		
1968	220	249	252	7,018	5,349	1,669		
1969	452			9,242	6,497	2,745		
1970	324			6,019	4,545	1,474		
1971	325			5,331	4,290	1,041		
1972	322			5,500	4,046	1,454	3	132

注：(1)　1959年～68年の数値は，東村『農業委員会議事録』各年度より集計。
(2)　1969年以降の数値は，茨城県『農地調整年報』の数値を使用。
(3)　有償所有権移転は「売買」「競落」，無償移転は「贈与」「交換」。
(4)　1963～68年の件数は東村役場『農業委員会補助事業』より転載。
(5)　東村の農地資料では，66年5月を境に面積単位が町・反法からメートル法に切り替えられている。以下本節の図表での面積単位は，1畝≒1アールとしていることを留意されたい。

表2-23　東村農地取得資金許可数／金額年別推移

年＼項目	総計		自作地取得		小作地取得		医療費		災害資金		各種負債	
	件数	金額(万円)	件数	金額(万円)	件数	金額(万円)	件数	金額(万円)	件数	金額(万円)	件数	金額(万円)
1959	64	1,100	17	285	5	100	4	60	0	0	37	655
1960	47	846	29	517	3	60	3	45	0	0	12	224
1961												
1962												
1963	73	2,264	60	1,987	6	107	0	0	1	30	6	140
1964	64	2,682	60	2,544	2	50	1	30	0	30	1	28
1965	63	3,413	51	2,853	0	0	0	0	10	500	2	60
1966	29	1,565	26	1,445	3	120	0	0	0	0	0	0
1967	19	943	17	813	2	130	0	0	0	0	0	0
1968	16	1,270	15	1,220	1	50	0	0	0	0	0	0
1969												
1970	69	3,689	16	1,805	4	353	0	0	49	1,531	0	0

出典：東村『農業委員会議事録』各年度より集計。

表2-24　十余島地区集落別農地移動

集落名	1960年			1965年			1970年		
	3条	5条	農家戸数	3条	5条	農家戸数	3条	5条	農家戸数
余津谷	0戸　0%	0%	10	0戸　0%	0%	10	1戸　10%	0%	10
清久島	1　3%	0%	34	0　0%	0%	31	2　6%	0%	31
橋向	12　25%	1　2%	48	9　21%	4　10%	42	1　3%	2　5%	38
押砂	24　35%	0%	69	10　15%	0%	67	3　5%	1　2%	65
曲渕	11　28%	1　3%	40	2　5%	0%	41	3　7%	0%	41
四ツ谷	1　4%	0%	28	2　7%	0%	27	0　0%	0%	26
六角	12　29%	0%	41	1　3%	0%	40	10　26%	1　3%	38
結佐	23　18%	4　3%	127	21　17%	1　1%	125	24　20%	3　3%	118
佐原組	3　6%	0%	49	27　55%	0%	49	10　20%	0%	50
手賀組	4　6%	0%	63	2　3%	0	63	2　3%	0%	61
計	91　18%	6　1%	509	74　15%	5　1%	495	56　12%	7　1%	478

注：パーセントは集落内農家戸数に対する移動件数。
出典：東村『農業委員会議事録』各年度より集計。

ことが確認される。これは三条移動件数の傾向と逆行する動きであるが、この点については後述したい。

2　集落別移動状況

表2-24は、東村の十余島地区における、各集落別に三条移動の件数を集計し、集落内の農家戸数と対比したものである。これにより集落別の移動状況を見てみよう。六〇年代初頭において、三条移動が活発だったのは、橋向、押砂、曲渕、六角、結佐といった集落である。これらの集落は利根川を挟んで、千葉県神崎町に近接し、村内でも市街地隣接型の集落であった。特に橋向・押砂の二集落は市街地近郊でありながらも機械化実験集落に指定されるなど、村内農事活動の牽引車的役割を担った。また結佐集落は国道に接し、千葉県佐原市にも近接し、村内でも商業地区的性格を持っていた。これに対し村北部・西部にあり、市街地から遠い、手賀組新田・佐原組新田・清久島等の各集落においては農地移動も、相対的に停滞的であった。

市街地隣接の集落において農地移動が活発である状況をどのように説明すべきだろうか。市街地近郊のこれらの集落では、農外兼業をも含めた幅広い選択肢の中で農家経営のあり方が検討され、農地の保有量に関しても、経営上の選択として比較的活発な農地移動が展開されていたものと考えられる。また結佐、橋向集落の三条移動が譲渡件数が多く、商業地区としての性格を強めるかに見える動きをしているのに対し、押砂集落においては譲受件数が一貫して上回っており、市街地近接集落の中にも農地集積を進め、農業部門の経営拡大をはかっていた集落があったことは注目されなければならない。

しかしこうした状況は六〇年代を通じて変化を見せる。商業地区結佐集落は一定の移動量を維持するものの、橋向、押砂といった市街地近郊の農業型集落における三条移動は減少し、これらの集落での農地移動は、四条、五条等の農地転用関連の移動が増加してゆくのである。これに対し耕作者間移動である三条移動については、佐原組新田を筆頭とする、村北西部の集落において活発化してゆく状況が確認される。こうした変化の原因としては、同時期において、農地転用による収入機会が拡大したことが考えられるが、この点の詳細は四条・五条の分析で後述する。また村北西部の集落における農地移動活発化については、六〇年代中盤から展開するモータリゼーションの普及を挙げることが可能だろう。農業委員会の議事録には、当時自動車・トラック等の普及から、集落間の特徴が希薄化していったことをうかがわせるものがある。移動手段の発達が、従来相対的に後進地帯であった村内北西部の経営感覚を活発化させたことは十分に考えられるのである。

3　押砂集落にみる農民層分解

こうした農地移動は農家経営構造の、どのような変化を反映していたのだろうか。この点を検討するために三条移動の性格について、押砂集落を事例として、より詳細な分析を試みたい。同集落は前述したように、村内においては市街地近郊であるにもかかわらず、機械化実験集落に指定されるなど、基本法農政に積極的に対応した、村内農事活動の優等生的集落であった。五五年から七三年にかけての集落内の三条移動の累計面積は四七・二haに達しており、これは集落の農地面積一三七ha（七〇年時点）の三四％に相当する。高度成長期の同集落においては、活発な農地移

表2-25　押砂集落3条移動に見る農民層分解

年次＼階層	0.5ha未満	0.5～1 ha	1～1.5ha	1.5～2 ha	2～2.5ha	2.5～3 ha	3～3.5ha	3.5～4 ha	4～4.5ha	4.5～5 ha
1955	−23		−16	9	14	16				
1956			17	17	−17	−17				
1957	−12						12			
1958	−5	−1	−27	13	64	0	−44			
1959	−84	0	0	−61	46	99				
1960	−139	−31	−36	−36	88	161	−7			
1961	−29	−66	−52	199	7	−25	−34			
1962	1	−99	−33	−36	109	0	58			
1963	−38	−90	−18	79	117	−29	−17			
1964		−64	−58	6	104	21	−9			
1965			30	−47	77	−65	7			
1966	−3	28	−138	11	69	89	0	−56		
1967	−17	−47	−72	−28	43	46	32	43		
1968	−2	−65	21	−72	19	−68	82	65	20	
1969	−8	0	12	5	−54	37	37	0	0	−29
1970		−6	14	−5	−74	8	12	10	41	
1971	−12	0	−13	−3	32	−22	0	6	12	
1972			−10	−71	3	20	25	18	15	
1973	−23	−9	−10	0	31	0	9	0	2	

注：耕作面積は自作地＋小作地として計算。
出典：東村『農地法第3条申請書類綴』各年度より集計。

動が展開されたのである。

表2-25は押砂集落の三条移動を耕作面積の階層別に集計したものである。これによると、五〇年代後半から六〇年代前半にかけての農地移動は、基本的に零細層と上層が双方とも面積を減少させる、いわゆる中農標準化の傾向を示していたことがわかる。五〇年代の集中傾向にはばらつきがあるが、六〇年代前半においては、二ha～二・五ha層の農家が安定して農地集積を進めていたことが示されている。

さらに六〇年代後半には集積層が二・五～三・五ha層に上昇し、経営規模の拡大が進行すると同時に、七〇年代初頭にかけて、上層農家の農地譲渡が減少し、経営規模の全体的な底上げが進行していったことがわかる。経営面積別階層構成を表2-26で見ると、六五年以降二ha以上層、特に三ha以上の層が戸数、構成比とも増加していることがわかる。この傾向は十余島地区全体で見ると、より鮮明であり、六〇年から七〇年にかけて農家戸数の減少もあり、二ha以下層が軒並み減少する一方、三ha以上層が確実に増加していることを確認することができる

表2-26　押砂集落・十余島地区経営耕地規模別農家戸数

	1960年				1965年		1970年			
	押砂集落		十余島地区		押砂集落		押砂集落		十余島地区	
0.5ha未満	6	9%	36	7%	3	5%	3	5%	16	3%
0.5～1.0	3	4%	68	13%	4	6%	3	5%	47	10%
1.0～2.0	24	35%	184	36%	20	31%	18	28%	138	29%
2.0～3.0	33	48%	198	39%	31	48%	35	54%	184	38%
3.0ha以上	3	4%	25	5%	6	9%	6	9%	93	19%
計	69	100%	511	100%	64	100%	65	100%	478	100%

出典：1975年世界農林業センサス農業集落カードより集計。

のである。

中農標準化による上層農家の規模縮小は、家族経営という労力の限界を前提として、農地集積の規模の経済性が働かなくなるため生じたものと考えられるが、六〇年代前半に展開した土地改良事業による全村的な乾田化の進行、さらに機械化実験集落指定等による農業機械の広範な導入は、そうした障壁を取り除くことに成功したものと思われる。東村全体の三条移動が六〇年代後半に活性化することは、このためであると考えられる。また前述の農地取得資金の供給額が六〇年代後半に入って減少する背景には、三条移動による農地取得農家が経済力のある上層農家中心となっていったことも原因と考えることができよう。

しかし押砂集落に限定すれば、先の集落別分析にあるように、三条移動の規模は必ずしも増加傾向にあるわけではなく、六〇年代から七〇年代初頭にかけて、六八年を例外とすれば、むしろ緩やかな減少傾向ともとれる推移を示しているのである。農地移動の規模という意味では中農標準化から上層による蓄積という傾向を示しながらその規模は徐々に停滞へと向かっていったと言えるだろう。

4　農地移動事由の変化

押砂集落の三条移動の事由別件数をまとめたのが表2-27である。三条移動の申告書には農地の譲受・譲渡側のそれぞれの理由が記載されているが、譲受側の事由欄には、ほぼすべて「農業経営の拡大のため」と記載されているのが大きな特徴である。また譲渡側の理由記載を時系列的に見ると、その時代状況が浮き彫りになってくる。件数的に最も多数を占めるのが、「小作地自作化」と「(農家）負債整理」である。前者に関しては、この時期は押砂集落の土地改良と区画整理の時期に当たり、この前後に旧来の賃借関係の精算がはかられたケースが多かったのではないだろうか。逆の事例として同時期に土地改良を理由とした小作契約解約問題も確認されることから、土地改良事業が残存小作地の整理問題に大きな影響を与えたものと考えることができる。(3)

またこの六〇年代前半には「交換分合」や、「耕作不便」による農地移動等、区画整理に関連する移動が一定数散見されている。「(農家）負債整理」による農地移動であるが、その階層性に関して明りょうな傾向は認めにくい。最後に「一般生活資金」は、五〇年代には「医療費」「教育費」と具体的に記述されているが、七〇年代に入って、「一般生活資金」と表記されて、全村的にかなりの数が現われるようになる。それに対応して「(農家）負債整理」の数が減少し、七〇年前後を境に両者が入れ替わる状況を呈している。「(農家）負債整理」は少なくとも農業経営を意識した表記であるが、「一般生活費」のために農地を売り渡す行動が増加する、もしくはそう表記することに抵抗がなくなってゆく状況は、農家経営の拡大のためではなく、家計の充足のために農地売渡を行うことに対する当事者や周囲の抵抗が薄れつつあることを意味しているものといえよう。

4　三条移動にかかわる農業委員会の審議

農地移動の以上のような動向に対して、農業委員会がどのような審議を行ってきたかを見てみよう。五〇年代後半の農業委員会の審議は、その多くが農地法第二〇条関係の審議に費やされていたことが指摘されなければならない。農地法第二〇条とは、賃貸農地、すなわち小作地の契約解除にかかわる許認可であり、一般に小作地引上げと呼ばれた事例の審議であった。申請件数としては、決して多くはなかったが、農地改革の記憶の残る時代のことであり、その審議は農事調停に持ち込まれ、長期化かつ紛糾することが多かったのである。これらの農地調停の経緯は当時の農業委員会の耕地移動に対する姿勢をよく表わしているため一例を挙げたい。

年別計

居宅建築修理費	農機具購入資金	耕作不便	労力不足	農外営業資金	転廃業	一般生活資金	その他
2			1	2		2	
1			2			1	
					1	1	
		3				5	
1				2		5	
	1						
	1	2			5	1	
		2	2		2		
1		2	1	1			
2			4				
		1	1				
					6		
					1		
	1	1					
				1			
		1			1	2	1
2						5	
						1	1
9	3	12	11	6	16	23	2

一九五六年五月二五日の農事調停において、二・八反歩の小作地をめぐり、一・四反歩耕作の地主側（申立人）と、一・三町歩耕作の小作側（相手方）との間で、小作契約解約に関する調停が持たれた。小作地の返還を求める申立人に対し、相手方の耕作者は「（申立人――引用者）が真面目に農業に精進し将来の見込があるならば当然返してやりたいが（中略）恐らく他へ売却してしまうだろう」と返還を拒否した。これに対し、委員会は①申立人の性格・能力を判断して農業に精進する見込みがあるかどうか、②相手方の該農地を返還するために及ぼす生計関係を検討し、結果として相手方の耕作者の耕作を妥当する結論を出したのである。[4]

また五八年の委員会で「前には（中略）

表2-27　押砂集落3条移動

年	件数	集落外者数		移動面積（畝，a）	一件当たり平均面積（畝，a）	移動理由（譲渡側）			
		譲受	譲渡			小作地自作化・解放漏	贈与	交換分合換地	負債整理
1955	8	0	1	362	45.3	2	1		
1956	5	0	2	42	8.4		1		2
1957	1	0	1	12	12.0				
1958	14	2	3	167	11.9	6			
1959	19	2	4	228	12.0	10		2	2
1960	21	0	8	337	16.0	11			9
1961	26	0	12	436	16.8	10	1	2	3
1962	15	2	7	263	17.5	3		1	5
1963	30	7	7	372	12.4	16		3	6
1964	17	3	4	223	13.1	4		1	6
1965	8	2	3	174	21.8	1			5
1966	13	3	3	242	18.6	3			4
1967	16	2	8	268	16.8	1			13
1968	24	3	15	699	29.1	9	4		10
1969	11	2	4	185	16.8				9
1970	13	2	4	337	25.9		1	2	6
1971	7	2	5	146	20.9			1	1
1972	7	0	4	104	14.9				
1973	7	3	1	123	17.5			2	3
計	262	35	96	4,720	18.0	76	8	14	84

注：「一般生活資金」には医療費，教育費，結婚費用，一般生活費の項目をまとめている。
出典：東村『農地法第3条申請書類綴』各年度版より集計。

農業委員会で二十条の審議を受け付けることがあまりなかった[5]」という発言もあるように、五〇年代末まで頻発した二〇条関係の農事調停において、事例としては両者の経営面積の小さい零細層同士の争いが多かったにもかかわらず、農業委員会はほぼ一貫して現耕作者側を保護する方向で審議・調停を行っていた。こうした審議には農地法における耕作者優位の思想が反映していると思われるが、その背景として、この時期まだ残存していた生産力主義が農地所有者の経営能力を強く意識した側面も注目されなければならない。また所有者が無断で農家に耕作させる、いわゆる「闇小作」についても、当時は未だ厳しく対処されており、五九年六月、七月にはこうした事実が発覚したため農地法第一五条の規定にもとづき、売渡農地を強制買収するといった事例も存在した。農地改革の成果である戦後自作農体制を維持しようとする流れは、少なくとも五〇年代末までは現実に機能していたのである。しかし二〇条関係の議事が慎重に行われるのは五九年までのことであった。六〇年代に入ると、小作地の賃貸契約の解除は「両者合意」として、スムーズに合意に至るようになってゆくのである。

六〇年代前半の委員会審議の中心は、三条移動に関するものであった。農地法の規定により、農地の購入者は当該時点で三反以上の耕作面積があることが必要とされており、三条申請に際し、購入者は耕作証明書の提出を義務づけられていた。議事録では「各地区委員が審査済みの事と思いますので異議ありません」(6)との発言が見られるように、実際には村委員会での審議の前に、当該集落担当の委員、多くの場合、当該集落選出の委員が事前に事実関係を確認しており、基本的には村委員ではその追認を行っていた模様である。ここに農業委員が農業調整委員会以来の集落代表者的性格を保持していたことも確認することができる。審議は主に譲受農家の耕作能力、経営規模、当該農地への距離等、生産力的な内容に集中されている。(7)一つには農業委員会は前述のように、戦後改革期に農地改革をになった農地委員会のみならず、食糧供出を担った農業調整委員会の系統を継ぐ組織であり、食糧管理制度にもとづく村内生産米の政府売渡し量を調整する機関であったことも原因としてあげられる。(8)委員は村内各集落の代表者としての性格を持ち、実際三条移動の申請に関しては、農業委員会への提出前に、集落代表委員に事情を説明することが慣例となっていたことが議事録から確認することができる。こうした事情もあり、委員会は村外の農業者の入作については、「なるべくならば村内の人が買って耕作してもらいたい」等と、耕地への距離を理由に一定の抵抗をするケースも見られた。(9)しかし基本的には六〇年代後半に入ると、購入者の当該農地との耕作距離を質問する委員に対し、「現在では三輪車なども有り余り関係ない」と説明する議事があるなど、モータリゼーションの発達により耕地への距離が生産力上の障害とならなくなってゆく過程が示されている。こうした議事の背景には集落ごとの出入作に対する抵抗の弱化も見て取れる。六七年二月の審議においても他町村からの農地購入に対し、村内の供出割当に協力することを条件に賛成されるケースなどが確認されるのである。(10) とはいえ、全体としては米の生産力を重視する視点の全般的後退ともあいまって、三条移動に関する審議も次第に形式的なものになっていった。

5　東村における農地転用（四条、五条転用の審議過程）

農地法の許認可では、農地をその所有者が宅地その他に転用する際には第四条にもとづき、第三者に転用を前提に所有権を移転する場合には第五条にもとづいて審議の対象となった。茨城県における四条転用は五〇年代末から緩やかな上昇傾向を描きつつあったが、六五年と六九年を画期に急激な上昇傾向を描き始める。五条転用についてもほぼ同様で、六五年を画期に七〇年にかけて急激な増加傾向を見せている。六〇年代後半における農地転用の急激な増加については、農家の経営意識の変動と、地域経済の変動が、相互に影響を与えつつ展開したものと考えられる。

表2-28、表2-29に見られる東村の四条、五条転用の基本的傾向は、茨城県全体のそれと、ほぼ同様である。六〇年代中盤と七〇年代初頭に二つのピークを持つが、全体としては増加傾向を示している。同村の場合、六六年のピークは本新島開拓地に大規模な転用が生じたためであり、総じて開拓地の農地移動は移動・転用を含めて単位面積が大きくなる傾向にあった。五条転用の動向もほぼ同様で、六五年に小さなピークを迎えたのち、六七年から七〇年代初頭にかけて、急速な増加傾向を見せている点は県の趨勢とほぼ同様である。

表2-28　東村4条関係農地移動年別推移

	件数	面積（畝・a）
1959年	0	0
1960年	1	4
1961年		
1962年		
1963年	4	43
1964年	12	106
1965年	8	265
1966年	6	124
1967年	13	75
1968年	7	31
1969年	13	92
1970年	15	234
1971年	14	155
1972年	22	357

出典：東村『農業委員会議事録』各年度より集計。

同村の転用の理由について表2-30、表2-31を見ると、

表２-29　東村５条関係年次別推移

	総計面積（畝・a）	件数	転用目的の所有権移動申請			転用目的の賃貸借許可申請		
			譲受人数	譲渡人数	面積計（畝・a）	借受人数	貸付人数	面積計（畝・a）
1959年	0	0	0	0	0	0	0	0
1960年	108	14	14	51	108	0	0	0
1961年								
1962年								
1963年	62	15	15	15	61	1	1	1
1964年	158	26	26	30	152	2	4	6
1965年	776	28	28	111	773	1	1	3
1966年	196	16	16	25	196	0	0	0
1967年	145	18	18	22	138	3	4	7
1968年	331	43	42	98	328	1	1	3
1969年	463	70						
1970年	911	85						
1971年	873	101						
1972年	1,391	114						

注：(1)　1959年～68年の数値は，東村『農業委員会議事録』各年度より集計。
　　(2)　1969年以降の数値は，茨城県『農地調整年報』の数値を使用。

推移

（面積：㎡）

個人（副業）		個人（農業）		個人（その他）		公共事業・施設	
件数	面積	件数	面積	件数	面積	件数	面積
1	1,703					8	676
23	24,598			3	4,888	8	1,124
20	27,587	1	951	1	3,459	1	2,296
31	43,997	1	496			16	11,311
14	13,821	2	1,123	1	1,723	3	790
89	111,706	4	2,570	5	10,070	36	16,197

四条転用の場合農家が農地を転用するため、農業経営と関連のある形態での転用が多い。六五年と六六年には本新島開拓農協の施設建設であり、六〇年代後半の転用にも豚舎畜舎等、畜産の施設建設のための転用が多い。基本法農政に応じた農家の対応の一環としての転用であったといえる。そのほかには分家独立等の住宅新築、増築、家内副業の作業敷地などへの転用等、五条移動に比べて規模の小さい転用が多かったことが指摘される。

　五条転用については、六〇年代初頭は東村が譲受主体となって、道路転用や農協施設、母子センター等の公共施設を建築するケースが多かったが、六五年以降になると、法人の進出が目立つように

表2-30　東村4条移動事由別推移

（面積：㎡）

	住宅		畜産		副業		その他	
	件数	面積	件数	面積	件数	面積	件数	面積
1969年	4	2,429	6	5,157	1	9,576	2	1,535
1970年	8	9,427	3	1,808			2	1,843
1971年	6	10,554	6	5,022	1	860	1	84
1972年	12	18,476			7	10,989	2	5,097
計	30	40,886	15	11,987	9	21,425	7	8,559

出典：茨城県『農地調整年報』より。

表2-31　東村5条移動事由別

	計		法人（建設系）		法人（製造業）		法人（その他）		個人（宅地）	
	件数	面積	件数	面積	件数	面積	件数	面積	件数	面積
1968年	11	3,247	1	396					1	472
1969年	67	59,097	5	9,671	3	4,266	1	754	24	13,796
1970年	63	79,455	9	16,937	4	5,794	3	8,952	24	13,479
1971年	125	144,262	9	34,516	8	17,591	7	16,305	53	20,046
1972年	65	70,186	9	22,408	5	6,278	4	10,181	27	13,862
期間計	331	356,247	33	83,928	20	33,929	15	36,192	129	61,655

出典：茨城県『農地調整年報』より。

なる。六五年にはキャビン工業㈱が約四・二haを四九戸の農家から取得しており、その他に不二プラスチック等の用地取得が確認される。法人の取得には主に建設関連の会社が多く名を連ねているが、製造業等の法人の進出も多く確認され、これらの中には六九年に申請した宏進工業㈱（輸出用ライター工場）のように、申請書に村内における労力雇用を強調することにより、申請受諾を求めるケースも存在した。また六八年には東京電力による鉄塔用地の取得なども確認される。

個人による転用・取得の事由については、やはり農業施設ではなく、宅地への転用が多くを占め、理由としては後に分家関係のほかに、借家から所有地に自宅を新築するケースが多く見られるようになる。一つには同村農家の経済力の上昇を示す事柄と言えるが、経営における資産保有の形態として、所有地を宅地化することが積極的に選好されるようになってきたことを示しているとも考えることができよう。

しかし量的に最大の比重を占めているのは、個人による宅地以外への転用であった。これは兼業農家の増加にも対応しており、「長男の自動車整備工場の敷地」（六九年）等、二世代による経営分担に対応した転用も確認され、兼業用地を農地転用によって獲得するケースが増加したことを示している。その他、「埋立、砂利置場として建設会社に貸与」（六九年）や企業者が法人名でなく、経営者の個人名義で購入したと見られるケースもあることから、実際にはこれらの中にも企業により使用されたものは多くあったものと考えられる。

また住宅地については、「分家独立」、「隠居住宅」、「子供住宅」といった二世代以上の家族や傍系家族の家屋を独立させ、転用申請する傾向が強くなっている点も注目されなければならない。原因としては、数世代の家族が同居する戦前型農家の家族形態が変化し、世代ごとに別棟に生活するスタイルが広がっていったこと、宅地の資産価格の上昇に反応し、相続・結婚等に際し、特に農外部門の傍系家族に対する財産分与の形態として、農地を宅地化する動機が強まっていったことなどが考えられよう。

七〇年代に入ると、農地転用の理由として、鹿島地方における工業開発や筑波地方における田園都市事業の影響が見られる記述が確認されるようになる。たとえば七一年申請の星不動産による転用申請理由には、「鹿島臨海工業地帯、成田空港新設にともなう拡大発展により、建材事情は今後益々有望の度を加えるものと思われ、当地に木材センター資材保管場所を設け、社業の一大飛躍を図ろうとするものである」と記されており、また同年申請の石川金属産業は「鹿島、北総地域に住宅関連資材の卸し売り販売を目的とし、倉庫確保の為、および社員寮建設のため敷地拡張」と記しており、鹿島開発の影響を受けた企業進出ないし、既存企業の敷地拡大が活発化していることを示している。

またこうした動きの中には、鹿島地区の開発が同地域における地価高騰を呼び、そのために周辺地区に用地を求める動きも観察される。七〇年に申請された建設会社による作業員宿舎の申請では「鹿島地区は土地高騰の為非生産設備の建設は不可能なので」、また七一年の牧野建設㈱の申請では「当社の作業部門のうち、鉄骨作業について、高額な賃借料の支出を余儀なくされているため、経営合理化の上で借用を取りやめ、当該地へ鉄骨作業専用工場を設置する」などの理由が記されている。

周辺地域の変化に呼応する動きは村内にも存在した。七二年の事例を見ると、橋向集落の三三名の農業者が二・四haの農地転用と「田園都市センター」の建設を申請している。その趣意書は「田園都市建設事業の中にて、田園都市センター（集会所）を建設、各種集会所研修等広範囲の利用可能な施設とし、集落田園都市建設の拠点とする」と述べている。また同年には住友金属鹿島工業に勤務する六名の農業者が鹿島地方に近い地区に新規宅地を購入することを申請している。このように、ほぼ純農村地帯であった東村においても、高度成長期における地域開発の影響は確実に及ぶようになっていったのである。

6　転用に関する農業委員会の審議状況

東村の農地転用は、前述のように六〇年代中頃まではそれほど活発ではなかったが、この背景として、土地改良事業との関連を挙げることができる。転用に際し、「道路にかかる、かからないでいろいろ参りましたが（中略）境界のことでまだ土地改良の方を《（ママ）》決まっていませんので」[11]等という理由で難色が示される事例が確認されるのである。一筆ごとの境界線が流動的であった土地改良期において、農地の転用を抑制する力が作用したと見るべきだろう。土地改良区内の農地を転用する場合、土地改良区の意見書を添付した上で申請を行うケースが一般的であったし、六〇年代後半以降においては、土地改良区内の転用に関しては換地証明書の提出を求めるケースも存在した。

その後六〇年代後半の転用申請の急速な増加に対し、当初農業委員会でも、戸惑いと混乱があった様子が見て取れる。六五年一〇月の委員会において、不二プラスチックと植田製作所という二つの企業による用地取得申請の際、申請が売買契約の成立後に出されたため、委員が不快感を表明する発言が見られる。このケースでは問題は手続きの順番にあり、結局は地元委員による再調査ののち、転用は認められた。

しかしこの時期すでに、全体的に耕地の生産力に対する意識が後退してきたこととも関連して、隣接地への影響を懸念する向きはあっても、農地転用それ自体に抵抗する議事は、ほとんど確認することができなくなってゆく。隣接地に関する影響については、事前に周辺農地所有者の同意書を取ってから申請するケースが慣例化していった模様である。紛糾したケースとしては、六六年六月の委員会において、用水路脇の農地のガソリンスタンドへの転用について、油が用水路に流入する危険から、反対されるケースなどが存在した。

その他の議事で問題化したのは、委員会の審議を経る前に無断で転用するケースであり、六七年には委員会の許可が出る前に転用してしまい、事後承諾を求める形式の申請が複数なされている。五月の委員会では「現在埋立てしてから申請するのが多く見られ委員会を無視した事と思う委員会を開いても無意味にとれる。この際厳重に審査したらどうか」との発言がなされるなど、無断転用が増加し、深刻化している様子が確認できる。ただし、こうしたケースは農地転用そのものへの抵抗ではなく、委員会の権威を弱化させる問題として表面化したと見るべきだろう。

7　小　括

東村の農地移動は大きく三つの時期に区分することが可能である。まず五〇年代後半の時期は、農業委員会の議事の中心は、小作地の解約をめぐる二〇条関係であり、三条移動も小作地の自作化が主要な部分を占めるなど、農地改革の影響を色濃く残す時代であったといえる。この時期四条・五条に関する農地転用はほとんど存在せず、許認可も増産の効果を考慮してなされていた。

六〇年代初頭の時期は議事、移動量ともに三条移動が中心となる。移動自体は安定しており、階層別には二ha前半の経営面積に農地が集中する、中農標準化の傾向がみられる。この時期東村は土地改良事業と、区画整理の時期にあたり、残存小作地の整理、飛び地の交換などの移動が行われた。転用関係は規模的には依然大きくはなく、その内容も区画整理にともなう農道用地や村による公共施設等への転用が主なものであった。

六〇年代後半から七〇年代初頭にかけての農地移動は、あらゆる意味で劇的な変化を示す。まず三条移動が件数を増加させる。この移動は質的にも変化を生じ、従来の中農標準化傾向から、三ha以上層に農地が集積される、上層による集積の動向を示し始める。農地取得資金の融資額が、この時期減少していることも、経営力のある農家だけが農地を集積していったことを示すものだろう。一方農地転用は量的には三条移動以上にドラスティックな増加傾向を示す。四条転用の場合、基本法農政に対応した畜産関係の施設への転用が多く確認されるなど、農業経営の枠内での対応もあったが、五条移動とともに住宅地への転用が増加する。これは農家家族形態の変化を反映する動向である。

またそれ以上に重要なのは、周辺地域、特に鹿島地方、筑波地方における工業開発、田園都市開発の影響を受け、建設会社を中心とする多くの企業が東村にも進出するようになったことである。東村内部でも基盤整備の進行した十余島地区においては、相対的に工場用地への転用は少なかったものの、農業委員会もこうした農地転用に対して、抵抗することはなく、転用農地を急激に増加させていった。

六〇年代後半のこうした急激な変化は、個々の農家、農業者の経営感覚にも大きな変化をもたらした。先に住宅転用の増加は農家家族形態の変化が原因であると述べたが、宅地の資産価値の上昇という側面も見逃すことはできないだろう。また三条移動の農地譲渡側の理由の中心は農家経営を意識したものから、生活費の補充へと変化してゆき、農地を譲り渡す零細層の農家に農業経営への意欲が薄れてゆく様を確認することができた。しかし農家の農業経営への意欲は総体として低下しているとは言えず、上層農家は依然積極的に経営拡大をはかり、また畜産経営とのプラスα経営を志向する農家の増加が四条転用を増加させているため、一概に転用の増加が農業の後退とイコールであるわけではなかった。とはいえ周辺地域の開発の進展は、東村農家の資産感覚にも影響を与え、農家経営が水稲部門、複合経営部門（主に畜産）、さらに兼業所得と、資産保有のバランスで判断されることが多くなっていったことは否定できないであろう。

（1） 茨城県農地部農地課『自作農創設維持資金融通法施行にともなう事務処理要領』一九五七年。
（2） 六八年の最高額は八〇万円、七〇年には反当たり四〇～四五万円、限度額五〇万円、年利五分とされている。また七〇年には県総額で二億円の限度額が設定された。
（3） 東村農業委員会『農業委員会議事録昭和三三・四～三六・二』一九五九年五月一五日審議の陳情書。
（4） 東村農業委員会『昭和三十年度農業委員会議事録』。
（5） 前掲『農業委員会議事録昭和三三・四～三六・二』一九五八年四月二五日委員会発言。
（6） 東村農業委員会『昭和四十年度議事録綴』一九六六年一二月一七日議事。
（7） 耕作面積が三反（三〇ａ）以上必要であるという規定は、同村の審議でしばしば引き合いに出された。

（8）　食糧供出制度は一九五五年まで、以後は六九年まで予約売渡制度、七〇年以降予約限度制に変化した。
（9）　東村農業委員会『昭和四十一年度議事録綴』一九六六年一月二六日議事。
（10）　当時の生産米の政府売渡は前述のように割当供出制度によるものではないが、生産現場では、その後も政府売渡を「供出」と表記、呼称するケースが多く見られる。
（11）　前掲『昭和四十一年度議事録綴』一九六六年一一月二四日議事。

第3節　労働市場の展開と規模拡大

1　はじめに

高度成長と農業・農村が直接的にかかわる局面の一つが、労働市場を介する両者の結びつきであったことには多言を要しない。茨城県の中でも工業化の進行が相対的に遅れた東村でも、人口流出や農業労働力の確保などの面ですでに高度成長の初期から労働市場を介するその影響がみられた。その際、戦後に大きく発展した京葉・京浜工業地帯に近接するという地理的条件が意味を持ったことは間違いないが、一九六〇年代後半から本格化した千葉・茨城両県の大規模な開発はより大きな変貌をもたらした。本節では主として後者に注目し、茨城県内、村内および近隣労働市場の時系列上の動向を確認した上で、東村十余島地区（旧十余島村）のデータを用いて農家の就業行動を明らかにする。

本節が特に焦点を当てている論点は、村内からの通勤型労働需要の中長期的推移と、東村農家の兼業の地域・職種上の特徴との関係であり、個人の属性（性別・生年など）による労働市場の分断性にも注目しつつ、兼業の進行・質的変化を手がかりに、農業経営への積極性が失われていく過程を経済的側面から描くことをここでの課題とする。[1]

2　前史と概観——次・三男の流出から、長男・雇主の兼業労働の全面化まで——

東村の人口は一九五七年をピークとして減少に転じ、戦後約一〇年の間に自然増の鈍化と社会減が進行した。特に、本書が主たる対象としている十余島地区では人口減が村全体よりも早期に、かつ急激に生じており、一九五五年前後から次・三男が新規学卒時に村外に流出する傾向が顕著になった。「戦前において自然増→分家、戦後において疎開帰農・開拓入植（社会増）のかたちで順調に増加してきた戸数・人口が戦後分家困難という事情と農繁期のため上層農に確保されていた次・三男労働力が長男だけを残してほとんどが中卒の新規学卒労働力として家を離れ農外に排出され人口減をおこす状態に変ってきた」ため、この時期は長男以外の男子労働力を都市部へと流出させた上で、当時の舟農業に特有な膨大な農繁期労働需要を近隣からの農業労働者の雇傭によって賄っていたわけである[2]（第3章を参照）。

しかしながら、当時は依然として近隣の農外労働市場が未発達だったため、次・三男の就業先は縁故を通じて住込工員・店員として京浜・京葉地帯に向かうものが多く、農家にとって農外兼業という選択肢もきわめて限られたものにすぎなかった。一九六〇年には十余島地区の全農家五二一戸の二三％にあたる一一九戸で兼業がみられたが、そのうち第一種兼業だけでも一六％に達する状態であった。「調査部落（橋向・佐原組新田・結佐の三つ）の中では橋向・結佐等の交通条件に恵まれ若干でも兼業機会があるところは兼業率がやや高く、恵まれない佐原組新田はきわめて低い。従って前者には経営主兼業が多く、特に橋向には二兼的それが、結佐には一兼的それが多い。……兼業主兼業は兼業（の種類）を問わず一ha以下の下層」[3]（括弧内は引用者。以下同）であった。その中で兼業の種類として具体的に挙げられているのは、事務職員、職人、商店、医院、日雇などであり、村内および近隣の雇用労働市場が未発達であったことが明らかである。また、上記の引用も触れているように村内でも集落間の差があり、佐原組新田では兼業率が一〇％にすぎず、しかもそのすべてが第一種兼業で後継者による兼業は皆無である。これに対して橋向と結佐の兼業率はそれぞれ三一％、三二％であり、特に世帯主による兼業が二四％を占める橋向は村内でも特異性が強いといえる。この橋向はもともと交通・排水の面で恵まれていたことから村内では商業性の強い地域とされており、各集落の個性が反映されているのである。

土地改良の進展や交通手段の発達は、橋向の特異性をもたらしていた近郊性を全村的に広げ、東村全体が農外労働市場との直接的比較の時代に入っていった。一九六〇年代中頃から一九七〇年代前半になると、「鹿島開発期の建設業・進出企業（素材型重化学工業中心）に、農家の若年労働力はもとより中年労働力までもが吸引された」[4]のであり、中途採用・新規学卒者の年齢条件などによって、各個人は自らの条件に合った農外労働市場へと入っていった。鹿島地域の工場の操業開始は一九七〇年代初頭であったから、新規学卒採用がみられるようになったのは一九六八年頃のことであった。ところが、東村の専業農家率の急減は一九六〇年代中に進行しており（六〇年：七七％、六五年：四六％、七〇年：二三％。第1章第2節参照）、鹿島進出企業による雇用との関係では、少なくともこの間の兼業化の進展は説明不可能であり、開発関連の雇用の中でも建設労働需要との関係が注目される。このように、本書の主たる対象時期の後半である一九六〇年代の動向は、新規学卒者の近隣進出企業への就職が安定化する一九七〇年代以降と異なる段階として区別されなければなるまい。

とりわけ、東村の場合に特徴的なことは、農業が労働集約的な段階においては、農外労働市場の発展が上層農家に対して農業労働力の確保を困難にするという形の影響を与えたことである。さらに、土地改良・農業技術の変化が農業労働力の編成を激変させ（第1章参照）、一九六〇年代の東村で専業農家の減少が進行したと考えられる。しかし、中小規模経営は当初から冬場の建設労働に従事することで経営主・後継者ともに兼業に従事していたのに対し、第3章でみられるように大規模水田単作経営では後継者のみが兼業化する一方、第4章で取り上げる酪農経営では専業農家が維持されるなど、水田単作地帯として総括される東村の中にも異なるタイプの事例が含まれていることが注目される。したがって、いずれのタイプの農家にとっても共通の条件となる近隣の労働市場の状況、とりわけ転換期となった一九六〇年代のそれを明らかにしておくことは、それぞれの農家経営の方向性を理解する上で必須の作業であるといえよう。

3　茨城県内の労働市場の発達

まず、茨城県内で農家に対する伝統的な労働需要として存在した建設業を、データの得られる公共土木事業についてみておこう。表2-32にみられるように、一九五〇年代前半から河川関係の労働量が圧倒的比重を占めており、恒常的な水害地帯である東村にとって長年の宿願となっていた（第1章参照）、利根川河川敷の改修・水流管理も一九四〇～一九五〇年代に大きく進展した。たとえば、第4章で取り上げられている平須地区をはじめとする開拓者も、入植直後はこうした建設労働に大きく依存して生活を確保していた。しかし、東村の土地改良が大規模な国営事業から県営幹線水路事業・農道整備を含む団体営区画整理事業に焦点を移していったように、県全体でも一九六〇年前後には河川・ダム関係工事の労務量が落ち着きをみせ、それに替わって道路の増加が全体の伸びをリードする形で、建設関係の労働需要の水準が維持された。

一九五〇年代から一九六〇年代を通じて一貫した労務量統計が得られないので、一九六〇年以降の動きについては

表2-32　茨城県内公共事業労務量実績（延べ人日）

	1950年	1951年	1952年	1953年	1959年	1960年	1961年
河川	1,225,504	1,349,577	1,127,546	796,274	432,771	590,222	675,803
河川等災害復旧					512,274	161,687	475,622
道路	512,191	405,101	633,926	652,343	1,245,765	929,687	1,211,861
砂防	52,320	84,685	64,592	66,349	44,480	46,241	31,500
都市計画	76,365	102,521	82,679	128,739	2,491	22,517	1,140
住宅	41,469	43,451	62,576	172,495	107,439	72,791	41,178
臨時就労対策事業					180,194	95,333	53,317
特別失業対策					46,180	42,442	41,178
上下水道	17,557	8,620	5,091	4,404			
営繕	28,608	14,942	63,471	255,584			
河川総合開発					0	0	620
海岸堤防				199,999	11,141	5,553	3,937
街路					28,799	49,580	80,122
都市災害復旧					650	0	5,438
災害関連					51,914	9,261	30,901
国土総合開発事業調査費					0	0	14,817
合　計	1,954,014	2,008,897	2,039,881	2,076,188	2,664,098	2,025,314	2,667,434

注：空欄は記載なし。1954年～1958年は未調査。
出典：建設大臣官房『建設業務統計年報』各年次版より作成。

予定労務量を記した表2-33による検討を行う。ここでも、一九五六年には河川と農業関係だけで半分を占めていることが確認できるが、同表では何よりも一九六九年以降の全体量の飛躍的増加が目立つ。すでに一九六〇年代後半には年間延三〇〇万人日以上の雇用が常態化しており、鹿島開発の影響が現われている。周知のように一九六〇年代以降の茨城・千葉県北部では鹿島、成田、筑波と相次いで開発計画が進展したが、一九六〇年代前半の開発関連労働需要は、後の時期に比べると量の面では相対的に小さく、建設部門の労働市場が拡大するのは一九七〇年前後のことであった。しかしながら、伝統的な建設部門である河川工事は一九六〇年代に入ると趨勢的に減少していたから、開発立ち上げ期の労働需要がその代替、あるいはそれ以上の労働需要拡大効果を持った。東村の体験的事例からいっても、一九六〇年代の盛んな建設日雇い労働は大きなインパクトを農家に与えており、その影響の大きさは数字に現われる以上のものがあったと考えられる[5]。

さらに第1章で取り上げられた土地改良事業がそれ自体として持っていた労働市場上の意義についても指摘しておこう。表2-33でも一九五〇年代と一九六〇年代後半以降の二つの時期

表2-33　茨城県内の公共工事着工時の予定労務量（延べ人日）

年度	総数	河川・多目的ダム	耕地区画整理・土地改良復旧	その他
1956	1,818,890	566,236 (31%)	355,677 (20%)	49%
1957	2,667,605	554,984 (21%)	309,702 (12%)	68%
			(農業土木工事)	
1958	2,487,049	541,333 (22%)	250,290 (10%)	68%
1959	2,979,365	783,413 (26%)	346,254 (12%)	62%
		(河川・治水発電用ダム)	(農地農業施設)	
1960	2,236,498	559,000 (25%)	158,352 (7%)	68%
1961	2,737,876	589,834 (22%)	258,497 (9%)	69%
1962	3,131,799	478,217 (15%)	275,670 (9%)	76%
1963	2,773,552	334,537 (12%)	257,148 (9%)	79%
1964	2,891,563	338,238 (12%)	319,657 (11%)	77%
1965	3,278,799	415,355 (13%)	358,194 (11%)	76%
1966	3,040,000	423,694 (14%)	434,126 (14%)	72%
1967	3,191,100	273,800 (9%)	388,100 (12%)	79%
		(治山治水)	(農林水産)	
1968	3,197,000	280,000 (9%)	534,000 (17%)	75%
1969	4,010,000	257,000 (6%)	555,000 (14%)	80%
1970	7,002,000	343,000 (5%)	1,089,000 (16%)	80%
1971	8,043,000	436,000 (5%)	1,054,000 (13%)	81%
1972	8,704,000	412,000 (5%)	776,000 (9%)	86%
1973	7,991,000	615,000 (8%)	618,000 (8%)	85%
1974	8,880,000	533,000 (6%)	738,000 (8%)	86%
1975	8,552,000	416,000 (5%)	820,000 (10%)	86%

出典：建設省計画局『公共工事着工統計年度報』各年次版より作成。

に農業関係土木工事が盛んであったことが確認され、河川工事と同様の時期的な先行性がこうした土地改良の特徴である。その量は河川工事や開発計画には比べようもない水準ではあるが、関係農家にとっての親近性が、農家を労働市場に巻き込むという定性的側面から大きな効果を持ったと考えられる。

次に、茨城県内の就業構造の推移から、農業従事者の動向を拾い出して分析してみよう。就業構造調査のデータは本来産業全体にわたるものであるから農業と他産業の関係を相対的に扱う上で有用であり、また、農家単位の調査と異なる属人的動向を明らかにできるという特徴をもっている。

表2-34は、一九五〇年代半ばから約二〇年間の『就業構造基本調査報告』から農業に関する概要を示したものである。この間に県内農林業従業者の数は毎期（三年ごと）五万人以上の減少が続いたが、一九五〇年代中の減少は家族従業者、主として次・三男の流出によるものである。農家経営主に相当すると考えられる「自営業主」の絶対数は

表2-34　茨城県内農林業従業者の継続・転職希望

（単位：千人）

年次	地位別				意志別				自営業主								家族従業者							
	総数	自営業主	家族従業者	雇用者	総数（男女）				男				女				男				女			
					継続	転職	追加就業	休止	継続	転職	追加就業	休止	継続	転職	追加就業	休止	継続	転職	追加就業	休止	継続	転職	追加就業	休止
1956	628	193	418	17	600	15	9	5	158	0	3	1	30	0	0	0	114	5	2	1	285	7	2	2
1959	575	208	358	9	546	12	12	5	160	3	0	1	41	2	0	0	100	3	4	0	238	3	6	2
1962	505	190	309	6	466	16	13	10	143	5	2	3	33	1	1	1	76	4	4	1	209	5	7	4
1965	455	180	271	4	429	11	9	7	131	4	1	2	39	1	0	1	64	3	2	1	191	3	5	2
1968	457	179	274	4	436	12	5	5	140	4	1	1	32	0	0	1	62	3	2	1	197	5	2	3
1971	382	162	217	4	361	11	5	6	118	4	1	1	35	2	1	1	46	2	2	1	158	4	1	3
1974	280	123	146	11	—	—	—	—	—	—	—	—	—	—	—	—	—	—	—	—	—	—	—	—

注：1974年は転職に関する調査なし。
出典：総理府統計局『就業構造基本調査報告』各年次版より作成。

一九五〇年代中にはむしろ増加した。また、一九六〇年代に入ってからの減少も緩やかであり、この時期は主として手余り状態の解消が進んだことがうかがえる。就業構造調査独自のデータとして注目される農業からの流出希望数のピークは一九六〇年代初頭だが、一九六〇年代後半には家族従業者（女）の流出希望が増加するとともに、追加就業よりも転職が多く志向されるようになったことがわかる。この事実は、農村地帯の女性をめぐる社会的環境の変化が高度成長の末期にようやく進展したことを物語っている。一方、男の流出希望の場合、一九六〇年代初頭まで家族従業者を中心としていたが一九六〇年代半ば以降は業主の方が上回る状態に転換した。このように、高度成長の産業的影響が相対的に遅れていた茨城県でも一九六〇年代半ばには農業経営者の展望に陰が生じていたが、一九七〇年前後の急激な農家戸数の減少で決定的に後退するまでの数年間は、一九六〇年代前半の分解の中で止まった農家の経営は動揺をみせながら維持されていたのである。

兼業化の問題は後述する東村の分析の焦点でもあるが、就業構造調査から判明する事実をここであらかじめ明らかにしておこう。表2-35によると、一九六二年には農業雇用による部分が農家副業の中にかなり存在したが、これは一九六〇年代中にほぼ消滅しており、東村の稲刈雇用がこの時期に急速に消滅した事実と符合する結果が示されている。代わって増加し

表2-35　茨城県内農林業就業者の本業・副業別構成

（単位：千人）

			副業の形態			
			農林業		非農林業	
			業主・家族従業者	雇用者	業主・家族従業者	雇用者
本業別	農林業	1962年	3	9	10	18
		1965年	3	4	10	30
		1968年	1	2	6	15
		1971年	2	1	6	33
	非農林業業主・家族従業者	1962年	8	0	2	1
		1965年	6	0	2	1
		1968年	7	0	1	1
		1971年	6	0	2	1
	非農林業雇用者	1962年	8	1	1	1
		1965年	13	1	2	1
		1968年	16	0	1	2
		1971年	17	0	4	1

出典：総理府統計局『就業構造基本調査報告』各年次版より作成。

た農外雇用による副業が一九六八年にはいったん減少しており、前項でみたように一九七〇年代に入るのを待ってようやく農外労働需要の本格的拡大が生じたという事実が、農家の就業構造にもそのまま反映している。その一方で、一九六八年以降は概念的に第二種兼業に近い存在である農外雇用本業者が一万六〇〇〇～一万七〇〇〇人と一定の定着をみせ、省力化が副業的農業経営の可能性を広げたとみられる。しかし、すでに触れたように通勤可能な雇用労働市場の拡大はこの時期停滞的であった。

総じて、労働需要の側でも本格的拡大が一九七〇年頃までみられなかっただけでなく、上記の観察によれば農家の側でも一九六〇年代末までは農業に見切りをつけきっていないようである。それが果たして農業の将来性に望みをつないでいたのか、労働市場が未発達であったからにすぎないのかが問題となろう。この点を検証する一つの試みとして、茨城県内の農林業・非農林業の所得分布の推移を比較してみよう。

図2-1の各年次を一見して分かるように、一九五六年には農林業自営業主の方が上層に厚い分布を示していた。一九六〇年代に入ると、農林業自営業主では最低所得階層にやや厚い分布をみせつつも、雇用者（男）の所得分布に近い分布を維持しており、一九六八年には両者がほとんど重なる状態であったことがわかる。ところが、一九七一年

図２－１　茨城県内農林業主と非農林業雇用者の所得階層（10段階の構成）

（単位：％）

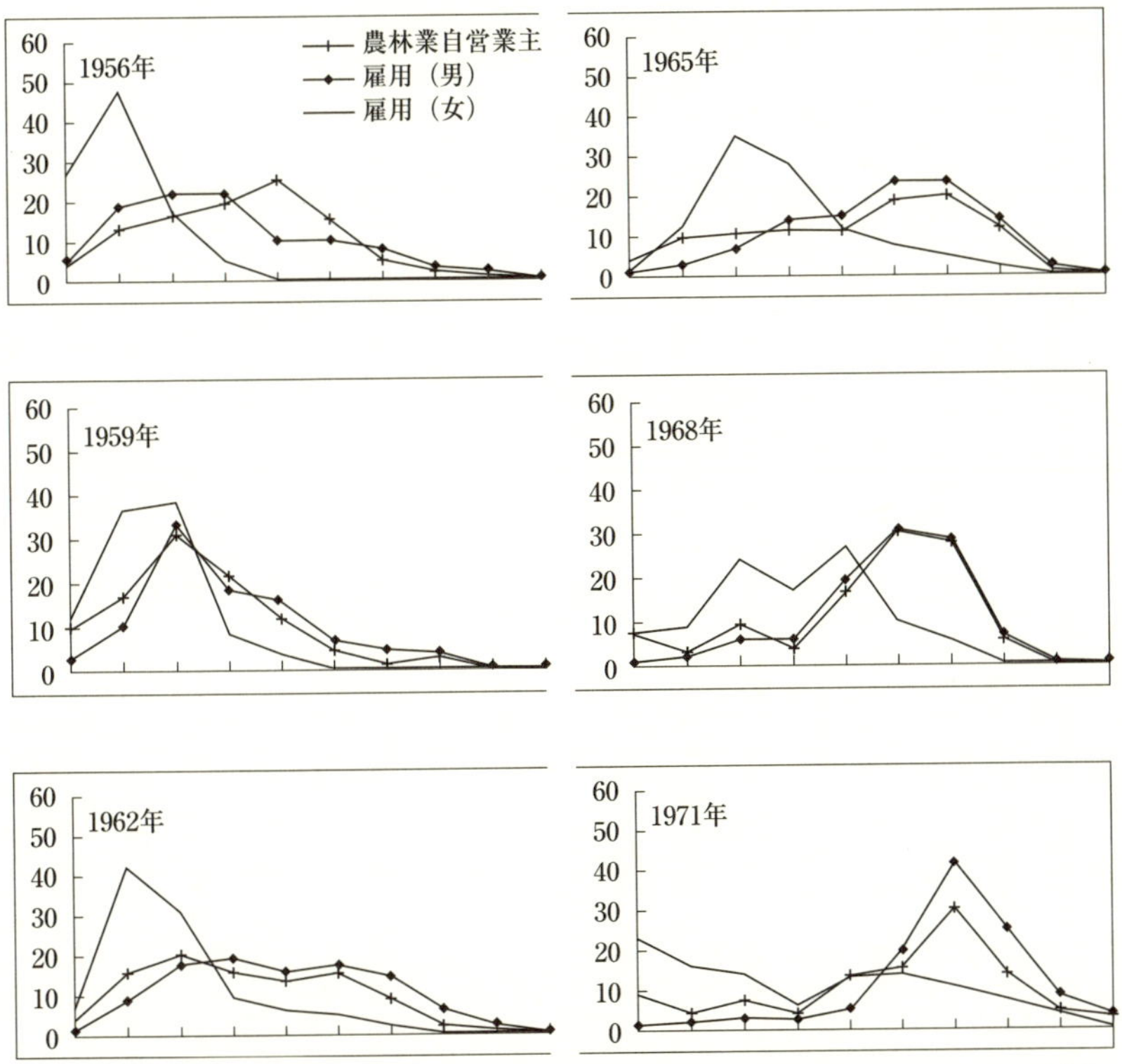

注：横軸の10段階の所得分類は原典に従っているが，年次によって名目額が変化するので異時点間の分布をそのまま比較することはできない。なお，右に行くほど所得は上昇する。

原典では農林業自営業主の所得は年収，雇用者は月収。なお，前者は兼業所得を含むと考えられる。

出典：総理府統計局『就業構造基本調査報告』各年次版より作成。

になるとようやく雇用者（男）の所得が上回る状態が明瞭となっており、これまでの分析と整合的である。そのほかに一九七〇年前後の動向として注目されるのは、雇用（女）の所得が急速に改善されて低階層への集中性がかなり解消されたことであろう。ここにも進出企業の操業開始にともなう労働市場の質的変化の一端がうかがわれ、労働需要が青・壮年男子の肉体労働中心から多様化し、農家の労働市場への巻き込まれ方が多様化・全面化したという指摘が首肯できる結果を示している。

図２－１は兼業所得で補完

された農業自営業主の所得を表わしているが、兼業化を前提としつつ農林業の家計所得水準が非農林業のそれと均衡していたことは、一九六八年頃までは農業従事者の離農に一定の歯止めがかかっていた事実とともに、当時は農家経営を維持するのに必要なかぎりの兼業化にとどまったと考えることによって説明可能となるであろう。

労働市場を中心とするここまでの分析で明らかになったことは、茨城県ではまさに一九六〇年代中に労働市場的条件が転換したことと、その過渡期にあって一九六〇年代末頃まで悲観・楽観ともに決定的ではなかったという事実である。その後の経過が明らかとなっている現在から振り返ってみるならば、展望を持ち得た一九六〇年代中の状況こそが強調されるべきであろう。この問題は最終的には個々の農家の農業経営に対する展望という問題に帰着するから、地域差や各農家間の差も存在する。

4　東村農家の就業構造

一九六〇年代から一九七〇年代半ばにかけての事業所統計をみると（表2-36参照）、東村における事業所および従業者数の増加のペースは県平均をはるかに上回っており、一九六〇年から一九七二年にかけての増加は事業所数で一・四倍、従業者数では三倍に上る。とりわけその増加の趨勢が強まったのは、一九六〇年代後半から一九七〇年代初頭にかけてであるが、一九七〇年代に入ってからは頭打ちとなったことがわかる。このように、労働市場の規模の点からみれば村内就業機会よりも近隣地域の方が大きな意味を持っていたことは間違いないが、産業別構成比の変化を見れば東村内部でもこの時期に変化が進行したことが明確にみてとれる（表2-37）。つまり、一九六〇年の段階では村内の事業所の多くが商業・サービス業であり、副業的小規模経営農家がその多くを占め、商業地域である橋向や結佐で兼業化が相対的に先行していた。しかし、事業所数および従業員増加のテンポが速まった一九六〇年代後半に

表2-36　茨城県および東村の事業所統計

年次	茨城県		東村	
	事業所	従業員	事業所	従業員
1960	72,989	368,554	314	851
1963	79,055	440,011	364	972
1966	83,003	509,929	387	1,406
1969	88,546	595,763	407	1,815
1972	95,910	685,324	447	2,606
1975	101,867	743,899	454	2,639

出典：総理府統計局『事業所統計調査報告』各年次版より作成。非農林業のみ。

表2-37　東村事業所の産業別構成比

		総数	建設業	製造業	卸売・小売業	金融保険業	不動産業	運輸通信業	電気・ガス・水道業	サービス業
事業所	1960年	314	13%	5%	54%	1%	0%	2%	1%	23%
	1966年	387	15%	4%	54%	0%	0%	2%	0%	24%
	1972年	447	13%	10%	52%	0%	1%	2%	0%	21%
従業者	1960年	851	8%	7%	37%	5%	0%	4%	1%	38%
	1966年	1,406	12%	17%	30%	1%	0%	3%	0%	36%
	1972年	2,606	14%	40%	22%	0%	0%	3%	0%	20%

出典：総理府統計局『事業所統計調査報告』（昭和35年，昭和41年，昭和47年）より作成。

は、製造業と建設業、特にその従業員数の占める割合が高まるのである。つまり、比較的規模の大きい製造業事業所等が、村内ならびに近隣町村に建設され、通勤の容易な農外就業機会をまとまって提供するようになったと考えられる。これにより、都市部あるいは鹿島・成田の建設現場へ出向いての兼業だけではなく、季節工場労働、パートないし女性労働など、農村近郊における通勤兼業が可能となった。

この時期（一九七〇年前後）の農家構成員の兼業の質的変化は、調査種別の農業人口データの相違にも反映されている。表2-38は、ともに五年おきに行われる国勢調査と農業センサスの東村データを比較したものである。これによると、一九六五年は女性に関しては両者がほぼ一致していたが、男性の場合には国勢調査データの方が上回っていた。農業センサスでは農業就業人口として把握されない人々は、すでに兼業の方が主となっている傍ら、国勢調査直前の

表2-38　調査種別の東村農業人口

	国勢調査	農業センサス					
		農業就業人口	農業基幹的従事者				農家人口
1965年　男	2,753	2,391	2,247	—	—	—	3,837
女	2,715	2,799	1,999	—	—	—	4,202
		農業に従事した人	農専と農主合計	農業専従	農主兼業	農従兼業	
1970年　男	2,280	2,847	1,979	1,004	975	868	3,823
女	2,279	2,788	2,394	1,825	569	394	4,096
1975年　男	1,725	2,589	1,081	623	458	1,508	3,751
女	1,359	2,469	1,580	1,174	334	961	4,060
1975年，年齢階層別							
男計	1,725	—	1,081	—	—	—	3,751
15－	38	—	49	—	—	—	463
20－	318	—	179	—	—	—	802
30－	287	—	156	—	—	—	481
40－	565	—	296	—	—	—	824
50－	372	—	213	—	—	—	552
60－	145	—	188	—	—	—	629
女計	1,359	—	1,580	—	—	—	4,060
15－	10	—	28	—	—	—	470
20－	214	—	197	—	—	—	685
30－	272	—	209	—	—	—	495
40－	567	—	447	—	—	—	861
50－	252	—	413	—	—	—	677
60－	44	—	212	—	—	—	872

注：「—」欄はデータなし。
　　農業センサスは15歳人口を含まない。
出典：『昭和41年茨城県統計書』，『昭和46年茨城県統計年鑑』，『茨城農林水産統計年報昭和49～50年』。

農繁期に相当の日数を農業に従事した人々であったと考えられる。[6] しかし、一九七〇年代になると、女性では国勢調査データの方が農業専従と農主兼業者の合計さえも下回り、男性の場合には「農業専従者＋農主兼業者」と「(農従兼業者を含む)農業従事者」の間の数値を示している。後者が国勢調査データを上回る大きさを算出すると、一九七〇年から七五年にかけて東村農家人口に大きな変動はなかったにもかかわらずその数字は五六七人から八六四人に拡大した。まず前者の女性に関する現象について説明すると、年齢階層別を比較した一九七五年を観察すると、それは五〇歳以上の高齢者が農業センサスで大きく上回るためと判明する。同様の事態は六〇歳以上の男でもみられ、要するに高齢引退者が国勢調査で無職に分類されているためであろう。男性全体、ならびにリタイア前の年齢階層にみられる数値の違いは、農従兼業者が国勢調査でどちらに分類されるかという問題であり、その主な方向が一九六〇年代とは逆になったといえる。したがって、茨城県内の労働市場の展開の影響が現われ始め、さらに一九七五年にかけてその傾向がいっそう強まったとみられる。

以上のような県内および近隣地域の労働需要の発展を前提に、一般論として兼業化が顕著に進行したことはいうまでもないが、その際に労働市場の条件によって性差・世代差などが個々人の兼業化に影響したと考えられる。一九六〇年から一九七六年にかけてほぼ五年おきに行われた各調査から、東村十余島地区の農家構成員と労働市場との関係の変動を明らかにしたのが表2-39である。ここでは、男の世代別就業状態に関する構成比データの観察結果を以下に示す。

まず、全体の構成を時系列的視点で観察した場合に以下のような特徴がみられる。一九六〇年には全体の六九%に達していた農業専従者の減少が一九六〇年代中に進行したが、一九七〇年代初頭から半ばにかけては九%の水準で横這いとなって下げ止まりがみられる。つまり、一九六〇年代は農業専従者をふるいにかける過程であり、そこでとどまった層は専従者として当面定着したといえる。その一方で、一九七〇年代前半の時期に兼業の状態が農業主からさらに農業従へと深化した。すなわち、農主兼業者・農従兼業者の全体に対する割合はそれぞれ、一九七一年には四四%、一一%で前者が優位であるが、一九七六年になると一六%、四一%に逆転する。これらをまとめると、一九六〇年代は農業専従者の中から兼業者を生み出す過程であり、一九七〇年代はその兼業者の中で農業就業の比重が低下しつつも専従者の比率は一定に保たれるという対照的動向がみられたことがわかる。

次に、世代的な視点を加えてこの期間の動向を観察してみよう。一九六〇年代初頭にはどの世代でも九〇%前後が

表2-39　東村十余島地区農家構成員の就業状態

	調査年	就業状態	生年（5年ごと）											合計
			～1904	1905～1909	1910～1914	1915～1919	1920～1924	1925～1929	1930～1934	1935～1939	1940～1944	1945～1949	1950～1955	
男	1960		55歳～	50代	40代		30代		20代		10代			
		農業専従	33	25	30	52	47	93	84	82	44	—	—	490
		主に農業	2	0	4	2	1	0	4	1	1	—	—	15
		主に兼業	1	0	0	0	1	1	0	2	18	—	—	23
		農外専業	56	7	4	1	1	3	1	3	0	—	—	76
		非就業	66	20	6	6	3	0	0	1	1	—	—	103
		合計	158	52	44	61	53	97	89	89	64	—	—	707
	1965		60歳～	50代		40代		30代		20代		10代		
		農業専従	37	26	41	39	40	74	54	44	22	15	—	392
		主に農業	2	1	4	7	18	28	27	27	23	14	—	151
		主に兼業	2	3	4	8	17	13	13	11	4	4	—	79
		農外専業	13	3	7	2	5	6	8	5	7	7	—	63
		非就業	105	17	5	6	1	1	1	3	2	53	—	194
		合計	159	50	61	62	81	122	103	90	58	93	—	879
	1971		65歳～	60代	50代		40代		30代		20代		10代	
		農業専従	9	11	15	24	13	19	3	2	4	7	5	112
		主に農業	2	8	11	26	40	82	73	63	40	58	27	430
		主に兼業	0	1	5	12	12	16	16	13	5	14	10	104
		農外専業	3	5	12	7	6	8	10	4	6	14	14	89
		非就業	94	22	22	6	1	1	0	0	2	3	65	216
		合計	108	47	65	75	72	126	102	82	57	96	121	951
	1976		70歳～	60代		50代		40代		30代		20代		
		農業専従	1	4	5	14	12	24	11	6	4	4	8	93
		主に農業	0	0	0	8	11	36	26	41	11	25	7	165
		主に兼業	0	4	6	32	36	66	57	45	45	52	64	407
		農外専業	1	1	9	6	6	8	7	4	0	7	22	71
		非就業	65	33	35	8	7	3	3	0	0	2	7	163
		合計	67	42	55	68	72	137	104	96	60	90	108	899
女	1960		55歳～	50代	40代		30代		20代		10代			
		農業専従	23	11	25	32	42	76	78	84	63	—	—	434
		主に農業	58	34	22	23	23	13	15	11	4	—	—	203
		主に兼業	1	0	0	0	0	0	0	0	22	—	—	23
		農外専業	90	1	3	2	1	1	0	1	2	—	—	101
		非就業	18	1	2	2	0	0	0	1	7	—	—	31
		合計	190	47	52	59	66	90	93	97	98	—	—	792
	1965		60歳～	50代		40代		30代		20代		10代		
		農業専従	45	34	48	58	74	87	84	70	48	21	—	569
		主に農業	0	1	1	1	5	19	21	17	3	0	—	68
		主に兼業	0	1	2	1	3	4	3	4	1	1	—	20
		農外専業	5	1	2	2	1	0	0	1	9	14	—	35
		非就業	150	27	16	8	2	1	0	3	7	87	—	301
		合計	200	64	69	70	85	111	108	95	68	123	—	993
	1971		65歳～	60代	50代		40代		30代		20代		10代	
		農業専従	7	12	30	37	34	43	24	14	8	15	7	231
		主に農業	0	1	7	15	40	63	64	61	33	24	1	309
		主に兼業	0	0	1	0	4	8	11	8	5	7	6	50
		農外専業	2	4	0	3	1	0	3	1	0	16	30	60
		非就業	154	45	28	9	4	3	0	1	4	7	69	324
		合計	163	62	66	64	83	117	102	85	50	69	113	974
	1976		70歳～	60代		50代		40代		30代		20代		
		農業専従	1	1	13	13	42	51	21	7	10	12	7	178
		主に農業	0	0	0	0	5	19	29	39	12	11	3	118
		主に兼業	0	2	3	7	14	40	56	39	29	40	25	255
		農外専業	0	2	4	2	3	2	7	4	1	6	34	65
		非就業	129	50	54	47	18	6	1	2	2	7	19	335
		合計	130	55	74	69	82	118	114	91	54	76	88	951

注：調査票の遺漏・不備により必ずしも全ての地区農家を網羅していない。第2章第4節「2　1960年から1975年の十余島地区農業の変貌」を参照。
出典：東町役場資料より作成。

農業専従者で占められている。一九六〇年代半ば以降の兼業化の過程で、一九二〇年代以降に生まれた世代は一様に農主兼業、ついで農従兼業へと徐々に移行していった。したがって、一九六〇年代の臨時・季節的労働市場は当時の四〇歳程度が世代的な上限となっていたといえる。これに対して一九一〇年代後半生まれの世代は一九六〇年代中は農業にとどまる度合いが強かったが、一九七〇年代に入ってから兼業化が進行し、一九七六年時点では先の一九二〇年代以降出生グループと同質化している。つまり、兼業状態を指標とする就業構成の世代的境界は、年長の方向に拡大したことになる。当初の労働市場で年齢的に限界ラインにあった世代が加齢によっても退出しなかっただけでなく、一九七〇年代に入ってからの労働市場がより高齢の世代の農外就業を可能にしたとさえみられるのである。

労働市場への参入が可能なこれらの世代においても農外専従者は一貫して低い割合にとどまる。したがって、農家の兼業は世代的な分業として行われると同時に、四〇歳以下の世帯員自身が兼業する姿が一般的である。ただし、若い世帯ほど農業専従者の割合が徐々に低下する傾向があることも確認される。より細かく観察すると、一九三〇年代生まれおよび一九四〇年代前半生まれの世代は一九七一年時点で数名の農業専従者しかおらず、より若い一九四〇年代後半生まれの数をも下回っていることが目を引く。その後、この世代が三〇代から四〇代に入った一九七六年になると、農業専従者に若干の増加がみられるとともに農外専従者は消滅ないし減少する。つまり、入職年齢時にいったん農外専従者となった人々が、ある程度農業従事の方向にシフトするようになったとみられる。こうしたことから、一九七〇年代初頭の農外労働市場の発展のインパクトは当時の二〇代・三〇代の大半を巻き込み、一九七〇年代半ばの不況期には農業へ回帰する方向に若干の揺れ戻しを経験したといえよう。

このような推移は先にみた県内、ならびに近隣の労働需要の動向と整合的であり、世代ごと・男女ごとに、それぞれに専業的・兼業的の選択肢を広げながら、各人にとって適合的な農外就業機会が一通り出そろったのが一九七〇年前後であった。この時点の動向の背景としては減反の開始などの農業をとりまく条件が大きく作用したと考えられ、

表2-40　東村の経営耕地面積別・兼業状態別農家戸数

	年次	分類	経営耕地面積（アール）									合計
			～30	30～49	50～69	70～99	100～149	150～199	200～249	250～299	300～	
農家戸数	1964年	専業農家	32	71	96	149	298	470	304		49	1,469
		第一種兼業	5	20	32	45	81	92	99		6	380
		第二種兼業	96	64	39	16	14	4	0		0	233
		合計	133	155	167	210	393	566	403		55	2,082
	1967年	専業農家	6	13	33	46	144	249	117	81	78	767
		第一種兼業	3	27	65	131	193	256	133	87	47	942
		第二種兼業	82	89	57	29	24	6	1	1	0	289
		合計	91	129	155	206	361	511	251	169	125	1,998
	1970年	専業農家	3	4	5	6	22	137	49	42	45	313
		第一種兼業	0	3	29	58	201	343	211	171	205	1,221
		第二種兼業	70	109	101	96	58	18	3	1	0	456
		合計	73	116	135	160	281	498	263	214	250	1,990
	1974年	専業農家	2	4	2	1	14	81	8	8	16	136
		第一種兼業	0	0	2	4	37	214	189	165	264	875
		第二種兼業	71	96	122	146	200	167	68	25	5	900
		合計	73	100	126	151	251	462	265	198	285	1,911

注：1964年は原典では町・反表示。また，2町台の階層が一括して示されている。
出典：『茨城県統計年鑑（統計書）』昭和38年，昭和41年，昭和46年，昭和51年。

労働需要側のイニシアティブのみが強調されるべきではなかろう。一九七〇年代には農従兼業者が一般的になる一方で、青年労働力の再確保が一定程度みられることにも留意が必要である。過渡期としての一九六〇年代半ばの動向を一言でいうと、兼業率や就業状態の性差から明らかなように農外労働市場は必ずしも全面的に展開しておらず、農家および個人の裁量の余地が残されていた時期であったといえる。その一般的条件の一つとなったのが、この時期に進展した稲作合理化だったと考えられ（第3章参照）、この一九六〇年代半ばの動向は労働市場の問題に限らず、農家経済、農村社会の変化にとっても注目すべき時期として問題を提起している。

各農家の経営条件の中では、経営規模の与えた影響があったことがまず予想されるであろう。表2-40は、東村全体の経営耕地面積別の兼業化の推移を示している。第一種兼業化が進行する一九六〇年代後半は、それと同時に二町台および三町以上層の拡大が進んだことが示されている。おそらくその実態は、先にみたような戸主世代と後継者世代それぞれの農業専従と農外就業の併存が上層農家でみられたと考えられる[7]。このように、第一種兼業を行いながら経営規模拡大を行った農家が相当数に上ったことから、一九六〇年代の東村の場合には兼業化そのものを単純に農業経営の後退とみるべきでないことがいっそう明らかとなっている。その一方で、この時期に一町未満および一町数反層の戸数の減少ならびに第二種兼業化がみられ、当時の労働市場で中心的であった季節的建設労働に従事する零細経営農家の姿も浮き彫りとなっている(8)。

先行研究の調査が明らかにしたところによると、鹿島開発工事への就業以外にも、一九六〇年代の就業先として土工（柏）、ワク大工（柏）、土工（鹿島）、綿製造（佐原）、配達（牛堀町）、土工（東村）、などの事例が挙げられている（——括弧内は就業地）(9)。聞き取りによれば、最寄りの市街地である佐原を拠点にしたタクシー運転手が、農家戸主にとって最も好都合であったという。しかし、一九六〇年代中は「冬場の土建関係の仕事（土地改良、堤防）」が最も一般的で、「鹿島に兼業に出る人は多く、会社からマイクロバスが来て労働力を買い集めた」とのことである。ここで再び、十余島地区の出生世代別兼業状態を示した表2-39をみると、一九六五年の時点では二〇代～四〇代でも兼業者と非兼業者がほぼ半々であり、先の経営規模別動向と合わせて考えれば、農閑期建設労働を中心とする段階では中小規模の経営階層が先行的にこうした仕事に従事したとみてよい。その後、一九七〇年頃からライター工場、発泡スチロール工場、納豆工場、家具工場、プレス工場、製紙会社などが通勤圏内に建設され(10)、女性にも兼業化が広がったようである。それと同時に、「鹿島建設の後、とりわけ生産調整がはじまってから生産意欲がなくなり」、「一九七〇年頃を境に、農業をやめて兼業に出て行く若い人が多くなった」あるいは「若い人がサラリーマンになるようになった」と言われている。先の事業所統計でも、一九七〇年代半ばには近郊の労働市場の拡大は頭打ちとなっており、新規学卒者がより遠距離の通勤労働者となる傾向が定着したと考えられる。

5　おわりに

一九六〇年代以降の農村をめぐる労働市場の変化の中身には、量的拡大と農村からの通勤型就業の定着という二つの動向があった。ただし、一九六〇年代前半の茨城県では伝統的な土木建設事業が依然として大量の労働需要を発生させており、これが純農村的な東村地域にも積極的に求人をもたらしたことをまず指摘しておきたい。そして、当初の開発政策の影響はもっぱら土木労働にみられ、一九七〇年前後からは工場・事務的労働の需要を本格化させ、順次農家の兼業化を進める効果をもったことも確認された。

次に、農家と労働市場の関係を考える上で、東村農家の場合には特有な側面が存在することは否めない。すなわち、その労働市場の変化への対応には、通常の農家のように自らが兼業するという関係だけでなく、農業労働の雇用者として人手不足や労賃の高騰に悩み、機械化に導かれる側面も指摘しうるからである。しかし、本書全体が明らかにしているように、機械化の進行過程の内実は自然的・歴史的条件を反映しており、労働生産性の向上を主とする稲作効率化も経営発展志向的なものだった。一九六〇年代半ばの建設労働需要が相当強い働き掛けをしたとみられることや、それにもかかわらず上層農家や戸主世代の全面的兼業化が一九六〇年代中には生じなかったことは、農家が農業を中心に経営の発展を考える条件がこの時期には存在したことを示唆するものであろう。

(1)　なお、本節と異なる立場、たとえば地域史としての観点を考えれば、高度成長の影響や都市との近郊性だけでなく交通改善、生活水準・内容の変化などの条件ともかかわらせながら明らかにしていく必要があろうが、本書では今回発掘された資料の分析結果を提出することを重視し、こうした問題はあえて捨象している。

(2) 以下、関東東山農業試験場農業経営部『水田単作地帯における農業の実態と動向――茨城県稲敷郡東村の調査』(一九六一年)第四章「労働力の排出と就業状況」による。引用は同書、一〇一頁。
(3) 同右、一〇一頁。
(4) 山崎亮一『労働市場の地域特性と農業構造』(農林水産省農業研究センター、一九九五年)一二三頁。
(5) 建設労働で多くの人々が村外に触れる機会を持ったことが、村内の雰囲気を大きく変化させたという話がしばしば聞かれる。
(6) 一九六五年農業センサスにおける「農業就業人口」の定義は、「自家農業だけに従事したか、自家農業以外の他産業に従事(兼業に従事)しても自家農業従事日数の方が多かったもの」である。
(7) 第三章で詳しく取り上げられる村松家の事例はその典型である。
(8) 一九七四年になると専業農家の中心は絶対数においても、あるいは階層内の専業農家率でみても一・五～二・〇ヘクタールの経営規模の農家となっている。これは、第4章でとりあげる平須農場をはじめとする開拓農家の酪農専業経営がこの階層に数多く含まれるためである。
(9) 前掲山崎『労働市場の地域特性と農業構造』一四二頁。
(10) 本章第2節参照。

第4節　東村十余島地区の経営構造の変遷

1　はじめに

高度経済成長期に農家の経営構造は大きく変化した。茨城県東村の農家もまた例外ではない。本章では、一九六〇年、六五年の『農業センサス』と、七一年、七六年の『茨城県農業基本調査』の個票を用い、東村十余島地区における農家の経営構造の変遷を、特に「単一経営化」、「兼業化」に注目しながら分析する。

2　一九六〇年から一九七五年の十余島地区農業の変貌

表2-41、表2-42に、東村十余島地区について、一九六〇年、六五年、七〇年、七五年の『農業センサス』のいくつかの指標を示した（参考値として、七一年、七六年の『農業基本調査』の数値も表出してある）。六〇年から七五年にかけて、農家戸数は五二一戸から四七四戸に減少し、一戸当たり経営耕地面積が一八三・九aから二一六・二aへと増加しているという変化もみられるが、より大きな変化は、兼業化と稲作単一経営化の進行である。六〇年に八割近かった専業農家の割合は七五年には激減し、わずか数%となった。代わりに半数以上を占める第一種兼業農家が

表2-41　東村十余島地区　農家数等推移（1960～76年）

		十余島地区	余津谷	清久島	橋向	押砂	曲渕	四ツ谷	六角	結佐	佐原組新田	手賀組新田
1960年	総農家数（戸）	521	10	33	45	69	39	28	41	127		
	専業農家	402	9	26	30	69	33	25	15	86		
	第1種兼業農家	84	1	7	7	0	6	2	17	35		
	第2種兼業農家	35	0	0	8	0	0	1	9	6		
	専業農家（%）	77.2	90.0	78.8	66.7	100.0	84.6	89.3	36.6	67.7	（不明）	（不明）
	第1種兼業農家	16.1	10.0	21.2	15.6	0.0	15.4	7.1	41.5	27.6		
	第2種兼業農家	6.7	0.0	0.0	17.8	0.0	0.0	3.6	22.0	4.7		
	稲作のみ農家割合（%）	66.3	60.0	45.5	40.0	87.0	76.9	100.0	43.9	66.9		
	米販売収入9割以上	89.3	100.0	87.9	75.6	91.3	97.4	100.0	65.9	95.3		
	米販売収入8割以上	92.9	100.0	93.9	82.2	91.3	97.4	100.0	87.8	95.3		
1965年	総農家数（戸）	506	10	30	38	64	38	24	36	117	48	61
	専業農家	210	6	24	14	28	36	15	30	32	30	24
	第1種兼業農家	254	4	5	16	30	2	9	6	77	17	29
	第2種兼業農家	42	0	1	8	6	0	0	0	8	1	8
	専業農家（%）	41.5	60.0	80.0	36.8	43.8	94.7	62.5	83.3	27.4	62.5	39.3
	第1種兼業農家	50.2	40.0	16.7	42.1	46.9	5.3	37.5	16.7	65.8	35.4	47.5
	第2種兼業農家	8.3	0.0	3.3	21.1	9.4	0.0	0.0	0.0	6.8	2.1	13.1
	稲作のみ農家割合（%）	67.4	30.0	100.0	81.6	92.2	100.0	100.0	44.4	59.8	0.0	70.5
	米販売収入9割以上	93.1	70.0	100.0	92.1	96.9	100.0	100.0	94.4	98.3	91.7	73.8
	米販売収入8割以上	95.3	90.0	100.0	97.4	98.4	100.0	100.0	97.2	98.3	95.8	77.0
1970年	総農家数（戸）	478	10	31	38	65	41	26	38	118	50	61
	専業農家	73	1	0	3	8	7	17	0	12	17	8
	第1種兼業農家	324	9	25	23	49	27	8	29	83	25	46
	第2種兼業農家	81	0	6	12	8	7	1	9	23	8	7
	専業農家（%）	15.3	10.0	0.0	7.9	12.3	17.1	65.4	0.0	10.2	34.0	13.1
	第1種兼業農家	67.8	90.0	80.6	60.5	75.4	65.9	30.8	76.3	70.3	50.0	75.4
	第2種兼業農家	16.9	0.0	19.4	31.6	12.3	17.1	3.8	23.7	19.5	16.0	11.5
	稲作のみ農家割合	97.7										
1971年	総農家数（戸）	475	10	31	38	62	41	26	38	118	50	61
	専業農家	25	1	0	0	5	4	0	0	6	0	9
	第1種兼業農家	383	9	28	29	51	32	25	32	93	38	46
	第2種兼業農家	67	0	3	9	6	5	1	6	19	12	6
	専業農家（%）	5.3	10.0	0.0	0.0	8.1	9.8	0.0	0.0	5.1	0.0	14.8
	第1種兼業農家	80.6	90.0	90.3	76.3	82.3	78.0	96.2	84.2	78.8	76.0	75.4
	第2種兼業農家	14.1	0.0	9.7	23.7	9.7	12.2	3.8	15.8	16.1	24.0	9.8
	稲作のみ農家割合	77.1	40.0	77.4	63.2	87.1	97.6	88.5	71.1	74.6	78.0	70.5
1975年	総農家数（戸）	474	10	32	36	65	41	27	37	116	50	60
	専業農家	31	2	1	4	1	1	6	1	3	0	12
	第1種兼業農家	288	6	21	22	29	37	19	18	54	40	40
	第2種兼業農家	155	2	10	10	35	3	2	18	59	10	8
	専業農家（%）	6.5	20.0	3.1	11.1	1.5	2.4	22.2	2.7	2.6	0.0	20.0
	第1種兼業農家	60.8	60.0	65.6	61.1	44.6	90.2	70.4	48.6	46.6	80.0	66.7
	第2種兼業農家	32.7	20.0	31.3	27.8	53.8	7.3	7.4	48.6	50.9	20.0	13.3
	稲作のみ農家割合	93.9										
1976年	総農家数（戸）	469	10	32	36	59	41	27	37	115	51	61
	専業農家	30	1	0	4	3	0	1	3	5	0	13
	第1種兼業農家	271	8	25	19	35	26	21	23	44	29	41
	第2種兼業農家	168	1	7	13	21	15	5	11	66	22	7
	専業農家（%）	6.4	10.0	0.0	11.1	5.1	0.0	3.7	8.1	4.3	0.0	21.3
	第1種兼業農家	57.8	80.0	78.1	52.8	59.3	63.4	77.8	62.2	38.3	56.9	67.2
	第2種兼業農家	35.8	10.0	21.9	36.1	35.6	36.6	18.5	29.7	57.4	43.1	11.5
	稲作のみ農家割合	89.3	100.0	96.9	77.8	96.6	97.6	100.0	75.7	91.3	86.3	80.3

注：(1)　1960年，65年の各集落の値は個票による。一部の個票が欠落しているため，計が十余島地区全体と一致するとは限らない。
(2)　稲作のみ農家割合は，1960年は佐原組新田と手賀組新田を，65年は佐原組新田を除いた数値。
出典：『農業センサス』（1960年，65年，70年，75年），『茨城県農業基本調査』（1971年，76年）。

最多となり、第二種兼業農家が三割強でこれに次いでいる。稲の単一経営化に関しては、もともとこの地区では農業所得における米の割合は高く、佐原組新田と手賀組新田を除いた数値ではあるが、六〇年には米販売による収入が農業所得の八割以上を占める農家が全体の九二・九％、九割以上を占める農家が八九・三％であった。しかし、農業所得すべてが米販売による農家は全体の七割を切っており、裏返せば三割以上の農家は、稲と他の品目を組み合わせた複合経営だったのである（現在確認できる限りにおいては、六〇年の時点で稲を作付けていなかった農家は一戸のみである。またこの一戸を除いて、すべての農家で農産物販売割合は米が最多である）。それが、七五年には、稲のみを作付けしている農家が九割に上り、複合経営は全体の一割にすぎなくなる。単一経営化の進行を強調する所以である。

本節では、「兼業化」と「単一経営化」の二点をキーワードに、十余島地区の農家経営構造の変化について検討するが、その前に、十余島地区にある集落の性格をみておこう。

十余島地区（旧十余島村）は、利根川左岸に沿って上流部から順に存在する余津谷、清久島、橋向、押砂、曲渕、

推移（1960～76年）

六角	結佐	佐原組新田	手賀組新田
67.5	213.9		
164.5	168.4		
3	2		
0	6		
7	16		
6	23		
13	31		
8	44		
4	5	（不明）	（不明）
0	0		
7.3	1.6		
0.0	4.7		
17.1	12.6		
14.6	18.1		
31.7	24.4		
19.5	34.6		
9.8	3.9		
0.0	0.0		
68.0	204.7	97.4	108.8
188.9	174.9	202.9	178.3
1	2	0	3
2	6	1	0
5	14	5	5
4	23	5	13
8	21	10	19
10	42	23	17
6	9	4	4
0	0	0	0
2.8	1.7	0.0	4.9
5.6	5.1	2.1	0.0
13.9	12.0	10.4	8.2
11.1	19.7	10.4	21.3
22.2	17.9	20.8	31.1
27.8	35.9	47.9	27.9
16.7	7.7	8.3	6.6
0.0	0.0	0.0	0.0
75.6	281.5	103.0	114.5
198.9	238.6	206.0	187.7
0	1	0	0
1	1	2	1
4	10	7	4
14	36	12	34
14	35	23	15
5	35	6	7
0.0	0.8	0.0	0.0
2.6	0.8	4.0	1.6
10.5	8.5	14.0	6.6
36.8	30.5	24.0	55.7
36.8	29.7	46.0	24.6
13.2	29.7	12.0	11.5

表２-42　東村十余島地区経営耕地面積

		十余島地区	余津谷	清久島	橋向	押砂	曲渕	四ツ谷
1960年	経営耕地面積（ha）	958	15.3	48.8	70.6	131.0	84.6	56.9
	１戸当たり経営耕地面積（a／戸）	183.9	152.8	147.9	156.9	189.9	216.9	203.2
	0.3ha未満（戸）	16	0	1	5	2	0	2
	0.3〜0.5ha	21	1	0	1	4	0	1
	0.5〜1.0ha	72	2	8	10	3	4	2
	1.0〜1.5ha	81	1	3	5	4	4	3
	1.5〜2.0ha	107	3	12	4	20	4	4
	2.0〜3.0ha	199	3	9	19	33	21	12
	3.0〜5.0ha	25	0	0	1	3	6	4
	5.0ha以上	0	0	0	0	0	0	0
	割合　0.3ha未満（%）	3.1	0.0	3.0	11.1	2.9	0.0	7.1
	0.3〜0.5ha	4.0	10.0	0.0	2.2	5.8	0.0	3.6
	0.5〜1.0ha	13.8	20.0	24.2	22.2	4.3	10.3	7.1
	1.0〜1.5ha	15.5	10.0	9.1	11.1	5.8	10.3	10.7
	1.5〜2.0ha	20.5	30.0	36.4	8.9	29.0	10.3	14.3
	2.0〜3.0ha	38.2	30.0	27.3	42.2	47.8	53.8	42.9
	3.0〜5.0ha	4.8	0.0	0.0	2.2	4.3	15.4	14.3
	5.0ha以上	0.0	0.0	0.0	0.0	0.0	0.0	0.0
1965年	経営耕地面積（ha）	946	18.8	50.5	63.4	130.4	82.1	52.2
	１戸当たり経営耕地面積（a／戸）	187.0	188.0	168.2	166.8	203.7	216.1	217.3
	0.3ha未満（戸）	14	0	0	4	1	1	0
	0.3〜0.5ha	17	0	0	2	2	1	2
	0.5〜1.0ha	59	1	5	10	4	3	1
	1.0〜1.5ha	68	3	2	1	4	5	2
	1.5〜2.0ha	109	1	13	4	16	4	2
	2.0〜3.0ha	195	5	10	14	31	16	15
	3.0〜5.0ha	44	0	0	3	6	8	2
	5.0ha以上	0	0	0	0	0	0	0
	割合　0.3ha未満（%）	2.8	0.0	0.0	10.5	1.6	2.6	0.0
	0.3〜0.5ha	3.4	0.0	0.0	5.3	3.1	2.6	8.3
	0.5〜1.0ha	11.7	10.0	16.7	26.3	6.3	7.9	4.2
	1.0〜1.5ha	13.4	30.0	6.7	2.6	6.3	13.2	8.3
	1.5〜2.0ha	21.5	10.0	43.3	10.5	25.0	10.5	8.3
	2.0〜3.0ha	38.5	50.0	33.3	36.8	48.4	42.1	62.5
	3.0〜5.0ha	8.7	0.0	0.0	7.9	9.4	21.1	8.3
	5.0ha以上	0.0	0.0	0.0	0.0	0.0	0.0	0.0
1970年	経営耕地面積（ha）	1,038	29.1	71.0	75.7	136.8	89.5	60.6
	１戸当たり経営耕地面積（a／戸）	217.2	291.0	229.0	199.2	210.5	218.3	233.1
	0.3ha未満（戸）	3	0	0	2	0	0	0
	0.3〜0.5ha	13	0	0	3	3	1	1
	0.5〜1.0ha	47	1	5	7	3	4	2
	1.0〜1.5ha	45	3	5	3	18	9	4
	1.5〜2.0ha	93						
	2.0〜3.0ha	184	1	11	16	35	19	15
	3.0〜5.0ha	89	5	10	7	6	8	4
	5.0ha以上	4						
	割合　0.3ha未満（%）	0.6	0.0	0.0	5.3	0.0	0.0	0.0
	0.3〜0.5ha	2.7	0.0	0.0	7.9	4.6	2.4	3.8
	0.5〜1.0ha	9.8	10.0	16.1	18.4	4.6	9.8	7.7
	1.0〜1.5ha	9.4	30.0	16.1	7.9	27.7	22.0	15.4
	1.5〜2.0ha	19.5						
	2.0〜3.0ha	38.5	10.0	35.5	42.1	53.8	46.3	57.7
	3.0〜5.0ha	18.6	50.0	32.3	18.4	9.2	19.5	15.4
	5.0ha以上	0.8						

四ツ谷、六角、結佐と、新利根川と利根本流のほぼ中央部に位置する佐原組新田、手賀組新田の一〇の集落から成っている。なお、橋向には、利根川にかかる神崎大橋があり、村役場のある結佐には国道一二五号線が通っており、それぞれ交通の要所となっている。表2-41～表2-43に見るように、農家戸数、経営耕地面積、経営部門別の農家割合にも集落によって大きな差がみられる。以下、いくつかの項目について、各集落の特徴を概観する。

1　農家戸数・専兼割合

史料として利用できる『農業センサス』と『茨城県農業基本調査』は、六〇年『農業センサス』が二集落分欠落しており、十余島地区全農家五二一戸の七五%に当たる三九二戸分しかない。他年度は六五年四六六戸分（十余島地区全農家の九二・一%）、七一年『農業基本調査』四七五戸分（前年の十余島地区全農家の九九・四%）、七六年『農業基本調査』四六八戸分（九八・七%）と、九割以上の個票が存在する。

六〇年の段階では、六角集落が最も兼業化が進み、第一種兼業農家で四一・五%、第二種兼業農家でも二二・〇%

76.6	284.0	102.7	117.2
201.7	240.7	205.4	192.1
1	2	0	0
0	4	1	1
5	10	8	4
2	9	3	9
9	16	8	23
15	34	24	17
6	41	6	7
0	2	0	0
2.6	1.7	0.0	0.0
0.0	3.4	2.0	1.6
13.2	8.5	16.0	6.6
5.3	7.6	6.0	14.8
23.7	13.6	16.0	37.7
39.5	28.8	48.0	27.9
15.8	34.7	12.0	11.5
0.0	1.7	0.0	0.0
78.2	274.4	99.3	113.0
211.2	236.6	198.7	188.4
0	1	2	3
0	2	1	0
4	9	8	3
13	33	11	30
13	37	20	17
7	34	8	7
0.0	0.9	4.0	5.0
0.0	1.7	2.0	0.0
10.8	7.8	16.0	5.0
35.1	28.4	22.0	50.0
35.1	31.9	40.0	28.3
18.9	29.3	16.0	11.7
76.9	266.8	101.4	113.3
207.8	232.0	202.8	185.7
0	1	1	1
0	4	1	1
4	6	8	3
5	16	1	9
7	19	9	25
15	36	22	15
6	30	8	7
0	3	0	0
0.0	0.9	2.0	1.6
0.0	3.5	2.0	1.6
10.8	5.2	16.0	4.9
13.5	13.9	2.0	14.8
18.9	16.5	18.0	41.0
40.5	31.3	44.0	24.6
16.2	26.1	16.0	11.5
0.0	2.6	0.0	0.0

表２-42　つづき

1971年	経営耕地面積（ha）	1,063.3	29.9	86.1	75.7	142.2	88.8	60.1
	１戸当たり経営耕地面積（a／戸）	223.9	298.8	277.6	199.2	229.4	216.7	231.1
	0.3ha未満（戸）	4	0	0	0	0	1	0
	0.3〜0.5ha	15	0	0	5	1	2	1
	0.5〜1.0ha	41	0	3	7	2	2	0
	1.0〜1.5ha	37	1	1	2	5	3	2
	1.5〜2.0ha	97	3	6	2	15	9	6
	2.0〜3.0ha	177	1	10	18	29	16	13
	3.0〜5.0ha	101	4	11	4	10	8	4
	5.0ha以上	3	1	0	0	0	0	0
	割合　0.3ha未満（%）	0.8	0.0	0.0	0.0	0.0	2.4	0.0
	0.3〜0.5ha	3.2	0.0	0.0	13.2	1.6	4.9	3.8
	0.5〜1.0ha	8.6	0.0	9.7	18.4	3.2	4.9	0.0
	1.0〜1.5ha	7.8	10.0	3.2	5.3	8.1	7.3	7.7
	1.5〜2.0ha	20.4	30.0	19.4	5.3	24.2	22.0	23.1
	2.0〜3.0ha	37.3	10.0	32.3	47.4	46.8	39.0	50.0
	3.0〜5.0ha	21.3	40.0	35.5	10.5	16.1	19.5	15.4
	5.0ha以上	0.6	10.0	0.0	0.0	0.0	0.0	0.0
1975年	経営耕地面積（ha）	1,025	31.2	71.0	71.1	140.0	86.8	60.1
	１戸当たり経営耕地面積（a／戸）	216.2	311.8	221.8	197.5	215.4	211.6	222.4
	0.3ha未満（戸）	11	0	1	2	0	1	1
	0.3〜0.5ha	10	0	0	2	2	2	1
	0.5〜1.0ha	43	1	4	6	6	2	0
	1.0〜1.5ha	42	3	7	4	18	13	5
	1.5〜2.0ha	95						
	2.0〜3.0ha	182	1	15	17	31	14	17
	3.0〜5.0ha	84	5	5	5	8	9	3
	5.0ha以上	7						
	割合　0.3ha未満（%）	2.3	0.0	3.1	5.6	0.0	2.4	3.7
	0.3〜0.5ha	2.1	0.0	0.0	5.6	3.1	4.9	3.7
	0.5〜1.0ha	9.1	10.0	12.5	16.7	9.2	4.9	0.0
	1.0〜1.5ha	8.9	30.0	21.9	11.1	27.7	31.7	18.5
	1.5〜2.0ha	20.0						
	2.0〜3.0ha	38.4	10.0	46.9	47.2	47.7	34.1	63.0
	3.0〜5.0ha	17.7	50.0	15.6	13.9	12.3	22.0	11.1
	5.0ha以上	1.5						
1976年	経営耕地面積（ha）	1,015	31.1	65.8	75.7	135.4	86.4	61.9
	１戸当たり経営耕地面積（a／戸）	216.4	310.5	205.5	210.3	229.6	210.6	229.3
	0.3ha未満（戸）	6	0	0	2	0	1	0
	0.3〜0.5ha	11	0	0	1	1	2	1
	0.5〜1.0ha	41	1	7	6	3	2	1
	1.0〜1.5ha	45	0	1	3	4	4	2
	1.5〜2.0ha	93	3	3	3	13	9	2
	2.0〜3.0ha	186	1	18	17	31	14	17
	3.0〜5.0ha	79	3	3	3	6	9	4
	5.0ha以上	7	2	0	1	1	0	0
	割合　0.3ha未満（%）	1.3	0.0	0.0	5.6	0.0	2.4	0.0
	0.3〜0.5ha	2.4	0.0	0.0	2.8	1.7	4.9	3.7
	0.5〜1.0ha	8.8	10.0	21.9	16.7	5.1	4.9	3.7
	1.0〜1.5ha	9.6	0.0	3.1	8.3	6.8	9.8	7.4
	1.5〜2.0ha	19.9	30.0	9.4	8.3	22.0	22.0	7.4
	2.0〜3.0ha	39.7	10.0	56.3	47.2	52.5	34.1	63.0
	3.0〜5.0ha	16.9	30.0	9.4	8.3	10.2	22.0	14.8
	5.0ha以上	1.5	20.0	0.0	2.8	1.7	0.0	0.0

注・出典：表２-41に同じ。

となっていたが、多くは専業農家率が高く、特に押砂集落では全農家が、余津谷と四ツ谷では九割が専業農家であった。しかし、七五年には、すべての集落で兼業農家がおよそ八割かそれを超えている。この段階では、たいていの集落は第一種兼業農家の割合が最多であるが、結佐集落ではすでに、第二種兼業農家が半数に達している（結佐では、七六年には第二種兼業農家は六割近くを占めるようになった）。六〇年から七五年にかけて、兼業農家が飛躍的に増大したのは、明らかであり、特に六五年から七〇年にかけての変化が大きい。清久島・六角では、六五年には専業農家が八割を占めていたが、七〇年にはともにそれがゼロとなった。曲渕では、六五年には九五％を占めていた専業農家も七〇年には二割を切っている。中には、四ツ谷のように、七〇年にはなお専業農家が六割以上を占める集落もあったが、それも七一年には専業農家が皆無になっており、急激な兼業化をみせている。また、四ツ谷の次に、七〇年の時点で専業農家率の高かった佐原組新田（三四・〇％）も、七一年には専業農家は一戸も存在しない。曲渕や六角のように、六〇年から六五年にかけて、一時的に専業農家が増加する集落も存在したことに留意する必要があるが、大勢としては、六〇年から七五年にかけて、急速に兼業化が進展したのである。

2　作目構成

販売金額第一位と第二位の組み合わせ割合を、集落ごとに表わした（表2-43、六〇年のセンサス個票は佐原組新田と手賀組のものが、六五年のセンサス個票は佐原組新田のものが欠落しているため、表出されていない）。六〇年の集落は、作目の種類で三つに大別できる。すなわち、「稲のみ」販売農家割合が九五％を超えている押砂・曲渕・四ツ谷、「稲のみ」農家の割合は六割以下だが、複合作物がその裏作である麦のみである余津谷と清久島、「稲のみ」割合が四割台からせいぜい六割台で、複合部門の作目も麦の他、畜産・養蚕・果樹類と多彩な橋向・六角・結佐である（特に六角は、農産物販売額の八割以上を米が占める農家でも、せいぜい六角の全農家の八〇％を超える程度でしかない）。

六五年になると、清久島も麦を販売する農家がなくなり、「稲のみ」販売農家が一〇〇％となる。他の集落も、余津谷を例外として、「稲のみ」農家割合を高めているものが多い。先に表2-41において、六〇年と七五年を比較し、十余島地区の単一経営化の進展を指摘したが、実際には六五年の段階で、すでにその傾向は明瞭である。七一年には、清久島・橋向・押砂・曲渕・四ツ谷・結佐・手賀組新田の七集落で、六五年よりも「稲のみ」農家の割合が低くなっているが、ほとんどが一時的なもので、七六年には曲渕を除いて「稲のみ」農家割合が再び高まっている。

なお、『六〇年センサス』では、販売額の項目における「畜産」の詳細がわからないために、すべての年を「畜産」としてひとまとめにしているが、より詳しく見るならば以下のようになっている。手賀組新田は、開拓農家群で水田酪農を早くから行っている大重地区を含むため、畜産の大半が酪農である（六五年一一戸／一五戸、七一年一二戸／一八戸、七六年一二戸／一二戸）。六角は養豚・養鶏に加えて、十余島地区で唯一、肉牛が部門別販売金額で販売第二位となっている農家が存在する（六五年三戸、七一年三戸、七六年四戸）。橋向は酪農と養豚であるが、七一年に養豚が九戸と一時的に増加した以外は、それぞれ一戸ないし二戸である。結佐は、六五年には養豚だけだったが、七一年には酪農一戸、養豚一一戸、養鶏七戸と多様化しており、七六年にもそれぞれ二戸、四戸、二戸が存在している。

また、野菜・イモ部門が販売金額第二位となっている農家が、七一年の結佐に二戸、七六年の結佐に三戸、七六年の橋向に五戸ある。七一年の結佐はイモ、七六年の結佐は露地野菜であるが、七六年の橋向は露地野菜と施設野菜の両方を含んでいる。このように、一部では、新たな複合部門作目の導入もみられる。しかし、全体としては、構造改善事業で、六〇年代に複合経営化が目指されたにもかかわらず、結果として、稲の単一経営化が進んだことは、確認しなければならない。

作目構成

橋　向				押　砂				曲　渕			
1960年	1965年	1971年	1976年	1960年	1965年	1971年	1976年	1960年	1965年	1971年	1976年
23	31	24	24	66	60	54	57	37	38	40	39
3		2		3		1					
			5								
										1	
19	3	10	2		4	7	2				1
	4	2									
			5								1
51.1	81.6	63.2	66.7	95.7	93.8	87.1	96.6	100.0	100.0	97.6	95.1
6.7		5.3		4.3		1.6					
			13.9								
										2.4	
42.2	7.9	26.3	5.6		6.3	11.3	3.4				2.4
	10.5	5.3									
			13.9								2.4

結佐				佐原組新田				手賀組新田			
1960年	1965年	1971年	1976年	1960年	1965年	1971年	1976年	1960年	1965年	1971年	1976年
84	103	88	104			39	45		46	43	49
6		7									
		2	3								
1											
36	4	19	8			11	4		15	18	12
		2					1				
66.1	96.3	74.6	90.4			78.0	90.0		75.4	70.5	80.3
4.7		5.9									
		1.7	2.6								
0.8											
28.3	3.7	16.1	7.0			22.0	8.0		24.6	29.5	19.7
		1.7					2.0				

表2-43　十余島地区集落別

		余津谷				清久島			
		1960年	1965年	1971年	1976年	1960年	1965年	1971年	1976年
実数(戸)	稲のみ	6	3	3	10	15	30	24	31
	稲+麦類	4	5	5		17		2	
	稲+野菜・イモ類								
	稲+果樹類								
	稲+工芸作物		2	2					
	稲+畜産							5	1
	稲+養蚕								
	販売せず								
割合(%)	稲のみ	60.0	30.0	30.0	100.0	46.9	100.0	77.4	96.9
	稲+麦類	40.0	50.0	50.0		53.1		6.5	
	稲+野菜・イモ類								
	稲+果樹類								
	稲+工芸作物		20.0	20.0					
	稲+畜産							16.1	3.1
	稲+養蚕								
	販売せず								

		四ツ谷				六角			
		1960年	1965年	1971年	1976年	1960年	1965年	1971年	1976年
実数(戸)	稲のみ	28	24	23	27	18	18	27	28
	稲+麦類							1	
	稲+野菜・イモ類								
	稲+果樹類								
	稲+工芸作物								
	稲+畜産			3		23	18	10	9
	稲+養蚕								
	販売せず								
割合(%)	稲のみ	100.0	100.0	88.5	100.0	43.9	50.0	71.1	75.7
	稲+麦類							2.6	
	稲+野菜・イモ類								
	稲+果樹類								
	稲+工芸作物								
	稲+畜産			11.5		56.1	50.0	26.3	24.3
	稲+養蚕								
	販売せず								

出典：『農業センサス』(1960年，65年)，『茨城県農業基本調査』(1971年，76年)。

3 経営耕地面積

経営耕地面積でまず注目したいのは、六五年に十余島地区全体で九四六haだった経営耕地が、七〇年には一〇三八haと、九〇ha以上増加していることである（表2-42）。これは、土地改良事業による沼沢地の耕地化の影響が大きい。六〇年から七五年にかけての集落別に一戸当たりの経営耕地面積増加分をみると、余津谷が一五九・〇aと最も多く、次いで清久島（七三・九a）、結佐（六八・二a）となる。この三集落は、六五年から集落ごとの経営耕地面積別階層が確認できる七一年にかけて、「三・〇以上」層の割合増加が著しい（余津谷六五年〇・〇%→七一年五〇・〇、清久島〇・〇%→三五・五%、結佐三・九%→三六・四%）。また、清久島・結佐では、「三・〇ha以上」層だった農家の一部が、七六年には、再び下の階層に移行した点は注目させられる。

もう一つ注目したいのは、六〇年から七五年にかけて、十余島地区全体で「三ha以上五ha未満」層が四・八%から一七・七%へと大幅に増加したことである。その分、「一ha未満」層が割合を減らしている。ただし、最多割合を占める「二ha以上三ha未満」層と第二位の「一・五ha以上二ha未満」層の割合は全くといっていいほど変化していない（「二ha以上三ha未満」六〇年三八・二%→七五年三八・四%、「一・五ha以上二ha未満」二〇・五%→二〇・〇%）。規模拡大した農家は存在しているが、中規模層は分解せず、ほぼ同割合で経営を存続させている。

「三・〇ha以上」層の動向をより詳しくみると、六〇年に二五戸、六五年四四戸、七〇年九三戸と五年ごとにほぼ倍に増えており、七〇年には五・〇ha以上の農家も四戸出現している。しかし、七五年には三・〇ha以上の農家は九一戸（うち五・〇ha以上は七戸）と減少し、規模拡大傾向にかげりがみられる。これには七〇年からの減反政策の影響が、まず第一に考えられよう。

集落別の経営耕地面積別階層の推移も表2-42に示してある。余津谷・清久島・結佐の一戸当たり経営耕地面積が急激に増加し、それがドラスティックな階層構成の変化をもたらしたことはすでに述べた。それ以外のこの期間における大きな変化は七〇年の「五・〇ha以上」層の出現である。六〇年にはすでに「三・〇〜五・〇ha」層の農家は十余島地区全体でおよそ五％存在し、六五年にもその割合を増やしていたが、「五・〇ha以上」層は七〇年に至るまで存在しなかった。七一年の個票によると、経営耕地面積が五・〇ha以上の農家は余津谷と結佐に存在する。七五年には、「五・〇ha以上」層はさらに増え、該当農家が存在する集落は余津谷・結佐の他、橋向・押砂と広がっている。

六〇年（佐原組新田・手賀組新田は六五年）と集落ごとの経営耕地面積別階層が確認できる七六年を比較し、十余島地区全体で最多の「二ha以上三ha未満」層の多寡から、一〇集落は、「二・〇〜三・〇ha」層が過半数を占めるもの（清久島・押砂・四ツ谷）、「二・〇〜三・〇ha」層が過半数ではないが、最多のもの（橋向・曲渕・六角・結佐・佐原組新田）、その他の層が最多のもの（余津谷・手賀組）に分類できるが、いずれにせよ、両極分解傾向をみせている曲渕を別として、どの集落も経営耕地面積の階層は上方へシフトしている。

4　各集落の特徴

以上より、各集落の特徴を簡単にまとめると以下のようになる。

余津谷：農家戸数は一〇戸であり、十余島地区の集落の中では最少である。六〇年には専業農家が最多であったが、七〇年以降は第一種兼業農家が最も多い。作目は、稲の他、麦と一時的には工芸作物が作られていたが、七六年にはすべての農家が稲のみとなる。平均経営耕地面積は六〇年には一五二・八aと十余島地区の中では一〇集落八位と小さかったが、その後飛躍的に増加し、七六年には地区最大の三一〇・五aとなり、五・〇ha以上の農家も二戸存在している。

清久島：六五年に全体の八割を占めていた専業農家は、七一年には一戸もなくなり、急激な兼業化が進んだ。一方で、一戸当たり経営耕地面積の増加が大きく、六〇年から七六年にかけて、経営耕地面積二・〇～三・〇ha層割合が倍増し、五・〇ha以上層も存在するようになるなど、経営耕地面積の上方へのシフトがめざましい。六〇年には過半数の農家が「稲＋麦」を作付けていたが、七六年には一戸を除き、「稲のみ」を作付けている。

橋向：六〇年に第二種兼業農家がすでに二割近く存在した。その後も兼業化は進行したが、一方で、七五年の段階でも専業農家が一割を占めている。十余島地区全体が単一経営化の方向へ進む中で、「稲のみ」農家割合は、七六年で七割を切り、最も高い六五年でも八割強である。複合作目も畜産（酪農・養豚）、養蚕、麦など多様で、また七六年には施設野菜を導入している農家も五戸存在する。七六年には経営耕地面積が五・〇ha以上の農家も存在しているが、最多が四割以上を占める二・〇～三・〇ha層であることは、六〇年と変わらない。

押砂：六〇年には一〇〇％専業農家だったが、七六年には専業農家は五％に激減し、替わりに第一種兼業が六割、第二種兼業が三割以上を占めるようになった。十余島地区で最も兼業化が進行した集落の一つといってよい。六〇年から七六年にかけて、三ha以上層も増加し（四・四％→一一・九％）、経営耕地面積は全体的に上方にシフトしているが、二・〇～三・〇ha層が過半数を占めている点に変化はない。作目では、七一年に一時的に「稲＋畜産」農家が一割を超えてはいるが、大半が「稲のみ」農家である。

曲渕：六〇年から六五年にかけては専業農家割合が増加したが（八四・六％→九四・七％）、その後は兼業農家が増え、七六年に専業農家は一戸もない。六〇年にすべての農家が「稲のみ」作付と、早い時期から稲へ特化されていた。七一年には「稲＋工芸作物」農家、七六年には「稲＋畜産」農家と「販売せず」農家がそれぞれ一戸ずつ存在するものの、他はすべて「稲のみ」農家である。平均経営耕地面積は六〇年には二一六・九ａと、一〇集落の中では最も大きかったが、七六年には平均面積が減少し、第五位になった。

四ツ谷：六〇年におよそ専業農家がおよそ九割存在したが、その後兼業化が急速に進展した。特に六五年から七一年の変化が大きく、六五年に四割程度であった兼業農家が七一年には一〇割となり、しかも、六五年には皆無であった第二種兼業農家も、七六年には二割近く存在するようになる。十余島地区で最も急速に兼業化した集落である。七一年のみ、「稲＋畜産」農家が存在するが、後はすべて「稲のみ」農家であり、曲渕同様、早くから稲に特化している地区である。経営耕地面積は六〇年から七六年を通じて二・〇～三・〇ha層が厚く、七六年には六割以上の農家がこの層に含まれる。

六角：早くから兼業化しており、六〇年に二割以上の農家が第二種兼業農家であった。しかし、六〇年から六五年にかけては、第二種兼業農家がなくなり、専業農家が倍増して（三六・六％→八三・三％）、一時的に専業の方へ向かっている。六〇年に四三・九％だった「稲のみ」農家割合が七六年には七五・七％に増加しており、十余島地区の中では、単一化の動きが最も顕著な集落である。また、地区内で唯一、肉牛飼養が販売部門第二位となっている集落でもある。六〇年から七六年にかけては、経営耕地面積「二・〇～三・〇ha」層が倍増し、七六年の最多割合を占めている。

結佐：農家総数は六〇年一二七戸、七六年一一五戸と地区内最多である。六〇年に兼業農家が三割以上を占めており、その後も兼業農家は増え続け、七六年には唯一二種兼業が過半数を占める。農家戸数の多さも反映してか、稲以外に、畜産（酪農・養豚・養鶏）、麦、野菜・イモ類、果樹と作目は多様であるが、常に「稲のみ」農家が六割以上を占めている。経営耕地面積に関しては、一戸当たり面積の増加が大きい集落の一つであり、六〇年から七六年にかけて、特に「三・〇〜五・〇ha」層の割合増加がめざましい。

佐原組新田：六五年に六割を超えていた専業農家は、七一年にはゼロになり、七六年には第二種兼業農家が四割以上を占めるようになっている。経営耕地面積は、六五年から七六年にかけて、三・〇〜五・〇ha層が増えてはいるものの、二・〇〜三・〇ha層が半分近くを占めている状況に変化はない。

手賀組新田：「稲＋畜産」農家が二割から三割存在し、その多くが酪農である。多頭化して後の酪農家は専業農家が多いため、その影響もあって、七六年に専業農家割合が最も多いのがこの集落であり、全体の二割を超える。七六年には「二・〇〜三・〇ha」層が最多を占める集落が多い中で、「一・五〜二・〇ha」層が四割近くを占めている。なお、第四章で言及される大重地区は、この集落の中にある。

以上、各集落の特徴をみた。次節以下では、冒頭に指摘した兼業化・単一経営化による、各農家経営の変化を検討するために、兼業化の進展が急激な四ツ谷と単一経営化への展開が顕著な六角を対象に、より詳しい分析を試みる。

3　稲作単一経営への動き——六角集落を事例として——

六角集落の農家のうち、個票で経営内容を確認できるのは六〇年四一戸、六五年三六戸、七一年三八戸、七六年三七戸であり、このうち六〇年から七六年まで連続して個票のあるものは三一戸である（本書第3章で取り上げる村松家は、この集落の中にある）。

六角集落で、稲のみを作付けしている農家は、六〇年には一八戸、稲と畜産の複合経営が二三戸であった（図2-2）。そのうち畜産が一部門のみの農家は一二戸、二部門の農家が一〇戸、三部門の農家が一戸である。畜産部門が一つの農家では、「養鶏」農家が一番多い八戸であり、次いで「養豚」農家（三戸）、「肉牛」農家（一戸）の順である（六〇年から七六年の間で、乳牛を飼養している農家は六角集落にはない）。七一年までは、「稲＋畜産」農家の数が「稲のみ」農家の数を上回っていた。それが、七六年には逆転し、「稲のみ」農家が二八戸、「稲＋畜産」農家は九戸となっている。米への単一経営化の進展は明瞭である。

だが、単一経営化は七一年から七六年にかけて、突如起きたわけではない。六〇年から七一年にかけて「稲＋畜産」農家の数は二三戸と一定ではあるが、その内実は変化している。六〇年に、複数の畜産部門（二または三部門）を擁している農家は一一戸であった。しかし、その後、この数は六五年八戸、七一年一戸と減少し、対して一つの畜産部門をもつ農家数は増加している（六〇年一二戸、六五年一五戸、七一年二二戸）。つまり、畜産部門数の縮小が進行していたのである。ただし図2-2よると、六〇年から七一年にかけては、単純に単一経営の方向に進んでいるわけではない。単一経営へのベクトルをもつ農家と複合経営へのベクトルをもつ農家が、それぞれ相当数存在し、結果として集落全体では徐々に単一化へと向かっていったことがわかる。図2-2からは読み取れないが、個々の農家

図2-2　六角集落の部門数別農家戸数の変遷

（単位：戸）

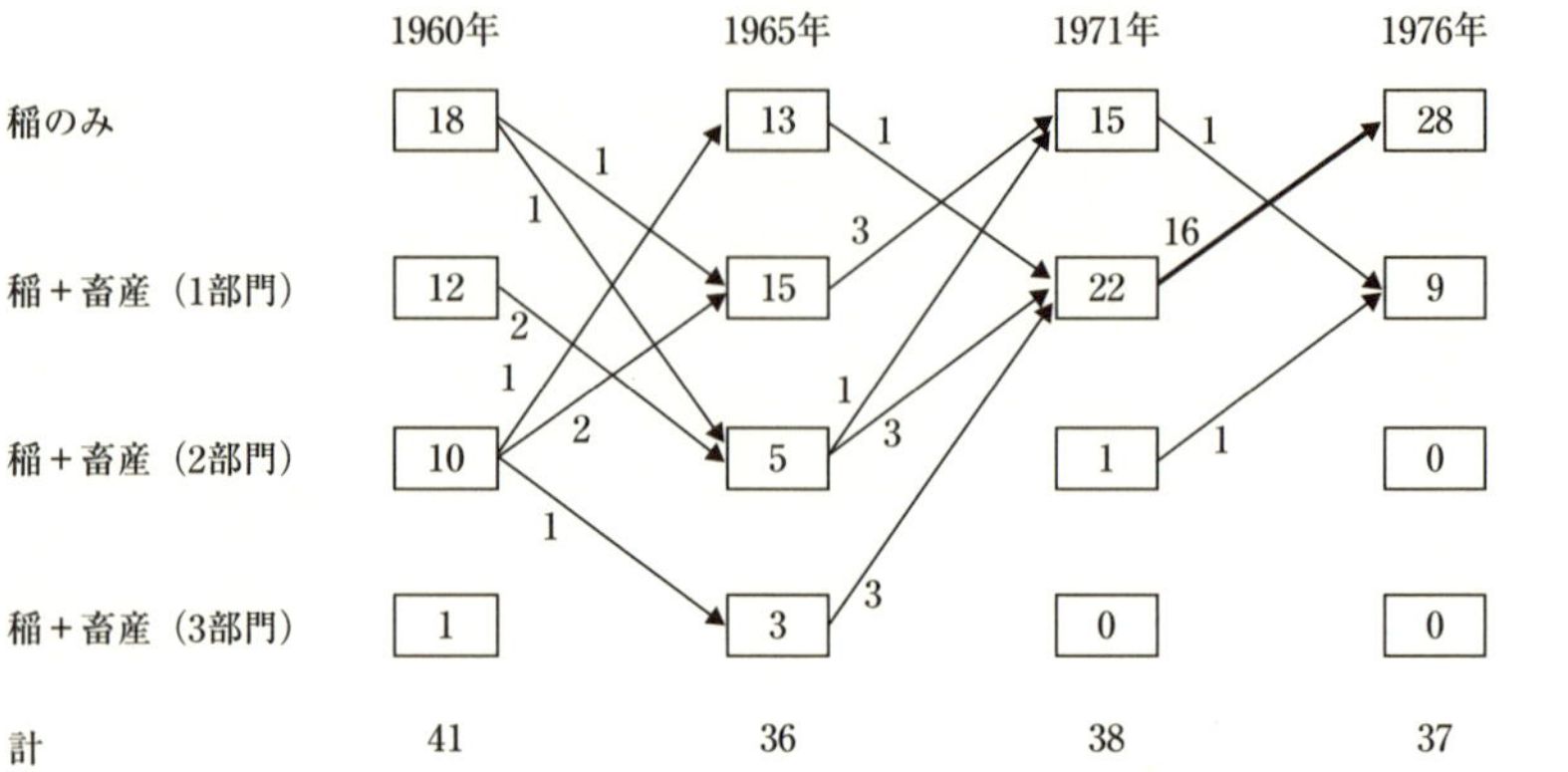

注：一部の個票が欠落しているため，農家戸数は前後の増減による変化とは一致しない。
出典：表2-43に同じ。

が常に単一経営または複合経営へと向かっているとは限らず、各段階でベクトルを変化させている農家も全体の二割程度存在し、その中には、「稲のみ」から「稲＋畜産」へと変化した農家も含まれる。また、農家の中には、畜産部門の数は同じでも、養鶏から養豚へなど、部門の種類を変更しているものもある。

しかし、単一化と複合化のベクトルが併存するのは七一年までである。七一年から七六年にかけては、複合経営へのベクトルをもった農家が一戸であるのに対し、「稲＋畜産（一部門）」から「稲のみ」へと移行した農家が一六戸と圧倒的に多い。その結果、七六年には「稲のみ」農家が二八戸と、全体の七五％を占めるようになった。

1　複合化部門の規模

このように大勢としては、稲単一経営化が進んだが、ここで複合経営部門の規模の変化について確認しておきたい。肉牛・豚・鶏を飼養している農家一戸当たりの飼養頭数を算出したのが表2-44である。肉牛は、六〇年に七戸で飼養して平均頭数一・一頭だったのが、七六年には四戸二四・八頭に、養豚は、六〇年に一二戸で飼養し平均頭数二・〇頭だったのが、七六年に四戸五八・八頭に変化し

表２-45　田面積（六角）

（単位：ａ）

	1960年	1965年	1971年	1976年
単一稲作経営農家	128.9	142.2	163.4	177.0
複合農家	185.4	212.0	210.6	287.7
差	56.5	69.8	47.2	110.7

出典：表２-43に同じ。

表２-46　経営部門数別農業従事者数・農業就業者数（1960年，六角）

（単位：人）

	農業従事者数	農業就業者数
稲のみ	2.72	2.27
稲＋畜産（１部門）	3.08	2.75
稲＋畜産（２部門）	3.80	3.00
稲＋畜産（３部門）	4.00	3.00

出典：農業センサス個票。

表２-44　複合農家の平均飼養頭数（六角）

	肉牛	養豚	養鶏
1960年	1.1	2.0	32.8
	7	12	18
1965年	2.6	3.6	42.8
	5	8	19
1971年	8.7	21.4	26.5
	3	5	15
1976年	24.8	58.8	300.0
	4	4	1

注：上：平均飼養頭数（頭・羽）。
　　下：該当農家数（戸）。
出典：表２-43に同じ。

ている。養鶏は、飼養戸数・羽数ともに多少の揺れはあるが、六〇年に飼養戸数一八戸で平均三二・八羽飼養していたのが、七六年には一戸三〇〇羽の飼養となっている。集落全体が稲作単一経営に向かう一方で、畜産を継続している農家では、畜産部門を拡大していることが読みとれよう。

2　複合化と経営耕地面積・農業就業者数

「稲のみ」農家と「稲＋畜産」農家別に平均田面積を表出したのが表2-45である。表から明らかなように、各年とも「稲＋畜産」農家の平均田面積の方が、「稲のみ」農家のそれよりも大きい。その差は最も小さい年で四七・二a（七一年）、最も大きな年で一一〇・七a（七六年）になる。この数字の示すものは、少なくとも、個々の農家は、田面積の狭量さゆえの相対的に低い農業収入を補うために複合を選択しているわけではない、ということである。また表2-46に示したように、農業就業者数の「稲＋畜産（二部門）」と「稲＋畜産（三部門）」のみが同数であるが、農業従事者数、農業就業者数ともに、部門数と人数が正の相関にあることも読みとれる。つまり、経営耕地面積と家族労働力を一定程度確保できることが、複合経営の成立条件であったのであり、その条件が失われていく中で、単一経営化が進んだのである。

「稲＋養豚」から「稲＋養豚＋養鶏」へと複合部門を増やし、その後、七六年には「稲のみ」となった六角A農家と、「稲＋養豚＋肉牛」から「稲＋養豚＋肉牛＋養鶏」を経て、七六年になお「稲＋肉牛」と複合部門を持っていた六角B農家の例を紹介する。

◆六角A農家の例（表2-47）

六角A農家には、六〇年の時点で一六歳以上の世帯員が三人おり（世帯主夫婦と長男）、いずれも農業のみに従事していた。六〇年の稲作付面積は一五〇・〇aで、このほかに豚を二頭飼養していた。一年間の農業収入は三六万円で、そのうち米の販売額が三〇万円、豚の販売額が六万円と、養豚部門の収入が全体の一六・七％を占めていた。

六五年には長男が結婚しており、一六歳以上の世帯員は四人となる。そのうち、世帯主と長男は日雇いとして、年間一〇〇日以上兼業に従事している。しかし、兼業に従事しても、長男の農業従事日数は、長男の妻とともに一五〇日以上であった。世帯主も世帯主の妻とともに農業に六〇～一四九日従事している（農業と兼業のうち「農業が主」であることから、おそらくは従事日数は一〇〇日以上であったと推測される）。この年の稲作付面積は一七一・〇aであり、豚も六〇年と同様に二頭飼養している。加えて鶏も五〇羽飼うようになっており、複合部門は二部門に増えている。農業収入七〇～一〇〇万円のうち、二割が畜産部門の収入であった。四人中二人が兼業に従事しても、なお二人が農業のみに従事し、かつ、兼業に従事している世帯員も、労働力の多くを農業に投下できたこの時期は、農家経営内に豊富な労働力を抱えており、そのことが、部門拡大の基礎になったことは想像に難くない。

表2-47　六角A農家の経営の変遷

	60年当時の世帯主との続柄				農産物	機械
	本　人	世帯主の妻	長　男	長男の妻		
1960年	44歳 農業のみ	37歳 農業のみ	18歳 農業のみ		稲　150a 豚　2頭	動力耕耘機（牽引型）1台 動力脱穀機　1台 動力揚水機　1台
1965年	49歳 農業主	42歳 農業のみ	23歳 農業主	24歳 農業のみ	稲　171a 豚　2頭 鶏　50羽	トラクター5-10馬力　1台 1台 1台
1971年	56歳 農業主	49歳 農業のみ	30歳 農業主	31歳 農業主	稲　177a 採卵鶏　3羽	トラクター5-10馬力　1台 動力噴霧機　1台 動力稲刈機　1台 乾燥機　1台 脱穀機　1台
1976年		53歳 農業のみ	34歳 兼業主	35歳 兼業主	稲　200.0a	トラクター10-20馬力　1台 動力田植機　1台 育苗機　1台 乾燥機　1台 コンバイン　1台 農用トラック　1台

出典：表2-43に同じ。

だが、七一年には、稲作付面積は六五年よりわずかに増えて一七七・〇aとなったが、畜産部門は大幅に縮小され、採卵鶏が三羽だけである（年間の農産物販売額は五〇万～七〇万円だが、部門別の内訳は不明）。この年には、世帯主と長男に加えて長男の妻も兼業をしている。三人とも日雇いであり、また就業状態はそろって「農業が主」であった。長男の妻の兼業従事と複合部門縮小との因果関係は、史料からはわからない。しかし、これらに、労働力を介した何らかの相関関係があることは推察できよう。

七六年には、一六歳以上の世帯員は、世帯主の妻、長男夫婦の三人となっている。長男夫婦は兼業に従事しており、しかも就業状態は「兼業が主」である。農業従事日数は年間六〇～一四九日に減っている。唯一人「農業のみ」の世帯主の妻も、農業従事日数は一～二九日にすぎない。この時には、稲が二〇〇・〇a作付けられているが、畜産部門はなくなっている。

六角A農家では、一時的に農業内部に振り分ける

表2-48　六角B農家の経営の変遷

	60年当時の世帯主との続柄					農産物	機　械
	本　人	妻	長　男	長男の妻	長　女		
1960年	51歳 農業のみ	45歳 農業のみ	26歳 農業のみ	24歳 農業のみ	22歳 農業のみ	稲　196a 豚　2頭 肉用牛 1頭	発動機 1台 電動機 1台 動力脱穀機 1台 動力籾摺機 共有1台 動力揚水機 1台
1965年	56歳 兼業主	50歳 農業のみ	31歳 農業主	29歳 農業主		稲　212a 豚　1頭 肉用牛 1頭 鶏　6羽	トラクター(5～10馬力) 1台
1971年	63歳 農業主	57歳 無業	38歳 農業主	36歳 農業主		稲　207a 肉用牛 6頭	トラクター(5～10馬力) 1台 動力噴霧機 1台 乾燥機 1台 動力脱穀機 1台 農用トラック 1台
1976年	67歳 農業のみ	61歳 農業のみ	42歳 兼業主	41歳 兼業主		稲　215a 肉用牛20頭	動力耕耘機(10馬力未満) 1台 動力田植機 共有1台 乾燥機 1台 コンバイン 1台 農用トラック 1台

出典：表2-42に同じ。

労働力が増加したが、のちに、世帯員の加齢と農外における労働増加の二つの要因によって、農業への投下労働力が減少していった。そして、みてきたように、農業への投下労働力の多寡が、複合部門の増減と併行していたのである。表2-47にあるように、六角A農家は七六年には、個人所有の育苗機からトラクター、田植機、コンバイン、乾燥機と、一貫した機械を装備している。改めて言うまでもなく、この時期の機械化の進展が、労働力を農外へ押し出すことを可能にした一要因となっている。

◆六角B農家の例(表2-48)

六角B農家には、六〇年には一六歳以上の世帯員が五人おり(世帯主夫婦・長男夫婦・長女)、いずれも農業のみの従事であった。この時期には、稲を一九六a作付けしているほか、豚を二頭と肉用牛を一頭飼養していた。六五年には、長女が他出し、世帯主も「兼業が主」に、また、世帯主の妻も「農業のみ」とはいえ年間三〇～五九日の農業従事となった。しかし、一方で長男夫婦は兼業に従事しながらも、農業従事日数は一五〇日以上を超えており、豚・牛に加えて鶏も六羽、飼っている。七一年には、世帯主の妻だけが「無業」となり、他の三人は「農業が主」の状態であった。この年には、豚と鶏の飼養は中止されているが、かわりに牛の飼養頭数は六頭と増えた。その後も牛の飼養頭数は増加し、七六年には二〇頭となっている。

B農家では、六〇年は別として、他の年には四人中二人または三人が兼業に従事していたが、農業内部にも相応の労働力を確保して、複合経営を持続させたのである。この点で最も注目すべきなのは、世帯主の妻の就業状態である。世帯主の妻は、六〇年は日数は不明ながらも農繁期のみの農業従事であったし、六五年にも「農業のみ」ではありながら、年間の従事日数は三〇～五九日にすぎなかった。また、他の三人が「農業が主」の状態であった七一年には、無業となっており、農業には従事していない。しかし、七六年に長男夫婦（七六年には経営委譲が済んでいるので、実際にはこの時点の世帯主夫婦）が「兼業が主」で年間の農業従事日数が三〇～五九日になると、世帯主の妻は再び農業に従事するようになり、しかも、その日数は六〇～一四九日と以前よりも増えている。また、世帯主も、世帯主の妻ほど変化は大きくないが、一度は農業従事の度合いを弱めたものの、再び農業に回帰する動きをみせている。長男夫婦が兼業への傾斜を強めていくなかで、より上の世代が農業への労働力投下を増やしており、そのような柔軟な対応が可能であるだけの世帯員を農家内部に抱えていたことが、七六年当時には、すでに六角集落で少数となった複合経営を継続させる要因となったのであろう。

4　兼業化の進展——四ツ谷集落を事例として——

四ツ谷にある農家のうち、六〇年、六五年、七一年、七六年四回分の個票が確認できるのは二三戸、三回分の個票が確認できるのは四戸（四ツ谷一、二一、二五、二六番）である。六〇年の一回しか個票が確認できないのは四ツ谷

（四ツ谷）

		1960年	1965年	1971年	1976年
15	農業のみ	●48 ●23 ▲**47** ▲22	●53 ●29 ▲**53** ▲28		
番	農業主			●35 ▲34	
214	兼業主				●40 ▲**39**
213	兼業のみ				
216	その他		●19		
215		●78	●84	●90 ●59 ▲**59**	●64 ●95 ▲64
16	農業のみ	●*69* ●28 ▲27	●34 ▲**33**		
番	農業主			●40 ▲**39**	▲**44**
201	兼業主				●45 ▲23
208	兼業のみ				
199	その他			▲19	
207		▲**61**	●75 ▲67	●81 ▲73	●86 ▲78
17	農業のみ	●57 ●25 ▲**25**	●*62* ●31 ▲**31**		
番	農業主			●37 ▲**37**	
199	兼業主				●42 ▲**42**
207	兼業のみ				
229	その他				●19
239				●69	●74
18	農業のみ	●*65* ●38 ▲**41**	●44 ▲**47**		
番	農業主			●50 ▲**53**	●55
197	兼業主				▲**58** ▲24
198	兼業のみ			○21	○26
187	その他			▲19	●23 ○17 △20
243		▲66	●71 ▲72	●77 ▲78	●82
19	農業のみ	●28 ▲**39**	●34 ▲**45**		
番	農業主			●40 ▲**51**	
181	兼業主				●45 ▲**56** ▲21
229	兼業のみ				○25
222	その他		○18 ▲71	▲16	
222		▲65		▲77	
20	農業のみ	●26 ▲**49** ▲26 △24	●32 ▲**55** ▲32		
番	農業主			●38 ▲38	
157	兼業主				●43 ▲**43** ▲20
183	兼業のみ				
181	その他				△16
211				▲**61**	▲66
21	農業のみ	●33 ▲**30**			●50
番	農業主			●45 ▲**42**	
140	兼業主		（不明）		▲**47** ▲24
－	兼業のみ				
181	その他			▲19	
197					
22	農業のみ	●*66* ●29 ▲**31**	●35 ▲**37**		
番	農業主			●41 ▲**43**	
139	兼業主				●46 ▲**48**
143	兼業のみ				▲24 △21
159	その他			▲19 △17	
166			●72		●86
23	農業のみ	●42 ○19 ▲**48** ▲16	●48 ▲**54**		
番	農業主		▲22	●54 ●23 ▲**60** ▲28	
108	兼業主				●28 ▲**33**
119	兼業のみ				
165	その他				
200			●72		●59
24	農業のみ	●33 ▲**34**	●39	●45	
番	農業主				
84	兼業主		▲**40**	▲**46** ▲22	●50 ▲**51**
98	兼業のみ				○24 ▲27
103	その他			○20	
114					
25	農業のみ	●31 ▲**30**			
番	農業主			●43 ▲**46** ▲22	
79	兼業主		（不明）		
－	兼業のみ				●48 ▲**51** ▲27
107	その他				
106					
26	農業のみ	▲**30**	●33		
番	農業主				
49	兼業主	●27	▲**37**	（不明）	●44 ▲**47**
40	兼業のみ				
－	その他				▲19
56					
27	農業のみ	●27 ▲**28**	●33		
番	農業主				
28	兼業主			●39	●44 ▲**45**
32	兼業のみ		▲**34**	▲**40**	
33	その他				●16
31					

凡例：●直系女性　○傍系女性　▲直系男性　△傍系男性

注：1）農家番号の下の数字は経営耕地面積（単位ａ）で，順に1960年，1765年，1971年，1976年（不明は「—」）。

2）年齢太字は世帯主を示す。年齢斜体は「家事・育児が主」を示す。

出典：表２-43に同じ。

二八番農家だけである（四ツ谷二八番農家は、六〇年の段階で、経営耕地面積が集落最小の二八aである。また、農業従事者も二人と少なく、そのうち一人は自営兼業であり、六〇年で四ツ谷集落唯一の第二種兼業農家である。六〇年から六五年の間に、離農している可能性が高い）。

図2-3に、六〇年から七六年の、各農家の一六歳以上の世帯員の就業状態を表わした（四ツ谷二八は六〇年の分

図2-3　世帯員就業状態

		1960年	1965年	1971年	1976年
1	農業のみ	●*60* ●36 ▲**41**			●53
番	農業主			●48 ▲**63** ▲27	
370	兼業主		（不明）		●26 ▲**32**
–	兼業のみ	△29			
366	その他				
371				●70	●77
2	農業のみ	●*59* ●25 ▲**62** ▲27	●*65* ●31 ▲33 △22		●42 ▲**44**
番	農業主			●37 ▲39	
355	兼業主				
352	兼業のみ				
355	その他	△16			●17
350			▲**68**	●71 ▲**74**	●79
3	農業のみ	●48 ●28 ○*23* ▲**50** ▲30	●54 ●34 ▲**56** ▲36		●69 ●45 ▲67 ▲**47**
番	農業主			●60 ●40 ▲**62** ▲42	
319	兼業主				
362	兼業のみ				●22
355	その他	△17	○19 △23	○17	▲19
356		●72			
4	農業のみ	●*63* ●42 ▲67 ▲**45**	●48 ▲**51**		▲**62**
番	農業主			●54 ▲**57** ▲24	
314	兼業主				●25 ▲29
299	兼業のみ				
308	その他		▲18		
287		●88	●69 ▲73	●75	●80 ●59
5	農業のみ	●31 ○*21* ▲53 ▲**37**	●38 ▲59 ▲**43**		●48
番	農業主			●43 ▲**49**	▲**54**
293	兼業主				
290	兼業のみ				
295	その他		○18		▲19
300				▲65	▲70
6	農業のみ	●*56* ●31 ▲**55** ▲30	●*62* ●37 ▲**61** ▲36		●**48**
番	農業主			●43 ▲21	
289	兼業主				●22 ▲26
286	兼業のみ		○22		
285	その他	○16			
289		●76 ▲77		●68 ▲**67**	●72
7	農業のみ	●46 ▲**32** ▲18	●52 ●23 ▲**38** ▲24		●36
番	農業主			●58 ●31 ▲**44** ▲30	▲35
264	兼業主				
267	兼業のみ				▲**49**
258	その他				
256		▲68 △53	▲74	▲80	●63
8	農業のみ	●*54* ●31 ▲**53** ▲32	●*60* ●37 ▲**59**		●48
番	農業主		▲38	●43 ▲**45** ▲22	
263	兼業主				▲**49** ▲27
262	兼業のみ				
287	その他			●19	▲18
265				●66	●71
9	農業のみ	●35 ▲**33**	●41 ▲**39**		●52
番	農業主			●47 ▲**45**	▲**50**
259	兼業主				▲**20**
268	兼業のみ				
287	その他				
265		▲67	▲73	▲79	
10	農業のみ	●*63* ●31 ▲**35**	●37		●48
番	農業主		▲**41**	●43 ▲**47** ▲24	
247	兼業主				●25 ▲**52** ▲29
243	兼業のみ				
262	その他		▲18		
243			●69	●75	●80
11	農業のみ	●*64* ●33 ○*19* ▲**35**	●39		●**50**
番	農業主		▲**41**	●**45** ▲22	
235	兼業主			△20	●23 ▲27 △25
213	兼業のみ				
237	その他		○19		
230		▲66	●70 ▲72	●76	
12	農業のみ	●47 ●22 ▲**51** ▲24	●52 ●28 ▲**57** ▲30	●58	
番	農業主			●34 ▲36	
230	兼業主				●39 ▲**41**
227	兼業のみ				
237	その他				
267				▲**63**	●63
13	農業のみ	●34 ▲64 ▲**33**	●38 ▲66		●51
番	農業主			●46 ▲**45** ▲23	
224	兼業主		▲**39**		●28 ▲28
210	兼業のみ				▲**50**
221	その他		▲17		
236				▲72	▲77
14	農業のみ	●*35* ●27 ▲**49** ▲27	●*41* ●33 ▲**55** ▲33		
番	農業主			●39 ▲**39**	
221	兼業主				●44 ▲**44** ▲22
267	兼業のみ				●52 ▲66
274	その他	○17		○17	▲18
259		●70 ▲68	▲74	●47 ▲61	

しか個票がないため、図から除いてある)。以下、年代順に追ってみる。

1　一九六〇年

この年はまだ、二八戸中二五戸と専業農家が圧倒的に多く、当然のことながら、仕事をしている人のほとんどは農業のみに従事している。しかし、世帯における位置と年齢によって働き方に相違がある。

まず、五〇歳代と六〇歳代の女性の大半は、農繁期のみの農業従事となっており、普段は家事・育児などを担当している(図の年齢が斜体字のもの)。五〇歳代または六〇歳代の女性がいる農家は全部で一一戸あり(四ツ谷一、二、四、六、八、一〇、一一、一六、一七、一八、二二番)、そのうち例外は四ツ谷一七番のみである。

女性が五〇歳代と六〇歳代に共通して、農繁期のみの農業従事であるのに対し、男性の場合は、農繁期のみの農業従事という人は一人もおらず、また、五〇歳代と六〇歳代でも違いがある。六〇年に、六〇歳代の男性のいる農家は全部で一〇戸ある(四ツ谷二、四、七、九、一一、一三、一四、一六、一八、一九番)。その中で、農業のみに従事している人がいるのは三戸(四ツ谷二、四、一三番)であり、他の七戸の人は、農業にも他産業にも従事していない(無業)。ただし、農業に従事している人がいる三戸でも、全員が指図をするだけで、実際の農作業には携わっていない。一方、五〇歳代の男性は全員が農業のみに従事している(四ツ谷三、五、六、八、一一番)。そのうち指図のみの人は二人である(四ツ谷六、八番)。五〇歳代と六〇歳代の男性が、世帯主であるか否かに注目すると、六〇歳代で世帯主である人は、農作業に従事している人と無業の人が、それぞれ一人ずついるだけである(四ツ谷二、一六番)。五〇歳代では、全員が世帯主である。

まとめると、六〇歳代の男性は、大半が無業であり、次世代への経営委譲も済んでいる。農業従事している人も、指図のみであり、農作業には携わっていない。五〇代の男性は、全員が農業に従事している。また、指図のみか農作業をしているかにかかわらず、全員が世帯主である、ということになろう。

なお、女性にしろ男性にしろ、七〇歳以上の人は、例外なく農業にも他産業にも従事していない。また、一〇歳代から四〇歳代の直系の女性と男性は、全員が農業に従事しており、その中に、農繁期のみの農業従事はいない。一〇歳代、二〇歳代の傍系の女性は農業従事度が低いことも指摘できる。「通学が主」の人を除くと、一〇歳代（一六歳以上）、二〇歳代の人は四人いて、全員が農業従事している（四ツ谷三、五、一一、一三番）。しかし、そのうち三人は農繁期のみの農業従事であり、家事や育児が主となっている。農業が主であるのは、四ツ谷一三番農家の一人のみである（なお、通学が主以外の一〇歳代、二〇歳代の傍系の男性は二人しかいないが（四ツ谷一、一〇番）、そのうち四ツ谷一番農家の人〔世帯主の弟〕は農業従事せず、他の職業に就いている）。

六〇年の段階では、農家はそれぞれの経営規模に見合う形で農業従事者を若・壮年層を中心に豊富に抱えており、これが土地改良事業や構造改善事業にも積極的に応じていこうとする根拠であった。

2　一九六五年

女性の六〇歳代は、六〇年と同様に農繁期のみの農業従事である（四ツ谷二、六、八、一七番）。しかし、五〇歳代は、一年を通じて農業に従事しており、その内訳は、六〇～一四九日の農業従事が二人、一五〇日以上が二人となっている（ただし、六五年の五〇歳代の女性は五一～五四歳であるのに対し、六〇年は五四～五九歳と、ほぼ五〇歳代の前半と後半に分かれているため、単純には比較できない）。五〇歳未満は、四ツ谷一四農家の人だけが農業従事三〇～五九日で「家事・育児が主」と例外で、残りは全員が一五〇日以上の農業従事である。また、七〇歳以上は全員無業である。

男性は、六〇歳代の人は四人いる。六五年の調査では、農業従事が指図のみであるのかどうかはわからないが、二

表2-49　男性の兼業状況（1965年，四ツ谷）

農家番号	年齢	農業従事日数	兼業種類	兼業従事日数
四ツ谷8	38	150日以上	出稼ぎ	60～99日
四ツ谷10	41	150日以上	出稼ぎ	59日以下
四ツ谷11	41	150日以上	出稼ぎ	60～99日
四ツ谷13	39	1～29日	恒常的勤務	100日以上
四ツ谷23	22	150日以上	出稼ぎ	60～99日
四ツ谷24	40	1～29日	恒常的勤務	100日以上
四ツ谷26	37	1～29日	恒常的勤務	100日以上
四ツ谷27	34	従事せず	出稼ぎ	100日以上

出典：農業センサス個票。

人が「三〇～五九日」の農業従事、二人が無業ということから、六〇年とあまり変化していないと推測してよいだろう。五〇歳代の人がいるのは九戸の農家である（四ツ谷三、四、五、八、一二、一四、一五、二〇、二三番）。全員が農業のみに従事しており、農業従事日数は「三〇～五九日」三人、「六〇～一四九日」四人、「一五〇日以上」二人である。六〇年には指図のみの人が五人中二人であったから、六五年もその比率はほとんど変化していないようである。七〇歳以上が全員無業であるのも、六〇年と変わらない。

四〇歳代以下の男性には、六〇年と比較して、大きな変化があった。すなわち兼業化の進行である。六五年には二四戸中九戸が第一種兼業農家であり、九人が兼業に従事している（第二種兼業農家は存在しない）。このうち四ツ谷六番農家で二二歳の傍系の女性が兼業している以外は、兼業に従事しているのはすべて二〇歳代から四〇歳代の直系の男性である。

六五年の男性の兼業状態等を表2-49にまとめた。ここでまず第一に気づくのは、農業従事日数が一五〇日以上か二九日以下に、二極化していることであり、兼業従事がすぐに農業従事日数の大幅な減少を必ずしも意味するわけではないということである。しかも、それは経営耕地面積と明らかな相関関係があり、面積が大きい方が農業従事日数が多くなっている。これは、兼業している農家だけの相対的な関係にとどまらない。四ツ谷二四、二六、二七番農家というのは、六五年に個票が確認できる二四戸の農家のうち、集落で最も面積の小さい四戸なのである。また、農業従事日数の多寡は、兼業の種類とほぼ対応している。四ツ谷二七番農家の人以外は、農業従事日数一五〇日以上の場合[1]は「出稼ぎ」、二九日以下の場合は「恒常的勤務」となっている（なお、兼業している人の最高齢が四一歳と、四〇歳代の中では若いことも、注目していい事実かもしれない）。しかし、若・壮年層の兼業が確認されるにせよ、六五年の段階では未だ十分な農業労働力を確保しており、稲作を中心とする経営を発展させようとする動きにつながったと思われる。

3　一九七一年

七一年になると世帯員総兼業化ともいうべき状況が出現している。一六歳から六〇歳までの世帯員で農業のみに従事している人がいる農家はわずかに二戸であり（四ツ谷一二、一四番）、集落の中で一六歳以上のうち、通学や老齢などで無業状態の人をのぞいた六八人中、実に六六人が兼業に従事している。兼業している中では農業が主の人が六〇人と圧倒的に多い（兼業が主四人、兼業のみ二人）。兼業の種類では「季節出稼ぎ・人夫日雇い」が最も多い六一人、「工員・店員・運転手など」が四人、「事務・技術・教職員など」が一人で、自営兼業はゼロである。

七一年に六〇歳代の人は一二人いるが、そのうち四人が兼業しており（四ツ谷一、三、一三番。他の八人は無業。）、全員が日雇い兼業である。六〇年であればほとんど引退しているか、農繁期のみの農作業であった世代が、七一年には、農作業とともに兼業にも従事しているのであり、就労年齢の高齢化の展開を指摘できる。

七一年という、減反政策も始まっている段階では、なお農業に経営の重点を置きつつも、全階層に兼業が一気に広がることになったのである。

4　一九七六年

七一年に急激な兼業化が進展したが、七六年にはもう一度大きな変化が起こる。就業人口の農業への一部還流である。七一年の経営耕地面積と七一年から七六年にかけての就業状態の変化との関係を表わしたのが図2-4、図2-5

図2-4　1971年から76年における経営耕地面積と就業状態の変化（四ツ谷・男子）

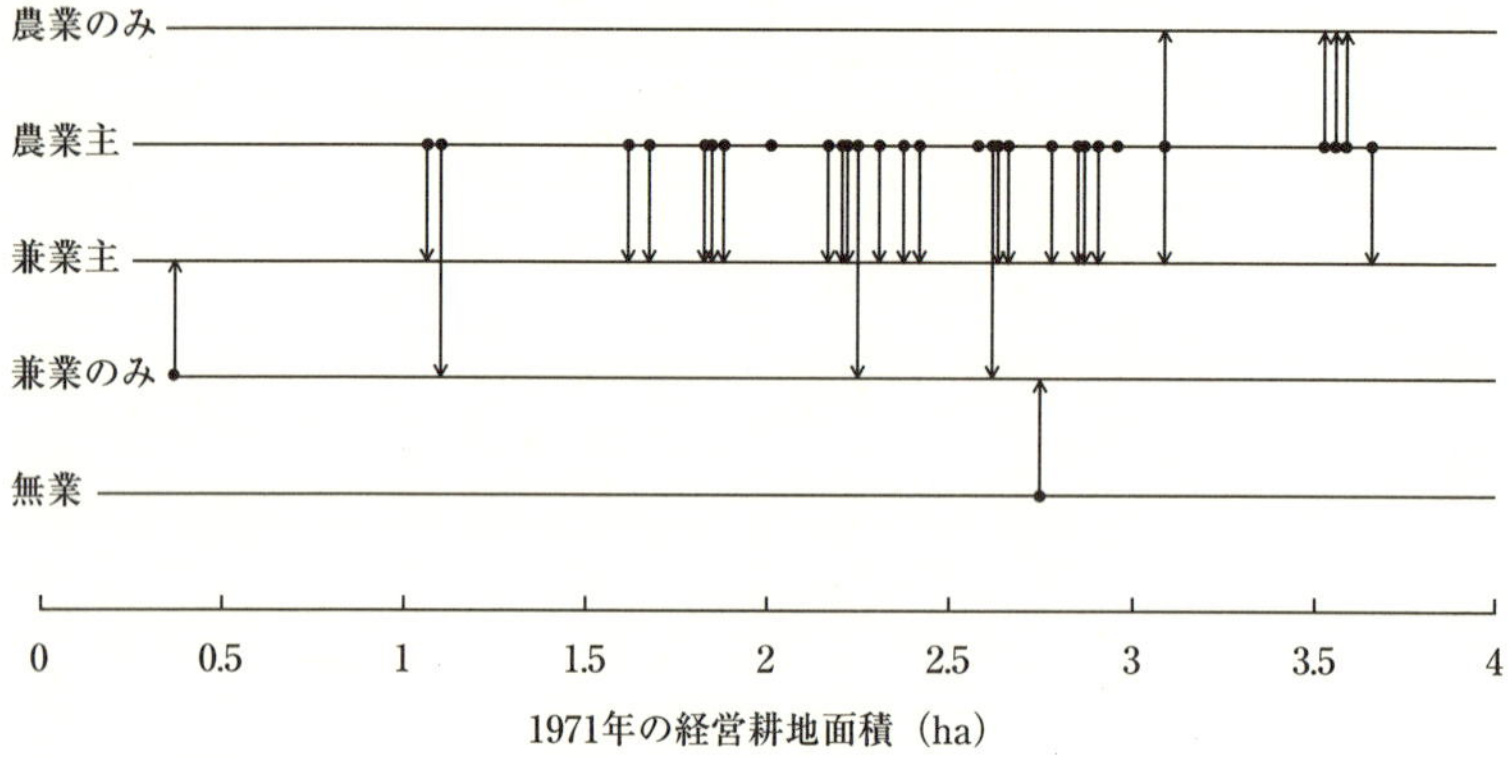

出典：茨城県農業基本調査個票。

図2-5　経営耕地面積と就業状態の変化（四ツ谷・女子）

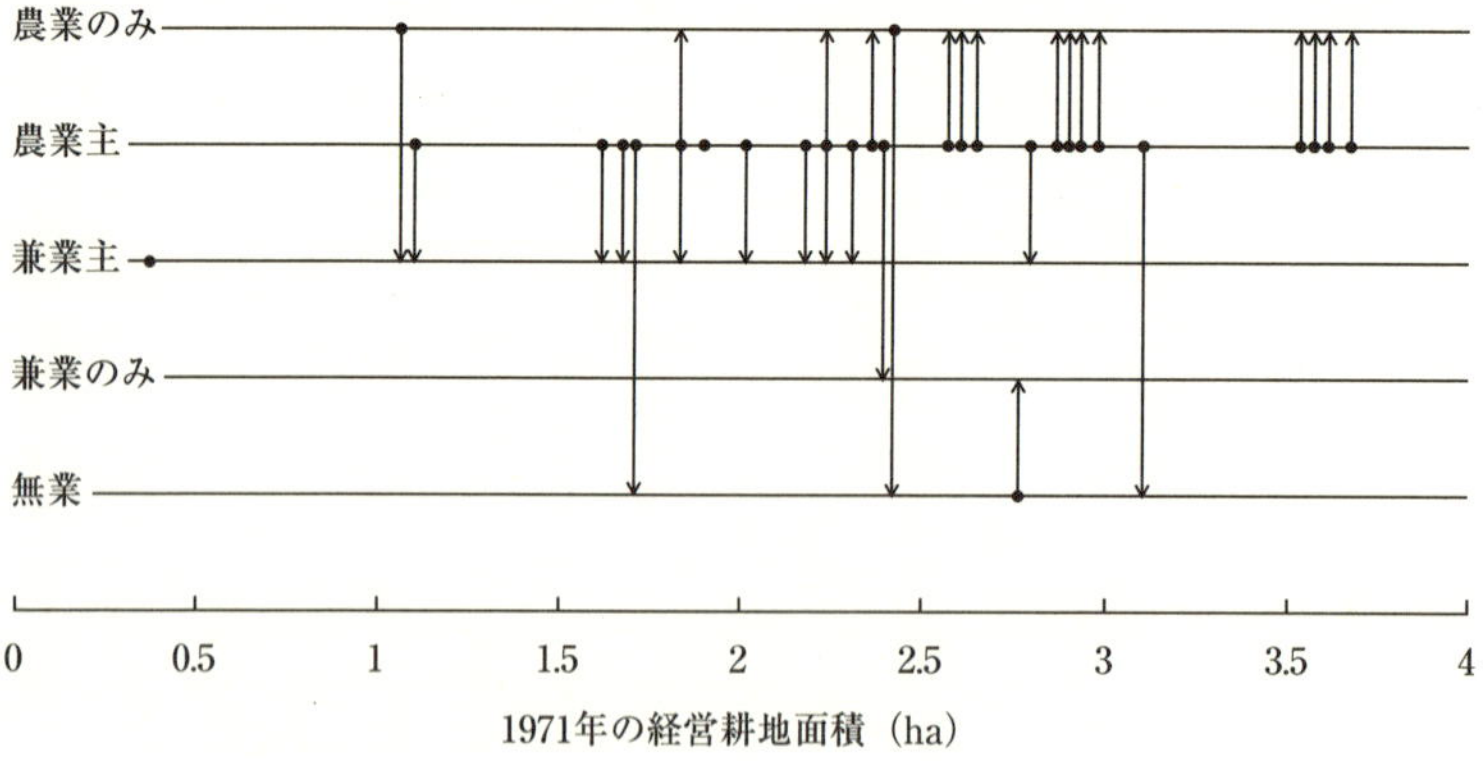

出典：図2-4と同じ。

である（七一年に一六歳以上だった人が対象である。ただし、七一年、七六年とも無業であった人と七六年に亡くなっていた人は除いた。また、同じ農家または同一規模の農家のベクトルが同じものに関しては重なってわかりにくいため、僅かにずらして表示してある）。

男性は七一年には二四番農家を除いて全員が「農業が主」であった。しかし、七六年には無業状態からの就労は別として、経営耕地面積三ha未満の農家では、「農業が主」にとどまった四ツ谷一六番以外の世帯員は全員、「兼業が主」または「兼業のみ」に移行し、兼業化の度合いを強めている。一方、経営耕地面積三ha以上の農家（四ツ谷一、二、三、四番農家）では、「農業のみ」への移行と「兼業が主」への移行が混在しているが、「兼業が主」へと変わった二人はいずれも七一年に二〇歳代であり、「農業のみ」となった四人は七一年に三〇歳代から六〇歳代である。つまり、経営耕地面積三ha以上層の三〇歳以上の男性は、七一年から七六年にかけて、再び農業に吸引されたが、それ以外の男性は、同じ時期に兼業化の度合いを強めたのである。

同じく図2-4に見るように、女性の分岐点は、「無業」への移行を除くと、男性のそれよりも小さく、経営耕地面積二・五ha以上層では「農業が主」から「農業のみ」へ、二・五ha未満層では「農業が主」から「兼業が主」へほぼ移行している。経営耕地面積二・五ha以上三ha未満の七戸の農家（四ツ谷五、六、七、八、九、一〇、一四番）では、男性が「農業が主」のままにとどまるか、「兼業が主」に移行している中で、女性は再び農業へ還流している。また、男性と異なり、女性には、七一年に有業だった人で七六年に「兼業のみ」に移行した人はいない。七六年に「兼業のみ」である人は、七一年に兼業のみであったか、通学などで無業だった人のみである（四ツ谷三、一四、一八、一九、二四番）。七一年に、「農業のみ」は二人とも女性であったが、七六年にも、女性の方が男性よりも農業への傾斜度は高いといえる。なお、経営耕地面積三ha以上の農家の場合、男性は二〇歳代と三〇歳代以上では動きが異なっていたが、女性はそもそも七一年の段階で二〇歳代の人がいないため、この点については検討できない。

図2－6　年齢別兼業先累計（1976年，四ツ谷）

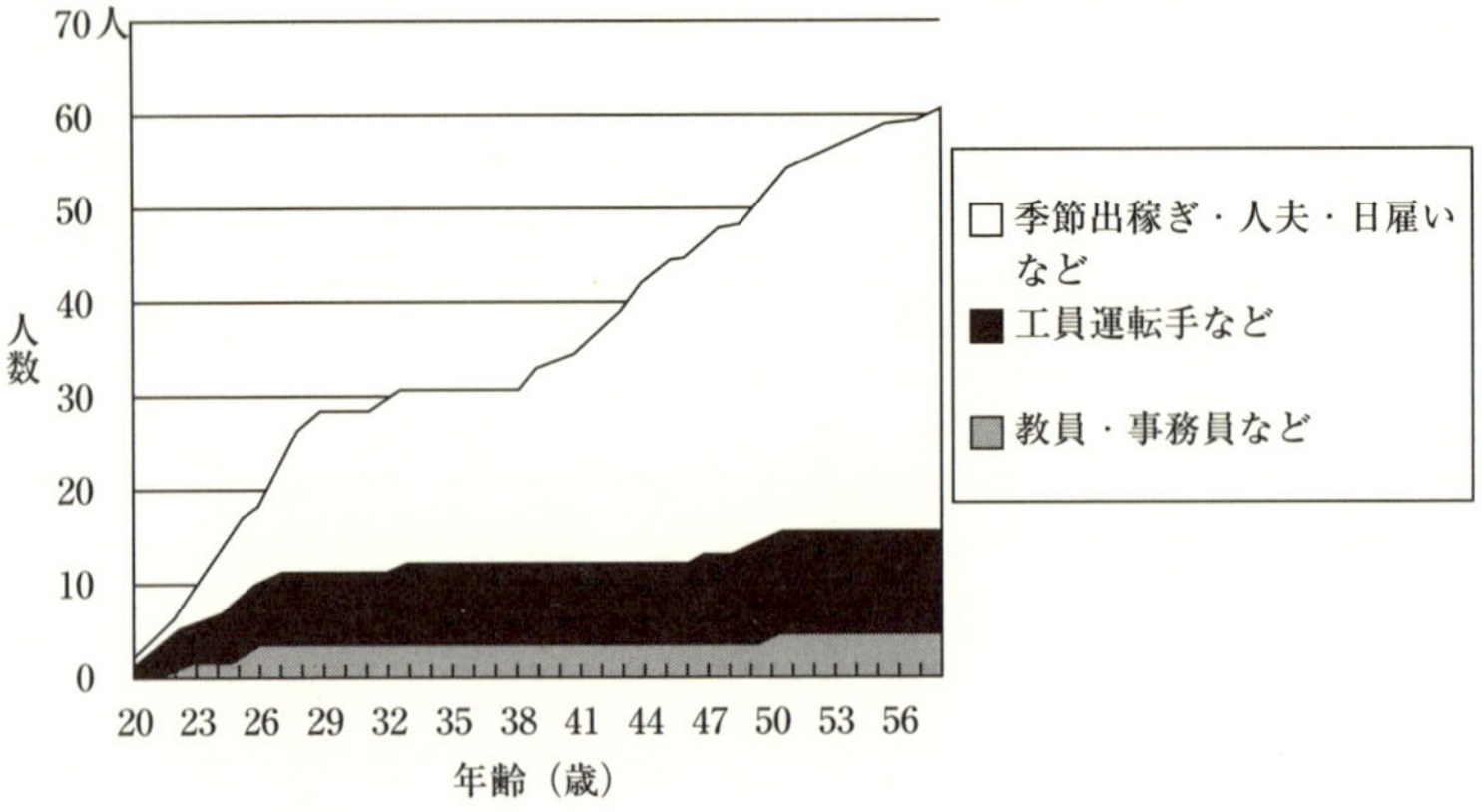

出典：「農業基本調査個票」。

以上をもう一度まとめると、四ツ谷集落においては、七一年から七六年にかけて、①経営耕地面積三ha以上の農家では、女性と三〇歳代以上の男性は農業に還流し、二〇歳代の男性は兼業化の度合いを強めた、②二・五ha以上三ha未満の農家では、女性は農業への傾斜を、男性は兼業への傾斜を強めた、③二・五ha未満の農家では、女性・男性ともに兼業化が進行した、ということになる。

兼業先の種類を年齢別に累計していったのが図2-6である（一〇歳代で就労している人はいないため、二〇歳以上が対象となっている）。明らかな通り、年齢が上にいくにしたがい、日雇い労働が増えている。より詳しくみるならば、二〇～二六歳では、一九人中、「事務員・教員など」が四人、「工員・運転手など」が六人で、恒常的勤務が計一〇人と半数を超える。しかし、二七～二九歳では、一〇人中、恒常的勤務は「工員・運転手など」の一人のみである。この傾向は三〇歳以上でも変わらず、不明の二名を除いた三一名のうち、およそ八割の二六名が日雇い労働となっている。

二〇～二六歳の兼業先を性別にみると、「教員・事務など」の四人はすべて女性（四ツ谷三、一八、一九、二四番農家）であり、これは二〇～二六歳の有業の女性八人の半数に当たる。これら四人のうち三人は、七一年には、農業に従事していない。七二年から七五年にかけての就業状態は不明だが、職種から就農を経ずして他産業に就職したと推測される。有業の二〇～二六歳では、女性の農業に従事していない人の割合（四人／八人＝五割）は、男性のそれ（二人／一〇人＝二割）よりも高い。おそらく子世代の女性のほとんどが将来他出するだろうと見込まれていたことが、この数字に影響しているのであろう。七一年は、集落の有業の世帯員のほぼ全員が日雇い労働に従事し、しかも就業状態は「農業が主」であった。しかし、七六年には、経営耕地面積規模・性別・年齢によって就業状態は規定されるようになり、就業における両極分化傾向がみられるが、全体としては「農業のみ」「農業主」の世帯員の激減にみられるように、兼業が深化したのである。

5　おわりに

以上、単一経営化と兼業化の推移をそれぞれ一つの集落についてみた。単一経営化については、次の一点を強調したい。すなわち、七一年から七六年にかけての単一化の急激な展開である。それ以前にも単一化の動きはあったが、同時に六〇年代は複合化の動きも存在していた。しかし、七一年から七六年にかけては、複合化の動きはほとんどなく、対して単一化する経営は、それ以前よりも飛躍的に増加した。

兼業化については、関連して強調したいことが二点ある。一つは、農業従事者の年齢が上方にシフトしたことである。六〇年には無業かそれに準ずる状態であった六〇歳代の人が、その後は必ずしも無業というわけではなく、農業に従事し、時には兼業にも従事する例もみられるようになった。リタイア年齢が上がったのである。平均寿命が伸びたこともそれに関係しよう。また、同時に就労開始年齢もより後になる傾向がみられる。六〇年には一〇歳代で農業に従事する人もいたが（中には中学卒業後すぐに就農する例もあった）、七六年にはそのような例は皆無である。農業従事者の年齢のシフトは、言わば、農業従事の入口と出口両方の年齢が上がったことに起因する。

いま一つは、七一年から七六年に、兼業化から再び一部の人が農業に還流する中で、農業の特に女性への吸引力が男性へのそれよりも強かったという点である。ただし、便宜上「吸引」といったが、実際にそれが農業の吸引力によるものなのか、それとも農外労働市場の「排出力」が女性により強く働いた結果なのかは、さらに検討する必要がある。

2にみたように、東村十余島地区の一〇集落は、それぞれが特色をもち個性的に展開している。しかし、十余島地区全体でみるならば、単一経営化・兼業化が確実に進行し、また、これら二つの動きは不可分なものである。3の(2)で指摘したように、農業従事者数および農業就業者数は、経営部門数と正の相関関係にある。これは、言い換えれば、部門数が多い方がより多くの労働力を要求するということである。稲以外の作目が切り捨てられていくのは、兼業化が進行し労働力が農外へ流出する中では必然であったともいえよう。

（1）なお東村では、自宅から毎日通っての就業も「出稼ぎ」と呼ぶことがあり、ここでの「出稼ぎ」は、長期的に家を離れての就業とは別の可能性もある。第3章第1節の注（8）も参照のこと。

第5節　小　括

本節では、十余島地区農業についての本章各節の分析をまとめ、あわせて若干の補足的考察を加えて、高度成長期における調査地域の農業構造、農家経済、農家世帯員の就業状況の変化の相互関連を整理することを課題とする。

まず第4節の内容を要約する意味で表2-50によってこの時期の十余島地区の農家構成の推移を確認しておくと、経営耕地規模別の農家数では、一九七〇年までは二・五町歩以上農家が顕著に増加している一方、それ以下の階層は

表2-50　農家数内訳（十余島地区）

			1960年	1965年	1970年	1975年
農家数			521	506	478	474
経営耕地規模別農家数		例外規定				1
		～0.3ha	16	14	3	10
		0.3～	21	17	13	10
		0.5～	29	28	21	16
		0.7～	43	31	26	27
		1～	81	68	45	42
		1.5～	107	109	93	95
		2～	126	114	92	94
		2.5～	73	81	92	88
		3～	25	44	89	84
		5～			4	7
専兼農家数と兼業者内訳	専業		402	210	73	31
	第一種兼業	計	84	254	324	288
		世帯主・跡継ぎ兼業			74	101
		世帯主兼業			154	135
		跡継ぎ兼業			73	43
		他世帯員兼業			23	9
	第二種兼業	計	35	42	81	155
		世帯主・跡継ぎ兼業			22	57
		世帯主兼業			53	84
		跡継ぎ兼業			5	12
		他世帯員兼業			1	2
兼業形態別農家数	第一種兼業	雇用兼業計	52	233	256	243
		恒常的勤務	30＋4	37＋29	29＋48	66
		出稼ぎ		20	4	
		日雇・臨時雇	18	147	175	177
		自営兼業	32	21	68	45
	第二種兼業	雇用兼業計	8	33	58	123
		恒常的勤務	5＋1	9＋9	12＋15	62
		出稼ぎ		2	1	
		日雇・臨時雇	2	13	30	61
		自営兼業	27	9	23	32

注：「恒常的勤務」は「職員＋労務者」を示す（1960，65，70年について）。
出典：『農業センサス』。

すべて減少していたが、七〇年以降は五町歩以上層がわずかに増加を続けているのに対して、それ未満の階層は減少に転じており、分解基軸が上昇し、その規模に到達できた農家はごく例外的存在になってしまったことが示されている。また専業農家は各段階で顕著に低下を続け、世帯主が兼業労働に従事しているのは七〇年には四七八戸中三〇三戸（六三％）、七五年には四七四戸中三七七戸（八一％）に及んでいる。兼業の内容として「日雇・臨時雇」を主とする農家は、七〇年には二〇五戸（全体の四三％）、七五年には二三八戸（全体の五〇％）であった。就業状況から見る限り、大規模経営の集積地としての特徴は読み取りにくくなっている。一九六〇年代における積極的な農業展開にもかかわらず、七〇年時点ではすでに相当の兼業化が見られ、七〇年以降には兼業化のいっそうの進展と前進的大規模経営の例外化が進んだといえる。一九六〇年代における農業経営の積極的展開とは対照的な状況が七〇年前後から短期間に進展したのである。

一九六〇年代における農業経営の積極的展開は、土地改良と農業の機械化・化学化にもとづいていた。まず土地改良については、十余島地区では、一九五〇年代後半から利根川の上流から下流へと順を追って耕地整理が施行され、地区全体の土地改良が終了した一九六四年において、上流地域も含めて水位の調整、乾田化が可能となった。

農業の機械化・化学化は土地改良ののちにようやく本格的になりえたが、その理由は農業機械の利用のためには、農地の形状の規格化、農道の整備、水位の調節、地盤の強度の確保が必要であったし、効率的に化学肥料を利用するためには用水管理が不可欠であったからである。収穫した稲穂を農家の庭に運搬してから行う脱穀・調整作業は、土地改良以前から一部は機械化されていたが、田における耕起・砕土・代掻を担う耕耘機は一九五五年以降、土地改良に前後しながら普及していった。同時にその大型機種である乗用トラクターの共同利用が十余島地区全域で六四年度から構造改善事業として開始された。この事業は、地区内農家の六割、田の八割以上を対象として実施され、田植前の四～五月の作業だけではあったが、農作業のあり方を大きく変化させた。

この機械化を促した主たる事情は、農繁期においてほとんどの農家が雇用していた農業労働者が次第に得にくくなり、その賃金が上昇したという事実であった。この事情は一九六〇年前後にはすでに明確に自覚されていた。雇用農業労働力不足対策の一つとして、共同田植が調査地域内の一部で開始された。この共同作業は、大型トラクターの共同利用にともなう農家間の協力をきっかけとして開始されたが、「ゆい」方式が新たに採用された背景には、水利条件の改善によって田植期間を延ばし、農家間の共同労働によって田植をやりきることが技術的に可能になったという事情もあった。乗用トラクターの政策的導入と耕耘機・小型トラクターの各農家での購入は同時併行的に進行し、各農家はほぼ一九六〇年代半ばまでには小型トラクターを所有していた。

農業機械の導入はその後、刈取機に移行した。すでに機械化実験集落事業の対象農業者群において県費補助によって動力刈取機の導入がなされているなど、一部には六五年以前にもその試みが見られたが、各農家がその購入を始めるのは六七年以降であった。当初は一部にバインダーの購入もなされたが、ほぼ同時に普及を開始した自脱型コンバインが刈取・脱穀工程の一貫性による高い能率によって選好され、七〇年代初頭にはほぼ普及を終えている。

コンバインの利用に際しても、個別農家でのその購入と共同利用方式での政策的導入とが併行して進んでいる。構造改善事業で作られたトラクター利用組合のいくつかが県費補助等をうけて共同利用の目的でコンバインを導入しているが、一九七〇年前後においては、六五年前後とは異なって、農繁期の作業をオペレーターに任せれば、その利用料金を十分に償えるだけの兼業機会が存在していたこともあって、作業委託農家・受託農家の分化が進展する動きも見られた。しかし米過剰による転作の開始と米価の抑制は、そうした変化を大きく制約することになった。

残された最大の労働工程であった田植については、一九七〇年には田植機の個人所有が一〇戸、利用農家数が二五戸にすぎなかったが、七五年には個人所有農家が二六五戸（総農家数の五六％）に増加している。こうして一連の農作業が一貫して機械化できる段階にほぼ七五年前後に到達した。

さて、農業基本法路線を受けて、県および村が意図した農業の進むべき方向は、米作規模の大きな農家は米専作を維持し、それ以下の階層については、機械化で生じた労働力の余裕を複合経営の方向に向けて追加的な所得を確保することであった。

複合経営のための推奨品目は、六〇年代半ばまでは村内の開拓入植地に成功事例があった酪農とされていたが、それが順調に進展しなかったために、過渡的な道として養豚が重視され、さらに六〇年代末からは施設園芸が奨励されるようになった。

また六五年前後には一・五町歩ないし二町歩あれば米作だけで自立経営に成りうると想定されていたが、七〇年時点ではその規模が上昇して四町歩以上と考えられるようになり、したがって農地の集積の必要性が意識されるようになった。しかしながら、稲作農家の規模拡大も、酪農等の複合化の方向もほとんど進展せず、むしろ米単作の方向に作目が単純化されていった（第4節参照）。

米作規模の拡大については、トラクター利用組合が生産組織へ展開した場合には受委託関係を通じて一定の集中も進展したが、総じてそれらは一時的・部分的にとどまり、農業構造の改変につながるものではなかった。農地の所有権移動についても、量的には一定の規模で継続したとはいえ、残存小作地の自作化の割合が多く、耕作規模を変動させる移動は微弱であった（第2節参照）。

その根拠としては、平均的な農地規模が大きな当地においては――表2-50に見られるように一九六〇年には総農家五二一戸のうち耕作規模一・五町歩以上の農家が三三一戸（六三・五％）、二町歩以上の農家だけでも二二四戸（四三・〇％）を占めていた――、農家の大半が飯米農家化せず、なお相当の農業所得を上げていたこと、兼業に比重をかけながらも米作をこなすことが可能な技術段階となっていたこと、経営委託ないし農地貸付けを選択することなく、部分的な作業委託で補完すれば稲作農業を持続することができたこと等の条件が指摘できる。

表2-51　橋向農業者群の農業経営収支（1967年）

（単位：千円，％）

	農業粗収入		農業経営費(c)	農業所得(d)	農家所得(e)	家計費(f)	(d)／(a)	(d)／(e)	(f)／(e)
	計(a)	うち水稲(b)							
1	2,844	2,730	796	2,048	2,098	1,400	72.0	97.6	66.7
2	1,812	1,699	337	1,475	1,475	750	81.4	100.0	50.8
3	2,699	2,039	866	1,834	2,084	1,500	68.0	88.0	72.0
6	2,335	1,953	641	1,694	1,694	960	72.5	100.0	56.7
7	2,619	2,249	760	1,860	1,880	900	71.0	98.9	47.9
10	2,147	1,934	612	1,534	1,534	1,000	71.4	100.0	65.2
12	1,624	1,350	528	1,096	1,096	＊	67.5	100.0	＊

注：＊部分は資料を欠く。
出典：茨城県『農業機械化実験集落調査報告書（昭和42年）』77頁。

また複合経営化が困難であった理由は、米作規模を縮小して牧草栽培をすることは六〇年代においては、米価と乳価の関係からして全く不利であり、したがって飼料購入型の酪農を余儀なくされるという条件の下では、酪農実施にともなう兼業所得の喪失分を酪農所得で償うことが困難であったという事情である。また畜舎の建設、家畜の購入、園芸施設の設置等による初期投資の大きさと、施設園芸等を小規模で開始する際の市場進出の不利性等も複合経営化を阻んだ事情であった。

他方、酪農の先発地帯である開拓入植地においては、酪農・畜産を一貫して拡大させていった。先発酪農地帯として、利根川河川敷を牧草用に利用できたことも新たに酪農を開始しようとする農家と比較して有利な事情であり、稲作を副次的にして飼料確保を重視しつつ酪農の比重を高める方向に進んでいった。

こうしてどちらの側からも複合経営化の方向は進行せず、それぞれが専作化へと単純化されることになったのである。

こうした農民階層の動向を規定した農家経営について見ると、六〇年代の中堅以上農家の農業所得はかなり高く、安定したものであったことがわかる。表2-51は、一九六七年における橋向農業者群の構成員農家（二一～三町歩台）の収支を示しているが、農業粗収入は二五〇万円前後、農業所得は一七〇万円前後である。農家所得の大半は農業所得であるが、農家所得に対する

表2-52　稲作農家の農業所得

（単位：千円，円／60kg）

年度	農業所得推定				勤労者年間実収入						政府買入米価
	1～1.5ha農家		2～3ha農家								
	10a	1.25ha農家	10a	2.5ha農家	平均	第一分位	第二分位	第三分位	第四分位	第五分位	
1955	23	293	25	614	351	138	237	312	407	659	3,902
1956	25	313	25	635	371	149	253	329	426	699	3,788
1957	25	311	24	612	393	154	264	345	449	753	3,898
1958	24	296	26	638	417	161	281	369	481	793	3,880
1959	25	313	26	660	443	175	300	396	511	836	3,886
1960	26	329	26	659	492	194	333	431	560	942	3,902
1961	26	330	26	661	544	210	362	476	622	1,047	4,129
1962	30	380	30	747	612	246	423	548	704	1,139	4,562
1963	32	396	31	782	643	328	482	597	732	1,066	5,030
1964	36	444	37	927	714	388	537	659	798	1,172	5,772
1965	42	525	42	1,048	779	432	602	715	887	1,250	6,228
1966	45	559	45	1,122	854	474	641	784	970	1,384	6,936
1967	57	711	58	1,445	954	516	723	880	1,090	1,562	7,592
1968	58	728	59	1,469	1,053	605	806	984	1,185	1,687	8,088
1969	52	644	53	1,316	1,172	690	923	1,103	1,304	1,804	8,090
1970	55	685	57	1,432	1,359	789	1,074	1,281	1,530	2,066	8,152
1971	44	550	47	1,170	1,490	876	1,170	1,409	1,685	2,277	8,482
1972	50	620	54	1,352	1,661	969	1,303	1,564	1,869	2,538	8,880
1973	62	773	68	1,691	1,998	1,190	1,570	1,872	2,291	3,067	10,218
1974	84	1,049	88	2,209	2,470	1,408	1,931	2,321	2,829	3,858	13,491
1975	106	1,322	111	2,786	2,834	1,628	2,201	2,662	3,229	4,450	15,440

注：(1)　農業所得は東北地方について。
(2)「農業所得」は米による収入のみについて，10a当たりの「粗収益－第一次生産費＋自家労賃」で農業所得を算出し，それをそれぞれ12.5倍，25倍した。
出典：農林省統計情報部『米及び麦類の生産費』，総理府統計局『家計調査年報』，加用信文監修『日本農業基礎統計』。

家計費の割合は五～七割であり、農業所得が家計費を賄ってなお、相当の余裕を示しているといえる。この所得水準は、表2-52に示した東北地方の二・五町歩規模の稲作農家の農業所得とほぼ見合うものであり、都市勤労者世帯の中位階層の所得をかなり上回る水準であったといえる。その背景には、同表に付記した政府買入米価の六一～六七年前後における順調な上昇があった。

しかしながら、一九六九年以降、米余り状況の下で米価が抑制され、七〇年から転作が開始されると、農業所得の相対的位置は急速に低下する。表2-52によると、二・五ha農家の農業所得は六九年までは勤労者の第四分位の年所得よりも高かったが、七一年には第二分位の所得水準にまで急落してしまった。こうして転作政策開始以降は、稲作大規模層の経済的位置は激しく落ち込むことを余儀なくされたのである。また、一・二五ha規模農家の場合には、一九五九年までは勤労者の第二分位を凌駕していたが、六〇～六八年には第二分位と第一分位の間に位置するようになる、六九年以降は第一分位以下に落ちてしまい、農業所得では生活できない状況になっているのである。

一九六〇年代における手余り状況の拡大は、冬季作業の消滅、耕地整理の一般的効果、農業の機械化・化学化の成果という三つのルートを通じて実現したが、農業所得の相対的好調さの下では、農業に従事していた世帯員の兼業への進出度は明確に階層差を示していた。すなわち少数の零細規模農家（一町歩未満農家は一九六〇年において全体の二一％）は早くから京浜地域等へ冬季の住込み出稼ぎに行っており、労働市場の拡大にともなって次第にその就業先を多様化させ、周年化させていったのに対して、耕作規模の大きな農家は賃労働への進出は限られていた。このため、この時期の東村は専業農家の集積地として知られていた。

とはいえ、そうした手余り状況は、学卒後の跡継ぎ層の労働力を直ちに自家農業で吸収する必要性を薄れさせたから、跡継ぎの農業従事率に関しては、その耕作規模階層別格差は農業従事者の賃労働兼業の階層差ほど大きなものではなかった。長男も農業を継がないといった事態は六〇年代半ばにはかなりの規模の農家でも現出していたのである。状況は、米価格の抑制にともなって大きく変化する。それまで労働の余裕を実感していた農業従事者が、上昇する家計費に追われながら、順次兼業労働に従事せざるをえない過程が進行した。この段階では、農家世帯員の賃労働従事の実態は、性別・世代・年齢階層の相違によって異なった様相を描きつつ、全体として地方労働市場の枢要部分を占めることになった。鹿島開発、成田空港、筑波学園都市等の大型プロジェクトを支えた単純労働力は、この地域の農家世帯員から供給されたのである（第3節参照）。

すでに農業に従事していた人々がどの年齢階層で、どの産業に移動していったのかを知るために、表2-53に示し

者数（年齢階層別）

商業			運輸通信業			サービス業等			公務		
1965年	1970年	1975年	1965年	1970年	1975年	1965年	1970年	1975年	1965年	1970年	1975年
217	271	364	79	133	207	205	248	312	58	73	90
12	18	15	3	8	9	10	11	10	2	2	10
19	32	65	11	28	28	15	23	30	8	15	17
22	23	59	18	18	52	23	22	43	4	9	20
37	33	36	14	20	31	32	20	27	5	4	9
26	38	30	12	24	28	22	35	27	10	8	5
12	31	40	8	21	29	29	32	49	2	11	3
20	14	44	4	7	16	15	24	28	3	4	11
24	21	12	4	3	11	25	20	26	11	4	3
21	28	19	4	3	1	17	33	27	6	10	7
14	18	18	1	1	0	7	16	34	6	4	3
10	15	26	0	0	2	10	12	11	1	2	2
179	244	276	15	16	10	167	233	301	10	18	26
9	22	19	4	1	1	18	15	18	2	0	1
19	36	59	6	9	3	25	65	57	4	7	10
18	12	38	1	3	2	28	16	55	0	5	4
26	22	13	1	1	1	19	32	21	1	0	4
24	32	31	0	0	1	14	27	32	0	2	1
28	29	36	1	0	1	19	17	36	0	0	2
18	36	26	1	2	0	18	28	24	1	0	1
11	22	23	0	0	1	11	11	30	2	1	0
16	13	13	1	0	0	5	9	19	0	2	1
2	13	8	0	0	0	6	8	8	0	1	2
8	7	10	0	0	0	4	5	1	0	0	0

た産業別就業者数を見よう。同表をコーホートの流れにそって読むと、男子については、若年層は相対的な意味で各種の産業に転じていると見られるが、全体として建設業と製造業に集中していること、女子については製造業を中心として、サービス業、商業にも移動していることがわかる。

この過程はマクロ的に見れば、国民的労働力の巨大な量を遊休状態・低位稼働状態から引き出して生産力化する経済合理的プロセスであったが、兼業化する農民の側にとっては、年功制的雇用機会からははじめから除外され、労働市場の二重構造の下層部分で単純労働力として雇用される立場を、他の選択枝なしに選ばされるプロセスであった。

自営業経営者にとってのそうした厳しい事態の下では、年功制的・安定的雇用を確保する可能性のある子弟が、後継者化を求めら

表2-53　東村産業別就業

	年齢	総数			農業			建設業			製造業		
		1965年	1970年	1975年	1965年	1970年	1975年	1965年	1970年	1975年	1965年	1970年	1975年
男	計	3,575	3,587	3,652	2,753	2,280	1,725	122	265	416	111	288	484
	15～	255	180	127	198	77	38	7	33	10	20	29	29
	20～	270	481	414	192	289	116	11	38	63	10	54	83
	25～	371	295	526	273	159	202	15	22	52	13	40	91
	30～	518	350	305	390	202	105	24	40	40	13	28	54
	35～	582	519	369	471	324	182	17	42	46	22	46	50
	40～	401	556	506	339	393	251	7	27	64	3	35	64
	45～	300	383	538	237	291	314	7	21	57	11	18	59
	50～	327	285	351	234	205	232	18	14	37	7	15	27
	55～	228	279	232	166	171	140	7	18	24	4	13	11
	60～	191	159	181	151	105	95	3	8	16	6	5	12
	65～	132	100	93	102	64	50	6	2	7	2	5	4
女	計	3,186	3,124	2,543	2,715	2,279	1,359	11	27	42	72	292	484
	15～	181	122	85	124	43	10	3	0	0	18	36	25
	20～	254	397	288	181	207	67	1	3	5	14	68	74
	25～	365	208	339	307	142	147	0	2	3	9	27	83
	30～	487	352	194	430	250	94	5	10	6	4	36	54
	35～	526	501	331	481	395	178	1	4	8	6	38	77
	40～	461	502	448	404	419	275	1	2	11	7	35	84
	45～	316	434	398	272	339	292	0	3	4	6	24	50
	50～	242	269	252	212	219	173	0	1	3	5	14	21
	55～	166	176	120	142	145	79	0	2	0	1	5	8
	60～	114	96	60	105	71	32	0	0	2	1	3	5
	65～	74	67	28	57	49	12	0	0	0	1	6	3

出典：『国勢調査報告』。

れることなく、可能な限り教育投資を与えられて年功制的就業の場に送り出されていく方向をたどることもまた、自然な選択であったといえよう。加えて、六〇年代後半以降に進展したモータリゼーションの下で、新規学卒者にとっては年功制的賃金体系の下にある職場への通勤の可能性が大きく開けたことが、将来の後継者化については判断を保留にしたままで、差し当たり条件の良い通勤雇用者となることを選好させた基礎的条件であった。

第3章　三町歩農家・村松家の経営

第1節　農家経済の推移

1　史料の性格

本節では東村六角集落の三町歩農家、村松家の分析により、五〇年代後半から七〇年代初頭にかけての小農経営の経済分析を行う。村松家の経営主である節夫は村内有数の篤農家として著名であり、五〇年代から六〇年代にかけては村内の農事研究会の中心的人物の一人であった。同家の位置する六角集落は、機械化実験集落に指定された押砂集落や橋向集落に比べ、トラクター利用組合等の結成には、あまり積極的でなく(1)、小農経営の存在形態に大きな変化は見られなかった集落である。しかし節夫はその小農経営の枠内で、水稲の新品種導入や施肥法の改良に努め、また養鶏を早くから導入するなど、独自の方法による経営拡大に努めていた。農事研究の内容、労働編成の変化等については次節以降に譲ることとし、本節ではその結果である農業収入と家計支出の構成と動向について分析を加えたい。

まず史料の性格について確認する。村松家の世帯主である節夫の記した農家日記は、一九五二年から一九七四年まで各年で存在し、各年ともその末尾部分には、現金出納帳形式の家計簿が記載されている。年度によって多少の書式の違いがあるが、これをもとに、当時の村松家の経営の復元を試みる。ただしこの史料にはいくつかの限界がある。まず「村松家」といっても、これが世帯主節夫の日記である性格上、節夫の管轄する現金収支部分のみが記載されているということである。したがって、親夫婦や息子世代の個人的所得は算入されていない。特に六〇年代の農外兼業を支えた長男夫妻の兼業収入は、この帳簿から確認することができない。次に現金出納帳の形式の性格上、農協を通じた預貯金、所得振込みの状況、さらに農協を通じた購買による家計支出等が把握できない。特に村松家の基幹収入である米の政府売渡収入が正確には把握できないのは所得データとして扱う上で十分注意する必要がある。しかしこの点は記述部分等から推計を行い、可能な限り復元する。また農家所得についても農協を通じて購入した費用が確定できないので、所得上昇は売上高からでしか見ることができない。しかし現金出納帳による分析には、一方で農協を経由しない収入、特に米の政府売渡部分以外の動向を確認できるメリットも存在する。

2　家族史

まず村松家の概況について、概観しよう。世帯主節夫は一九一八年生まれ。本稿の史料である日記が記されている一九五二年から一九七四年の期間は、節夫の三四歳から五六歳に相当する。父親は六二年に死去、母親は史料終期まで存命している。妻の温子は史料終期まで基幹労働力の一人として貢献している。兄弟は弟三名、妹一名が確認できるが、史料の始期である五二年の段階で家にとどまっている者は、末弟と、妹だけである。子供は三男二女、長男以外は最終的に結婚か就職により、家外に出ることになる。この長男は六八年に結婚し一男を得たが、七一年から病気によって、療養生活に入る。長男の妻は長男の入院・死亡後、温子氏に代わる基幹労働力として現在まで家の労働を支えている。

図3-1は村松家の家族構成について年表化したものである。以下ではこれにもとづいて、時期別の家族と労働力の構成について概観し、大まかな時期区分を試みよう。

図3-1　村松家家族史年表

年次	家族構成 世帯主 節夫	妻	父	母	弟	妹	長女	長男	長男妻	次男	三男	次女	孫	
1952年														
1953年							小学校	小学校		小学校				
1954年	36	34	59	57	20	15	12	11		9	7	4		曲川問題で会計委員
1955年					千葉の	服飾					小学校			消防団長～56
1956年					自動車	専門学校	中学校							
1957年					修理工場			中学校						
1958年					に就職									
1959年						結婚	高校	高校		中学校		小学校		団長就任
1960年	43	41	65	63			18	17		15	13	10		農協監事に選出
1961年											中学校			六角地区耕地整理～62
1962年			脳溢血で		結婚		臨時教員			高校				
1963年			死去				歯科勤務				東京商店			
1964年											横浜	中学校		
1965年	46	44		67			結婚	21		法政大学	東洋化工	14		
1966年											に再就職			
1967年												高校		農業委員就任
1968年								結婚	嫁入り	東京で				
1969年										就職		就職		自主流通米懇談会
1970年							女子出産		男子出産	の模様			誕生	減反協議会
1971年	53	51		74				入院 28	24			20	*	
1972年	54	52		75				29	25	婚約		22	*	
1973年														
1974年														
1975年												結婚		
1976年	57	55		78				32	28				*	
1977年														

(1)　五〇年代

節夫三〇代の時期である。父母が労働力として健在であり、節夫夫婦と弟一名と妹も農業に従事している。村松家の家族構成は傍系を含め一一名と大家族であり、全員が学業中であった子供世代の養育・教育費関係の負担も大きかったものと思われる。節夫自身は消防団長を務める等、村内青年の指導的位置にあるが、この時期は自身が村の農事研究会に積極的に携わり、村内篤農家としての声望を獲得してゆく時期でもある。農事研究については後節で詳述されるが、基本的には早生作への特化による水害回避と、増収品種の研究による、増産政策のラインに乗った経営向上をはかっており、村内農事研究会での研究成果を村内誌に発表し[2]、また優良品種を求めて北陸地方の農業試験場にまで自ら足を伸ばすなど、篤農技術による生産向上に熱心な時期であった。

(2)　六〇年代前半

六〇年代において村松家は、構成員が急速に減少しており、そこに高度成長期における全国的人口移動と農家家族構成の変動の一端を、かいま見ることができる。六二年に父親が死去することにより、節夫夫婦が文字どおり経営の担い手となる。それまで労働を支えてきた弟は五四年に千葉県の自動車修理工場に就職、妹も服飾専門学校を経て、六二年に結婚し、それぞれ家を離れた。一方で息子世代が続々と家を離れて行く。長女は臨時教員、歯科医勤務等を経た後、六五年に結婚し、家を離れる。次男は都内の大学に進学し、三男は中学卒業後、同じく都内に就職する。長男は後継者として家に残るが、六二年の土地改良期に工事作業の賃労働に出たことをきっかけに、農閑期には東京に出稼ぎに行くことが恒常化する。五〇年代においては傍系を含めた大家族であった村松家は、六〇年代に急速に小家族化してゆくのである。

一方節夫自身は、五九年に区長に就任、六〇年に農協監事に選出されるなど、その社会的責任が重くなってゆく。

(3)　六〇年代後半

六八年に長男が結婚し、節夫夫婦と長男夫婦の四人が基幹労働力となる。米作のほかに、長男夫婦は農閑期に出稼ぎに出、節夫自身は養鶏に力を入れ、基本法農政に対応した、複合経営への独自の模索が見られた時期でもある。村松家の経営にとって、農家経営的にはこの時期が最も充実した時期であった。

(4)　七〇年代

七〇年に長男夫婦に一男、節夫にとっての初孫が誕生するが、七一年に長男が突如入院、以後長期にわたる転院治療を余儀なくされる。その結果節夫は米作に再び労力を投入する必要に迫られたのか、養鶏を縮小し、米作への労働投入を増加させる。

3　生産物構成・所得構成の動向

村松家は東村における、他の多くの農家と同様に、水稲中心の経営姿勢を崩さなかった農家であり、水稲プラスαによる経営向上をはかった農家であった。しかしその中でも六〇年代には長男世代の出稼ぎ労働と、節夫の養鶏の拡大によって、独自の基本法農政への対応を見せる。ここでは米の販売選別と養鶏経営の動向を中心に、同家の農業収入の構造と推移を検討する。

1　水稲作経営の動向

(1)　耕地面積と米収量

表3-1は村松家の水稲生産の状況を示している。五〇年代半ばにおいて、すでに約二町八反の耕作面積を確保している同家は、経営面積については七〇年代に至るまで大きな変動を見せていない。同家の経営拡大が、水稲耕作面積の拡大によってはかられたのではないことは明瞭である。収量と反収を見ると、五〇年代中盤から六〇年代初頭にかけて、収量が確実に増加していることが確認される。五〇年代から六〇年代初頭にかけての同家の反収は、全国水準でもかなり高い部類に入り、この時期が村松家の篤農家としての技術が最も効果的に実りをあげた時期であったといえるだろう。

六二年の減収は六角集落の区画整理のため田植えが遅れたためであり、区画整理と土地改良後の六〇年代半ばの収量は停滞とも呼べるような動向を示している。聞き取りによると、従来の湿田が土地改良の後、すぐに乾田化したわけではなかったとのコメントもあり、数年間は土地改良の効果が現われにくい時期であったと見ることはできる。[3]しかし六〇年代後半以降においても同家の収量増加は決して芳しいものとはいえず、七〇年代には全国平均と比べてむしろ低い水準の反収となっている。ここでは五〇年代、全国的にも高い水準の反収を維持していた同家が土地改良事業を経て、基本法農政の中で、水稲作については、他の一般農家との収量の格差を埋められてゆき、篤農家としての経営上の優位性を徐々に失っていったという事実だけを確認しておきたい。同家の所得向上の要因は別に確定しなければならないのである。

(2)　収穫米の販売選別

次に村松家の収穫米の販売形態について検討しよう。米穀流通の統制法規である食糧管理法は、一九四二年に制定されて以来、当該期に一貫して機能していたが、生産米の具体的な出荷方法に関しては、戦後変転を重ねることになった。政府から出荷（供出）量を指示される、割当供出制度は一九五五年に廃止され、政府出荷米の数量を自ら申告する、予約売渡制度へと転換した(4)。予約売渡制導入以後も、しばらくは増産政策基調が残存していたこともあって農業委員会が集落別の予約数量確保に尽力する傾向が見られたが、六〇年代後半の米余り基調の展開にともない、予約数量を政府側が逆に制限する、予約限度制が敷かれることになる。

こうした集荷制度の変転の中で、各農家は政府売渡しと市場ルートへの販売の選択を迫られるこ

表３－１　村松家水稲生産状況

	作付面積(反)	反収(石)	収量(俵)
1954年	28.4	3.15	223.3
1955年	28.4	3.11	221.0
1956年			264.0
1957年			220.0
1958年	28.0	3.59	251.1
1959年	27.9	3.58	250.0
1960年	28.0	3.63	254.0
1961年	28.2	3.56	251.2
1962年			189.0
1963年	28.8	3.39	244.0
1964年	28.8	3.31	238.0
1965年			240.0
1966年	28.9	3.13	226.0
1967年			261.0
1968年	28.9	4.08	295.0
1969年			219.1
1970年	28.9	3.60	260.0
1971年	28.9	3.47	251.0
1972年	28.9	3.27	236.5
1973年	28.9	3.78	273.0
1974年	28.9	3.32	240.0

表3-2　村松家生産米販売選択

（単位：俵）

	収量（俵）(A)	供出量史料確定値（俵）(B)	供出量推計値(C)	販売量（俵）(D)	(D)／(A)（%）
1954年	223.3	88.0	141.6	56.7	25.4%
1955年	221.0	113.0	127.7	68.3	30.9%
1956年	264.0	117.0	169.1	69.9	26.5%
1957年	220.0	116.0	118.8	76.2	34.6%
1958年	251.1		162.9	63.2	25.2%
1959年	250.0	140.0	134.4	90.6	36.2%
1960年	254.0	147.0	172.9	58.6	23.1%
1961年	251.2		171.1	57.6	22.9%
1962年	189.0	137.0	135.2	31.3	16.6%
1963年	244.0		202.4	24.1	9.9%
1964年	238.0		148.9	71.6	30.1%
1965年	240.0	161.0	167.2	55.3	23.0%
1966年	226.0		180.5	30.5	13.5%
1967年	261.0	200.0	241.0	5.0	1.9%
1968年	295.0		258.7	21.3	7.2%
1969年	219.1		184.1	20.0	9.1%
1970年	260.0	220.0	170.0	72.5	27.9%
1971年	251.0		165.0	71.0	28.3%
1972年	236.5		183.0	38.5	16.3%
1973年	273.0		241.5	16.5	6.0%
1974年	240.0		178.0	47.0	19.6%

注：(1)　販売量は当該年中に出荷された量であり，当該年産米とは限らない。
(2)　(B)は村松日記の末尾に記載されている供出量。ただし，1967年，70年の数値は実績ではなく，予約量である。
(3)　(C)値の推計方法は，(C)=(A)−(D)−家族人数×2.5とした。これは家族の自家消費量を年1石（2.5俵）とする仮定に基づいている。米の年間消費量には，年齢・食生活スタイルによる変化が考えられ，また家外親族への米の送付も認められることなどの欠点が考えられるが，トレンドとして史料確定値(B)と大きな乖離は見られない。

とになる。もちろん政府売渡し以外の流通ルートは法認されてはいなかったが、農家にとって、予約数量が集落単位で決定されていた以上、それ以上の生産米は何らかの方法で販売せざるをえず、予約限度制の導入以後は自主流通米の形式で、市場に対応することになったのである。以下村松家の例を見てみよう。

村松日記の中には、しばしば「東京や」「かつぎ屋」等と表記される自由米穀商の存在が記述されており、現金出納帳にも、少なからぬ量の「白米」、「玄米」の販売が記載されている。政府売渡米の代金は農協の預金口座に振り込まれるはずであるから、これらの販売はそれ以外のルート、すなわち先の自由米穀商への販売部分であると考えることができる。村松氏には生産米を政府に売り渡すか、自由販売を行うかの選択の余地が残されていたのである。表3-2により、その動向を検討してみよう。

自由販売米は五〇年代後半は増加傾向をたどっており、販売量全体に占める自由販売の比率も二三〜三六%と、大きなウエイトを保持していた。(5) しかし五九年をピークとしてその後六〇年代に入ると、自由販売量は減少傾向に入り、増加を続ける政府売渡量との間に開きが広がるようになる。その後自由販売は六七年までに、ほぼ皆無に近い状態にまで減少するが、七〇年代に入ると自主流通米との関係からか、再び増加の兆しを見せている。この動向はいかなる要因に規定されたものであったのか。

図3-2　村松家米販売価格（食管外）と政府価格の比較

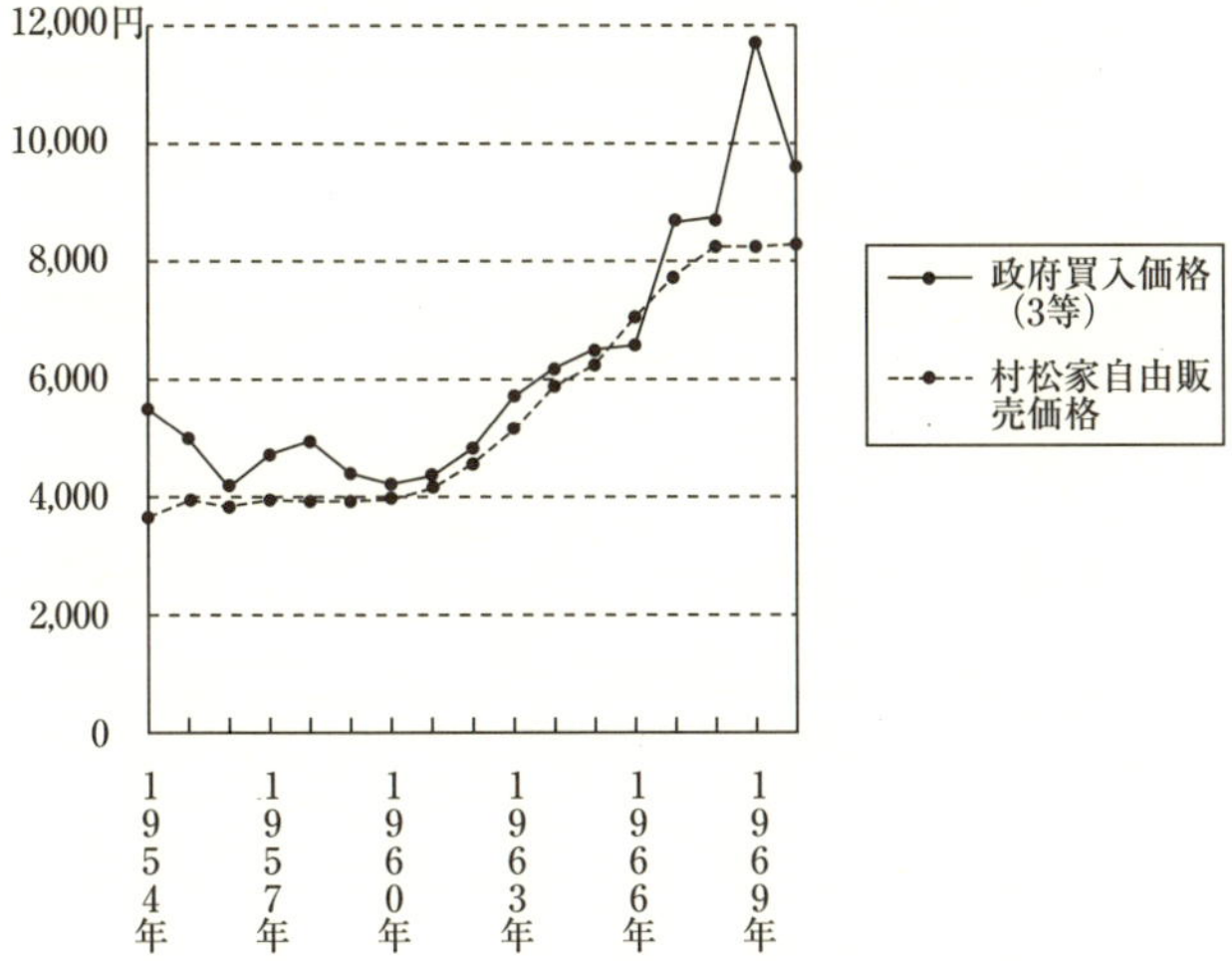

図3-2は自由販売米と政府売渡米の価格の動向であるが、五〇年代には政府売渡米よりも、かなり高い価格で取引が行われていたことがわかる。農政のスローガンも依然「増産」であった時期であり、戦後の食糧不足の余韻の残る時代であったことを反映した価格水準であろう。しかし、その後六〇年代に入ると、自由販売米の価格水準も政府売渡価格とほぼ同額の水準まで低下してきており、村松家にとっても、あえて自由販売を行う動機は低下していったと言うことができるだろう。七〇年代に入ると自主流通米が品種別に食味を反映した価格設定を行うことにより、品種によっては再び政府価格を上回り始めており、自由販売の動機が向上していったものと考えることができよう。

村松家はこうした自由販売市場と政府統制価格の相場に対応しながら、販売米の選択を行ってきたと言える。全体としては五〇年代には自由販売を重視しながら販売し、六〇年代には政

表3-3　村松家政府売渡米検査等級別推移

（単位：俵）

年＼項目	検査等級内訳						総計	備　考
	1等	2等	3等	4等	5等	不明		
1952	0	0	51	25	0	6	82	
1953								
1954	0	18	57	13	0	0	88	翌年供米割当基本91俵，超過21俵
1955	0	14	72	24	0	3	113	
1956	17	59	40	1	0	0	117	
1957	0	18	58	29	11	0	116	
1958								供米予約110俵→支部長供米予約120俵調印
1959						140	140	予約米協議会，反当6.5俵（割当ではなく反収）
1960		15	17	29	9	77	147	
1961								
1962						137	137	
1963								
1964								
1965						161	161	飯米13・5俵
1966								
1967								200俵予約
1968								
1969								
1970								220俵予約

府売渡しへの傾斜により、販売収入の増加をはかってきたと言えるのである。[6]

(3)　政府売渡米の動向

一方政府売渡部分については、村松氏はただ漫然と「供出」するだけの生産者だったのだろうか。否である。村松氏は「日記」において、五〇年代の中盤、政府売渡米の等級別数量を正確に記録している。表3-3はそれを示したものであるが、販売米の等級を日記に記録しておくこと自体、村松氏が政府売渡米の等級間の販売価格格差に、強い関心を示していた証左と言えるであろう。同表によれば、売渡米の等級の向上に成功したとは言えないが、五〇年代の村松氏がこうした政府売渡米の等級格差にも、強い関心を払っていたのは事実である。しかし六〇年代に入ると、日記から等級に関する記述は少なくなってゆく。米販売収入が所得保証方式採用による、公定米価の上昇によって、一定の所得を保証されたこと、経営拡大の関心が米作から養鶏にシフトしていったことなどが原因として考えられよう。

政府売渡価格との関連で、もう一つ重要な点は早期供出奨励金の存在である。食糧管理制度では、収穫米の早期供出について奨励金を交付することによって、早期出荷を促そうとしていた。東村では水害への対策として、伝統的に早生作への関心が高く、節夫の品種研究の主題の一つも早生化に置かれていた。水害回避の副産物として、早期供出奨励金が村松家の米販売収入に貢献していたことは十分に考えられよう。

五〇年代の村松家の経営は、基本的に水稲単作経営であった。しかしこの時期、三〇代の節夫は統制米価の下における、単なる一生産者にとどまらず、自由販売価格と統制価格の格差、統制価格における等級間格差、さらに早期供出奨励金等をも視野に入れて、所得向上に腐心していたということができるのである。しかし六〇年代に入ると、公定米価の順調な上昇と、それにともなう自由販売価格との格差縮小、さらに土地改良による労働負担などの軽減にともない、節夫の関心は水稲作以外にも向けられてゆく。以下では六〇年代の経営における一つの柱となった、養鶏について検討したい。

2　プラスαへの模索──養鶏部門の拡大──

聞き取りによれば、節夫が養鶏に関心を持ち始めたのは五〇年代初頭のころからであるという。表3‐4は村松家における養鶏収入の動向を示したものであるが、確かに五〇年代においても雛の肥育による収入が若干はみられる。しかしのちに主となる卵の販売は確認することができず、この時期の養鶏は、研究段階であり、自給的性格の強いものだったと考えられよう。

村松家で鶏卵の販売を主とする養鶏が本格化するのは、六〇年代に入ってからのことである。六三年以降、現金出納帳には鶏卵販売形式での養鶏収入が毎日のように記入されるようになり、庭先での鶏卵販売が軌道に乗り始めたこ

表3－4　村松家養鶏収入推移

（単位：円）

年＼項目	総　計	雛	鶏　卵	廃　鶏	養　鶏（分類不可）	販　代
1954	5,200	5,200				
1955	6,000	6,000				
1956	12,500	12,500				
1957	11,200	11,200				
1958	13,200	13,200				
1959	6,800	6,800				
1960	1,100	1,100				
1961	12,000	12,000				
1962	0	0				
1963	35,330	12,700			22,630	
1964	43,834	21,000			22,834	
1965	129,106	10,800	55,896	14,410		48,000
1966	382,269	12,200	150,849	25,220		194,000
1967	389,276	12,750	357,936	18,590		
1968	715,985	11,300	672,635	32,050		
1969	0					
1970	0					
1971	0					
1972	6,142				6,142	
1973	0					
1974	0					

とをうかがわせる。その後養鶏部門の売上高は加速度的な増加を実現し、雛の肥育、廃鶏の食肉としての販売も含めると、六八年には年間七〇万円の売上を達成するに至っている。ここに至り、村松家の養鶏部門は水稲作を補助するプラスα部門としての地位を確立したと言えよう。

日記の記述や聞き取りから、養鶏部門の労働はほとんど節夫一人で行っていたことがわかる。養鶏が拡大し始めた六三年は長男の高校卒業の翌年に当たり、その後、水稲作労働は長男と節夫が二人で行うようになり、節夫の労働負担は軽減していったものと思われる。節夫の養鶏部門への本格的進出は、長男の基幹労働力化を契機として、土地改良や機械化等による労力節減効果の追い風を受け、生じた余剰労働力をプラスα部門である養鶏に振り向けることにより、家レベルでの経営拡大を実現させようとしたものと評することができるだろう。

日記の現金出納帳からは六九年以降の養鶏に関する記述を確認することができなくなるが、聞き取りによれば、これ以降農協を通じた出荷になったためであるという。『農家経済調査』や『農業センサス』の個票によれば、七〇年、七一年、七六年にそれぞれ三〇〇羽の養鶏を継続していたことが確認できる。しかし同時にこれは七〇年代に養鶏の経営規模が拡大していないことをも意味する数字である。六〇年代後半に急速に進展した村松家の養鶏部門が七〇年代に入って停滞を見せた原因は、長男の病気療養にあったのではないかと思われる。六〇年代稲作労働の中核であった長男を欠いたことにより、節夫の稲作に要する負担が再び増大したのではないだろうか。疾病という偶発的な要素によるとはいえ、村松家の経営拡大は、七〇年代初頭において、停滞することになった。

3　その他農家副業・農外兼業

(1)　「製縄」、「製筵」、「藁工品」

村松家のその他の収入についてまとめておく。五〇年代から六〇年代中盤までの「日記」の記述部分を見ると、農閑期において、「製縄」、「製筵」、「製俵」等の記述が毎日のように確認される。これらの家内労働は一部は自家消費され（「製俵」についてはすべてが自家消費）たことが考えられるが、販売され、農家の副収入となった。現金出納帳部分では縄と藁の販売についての記述が存在し、縄の販売が六八年まで、藁の販売が七〇年まで確認できる。これらによる所得はピークにおいて年間約六万円に達した。

とはいえ、農閑期のほとんどの時期を費やしたと思われる労働の成果として、表3-5に示される収入額はいかにも少ない。実際こうした家内労働は所得向上を目指す人々にとっては、やがて農外兼業に代替される必然の下にあったであろうし、またビニール製品の縄、袋の普及は、こうした農外副業産物の需要自体を消滅に向かわせる結果となった。村松日記からも「製縄」、「製俵」といった高度成長期以前の伝統的農家副業に関する記述は、六〇年代後半から徐々に姿を消してゆくことになる。

推移

（単位：円）

手当・労賃内容	その他内容
	子牛
	牛売上
江間掘労賃	よし
	袋代
義務人夫・防除手当・区長手当	牛交換・よし
監査手当	牛交換
工事監督手当・工事労賃・防除員手当・監事手当	
道路修理賃金・区長手当・義務人夫	メロン種
農道修理労賃	
共済役員報酬・測量賃金	かや
農協ボーナス・管理委員会報酬	空袋
	袋
	空袋
協組役員報酬	もみがら
	すくも
君枝兼業より	
君枝兼業より	

(2)「種籾」

五五年から六五年にかけて「種籾」の販売を確認することができる。後節でも詳しく述べられるように、村松氏はこの時期水稲の品種選択を熱心に研究しており、村内農事研究会の中心的人物であった。作付記録には富山県から取り寄せたという品種も存在し、実績のある品種の種籾を、村内の人に譲っていた模様である。所得として大きな位置を占めたわけではないが、村内篤農家としての節夫の一面が確認できる記述である。

(3)　農外兼業・労賃

六〇年代以降の村松家において、農外兼業による収入は、家の収入の大きな部分を占めたと「推測」される。「推測」というのは前述のように、節夫の現金出納帳において、長男夫婦による労賃収入は算入されておらず、彼らの可処分所得とされていたからである。[7]

聞き取りによれば、長男の兼業は高校卒業後の六二年の土地改良への労働参加に端を発するという。その後、長男は農閑期になると埼玉県の建設会社に「出稼ぎ」に行き、住み込みで兼業を行い、農繁期になると家に戻ってくるという生活サイクルを定着させる。六

表3-5　村松家雑収入

項目	総　計	縄	藁	種　籾	他農産物	手当・労賃	その他	他農作物内容
1954年	6,560	4,860	1,600					
1955年	50,314	5,000	17,774	1,640	1,900		24,000	大豆・甘藷
1956年	23,285	5,200	8,085				10,000	
1957年	24,220		22,920	1,300				
1958年	6,060			3,600		600	1,860	
1959年	21,970		19,920	1,800			250	
1960年	36,280		16,500	9,200		4,580	6,000	
1961年	58,220	1,460	28,360	1,400		5,000	22,000	
1962年	46,650	8,400	11,500	1,000		25,750		
1963年	47,955	12,450	24,800	1,330	2,925	6,100	350	小麦
1964年	28,850	5,660	20,190	1,000		2,000		
1965年	77,420	31,810	29,710	4,200		7,700	4,000	
1966年	46,605	25,105			4,000	15,000	2,500	小麦
1967年	36,190		35,190				1,000	
1968年	27,800	3,450	22,500				1,850	
1969年	20,400		14,000			5,800	600	
1970年	10,000		10,000					
1971年	4,400				1,000		3,400	蘭
1972年	0							
1973年	25,000			5,000		20,000		
1974年	31,000				1,000	30,000		洋蘭

注：補助金・借入金・交際関係入金・年金等は集計に含めず。

八年に結婚した後は、成田市の塗料工場での日帰りの賃労働に切り替えるようになった(8)。長男の妻も結婚の翌年から麻生町の発砲スチロール工場に働きに出ており、日給一二〇〇円という当時の女子労働としてはかなり高額の賃金所得を獲得していたという。

兼業による所得は前述のように長男夫婦の可処分所得とされた。村松家の所得構造は節夫を中心に妻と長男の農繁期労働による農業部門と、長男夫妻の賃労働による非農業部門とに分断されることになったのである。もちろん長男は農業後継者とみなされていたが、ここに同家の第一種兼業農家への移行の可能性を見出すことができる。すなわち、長男夫婦は結婚しても「村松家」の経営権は以前として節夫の下にあり、自ら参加する水稲作労働に対しては、賃金が支払われた様子がない。機械化や土地改良事業による労力節減効果は前世代の経営からの引退を遅らせる結果となり、次世代夫婦が実質的な可処分所得を拡大するためには、兼業労働に傾斜せざるをえなかったのである。このように、後継者世代が兼業を志向する背景には、親世代が経営を引退するまで、「家」の経営権を握れない、彼らの「世代」的な欲求が、原因の一つとしてあったとみなすべきだろう(9)。

東村における複数の聞き取りから共通して引き出される内容の一つに、六〇年代初頭の土地改良事業にともなう、労賃所得が農外兼業のきっかけになったということがある。節男の長男が農閑期に住み込みで東京に出稼ぎに出るようになったのも、六角集落における区画整理が行われた六二年以降のことであり、時期的にも符合する。第1章で分析したように、土地改良事業は農閑期の現地の労働力を人夫として雇用しており、こうした現象は純農村であった東村においても、零細経営農家の経営主や、中上層の若年労働力に、賃金所得に対する観念を植え付ける役割を果たしたものといえよう。

一方節夫自身は農外兼業を全くと言ってよいほど行っていない。土地改良の時期には工事監督として労賃を受け取っており、農協監事の役職手当等が臨時収入として若干確認されるが、それによって節夫が農外兼業に引き寄せられることはなかったのである。節夫のような村内中上層の経営主は、基本的には水稲所得とプラスα部門の拡大による所得向上を目指すこともあった。兼業化の問題を考えるにあたっては、階層間の違いだけでなく、同一経営内の世代別の違いも要因として重視されなければならないだろう。

4　家計支出の動向

以上村松家の経営の動向について見てきたが、現金出納帳の主要部分である家計支出に関して表3-6をもとに、項目別に見て行こう。飲食費・被服費といった生活必需品の支出は当時の所得上昇と比べると、その上昇は停滞的である。時期別に大きな変動をし、家計支出に大きな影響を与えたのは、教育費、交際費、冠婚葬祭費、そして保険衛生医療費であった。

(1)　飲食費

米のすべて、さらに野菜の一部は自家消費であり、購入が多く見られるのは魚類、豆腐、納豆等の蛋白源である。その他酒類、調味料のほかにパン、牛乳等が確認できる。

(2)　被服費

特に大きな変動は見られない。五〇年代末には洋裁専門学校に通っていた妹の教材費が含まれていた模様である。

(3)　住居費・家具・家財費

住居費は家屋の維持費に費やされている。六七年から六八年にかけて家屋の大規模な改装を行っている。また家具家財に関しては、六四年にミシン、六七年に流し台、ガスレンジ、扇風機、六八年にガスストーブ、ガス炊飯器、六九年に冷蔵庫、七四年に電気コタツの購入等が確認される。

(4)　光熱費

六〇年代初頭まで、同家の熱源は電気と木炭、練炭である。六三年以降プロパンガスが導入され、家具の項で述べたガス関連製品が導入されている。また六七年以降はガソリンや石油の消費も確認される。

額推移

（単位：千円）

1965年	1966年	1967年	1968年	1969年	1970年	1971年	1972年	1973年	1974年
80.9 8%	94.5 13%	116.7 9%	132.9 7%	140.1 11%	265.3 16%	226.9 16%	211.9 8%	223.4 9%	397.4 17%
46.9 4%	49.9 7%	32.4 2%	151.5 8%	138.6 11%	181.8 11%	102.0 7%	41.4 2%	62.1 2%	73.1 3%
3.9 0%	40.7 6%	203.6 15%	182.9 10%	135.2 11%	22.0 1%	0.0 0%	0.0 0%	0.0 0%	0.0 0%
28.2 3%	15.2 2%	53.8 4%	63.3 3%	75.2 6%	32.2 2%	51.8 4%	134.1 5%	41.2 2%	56.4 2%
22.3 2%	25.1 3%	24.0 2%	40.3 2%	26.5 2%	33.2 2%	0.0 0%	78.1 3%	55.0 2%	104.9 5%
30.2 3%	22.8 3%	39.3 3%	39.1 2%	45.2 4%	279.3 17%	74.8 5%	1,079.3 43%	851.8 34%	534.3 23%
228.9 21%	292.1 40%	315.7 24%	149.1 8%	27.5 2%	25.9 2%	297.2 20%	7.0 0%	2.0 0%	4.2 0%
53.2 5%	24.9 3%	12.2 1%	44.4 2%	51.6 4%	192.4 12%	23.2 2%	18.5 1%	43.3 2%	18.7 1%
131.1 12%	119.6 16%	187.3 14%	159.8 9%	180.0 14%	295.4 18%	221.2 15%	358.8 14%	801.1 32%	366.4 16%
367.2 34%	1.3 0%	189.8 14%	530.1 28%	86.6 7%	10.0 1%	0.0 0%	0.0 0%	44.2 2%	0.0 0%
5.1 0%	5.5 1%	73.8 6%	136.9 7%	243.9 20%	173.9 10%	116.7 8%	135.3 5%	186.9 7%	235.7 10%
72.9 7%	46.5 6%	84.9 6%	231.3 12%	92.5 7%	153.0 9%	340.5 23%	466.8 18%	203.3 8%	530.0 23%
1,070.7 100%	738.0 100%	1,333.5 100%	1,861.7 100%	1,242.8 100%	1,664.3 100%	1,454.2 100%	2,531.0 100%	2,514.4 100%	2,321.2 100%

(5)　保険衛生・医療費

保険衛生・医療費については、散髪代、売薬、クリーニング代等の衛生費と医療費が含まれる。この項目は七〇年以降急増し、家計費を大きく圧迫することになるが、これは前述した長男の入院により発生した医療費を原因とするものである。この点については村松家の特殊事情であり、一般化することはできない。

(6)　教育費

六〇年代において、家計費の主要部分を占めたのは四人の子供に対する教育費であった。史料の始期である五二年から、次女が高校を

表3-6　村松家家計支出

項　目	1956年	1957年	1958年	1959年	1960年	1961年	1962年	1963年	1964年
飲食費	68.6	73.4	84.9	87.8	74.2	85.2	104.3	93.2	65.7
(比率)	12%	16%	16%	14%	15%	15%	13%	12%	8%
被服費	102.6	119.1	107.6	69.8	65.8	96.0	136.1	108.4	49.1
(比率)	18%	25%	20%	11%	14%	16%	17%	14%	6%
住居費	84.4	1.3	23.0	0.2	2.8	8.4	3.9	12.5	3.1
(比率)	15%	0%	4%	0%	1%	1%	0%	2%	0%
家具・家財費	26.0	23.9	8.2	5.8	53.9	3.0	14.2	4.3	18.5
(比率)	5%	5%	2%	1%	11%	1%	2%	1%	2%
光熱費（家内）	15.4	12.5	13.0	16.5	15.2	20.6	15.1	20.7	21.1
(比率)	3%	3%	2%	3%	3%	4%	2%	3%	2%
保険衛生・医療費	54.1	32.7	29.2	38.3	32.1	31.9	27.1	27.3	50.3
(比率)	10%	7%	5%	6%	7%	5%	3%	3%	6%
教育費	38.5	54.6	89.5	108.6	105.3	122.3	109.5	148.0	289.1
(比率)	7%	12%	17%	17%	22%	21%	14%	19%	33%
修養・娯楽費	11.2	24.0	22.5	14.6	18.8	12.2	17.2	22.5	23.3
(比率)	2%	5%	4%	2%	4%	2%	2%	3%	3%
交際費	72.4	77.3	60.8	68.2	73.4	76.2	53.6	118.4	98.1
(比率)	13%	16%	11%	11%	15%	13%	7%	15%	11%
冠婚葬祭費	3.4	0.0	11.0	169.2	12.3	14.2	181.2	39.2	49.3
(比率)	1%	0%	2%	27%	3%	2%	22%	5%	6%
諸負担	5.1	1.9	5.0	6.5	3.1	78.1	89.4	121.8	131.9
(比率)	1%	0%	1%	1%	1%	13%	11%	15%	15%
雑費	87.4	48.7	84.5	35.8	29.7	34.5	54.4	78.1	66.8
(比率)	15%	10%	16%	6%	6%	6%	7%	10%	8%
計	569.0	469.4	539.2	621.3	486.7	582.5	805.9	794.3	866.3
	100%	100%	100%	100%	100%	100%	100%	100%	100%

注：1967年の数値は12月の記載が欠落している。
　同表の集計にあたって，一橋大学経済学部の堀之内祐汰氏，臼井康弘氏の協力を得た。記して謝意を表したい。

卒業する六八年にかけて、一貫して教育費は同家家計支出の主要部分であり続けた。特に次男が大学に進学した六四年から六七年にかけての教育費の負担増は顕著であり、土地改良後の所得増の停滞とも相まって、かなりの家計負担を強いる結果となっている。最終的に農外部門に就労することになった次男の教育費に、当該期発生した農業余剰の多くを投入するという図式となった。後継者以外に対する教育投資は、財産

図3－3　村松家所得額に対する家計支出

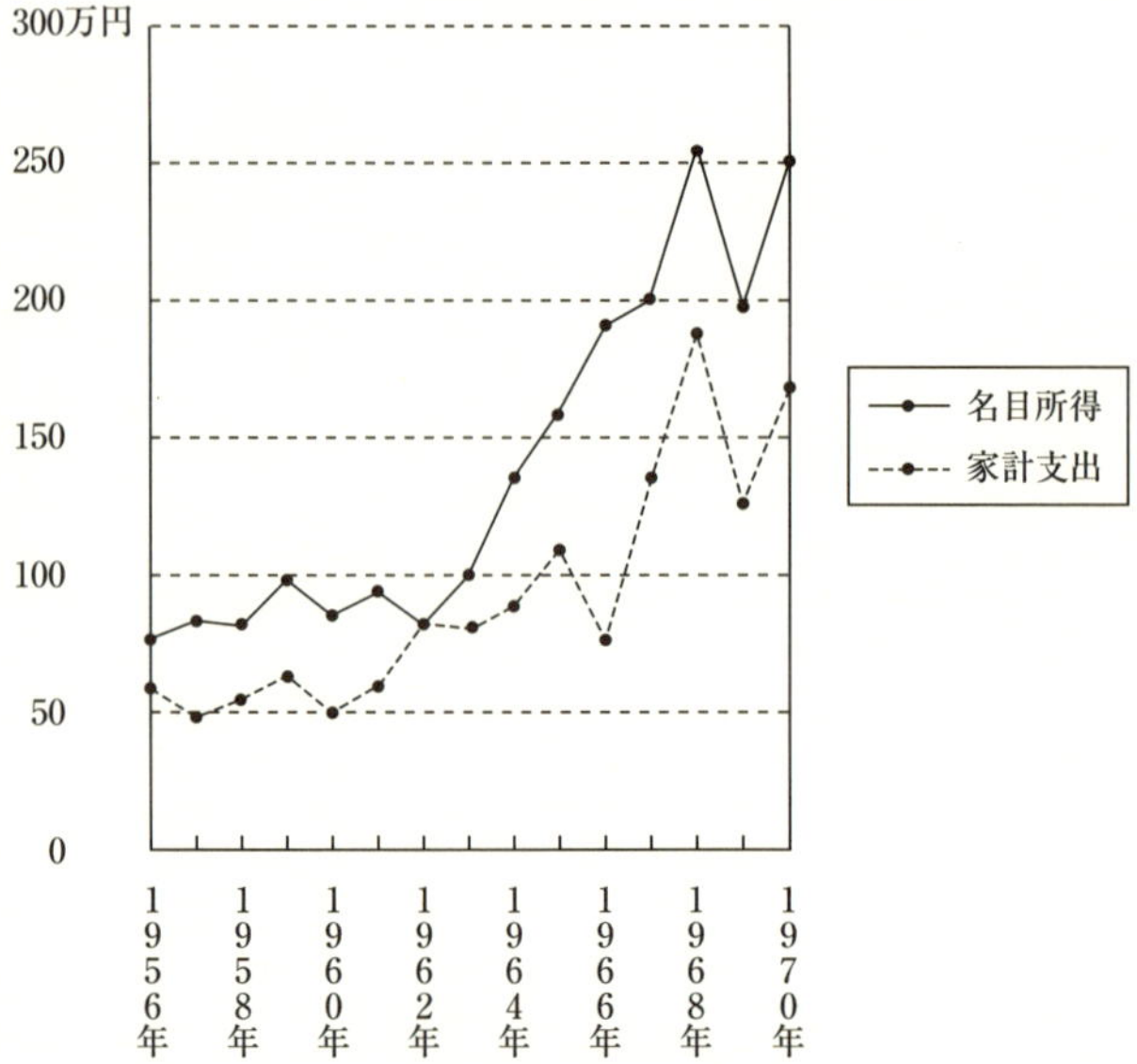

分与の一形態であるとする考え方もあろうが、高度成長期に発生した農外部門に対する教育投資に農業余剰を投入するという図式は、この時期全国的に一般的なものであったのではないだろうか。

(7)　修養・娯楽費

村松家の場合、この項目は有線放送やテレビの受信料、新聞代等と、米価運動、農事研究会の参加費用、宗教活動であるみずほ会関連の支出で占められた。

(8)　交際費、冠婚葬祭費

交際費は教育費と並んで村松家の支出で重きを占め続けたが、農村生活における交際費は多分にギブアンドテイク的な要素が強く、純然たる支出とは言えない側面がある。しかし受け取る側は現物であるために帳簿では表面化しない。また六七年における選挙運動に関する支出はこの交際費に含まれている。

冠婚葬祭費はその性質上、不定期に発生し、金額の大きさもあって、家計支出のトレンドを見る際には撹乱要因となるものである。村松家の場合、五九年は妹の結婚、六二年は弟の結婚と父親の死去、六五年は長女の結婚、六七年から六八年にかけては長男の結婚でそれぞれ多額の冠婚葬祭費が発生している。

以上の総計を農家売上高との対比で見ると、五〇年代末は所得水準、家計支出ともに一定の比率を保っているが、土地改良期の六二年を中心に家計費支出の圧迫が著しく、農家支出を考慮すると事実上の赤字の時期であったと考えられる。その後六〇年代は家計費の伸びに比べても所得の上昇が著しく、一定の余剰を実現しているかに見られるが、六〇年代末に入ると家計支出の増加も顕著になっている。(図3-3)

表3-7　村松家所得構成推移

(単位：円)

年＼項目	政府売渡米収入推計値1(A)	政府売渡米収入推計値2(B)	その他販売米収入(C)	養鶏収入(D)	その他(E)
1954	325,952	524,486	307,825	5,200	6,560
1955	440,926	498,285	337,525	6,000	50,314
1956	443,196	640,551	287,400	12,500	23,285
1957	452,168	463,082	352,580	11,200	24,220
1958		632,052	306,890	13,200	6,060
1959	544,040	522,278	399,590	6,800	21,970
1960	573,594	674,656	240,805	1,100	36,280
1961		706,472	244,689	12,000	58,220
1962	624,994	616,782	146,075		46,650
1963		1,018,072	135,600	35,330	47,955
1964		859,451	428,800	43,834	28,850
1965	1,002,708	1,041,322	351,950	129,106	77,420
1966		1,251,948	197,700	382,269	46,605
1967	1,518,400	1,829,672	42,650	389,276	36,190
1968		2,092,366	179,950	715,985	27,800
1969		1,489,369	232,300		20,400
1970	1,793,440	1,385,840	681,450		10,000

注：(1)　(A)値は表3-2の(B)値，(B)値は同(C)値を政府売渡量とし，それぞれ政府売渡3等価格により算出した。
(2)　表3-8の名目所得額(B)値は，本表の(B)+(C)+(D)+(E)の値となっている。なお，図3-4のグラフも本表の数値に基づいて作成されている。

5　小括

最後に表3-7、図3-4、表3-8による、名目売上高の構成と実質売上高の推移を確認しながら、分析時期の村松家の経営について小括する。

五〇年代の村松家は、基本的に水稲単作の枠の中で、節夫自らの篤農技術にもとづく農事研究による所得向上をはかった時期であったといえる。農政の一般的傾向にも増産政策の余波が残存しており、節夫自身、農事研究会への積極的な取組みによる、早生品種、増収品種の導入、施肥法の改良等に力を注ぎ、一方で政府売渡米

図３－４　村松家所得構成

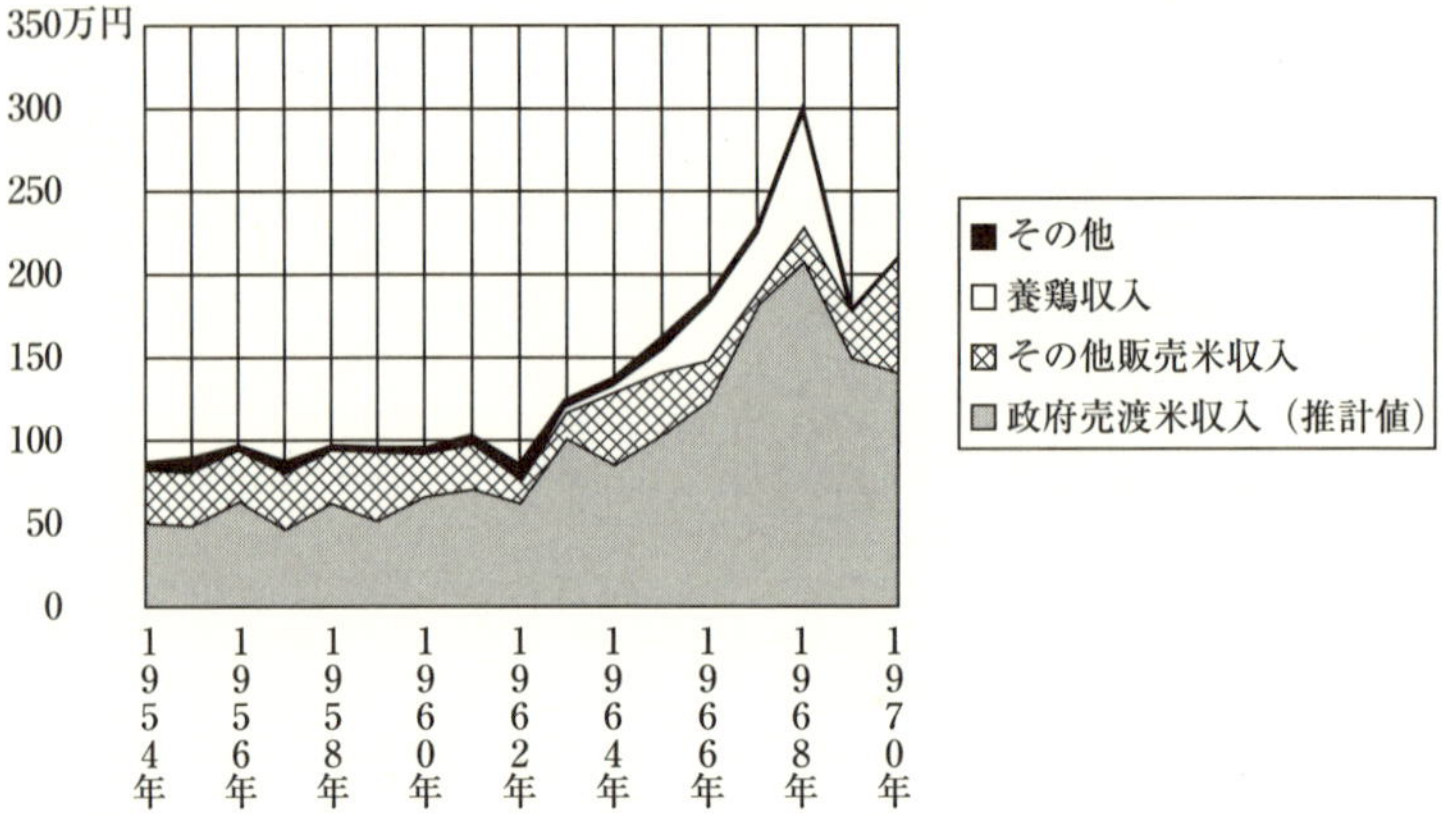

表３－８　村松家実質所得推移

（単位：百円）

年＼項目	実質所得	名目収入額	消費者物価指数
1954	15,926	8,441	53.0
1955	16,993	8,921	52.5
1956	18,322	9,637	52.6
1957	15,703	8,511	54.2
1958	17,744	9,582	54.0
1959	17,411	9,506	54.6
1960	16,835	9,528	56.6
1961	17,137	10,214	59.6
1962	12,708	8,095	63.7
1963	16,098	11,027	68.5
1964	19,141	13,609	71.1
1965	20,912	15,998	76.5
1966	23,365	18,785	80.4
1967	27,643	23,082	83.5
1968	34,274	30,161	88.0
1969	18,793	17,421	92.7
1970	20,773	20,773	100.0

注：消費者物価指数は，加用信文『日本農業基礎統計』より。

と自由販売米の選択を行いながら売上高の最大化に尽力した時期であったといえよう。こうした努力は五〇年代末において全国的にも高水準の反収を実現することによって一定の成果を挙げていた。しかしながら、実質所得の向上という面から見ると、同家の五〇年代は必ずしも好調とは言えず、篤農技術による生産拡大→所得向上という図式に陰りが見えていた時期であったものと考えられる。六〇年代における実質所得の向上は、それまでの節夫の篤農家としての地道な努力とは、全く異質な構造によって実現されていったのである。

　村松家における六〇年代は、土地改良と機械化の進行により、水稲作部門への労働負担が低下する時期であった。土地改良と機械化は、同家の稲作収穫高を増加させたわけではなく、もっぱら労働力の節約に貢献したのである。家族構成員の大幅な減少にもかかわらず、稲作における労働生産性の向上がそれを補うことに成功した。一方で公定米価の順調な上昇により、逆に稲作部門での農事改良の余地が失われていった。長男夫婦の中核労働力としての定着もあり、節夫自身は経営拡大の中核を、プラスα部門である養鶏に向けるようになった。その後養鶏部門における売上は加速度的な増加を見せ、六〇年代後半には農家所得の主要な一部分を占めるに至ったのである。土地改良による収量安定と労力節減の成功、そして公定米価の上昇と、節夫の養鶏と後継者世代の農外兼業の複合による所得拡大。以上が六〇年代における村松家の経営の特徴である。

しかし七〇年代初頭において、長男の疾病による労働からの脱落により、節夫は再び水稲作に拘束されることになる。それとともに養鶏の規模拡大は停止を余儀なくされ、同家の経営拡大は以後停滞期を迎えることとなった。

(1) 東村には六角トラクター利用組合という名称の組合が存在したが、なぜかその構成員は隣接する押砂集落等の農家で構成されており、当の六角集落においては、トラクター利用は隣接数戸による共用が多かったという。村松家の場合、節夫氏の妹の嫁ぎ先と共同利用していた。
(2) 東村広報『あずま』一九五六年一月号。
(3) 一九九八年九月三〇日聞き取り。
(4) 割当供出制度の廃止後においても、農家日記や農業委員会議事録では政府売渡米を「供出」と表記することが、かなり一般化していた。
(5) ただし年度内の自由販売米の販売が、当該年度産米である保証はない。
(6) 自由販売に動機として、推測ではあるが、所得税対策の可能性をあげることができる。
(7) 聞き取りで節夫は、これら兼業所得を息子夫妻の「小遣い」と述べた。節夫氏の家に関する経営観念を表わすものといえよう。また長男が入院した後、七三年から長男の妻は、出稼ぎ収入の一部を家計に繰り入れるようになる。

（8）聞き取りでは、節夫に限らず日帰りでの賃労働にでることに対して、地元では「出稼ぎ」という表現を用いている。
（9）もっとも節夫個人の事例でいえば、節夫の養鶏への進出は将来的な経営委譲を前提に長男夫妻と自分の労働を分担する意図で行われていたと考えることができ、節夫が世代間の経営委譲問題に無関心であったとはいえないだろう。

第2節　農業生産技術の変化

1　本節の課題

本節では村松家日記をもとに、一九五〇年代から一九七〇年代までの同家の農業生産技術の変化を検討する。この際時期区分については、村松家の所在する東村六角地区で土地改良が行われた、一九六二年の前後で区切ることにする。該地域においては湿田の乾田化、区画整理の完成により、それまでの舟農業から脱却が図られ機械導入が可能になるのであるが、同時にこの土地改良の時期を境として、同地区における村松家の篤農家としての役割も変化するのである。

ここでの課題は、一農家の農業生産技術水準を一九五〇年から一九七〇年代まで通して明らかにすることと同時に、村松家の篤農家としての側面に着目することにある。すなわち同家がいかなる情報源から新技術を導入し、かつ定着させたか、またその際どのような志向を持っていたのか、さらに同地区を中心とする周辺農村においていかなる役割を果たしていたかについて検討したい。

2　土地改良前における村松家の農業技術――一九五二～六一年――

1　稲作栽培の推移

図3-5、図3-6は村松家における田植え、稲刈労働の日時がどのように推移していったかを示したものである。まず図3-5の田植え時期についてみると、趨勢として五月中旬から四月下旬へと次第に早まっていることが明瞭に現われている。さらに年代ごとに見るならば、五〇年代から五九年にかけ田植え時期が急速に早まり、特に六〇年、六一年の両年は五月初旬に加え、四月二〇日以前という非常に早期にも田植えが行われている。

一方稲刈り時期についてはどうか。図3-6でまず土地改良の六二年以前を見ると、当時の江間農業を反映しており、稲刈期間が八月下旬から九月下旬頃まできわめて長期にわたっていたこと。この時期が五七年から六一年にかけ早期化（八月中旬から九月中旬）する動きがあったことがわかる。

以上見てきた田植え時期、稲刈り時期の変遷を合わせて考えると、五〇年代後半より田植え・刈取双方で早期化が進行したことがわかる。特にその傾向は一九五九年から六〇年にかけて強められ、六一年には極端な早植え、早期刈取が行われる。五〇年代後半を通じてのこの稲作栽培における早期化傾向はどういった背景によるものなのか、以下品種の面から検討したい。

2　品種――早生品種の導入――

村松家は品種においてどのような志向を持っていたのであろうか。まず該時期において村松家が植え付けた品種について検討することにする。表3-9から一九五〇年代の動向を大まかにとらえるならば、早生品種の積極的導入が挙げられるだろう。すなわち一九五〇年代後半以降、越南ナンバー、越路早生、豊年早生など早生・極早生系統が登場し、作付けの中心となっている。また品種の性向としては早生とともに、多収が志向されていたことが五〇年代における特色といえよう。これら品種の選択は、村松家において特に一九五六年を中心にしてなされた試験田での試作結果にもとづいていた。では多種多様な品種が試行された五〇年代の品種の推移について、さらに詳しく見ていくことにする。

表3-10によれば、日記の記載が見られる最初の年である一九五二年には、当時茨城県の奨励品種であった中生の農林一号[1]が村松家の主軸であり、ほかに同じく県奨励品種に指定された早生品種、利根早生が作付けされている。また一九五四年においても農林一号に加え、陸羽系統の早生銀河一号、県奨励品種の晩生品種、金南風（きんまぜ）が作付けされ

推移

図３−５　村松家田植時期

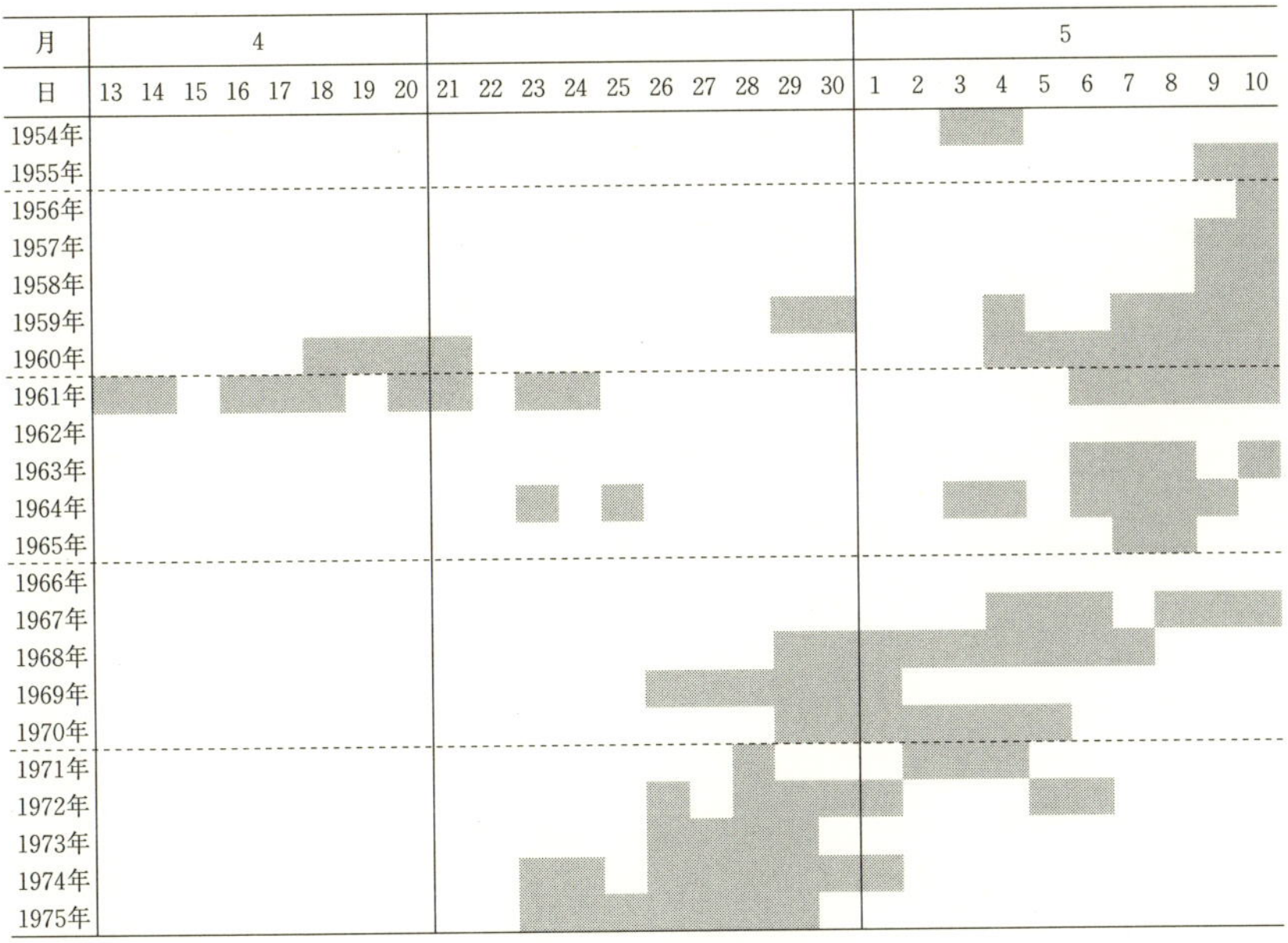

出典：村松日記。

ている。作付面積からみると主力は中生・晩生品種であり、早生化への志向はまだ見られない。しかし五五年にかけて農林一号の割合は減少し、銀河一号、初みのりに加え、農林系統の越路早生、さらに福井農業試験場の開発品種である越南ナンバーの品種が登場する。これらはいずれも早生・極早生品種であり、特に越南一四号は、のちに豊年早生という名称となり越路早生と並ぶ村松家作付極早生品種の中心となる。同年には自らの耕地内に試験田が設置され、この越南一四号や越南一号を中心に北陸系統の早生・極早生各種が試験されており、作付けは一六品種にも及んでいる。この試験の結果、各品種のうち特に反収の高かった越路早生、豊年早生（越南一四号）が翌五六年作付けの中心となっている。

また五五年以降、品種ごとの作付面積は年により大きく変動し、早生化への志向がさらに強まる。すなわち五六年には、さらに極早生である青森農業試験場の東北五九号、早生の福井農業試験場のＦ九三号を両品種の登録前あるいは直後に導入し試験しており、五六年の結果を受け、翌年五七年にはこの両品種（登録後東北五九号は十和田、F九三号は越光となる）の作付が増加している。その後五八、五九年にはそれぞれ初錦、早農林の作付が筆頭に出ている。いずれも表3-10に明らかなように、早生・極早生への志向を持ち、自家での試験の結果反収が高かった品種について、次年度に作付けを増加させていたことがうかがえる。このように積極的に品種を変えて早生・極早生品種の試験が行われる一方で、越路早生、豊年早生は村松家の主力であり続けた。

推移

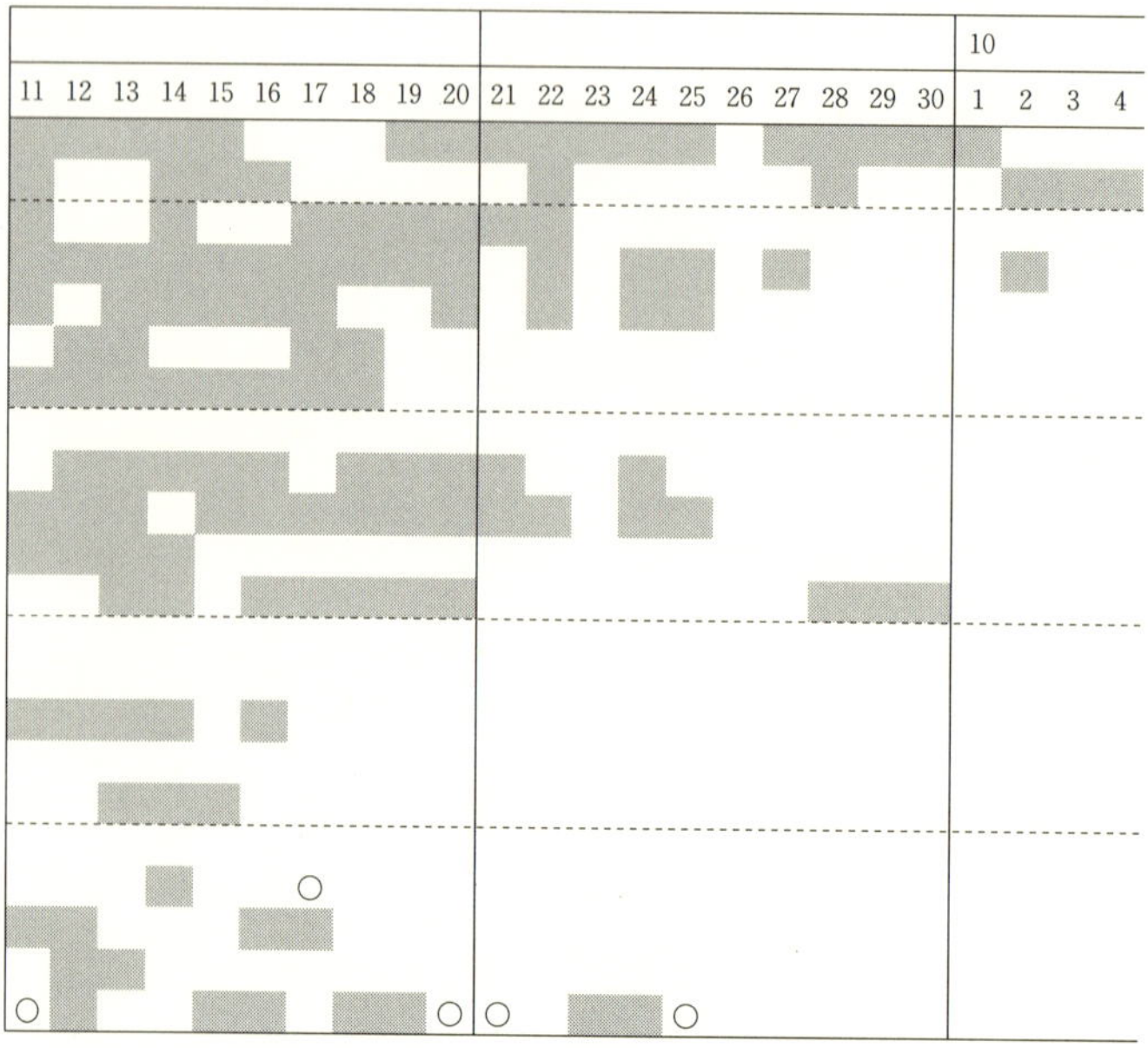

　以上見たように、五四年まで県奨励品種・中生品種中心であった村松家の作付品種は五五年以降急速な変化を遂げることになる。すなわち早生・多収を目指し、毎年農林省登録前の試行段階の新品種を多く含むさまざまな品種が、五五年以降六〇年代初頭に至るまで試験、導入されていったのである。では節夫はこれら多様な新品種をどのように手に入れていたのか、また近隣地域との技術交流はどうだったのか、以下検討していきたい。

　新品種導入を開始した五四年、五五年頃までは種籾についても統制が存在したため、節夫自らが北陸に出向き、自らの飯米と交換する形でこれら

図３-６　村松家稲刈り時期

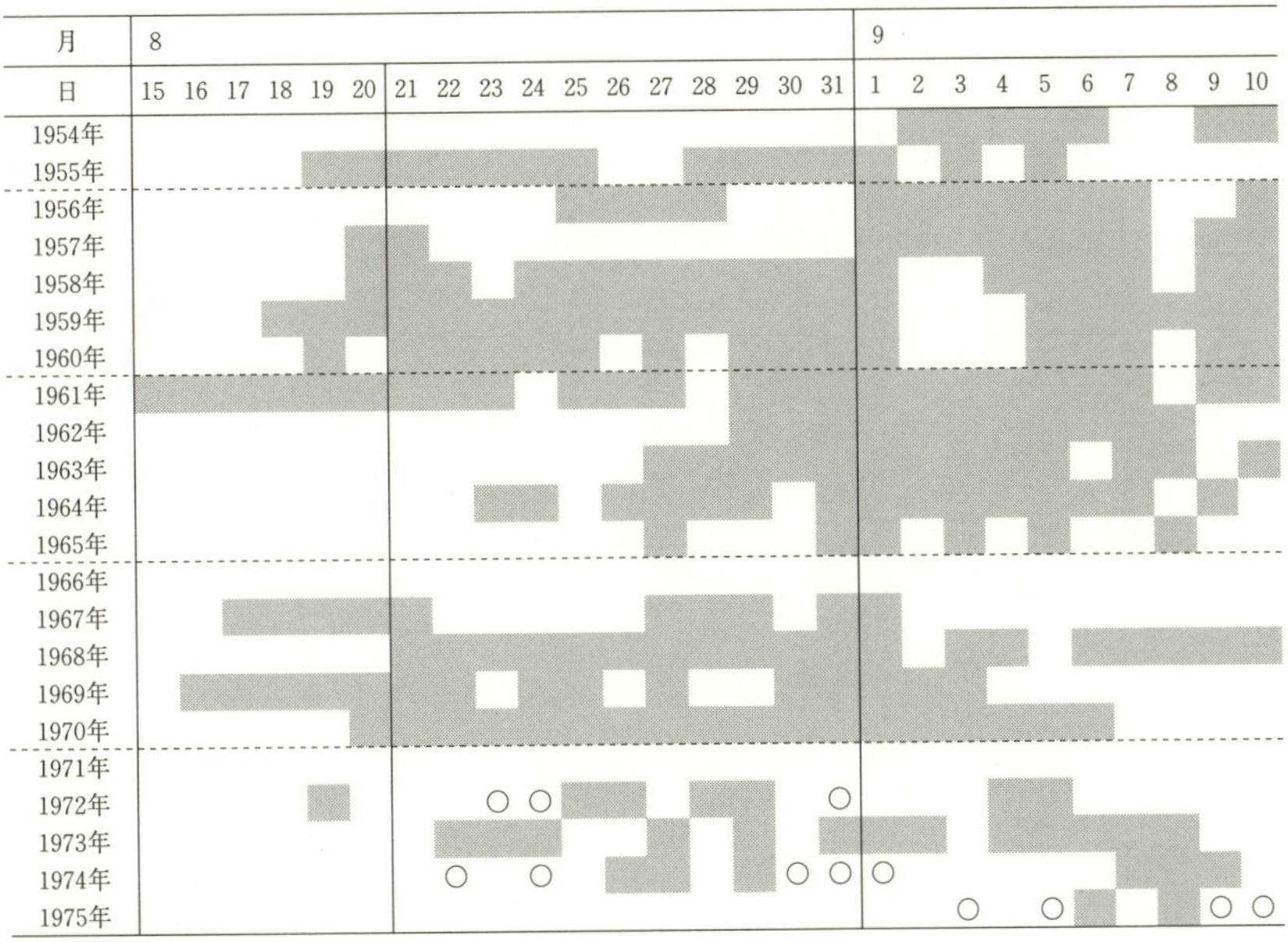

注：○は妹嫁ぎ先の後藤新右衛門家の稲刈り。
出典：村松日記。

越南ナンバーの種籾を購入していた。たとえば日記記述[2]によれば節夫は五四年一一月一九～二二日の間に富山に出向いている。統制解除にともない、富山からは注文により種籾を購入するようになったが、その一方で先述したように節夫は、北陸・東北の諸試験場で開発された農林省登録以前の早生・極早生品種の情報を得て、これら開発直後の品種を購入していた。当時北陸農業試験場（高田）、福井農業試験場では早生品種、青森農業試験場では極早生品種が、それぞれ育種目標に設定され品種開発が行われており[3]、早生化・極早生化を志向する節夫の目的に合致していたのである。

また特に五〇年代には村内・近隣地域において種子の譲渡・交換が活発に行われていたことも特筆されるであろう。節夫は近隣の「木内」、「高柴」、「細田」、「荘次」らに種籾を譲渡しており、また「富塚」との間に種籾のやりとりを行っている。以上挙げた村内、隣接地域の農家のみならず、五五年一〇月には千葉県東金市の「長島昭雄」に銀河一号種子を分譲・送付するなど、その譲渡先は東村を越え広域にわたっていた。この種籾交換は、試験田が設けられ品種試験が行われた五六年が最も盛んであり、越路早生、初錦、越南一五号、豊年早生などは、節夫がまとめて注文をとり村内に配布している。このように、節夫は越南ナンバー・越路系など早生・極早生品種の積極的導入をはかる一方で、村内を中心にこれら品種の譲渡・配布を行っていた。なおこの時期の譲渡・交換は同量の米・籾との交換というかたちで行われたようである。しかしこの五〇年代半ばにきわめて多く見られる種子・譲渡交換の日記の記述は一九六〇年代以降減少する。

73年）

1966年	1967年	1968年	1969年	1970年	1971年	1972年	1973年	計
								1.5
								1.8
								0.9
								1.8
								5.1
								2.0
								6.7
	8.3	5.7		4.0				25.4
								3.5
								6.4
								11.3
								0.9
								3.8
								7.4
								4.4
								11.3
								0.6
								2.7
								17.2
								0.1
								0.5
								7.4
								0.6
								0.3
							6.9	6.9
								1.3
	2.4							2.4
	2.1	2.1		2.4	4.0	5.1	3.4	31.8
								3.7
								31.9
								12.3
								0.2
	6.9							6.9
	1.1							1.6
								0.4
								30.3
								1.8
								1.1
								1.7
								0.4
		13.5		7.3	4.4	4.4		29.6
		2.1						2.1
								0.1
						2.0	2.0	4.0
	2.0							2.0
								1.7
								1.1
								1.7
								5.0
								14.5
								0.1
							4.4	4.4
								13.2
		3.2		3.2	3.1			9.5
				3.1	7.8	11.0	2.0	23.9
								2.6
								6.5
								0.8
								1.1
								16.8
							7.1	7.1
								3.3
				2.1	3.0	3.0		8.1
	4.1							4.1
								0.1
								1.7
	1.0	2.4		6.9	6.6	3.4	3.0	45.3
0.0	27.9	29.0	0.0	29.0	28.9	28.9	28.8	468.7

表3－9　村松家作付品種（1952～

	1952年	1954年	1955年	1956年	1957年	1958年	1959年	1960年	1961年	1962年	1963年	1964年	1965年
浅野1号								0.1	1.4				
越南1			1.8										
越南6			0.9										
越南14			1.8										
越南15					0.6	2.0	2.5						
越南39号											2.0		
F93				2.6	4.1								
ふじみのり									2.5	3.5	1.4		
ふもと錦											3.5		
銀河			2.7			1.9	1.8						
銀河1	0.3	8.2		2.0				0.8					
銀河2			0.9										
銀まさり		1.8	2.0										
銀若(ササシグレ?)						0.9	0.2	1.7	0.6		4.0		
初みのり		0.6	3.8										
初錦				2.3	3.9	0.5	2.7	1.9					
北陸25			0.6										
北陸61							1.3	1.4					
豊年早生				4.2	1.4	1.5	2.8	2.7	2.5		2.1		
十石木					0.1								
花明山					0.5								
金南風他		7.4											
金星			0.6										
金初						0.3							
キヨニシキ													
越ヶ谷	1.3												
越ひびき													
越光					0.8	3.0	1.9	2.4	1.8		2.8		
越路							3.7						
越路早生			1.6	10.3	3.2	4.4		2.5	1.7	3.5	4.7		
越栄							0.9	1.2	1.7	6.0	2.5		
陸奥光						0.2							
ミョウジョウ													
なるほ									0.5				
のりくら											0.4		
農林1	15.6	8.3	6.4										
農林21	1.8												
農林29			1.1										
農林32	1.7												
オイラセ						0.4							
レイメイ													
さ系4号													
山栄	0.1												
ササミノリ													
シモキタ													
新南風		0.5	1.2										
新宝(早農林)					1.1								
新石白	1.7												
白銀			1.3	1.2	2.5								
早農林						2.0	5.3	4.4	2.8				
秀峰	0.1												
シウレイ													
高嶺錦				2.6	2.4	1.8	1.6	2.8	2.0				
たちほなみ													
トドロキワセ													
利根早生	2.6												
東北59(十和田)				1.6	4.9								
稲熱しらず				0.8									
東山53	1.1												
十和田						1.7	2.1	3.5	3.3	4.8	1.4		
トヨニシキ													
トヨチカラ									1.2	2.1			
筑波錦													
ウゴ錦													
早生若葉	0.1												
八ヶ嶺										1.7			
モチ	1.3	1.7	1.3	0.9	1.6	2.7	2.6	2.5	1.8	2.3	3.3		
	27.7	28.5	28.0	28.5	27.1	23.3	29.4	27.9	23.8	23.9	28.1	0.0	0.0

注：1953年は村松日記現存せず。
出典：村松日記。

表3-10　村松家作付品種・反別・反収(1)

1952年			1954年			1955年			1956年			1957年		
品　種	反	俵/反	品　種	反	俵/反	品　種	反	俵/反	品　種	反	俵/反	品　種	反	俵/反
農林1号	15.6	8.8	農林1号	8.2	7.9	農林1号	6.4	7.6	越路早生	10.2	9.4	十和田(3)	4.9	7.7
利根早生	2.6	7.8	銀河1号	8.2	8.0	初みのり	3.8	8.0	豊年早生	4.2	9.5	F93号(4)	4.0	9.0
農林21号	1.8	8.3	金南風	7.3	8.1	銀河1号	2.7	7.8	高嶺錦	2.6	9.4	初錦	3.8	7.6
新石白	1.7	8.7	銀まさり	1.7	8.1	銀まさり	2.0	8.0	F93号(4)	2.5	8.7	越路早生	3.2	7.8
農林32号	1.6	8.0	モチ	1.6	7.4	越南1号	1.8	7.8	初錦	2.3	9.5	白銀	2.5	7.2
越ヶ谷	1.3	7.6	新南風	0.4	5.1	越南14号(2)	1.7	8.1	銀河1号	1.9	10.4	豊年早生	1.9	11.1
モチ6号	1.3	6.2				越路早生	1.6	8.3	十和田(3)	1.6	8.8	モチ	1.6	7.8
東山53号	1.1	8.3				白銀	1.3	7.7	白銀	1.2	7.9	新宝(早農林)	1.1	7.3
銀河1号	0.3	4.2				モチ	1.3	6.9	平和モチ	0.9	7.7	越光	0.7	9.0
早生若葉	0.1	不明				新南風	1.2	6.7	稲熱知らず	0.7	7.4	越南15号	0.5	7.7
山栄	0.1	5.0				農林29号	1.0	8.8				花明山	0.5	7.0
秀峯	0.1					銀河2号	0.9	6.6				十石米	0.1	9.1
						越南6号	0.8	7.9						
						金星	0.5	7.6						
						北陸25号	0.4	7.6						
						北陸	0.2	8.9						

1958年			1959年			1960年			1961年			1963年		
品　種	反	俵/反	品　種	反	俵/反	品　種	反	俵/反	品　種	反	俵/反	品　種	反	俵/反
初錦	5	9.1	早農林	5.3	8.6	早農林	4	8.7	越路早生	1.7	9.3	越路早生	4.7	8.7
越路早生	4.3	9.0	越路	3.7	9.1	十和田	4	10	早農林	27	9	十和田	1.4	9.3
越光	3.0	9.0	豊年早生	2.8	8.9	高嶺錦	3	9.4	浅野1号	1.3	7.7	豊年早生	2.1	10
モチ	2.7	8.2	初錦	2.7	9.1	豊年早生	3	9	なるほ	5	9.66	ふもと錦	3.5	9
早農林	2.0	9.2	越南15号	2.4	8.1	越路早生	3	9	ふじみのり	2.5	8	越南39号	2.0	9
越南15号	2.0	不明	十和田	2.1	10.0	モチ	3	8.5	十和田	3.3	9.4	ふじみのり	1.4	9.03
銀河	1.9	8.7	高嶺錦	1.6	9.7	越光	2	9.2	豊年早生	2.5	8.4	越光	2.8	不明
高嶺錦	1.7	9.1	北陸61号	1.3	8.5	初錦	2	8.6	越光	1.7	8.7	モチ	3.3	7.5
十和田	1.7	9.5	銀河	1.2	8.7	銀若(5)	2	8.7	越栄	1.6	10	銀若	4.0	不明
豊年早生	1.5	9.3	越栄	0.9	8.9	北陸61号	1	8	高嶺錦	2	9.3	越栄	2.5	8.15
銀若(4)	0.9	不明	銀若(3)	0.2	9.0	越栄	1	8.7	トヨチカラ	1.2	8	のりくら	0.4	
オイラセ	0.4	7.5				銀河1号	1	8.8	モチ	1.7	8.1			
金初	0.3	8.0				浅野1号	0	10	銀若	0.6	8.87			
陸奥光	0.1	7.0												

注：(1)　反収は日記記載数値による。
(2)　越南14号はのちの豊年早生。
(3)　「十和田」は原史料記載は「東北59号」。
(4)　F93号は後の「越光」。
(5)　「銀若」は表記により「ササシグレ」もある。
出典：村松日記，1962年のデータなし。

3 苗代技術

前項で見た早生化への志向と密接にかかわるのが苗代技術である。水害常襲地帯である該地域においては、収穫期における水害回避のために早期栽培が要請された。またここで注目しておきたいのが、当時増収のために、早期栽培化を行うという意識があったことである。一般に田植時期は早植の方が、本田における生育量が増加し出穂が早まるために収量は高くなる。[4] 特に早生品種は早植による増収率が晩稲よりも高い。しかし早植を行う際ネックになるのが本田の水温である。従来の水苗代で生育した苗の場合は平均気温一六度以上でないと根が活着しない。[5] これは茨城県では五月下旬の気候に相当する。それに対し折衷苗代で育成された苗は平均気温一四～一五度が活着限界となり、田植えを五月上旬まで繰り上げることが可能になる。田植えの早期化は増産の観点から望まれていたが、早期栽培実施のためには、当時の共同体的規制[6]のみならず、苗代技術の改良がネックとなった。すなわちそれまでの水苗代に代わって保温折衷苗代の導入が不可欠であった。

一九五〇年代、東村における保温折衷苗代技術の導入・定着にあたり、節夫は主導的な役割を果たすこととなった。節夫は、早植によって水害回避とともに、生育期間延長による増収をはかることができるという情報を、購読雑誌『農業及び園芸』記事から得て、[7] 一九五〇年代初頭頃にそれまで六月五日頃行われていた田植えを一カ月繰り上げた。この早植えのために、それまでの水苗代から、水を落とし籾殻・燻炭をかぶせる苗代に変え、さらに三、四年後に長野県農業試験場で行われていた油紙を覆紙し保温する保温折衷苗代についての情報を得て、「農業熱心な友達」と共同で、甘藷の育苗用の油紙を用いて実験し、好成績を挙げた。一九五二年には竜ヶ崎で保温折衷苗代の講習会が行われるなど、行政側の働きかけもあり、節夫の反収増加を見て周囲農家にも早生品種とともに保温折衷苗代が普及していった。節夫はその後一九五九年には苗代の一部にビニール被覆の苗代を試み、六一年よりすべてビニール被覆の苗代となった。

表3-11　村松家各年肥料注文数量

（単位：袋）

注文先	種　類	1954年	1955年	1956年	1957年	1961年
農　協	硫安	—	3	—	15	2
	石灰窒素	—	15	—	30	—
	尿素	—	10	—	15	23
	塩安	—	—	—	—	15
	過燐酸石灰	—	—	—	30	5
	熔性燐肥	—	40	—	30	26
	塩化加里	—	15	—	15	14
	重焼	—	—	—	—	30
	硫酸加里	—	—	—	6	4
（秋肥）	珪酸石灰	—	—	—	5	—
佐野屋	尿素	10	—	—	—	—
	熔燐	5	—	—	—	—
	精過燐酸	12	—	—	—	—
	過燐酸石灰	—	—	—	—	10
	尿素化成	5	—	—	—	—

注：数値は（注記ない限り）前年度日記巻末に記された春肥予約数量。
出典：村松日記。

4　施肥技術の導入

施肥は品種と並び、村松節夫家が重点を置いた技術である。特に土地改良以前の時期、村松家がどのような形で施肥技術の導入をはかっていたかを検討したい。

村松家では一九五四年から五八年にかけ肥料設計を実施している。また集落内でも一九五四年三月には稲作肥料設計研究会が開かれており、この試験の中で、該地域における肥料三成分窒素・燐酸・カリの最適配合について、試験田を設けて試験を行っている。さらに翌五五年と五七年の春には土性調査（土壌検査）が行われており、このデータをもとに施肥すべき各種肥料の量すなわち肥料設計が立てられた。特に一九五七年の土性調査・肥料設計は、村内で協議会が設置され、事前に講習会・説明会が開かれるなど全村レベルで行われた。

では、これら調査・試験の結果は、村松家の実際の肥料の使用にどう生かされていったのだろうか。表3-11は一九五四年から六一年にかけての村松家購入肥料とその買入れ先を示しているが、これによると村松家の肥料は、稲作中心であることを反映して五七年を除けば、全量が春肥の買入れである。また五四年と五五年以降では購入肥料の内容、買入れ先ともに異なっていることがわかる。すなわち五四年においては肥料は佐原の肥料商である佐野屋から購入されているのに対し、五五年以降はほぼ全量が農協から購入されている。代金は佐野屋、農協ともに収穫期後の秋から冬期に支払ったが（農協は販米代金より振替）、佐野屋の場合現金払いもあった。肥料の内容を見ると五四年においては窒素肥料は尿素、燐酸肥料は精過燐酸石灰が注文されており、五五年以降の農協からの注文では窒素肥料には尿素に加え石灰窒素・硫安が、燐酸肥料においては過燐酸石灰に加え溶性燐肥が、カリとしては硫酸加里がそれぞれ購入されている。いずれも当時の代表的な肥料であるが、基本的に単肥で購入されており、配合・化成肥料はほとんど購入されていない。また燐酸肥料に重点を置いて購入している点、硫酸根が残らない溶性燐肥の導入や、五七年秋の珪酸石灰、六一年の塩安の導入など五〇年代後半の新技術が随時取り入れられている点が注目される。このように村松家の肥料購入は単肥中心であり、成分的に最も施用量が必要とされる窒素肥料ではなく燐酸肥料に重点が置かれていたが、この理由は、表3-12の村松家各年「肥料設計書」によって明らかになる。同表によれば苗代、本田ともに自家製造の堆肥が大量に使用されているが、堆肥の主成分は窒素肥料であるから、窒素は相当分が自給肥料によって補給されていたといえる。この堆肥に他の必要成分である燐酸（溶性燐肥、過燐酸石灰など）やカリを金肥によって補給し、自家配合されて使用されていたのである。このように村松家では自家製造堆肥を生かして土づくりを行うとともに、これを補う形で購入肥料を組み合わせ肥料設計を行い、かつ自家

表3-12　村松家「肥料設計」

（単位：貫）

施用先	種　類	1954年	1955年	1956年
苗　代	堆肥	1	1	—
	油粕	0.5	—	—
	尿素化成	—	1	1
	尿素	0.2	—	—
	石灰窒素		—	0.2
	熔燐	0.4	—	—
	石灰	0.5	—	—
	硫安	0.2	0.1	—
	過燐酸石灰	0.7	0.4	—
	精過燐酸	—	—	0.2
	塩化加里	0.5	0.2	—
	硫酸加里	—	—	0.2
本　田	堆肥	300	300	200
	石灰窒素	4	3	4
	尿素	2	3.5	2.5
	硫安	2	—	5
	熔燐	12	12	10
	過燐酸石灰	5	—	4
	加里	5	5	3
補　肥	硫安	—	—	2
	硫酸加里	—	—	1

注：数値は日記巻末「肥料設計」による。
出典：村松日記。

表3-13　村松家農業関係書籍

書　名	著　者	発　行	年	月	備　考
わかりやすい肥料の実際相談	永野建・中山房雄	弘明堂書店	1935	10	
肥料配合の仕方	池田兵一郎		1936		
土壌微生物学概論	岡田要之助	養賢堂	1940	1	第三版
肥料分施による稲作増収法	田中正助	人文閣	1944	4	
稲作の科学技術	木戸三夫	朝倉書店	1945		
新栽培技術の理論体系	大井上康	全国食糧増産同志会	1946	7	
酵素法入門	田中直吉		1946	9	
肥料と施肥の実際	堀準爾	霞ヶ関書房	1946		第三版
作物栽培技術の原理	大井上康	全国食糧増産同志会	1947	2	栄周栽培叢書
新訂稲作改良精説	岩槻信治		1947	6	第五版
最近の稲研究概観	中山包	北方出版社	1947		
栄養周期説に基づく稲作の理論と実際	恒屋棟介	全国食糧増産同志会	1949	4	
稲作-1-診断編	松尾大五郎	養賢堂	1950		
水田農業の新技術　保温折衷苗代	近藤頼巳	養賢堂	1951	2	
微生物農法	島本覚也	愛善みずほ会	1952	5	
改著　稲作増収技術の実際	近藤正	富民社	1953	2	
米作増収の技術　六石の米を穫るまで	松木五楼	朝倉書店	1953	8	
安全多収　稲作新説	伊藤恒治		1954	1	
波状栽培法　誰でも六石とれる	赤木光司	農尊科学研究会出版部	1954	1	
これからの稲作	伊藤恒治	みずほ会	1955	8	
最新微生物農法	島本覚也	愛善みずほ会	1956	1	
技術は躍進する　これからの稲作	伊藤恒治	財団法人　愛善みずほ会	1958	12	
専業者の米つくり	遠藤太郎	財団法人　農政調査会	1964	11	寒河江欣一監修
V字イナ作診断と増収技術	松島省三		1966	3	
施肥講座1　イネの栄養診断と施肥	前田正男	農村漁村文化協会	1966	12	
写真集　片倉さんの五石どりイナ作	片倉権次郎	農村漁村文化協会	1967		
今年の稲作をかえりみて　第2号　42年度	米の会		1967		
田植機利用のイネづくり	渡辺正信	農村漁村文化協会	1971		農文協新書20
田植機による米作りテキスト	大木善吉		1975		
田植機による米作りテキスト	大木善吉		1976		
冷害克服の米作り　テキスト	大木善吉		1977		
小西式コシヒカリの多収栽培	小西豊	農村漁村文化協会	1979		
コシヒカリの安定多収栽培技術について	小室秀俊	東村農業協同組合	—	—	

出典：村松家蔵書。

で単肥の配合を行っていた。苗代の肥料設計には特に力が入れられており、きわめて労働集約的な施肥が行われていたといえよう。

聞き取りによれば節夫はこの肥料技術を農業関係書籍・雑誌から得ていた。節夫の蔵書リスト表3-13を見ると施肥技術関係、稲作増収法についての書籍が大きな割合を占めていることがわかる。稲作増収法関係の書籍の内容もやはり施肥技術が中心になっている。これら施肥法・増収法はその都度村松家において試験された。たとえば戦時中に出された田中正助の『肥料分施による稲作増収法』、戦後まもなく出版された大井上康『作物栽培技術の原理』などは、いずれも稲の生育と必要成分に合わせて、肥料の施用を分けて行うものであり、施肥労働の増大をともなう技術であった。一九五〇年代を通じて波状栽培法などの分施の技術が試みられていたが、これら分施技術は一九六〇年代に松島省三のV字理論[8]としてまとめ上げられた。節夫もV字理論の書籍を購入し、これを取り入れた。こうして稲作増収の施肥の標準が確定されことによって、さまざまに試みられた村松家の施肥法もV字理論にもとづく施肥法に収斂していく。

5　篤農家としての村松家の活動・特質

節夫の蓄積した品種・施肥などの諸技術は、東村農業研究連絡協議会を通じ土性調査・肥料設計の実施などの形で生かされた。先述したように一九五五、五七年の土性調査・肥料設計は、村内で協議会が設置され、事前に講習会・説明会が開かれるなど全村レベルで行われており、土壌調査図、肥料設計書の作成・配布などは節夫が会長を務めた東村農業研究連絡協議会が主体となっていた。村松家は早生品種導入の試験を行ったのとほぼ同時期の五四年頃より、自ら肥料設計を行っていたが、二年後には、それを東村農研を通じて全村に及ぼしていったのである。

では節夫と東村農事研究会との関係について、旧東村の広報『あずま』によって見ていくことにしよう。もともと農事研究会は各集落に設けられており、節夫は六角農事研究会で活動を行っていた。一九五五年四月二〇日の『あずま』[9]によれば「六角農事研究会は、経営と技術面を」本年の最大目標としており会員は二六名であった。研究会では会員三人に対して一つの研究課題がもうけられ、「短期間あるいは長期に亘って研究が行われ」、月一回の定例集会で研究の結果発表が行われていた。研究テーマとしては湿田二毛作や水稲施肥、養豚養鶏等が挙げられ、湿田二毛作の研究は二年がかりで、菜の花の栽培に成功したという。節夫はこのメンバーの中でも主導的な役割を果たしていたと考えられる。広報『あずま』（一九五六年一月一〇日付）では「新品種と合理的施肥をモットーとして」という題で、自ら試験、考案した稲作設計が掲げられており、節夫の篤農家としての活動は六角農事研究会にとどまらず全村に広がりをみせていた。この各集落ごとに設けられた農事研究会は一九五六年秋には統合されて東村農業研究連絡協議会が発足し、節夫は会長に就任し[10]、以後一九五八年の改選[11]に至るまで同会を主導したのである。

一方でさまざまな施肥技術は個人的な関係を通じても普及していった。各種の新技術はリスクをともないかつ労力の増大をともなうものであったために、村松家での試験結果を見た後、好結果のものは周囲の農家が模倣するということになった。聞き取りによれば、若手を中心に増産に興味のある農家が節夫の元に技術を学びに来たという。

節夫の施肥技術の導入・普及のルートとして書籍による独学とともに、みずほ会によるものがあったことも指摘しておきたい。節夫の蔵書リスト（表3-13）中には愛善みずほ会発行の書籍が相当含まれている。たとえば島本覚也の「微生物農法」は、実際に節夫によって試みられた。この農法の実施のために土寄せのための培土器がみずほ会より販売されていたが、節夫は五二年頃より村内の培土器の注文をとりまとめていた。節夫はみずほ会の支部で活動を行っており、一九五二年、五六年には、江戸崎で開かれた島本覚也の微生物農法講習会にも出席している。みずほ会自体は宗教的色彩を持つものであったが、節夫はむしろ増産技術の摂取を求めてこの会に所属していたと思われる。

3　土地改良後における村松家の農業技術——一九六二～七五年——

1　土地改良後の稲作時期変化

土地改良後の村松家稲作（田植え・刈取）はどう変化したのであろうか。再び図3-5、図3-6を見よう。図3-5の田植え時期を見ると、一九六二年には土地改良関連の土木作業で大幅に遅れており、土地改良後六五年までは五月初旬を中心として大きな変化はない。その後六七年以降に、田植え時期は再び早まり、七二年以降田植機導入による労働軽減をともないつつ四月下旬を中心とする時期にシフトしている。

一方稲刈りについてはどうであろうか(図3-6)。六二年の土地改良は稲刈り作業期間に大きな変化をもたらしている。すなわち稲刈り期の排水が可能になったことにより、稲刈り労働の飛躍的軽減、稲運び出しの円滑化が実現され、それ以後作業期間が短期化したことが図3-6からはっきり読みとることができる。この短期化された作業期間は八月末から九月中旬を中心とする期間に集約されたのであるが、六七年以降この稲刈り時期の早期化がさらに進行し、八月中旬から九月初旬を中心とする時期にシフトしていくことがわかる。六二年の土地改良はそれぞれの作業の短期化、特に稲刈り労働の短期化をもたらしたが、その一方で五〇年代を通じて見られた早期栽培化への動きはいったん停滞する。早期化はその後六七年から六九年にかけ田植え、刈り取り双方で再び進行した。この時期、品種についてはむしろ五〇年代と対照的に集約化・統一化が進むが、同じ早生品種であっても、多収から食味重視へと重心が移っていく。この時期の早期化は品種もさることながら、機械化・化成肥料・農薬など省力化技術に支えられたものであった。以下検討していきたい。

2 機械化の過程

農業機械の導入が可能になるのは基本的に一九六二年土地改良による乾田化が完了した後である。それ以前の時期に村松家で使用されていた農業機械は、ポンプ、舟の動力源としての石油発動機であり、舟農業の特質を示すものであった。

土地改良が終了した一九六二年冬より耕耘機が使用され、後節で述べるように大幅な労力節減が実現した。一九六二年冬期には、「根本」より耕耘機を借りて代かきを行った。翌六三年二月には、農協の農機具センターより耕耘機を購入し、近代化資金一〇万円と販売代金六万一〇〇〇円で支払いを行っている。この際、車輪を村内橋向の「かじや」から購入しているが、これは湿度の高い土壌で耕耘作業を行うための対応策でないかと考えられる。一九六〇年に機械化実験集落に指定され大型農業機械の導入が進められていた東村橋向では、すでに一九五八年に土地改良は終了していたが、下流域の土地改良が未了の状態であったために冬季間でも排水幹線水路の水位の低下ができず、一九六〇年代初頭にも機械運行が困難な湿田、半湿田が残存していた。この際軟弱な地盤条件で機械の運行を可能にするために、トラクターの普通車輪（ゴムタイヤ）の外側に水田車輪（鉄車輪）をつけ接地圧を下げて作業を行っていた(12)。日記記載によれば節夫は耕耘機を購入した二月二三日に、橋向の「かじや」に車輪を注文、翌日「かじや」が耕耘機の車輪を測りに来ている。機械化実験集落である橋向で蓄積された、軟弱な地盤条件下での機械化のノウハウが村松家の機械導入にも生かされていたことが見てとれるだろう。

また一九六八年にはコンバインを導入している。東村では、土地改良後より稲刈機が普及し、六〇年代後半にはバインダーの使用も一般化した。節夫自身も一九六四年秋に稲刈機を購入したが、一九六七年頃にまもなくコンバインが発売されるという情報を得たため、バインダーは購入せず(13)、また六七年冬には、機械化実験集落に指定され、すでにコンバインの運行実験の行われていた押砂集落の「萩原」のもとに出かけ、コンバインの性能を尋ねている。当時村松家の所在する六角集落にはコンバインを使用する農家はなく、また普及所からの勧誘も行われていなかったが、六八年の秋に行われた農機具会社の実演が購入の契機となったようである。節夫はこのコンバインを妹の嫁ぎ先である後藤新右衛門家と共同で購入した。刈取の時期は限られており、近親者二軒での共同所持は、同地区で一般的に見られた形態であった。

節夫は耕耘機、コンバインいずれも分解修理・掃除などメンテナンスは節夫も役員を務めた機械化センターに委託しており、同センターが機械導入の際だけでなく、その後の維持においても役割を果たしていたことがわかる。

最終的に田植機導入がなされ、雇用労働が完全に駆逐されるのは一九七〇年代に入ってからである。すなわち一九七一年九月末にヤンマーの二条植田植機を杉山店から購入している。この時期における農業機械の進化は著しく、村松家はこの三年後の一九七四年六月には同じく杉山店よりヤンマー四条植田植機を注文しており、またコンバインも同年三月に買替えを行うなど頻繁な機械買換えが行われていたことがわかる。

3　肥料・農薬

土地改良後、五〇年代に試行錯誤の中で模索された分施技術は六〇年代半ばには確立し、その後七〇年代まで継続される。注目されるのは、節夫が副業として行っていた養鶏から出る鶏糞を、肥料として活用した点である。すなわち乾燥させた鶏糞を籾殻とともに一年間放置し、耕耘機を用いて散布した。しかしすでに周辺農家では各成分が配合された化成肥料が主流になりつつあり、村松家の労働集約的技術を模倣する者はいなくなっていた。

村松家でも、特に夏季における追肥には、すでに化成肥料が用いられていたが、単肥の配合に代わって基肥に化成肥料が使用されたのは一九七〇年頃からであり、堆肥や先述した鶏糞など有機肥料とともに施肥されるようになった。茨城県調査の「肥料流通状況の調べ(14)」によれば、すでに一九六〇年に化成肥料は県内消費の化学肥料の五割近くを占めており、混合の手間がなく、均等施肥しやすい、販売の際のサイトが長いなどの理由から選好されていたのに対し、村松家における施肥省力化技術の導入は、一九七〇年代に入ってからと、周囲に比較して非常に遅れた時期になされたのである。また除草作業においても同時期から、除草剤が用いられることで省力化がはかられた。すなわち一九七一年に初めて除草剤MOが使用された。これは田植前に散布される薬剤であり、田植え後に散布されるサターンSと組み合わさて使用された。一九七四年の事例によれば田植え前の四月一八日にMOが散布され、田植え後の五月一六～一八日にかけてサターンSが散布されている。除草剤の使用によって除草作業が皆無になったわけでなく、同年の日記記載をみると六月三から九日、七月七日と一二日にそれぞれ除草が行われている。すなわち田植え前後の除草剤散布によって、田植え後の五～六月期の除草労働軽減が可能になったのである。

4　篤農家村松家の村内における位置の変化

六〇年代以降、村松日記には節夫自身の農事研究会での活動記載は急速に減少する。篤農家としての節夫の位置は、該時期どう変化したのか、以下検討したい。

節夫は五〇年代を通じ、肥料の分施、中耕培土などきわめて労働集約的な技術により、湿田地帯の中で高い反収をあげていたが、この反収は、周辺農家が土地改良による乾田化により反収を急上昇させる六〇年代以降には、かえって停滞的に推移するのである（前節参照）。労働集約的技術を中心とする節夫の農業技術はどのような限界を持っていたのであろうか。ここでは節夫が取り入れたいくつかの分施法についてみることにする。

肥料技術を中心とする稲作増収法は戦前から一九五〇年代にかけさまざまな栽培法が提唱された。県では波状栽培をはじめとする「特殊栽培」を対象にした調査が行われている[15]。ここでは、栄養周期説、波状栽培（愛善みずほ会の指導）などが取り上げられており、特に波状栽培については一九五二年より、培土技術の効果を検討するため、関東東山ブロックの各試験場で試験が開始された。茨城県の水戸本場・新治試験地、竜ヶ崎試験地で行われた試験では培土は収量的には必ずしも増収にならず、むしろ減収になる場合もあり、一定した傾向はみられなかった。その後一九五四年まで追試が続けられ、排水不良田、秋落田、冷水灌漑地帯では増収技術と成りうる（必ずしも一般的でない）との結果となった。

村松家の試行錯誤にもとづく労働集約技術は、培土技術のみでなく多岐にわたるものであったが、いずれも排水不良で秋落が頻発するという悪条件を労働集約によって克服し反収をあげる技術であった、したがって、労働集約的な篤農家技術は、土地改良による乾田化という土地条件が整備され全体の反収が上昇する中で、かつての増収技術としての位置を低下させることになったのである。

4　小括

土地改良以前の東村では、湿田地帯でありかつ機械導入も困難な舟農業であったため、主として品種・施肥改良の面から生産性向上がはかられていた。村松節夫家は特に品種の導入・施肥改善においては、先駆けて情報を獲得し自らの耕地で試験を行うなど積極的に取り組んでおり、同家の篤農家としての面が特に強く出された時期であったといえる。これら技術情報は節夫自らが、農業関係書籍・研究会によって得たものによっていたが、その一方で東村農業研究連絡協議会の中心メンバーとして活動する中で、周辺農家に節夫が試行錯誤の結果確立した諸技術情報が普及していった。

一九六〇年代前半に土地改良が行われた結果、同地域は乾田化により全体的に反収の増加をもたらす一方で、機械の導入が可能になり、以後地域における農業技術導入は省力化技術を中心に進められる。村松節夫家の該時期における機械導入は、ほぼ周辺農家と期を一にしており、品種・施肥に見られたような村松家の独自性は特に感じられない。その一方で施肥技術においては、先の時期に見られた村松家独自の労働集約的指向が一九六〇年代も引き継がれる。節夫は、土地改良以前の時期、試行錯誤によって確立した品種・肥料技術にもとづいて、土地改良後も引き続き労働集約的な農業経営を展開した。しかし、五〇年代に急速な伸びをみた村松家の反収は六〇年代以降停滞的となる。節夫が積極的に導入・実践した、分施法に代表される労働集約的な篤農家技術は、湿田という悪条件下での稲作栽培において大きな意味を持っていた。換言すれば、すでに五〇年代に節夫は篤農家技術によって土地改良、乾田化以後のレベルに達していたのだといえよう。

村松家農業経営の労働集約性が変化をみせるのが一九七〇年代である。この時期には村松節夫家においても化成肥料、農薬が使用されるようになり、生産技術における省力化のウエイトが高まる。これら諸技術は、すでに一九六〇年代の高度成長期より周辺農家において導入がなされており、むしろ村松家のこれら技術の導入は消極的であったといえる。ここでは逆に周囲での化成肥料中心の施肥が一般化する中で、一九八〇年代に至るまで堆肥・鶏糞など有機肥料を含めた単独肥料の配合が節夫自身の手で行われていた点が注目されるであろう。すなわち高度成長下において農業技術が省力化技術中心に展開する中で、周囲農家への技術普及という村松家の指導的役割は失われ、むしろ七〇年代には省力化技術の発展に追随する形で必要に応じて受容しつつ、なお自らは、六〇年代までに確立した労働集約的技術を用い経営を維持させたのである。

(1) 茨城県農業試験場『茨城県農業試験場創立八〇周年記念誌』一九八〇年。
(2) 以下、特に注記のない限り村松日記による。
(3) 崎浦誠治『稲品種改良の経済分析』養賢堂、一九八四年。
(4) 茨城県米作近代化推進本部『イナ作技術指導資料№7』(一九六八年)四頁。
(5) 同右、三~四頁。
(6) 聞き取りによれば一九五〇年代まで神崎神社のお田植え祭(旧暦五月五、六日)以前に田植えをしてはならない、すれば手足が腐ってしまうと言い伝えられていた。このような共同体規制は節夫の親世代から節夫の若い頃まであったという。
(7) 以下の記述は節夫からの聞き取りによる。
(8) 分施法による稲作増収技術を、地域的条件(土壌、気象等)に依存しない普遍的な増収技術として理論的に体系だてたものであり、具体的には稲の生育時期を三つに分け、前期と後期に充分窒素肥料を施すことによって籾数の確保を行い、中期にはむしろ窒素の肥効を中断・抑制することによって倒状など不安定要因を防止するところにその特徴がある(村山登『収

穫逓減法則の克服』養賢堂、一九八二年、参照）。
（9）広報『あずま』東村役場発行。同報は東村発足の一九五五年より発行されている。
（10）同右『あずま』一九五六年一一月二〇日。
（11）同右『あずま』一九五八年一二月一日。
（12）茨城県農業試験場化学部「水田における大中型機械の運行可能性に関する調査」（一九六五年三月）三頁、一二～一三頁。
（13）節夫からの聞き取りによる。
（14）茨城県農林部『肥料流通状況の調べ』（一九六一年）。
（15）茨城県『昭和三〇年度米　稲作実態調査書　稲作五〇ヶ年の推移』（一九五六年三月）二九三～三〇二頁。

第3節　農作業の変化と労働配分

1　村松日記に記載された労働データについて

一九五四年から一九六八年にかけての村松日記には、日々の労働の内容が年間を通じて克明に記録されている。[1]これを集計・整理することによって、高度成長期に大きく変化した農作業の変化が具体的に、しかも時期を確定しつつ論じることができるのである。一経営の事例にとどまるとはいえ、日々の農家経営の記録にもとづく定量的分析を高度成長期のほぼ全期間にわたって行いうること自体が希有であり、ここでは確認と発見の双方を含めた事実の析出に主眼を置くことにした。すなわち、本節はこの定量的データを材料とする時系列分析と、その結果得られたファクト・ファインディングの整理を中心にしている。したがって、同種の史料が今後も発掘されることによって以下の分析が相対化され、位置づけられていくことを期待したい。

まず、村松日記の労働データがどのようなものであるのかをあらかじめ紹介しておこう。それは一日の標準的な労働時間を基準に一・〇という単位を設定し、作業別・人物別の労働時間をマトリックス表に記録したものである(2)。たとえば、午前、あるいは午後に半日だけ作業を行ったときには〇・五と記載し、そのまた半分程度ならば〇・二、あるいは〇・二五と記録される。ごく短時間の作業が〇・一と記録されているケースもみられる。丸一日ではなく若干早めに作業を終えたり遅く開始すれば〇・八となり、これとは逆に、稲刈りの繁忙期に夜業を行った場合には一・二と記録されている。実際に日記の中に登場する数値はほぼ以上に尽きるといってよい。

以上の説明からも察せられるであろうが、これらの数値はそもそも記述的な日記の延長として各作業の日付を記録することに主眼があり、それをおおよその量とともに記していったものである。したがって、タイムカードで記録されている場合のように厳密な意味での労働時間と比べれば曖昧さが存在することは事実であるが、それでも一貫して同一人物によって記録されていることは人物ごとの恣意性の問題を排除しており、相当程度の定量的分析を可能にしているといってよい。また、延べ日数・延べ人数に限ればその集計値の定量性に問題はなく、各作業時期の推移や登場・消滅についても異時点間の比較が正確に行える。ほかに注目されるべき点として、家族だけでなく農業雇用労働についてもデータを記録していることが挙げられよう。賃金を実働に応じて支払う必要がある雇用労働の記録が行われたこと自体はむしろ当然のことである。それが固有名詞とともに日記に残されているために、聞き取りと合わせることによって何年にどの地方から農業労働の調達が行われたのかが判明するのである。

ただし、分析にあたっては以下のような事項に関する留保が必要であると考えられる。最も問題となるのは、記された数値が記録者の決定にもとづいているため、同一人物といえども長い年月の間に基準の変化が生じた可能性も捨てきれないことである。また、時間を基準とする数値はそもそも労働強度の変化が反映されないという性格を持っているが、本章第2節および第1章が明らかにしたように当該期の東村における農業の苦汗労働は大幅に改善されているから、たとえば初期と終期の同一労働時間を同程度の労働量とみることには問題が残る。そこに先に述べたような数値の主観性の問題が加わり、事情は非常に複雑となっている。以上を踏まえると、他の統計調査との比較による数値の吟味の上で、労働量の絶対値に関しては顕著な変化に議論を限定し、その作業別・属人別構成の推移を中心に観察するという方針が妥当であろう。さらに、これとは別の次元の問題として、後継者夫婦の農業外兼業に関する記録がないため、高度成長期の重要問題である兼業に関する情報が得られず、農業内の分析には有効だが農家経営の分析に広げられないという資料的制約が存在する。

2　時系列推移の概観

表3‐14は、日記に登場する具体的な作業をいくつかの項目に分類しなおした上で、一六年間の記録を集計して年次別にまとめたものである。この表の各項目の分類については、おおむね以下の基準によって行った。「田」労働は実際に田に出る作業とし、「田雑作業」には稲作と関係する屋内作業、具体的には縄・俵編み、種子選定などを繰り入れた。「畑」および「養鶏」については特に説明を要しないであろうが、前者は自家消費用、後者は現金収入を目的とする副業であった。「村作業」には村松家の農家経営に直接かかわらない他家への手伝、集落の共同田での作業(3)などを分類した。「工事」は河川改修にともなう家屋移転、土地改良工事などのほか、家の改修工事や鶏舎の建設などを含み、突発的に発生するため各年の変動がきわめて大きい。

表 3-14　労働量の構成の推移

	戸主	戸主妻	弟・妹→後継者	家族臨時→後継者妻	手伝い・雇用	合計
1954年計	214	189	203	64	118	788
田	120	106	124	26	95	471
田雑作業	35	24	43	18	2	121
畑	30	36	18	18	3	104
村	10	3	3	0	0	16
工事	6	5	2	3	16	32
その他	14	16	12	0	2	44
1955年計	186	198	27	0	152	564
田	121	126	21	0	143	410
田雑作業	28	24	1	0	4	57
畑	25	39	5	0	3	72
村	5	3	1	0	1	9
その他	8	6	1	0	1	16
1956年計	172	224	84	3	141	623
田	105	104	61	3	127	399
田雑作業	32	51	9	0	6	98
畑	23	48	13	0	6	89
村	2	4	0	0	1	7
工事	1	0	0	0	0	1
その他	10	19	1	0	2	30
1957年計	215	239	90	1	397	942
田	98	106	66	0	159	428
田雑作業	30	42	2	0	14	89
畑	18	47	15	0	7	87
村	6	8	3	0	5	21
工事	47	24	2	1	206	279
その他	16	13	2	1	8	39
1958年計	209	219	118	0	369	915
田	100	110	82	0	158	450
田雑作業	20	40	9	0	6	75
畑	17	36	13	0	2	68
村	11	3	1	0	44	59
工事	32	10	6	0	155	202
その他	29	20	7	0	4	61
1959年計	141	202	112	3	418	876
田	76	103	80	0	166	424
田雑作業	13	33	9	0	5	60
畑	12	43	13	0	4	72
村	14	5	3	1	34	56
工事	12	6	3	2	205	228
その他	14	13	6	0	5	37
1960年計	217	246	4	2	178	646
田	143	131	4	2	158	437
田雑作業	33	47	0	0	3	83
畑	21	47	0	0	1	69
村	8	8	0	0	15	30
工事	2	1	0	0	1	4
その他	11	12	0	0	1	24
1961年計	150	210	40	2	115	516
田	110	129	29	2	112	382
田雑作業	18	28	6	0	1	52
畑	11	46	5	0	0	61
村	2	2	0	0	2	6
工事	1	0	0	0	0	1
その他	8	6	0	0	0	14
1962年計	208	227	154	32	137	757
田	68	66	67	32	94	326
田雑作業	21	43	30	0	1	95
畑	17	33	3	0	0	52
村	2	1	0	0	0	3
工事	98	84	53	0	42	277
その他	3	1	1	0	0	4
1963年計	160	192	174	55	86	668
田	99	101	117	53	85	455
田雑作業	15	37	31	0	0	83
畑	15	40	10	1	0	66
養鶏	7	0	0	0	0	7
村	6	7	5	1	0	19
工事	13	5	9	0	1	28
その他	6	3	3	0	0	11
1964年計	197	218	161	1	141	718
田	103	89	109	1	122	423
田雑作業	48	49	36	0	0	133
畑	10	56	9	0	1	75
養鶏	10	0	0	0	0	10
村	9	9	4	0	0	21
工事	7	0	1	0	11	19
その他	11	16	4	0	7	38
1965年計	218	207	153	4	92	674
田	109	102	119	3	71	403
田雑作業	51	45	16	1	0	112
畑	10	38	9	0	0	56
養鶏	14	0	0	0	0	14
村	10	11	4	0	5	29
工事	19	4	3	0	17	42
その他	6	9	3	0	0	18
1966年計	214	236	153	2	87	692
田	93	90	100	2	71	354
田雑作業	34	59	25	0	0	118
畑	12	49	10	0	1	72
養鶏	37	4	6	0	0	46
村	17	12	7	0	0	36
工事	7	0	1	0	13	21
その他	16	24	6	0	2	47
1967年計	112	186	152	13	97	559
田	68	96	105	9	60	337
田雑作業	8	24	9	2	0	43
畑	5	46	4	0	0	54
養鶏	14	3	0	0	0	17
村	0	9	16	0	0	25
工事	6	2	10	2	38	58
その他	12	7	8	0	0	26
1968年計	134	147	157	1	42	481
田	82	83	118	1	41	325
田雑作業	5	3	6	0	0	14
畑	15	47	16	0	0	78
養鶏	15	1	2	0	0	18
村	2	7	11	0	0	19
工事	4	2	2	0	1	9
その他	13	5	3	0	0	20
1969年計	78	124	124	118	37	480
田	55	78	94	88	34	349
田雑作業	1	3	6	4	0	14
畑	3	31	12	17	0	62
養鶏	15	3	2	0	0	20
村	3	8	8	6	0	24
工事	2	0	3	1	3	9
その他	0	2	0	2	0	4

注：後継者は1961年から，後継者妻は1969年から。

表3-14の内容に入る前に、まず村松日記のデータを簡単に全国平均と比較する作業から始めたい。地域や村松家の事情を踏まえると、舟農業の時代、すなわち一九六二年の耕地整理以前は全国よりも労働多投的であり、一九六〇年代後半に積極的に機械化を進める時期には全国平均よりも労働生産性の向上が先行したのではないかと考えられる。表3-15は、稲作の反当たり労働時間を全国データと比較したものである。労働データにおける「一・〇」を一〇時間と仮にみなして計算した場合にほぼ上記の想定に近い推移が観察され、本節の冒頭で触れたような問題点をもつとはいえ、村松日記データが分析に充分耐えうるものであることがわかる。いずれにせよ村松日記データを時間に換算するには一定の仮定・標準化が避けられず、時間単位で記された全国データとの比較は厳密な議論に耐えうるもので

表3-15　村松家の稲作労働時間と全国平均の比較

（単位：反当たり労働時間）

	村松家			全国平均	指数	
	家族小計	手伝・雇用	合計		村松家	全国平均
1954年計	159	35	193	—		
田	134	34	168	162	100	100
田雑	24	1	25	—		
1955年計	114	53	167	—		
田	95	51	147	—	87	—
田雑	19	2	20	—		
1956年計	130	47	177	194		
田	97	45	142	163	85	101
田雑	33	2	35	31		
1957年計	123	62	185	—		
田	96	57	153	—	91	—
田雑	27	5	32	—		
1958年計	129	59	188	187		
田	105	56	161	162	96	100
田雑	24	2	27	26		
1959年計	112	61	173	—		
田	92	59	152	—	90	—
田雑	20	2	21	—		
1960年計	128	57	186	174		
田	100	56	156	155	93	96
田雑	28	1	30	19		
1961年計	115	40	155	—		
田	96	40	136	—	81	—
田雑	18	0	19	—		
1962年計	117	34	150	156		
田	83	34	117	140	69	87
田雑	34	0	34	16		
1963年計	161	31	192	—		
田	132	30	162	—	96	—
田雑	30	0	30	—		
1964年計	155	44	198	147		
田	108	44	151	134	90	83
田雑	47	0	47	13		
1965年計	159	25	184	143		
田	119	25	144	131	86	81
田雑	40	0	40	12		
1966年計	143	25	169	142		
田	101	25	126	131	75	81
田雑	42	0	42	11		
1967年計	114	21	136	139		
田	99	21	120	129	72	80
田雑	15	0	15	11		
1968年計	106	15	121	133		
田	101	15	116	124	69	77
田雑	5	0	5	9		
1969年計	117	12	129	124		
田	113	12	125	116	74	72
田雑	5	0	5	8		

注：村松日記のデータを「1.0人日＝10時間」，経営面積2町8反として算出。

小数点以下は四捨五入しているため，合計値が合わない箇所もある。

出典：農林統計協会『改訂日本農業基礎統計』（1977年）489頁，20～30反（200～300a）階層の数値。

表3-16　人物別・稲作の年間労働量の推移

（単位：人日）

年次	合　計	戸　主	戸主妻	弟・妹→後継者	家族臨時→後継者妻	手伝い・雇用	（田植家族外）	（稲刈家族外）
1954	592	155	130	167	44	97	38	59
1955	467	149	150	22	0	147	63	83
1956	497	137	155	70	3	133	43	90
1957	517	128	148	68	0	173	70	103
1958	525	120	150	91	0	164	62	102
1959	484	89	136	89	0	171	57	114
1960	520	176	178	4	2	161	65	95
1961	434	128	157	35	2	113	47	65
1962	421	89	109	97	32	95	56	39
1963	538	114	138	148	53	85	29	56
1964	556	151	138	145	1	122	35	88
1965	515	160	147	135	4	71	29	42
1966	472	127	149	125	2	71	32	39
1967	380	76	120	114	11	60	31	29
1968	339	87	86	124	1	41	35	6
1969	362	56	81	100	92	34	24	10

注：後継者は1961年から，後継者妻は1969年から。

はない。そこで、指数（一九五四年を一〇〇とする）を用いた変化によって全国データとの比較を行う[4]。基準とした一九五四年は後年と比較して労働量が多いが、これが特異年であるためなのか、その後の一九五〇年代半ばに生産性向上がみられたのかについては判断材料に乏しく、この点は留保しておく。一九六〇年代前半に全国的な労働生産性の向上がみられる中で、村松家でも一九六〇～六二年にかけて一時的な労働量の減少（後述）がみられる。一九六二年に土地区画整理が行われた後は逆に村松家の労働量はいったん増大するが、一九六五年代半ば以降には全国より先行するほどの生産性向上を可能にした。その後は全国平均の改善も追いつき、両者の水準は均衡化した。

次に、やや見方を変えて家族別・種類別の稲作労働時間の推移をみてみよう。表3-14・表3-16にみられるように、一九六二年までは戸主夫婦が中核となってそれぞれ一五〇（人日）程度働き、これに弟・妹・第二世代のいずれかが補助的に数十（人日）作業するというのが村松家の姿であった。後継者（昭次）が本格的に稲作に従事するようになった一九六三年以降はこの三人の労働量は均等となったが、その直前三年間は世代的に補助労働の空白期にあたり、そのため一九六〇年は戸主夫婦の負担がきわめて大きく、続く二年間は労働投入を減少させるという対応をしている。特に、一九六二年の区画整理の工事による稲作労働時間の減少は、労働の粗放化による一時的なものであったと考えられる。表3-14に戻ると、畑の作業は戸主妻（温子）が主に従事する一方、一九六三年から戸主（節夫）が養鶏を年間一五（人日）程度、すなわち一日当たりでは一時間弱の労力を割いてこれを担当した。後継者の本格的労働力化は雇用労働要員を一人分減少させただけでなく、養鶏という副業を行う余裕を戸主に与えたことがわかる。(5)

年間二〇〇（人日）を超える「工事」が行われたのは利根川堤防工事のため家屋移転工事を行った一九五七～五九年、および耕地整理を行った一九六二年である。これらはもちろん専門の建設労働者を雇用して農閑期に行われたものだが、戸主（節夫）や近隣の人々が従事することもあった。しかし、こうした工事は原則的に農作業に影響を与えない時期に行われていた。ただ、一九六二年の耕地整理は通常の田植期にまでずれ込み、作付時期が全体に遅れたため、稲刈労働時間を中心として年間総労働時間は大幅な減少となった。

3　農業労働の変化

本章第2節で明らかとなった農業技術の変化は、労働の面でもきわめて大きな影響を与えており、機械化にとどまらず耕地整理、コンバイン、ビニール袋、除草剤などの広い範囲に及んでいる。特に、戦前来の土地改良の最終段階である土地区画整理事業は直接的に舟農業からの脱却をもたらしただけでなく、耕地の集団化、機械化などを進行させる前提条件でもあり、指数による全国データとの比較でも、その成果が労働データに明確に示されていることが確

表3-17　稲作作業の推移

年次	植え付け							稲刈						生育関係				耕地管理			その他		
	種子選定等	苗	田植	耕起	代かき	よせかり	牛（耕起）	刈り取り	おだかけ	乾燥・脱穀	するすひき	籾しまつ	稲刈その他	除草	施肥	堆肥づくり	薬剤散布	土入れ	揚水	水路作業	縄・俵作り	藁しまつ	田その他
1954	2	40	59	50	5		16	111	7	50	18	12	22	47	12	3	3	12	2	2	55	11	5
1955	6	33	48	28	8	5		112	17	45	29	3	1	27	10	7		29	6	2	42	5	4
1956	8	31	43	20	12	6	3	107	19	50	27	4	7	30	13	31	1	16	1	3	60	5	4
1957	10	23	47	27	7	12	11	131	20	31	22		3	23	17	17		29	3	15	50	7	15
1958	6	30	45	5	9	12	16	131	23	36	22	7	25	35	16	15	1	26	3	6	45	9	4
1959	6	29	52	15	10	17	4	136	18	37	23	2	5	40	8	11		9	2	3	39	7	14
1960	5	38	66	18	9	5	11	123	16	45	22	1	3	46	10	7		5	2	1	70	3	14
1961	7	27	75	10	14	9	6	115	12	33	19	2	4	23	10	12	2	2	4	5	26	8	12
1962	10	14	52			1		120	19	41	18			33	11		1				89	6	9
1963	5	33	65	19	5	9		137	26	52	33		4	43	8	2	1	2		1	73	8	16
1964	10	22	23	17	8	12		49	25	25	11		7	42	16	10	3	5	1		119	4	24
1965	9	21	50	11	8	12		47	24	29	17		10	49	10	6	2	6		3	103		26
1966	16	30	53	10	6	10		75	28	44	16		3	43	12	8	1	6		10	95	4	7
1967	14	28	57	14	8	7		40	15	36	12		26	50	12	10	4	7		2	31		10
1968	12	22	48	26	7	18		60	7	7	19			70	6	11	8			2			16
1969	2	23	48	27	8	20		26	7		15		31	114	14	11	4	11		1	2		3

認された。以下では、これをより具体的に明らかにしていこう。

まず、作業別の労働量の変化を観察しておきたい。表3-17は各作業の労働量の推移を示しており、土地区画整理によって稲を刈り取る作業が一三〇（人日）前後から五〇～七〇（人日）へと半減したことが確認できる。強湿地帯特有の重労働作業が大幅に効率化されたのである。これは当該期間の労働量の動向の中でも最大級の変化であるが、一九六八年からの縄・俵作りの消滅もこれに匹敵する変化であったことがわかる。また、一九六八年のコンバインの導入によりおだがけから乾燥・脱穀に至る一連の作業が五〇（人日）程度削減された。個人で可能な土地改良として伝統的に行われていた土入れ[6]は土地区画整理以後にほとんどみられなくなったほか、村松家の家族労働力が充実していなかった一九五九年から数年間にも削減されており、戸主の余剰労働力を活用した限界的部分であったといえよう。土地区画整理の直後にはこうした労働力の余剰が販売目的の縄作りに向けられており、合理化された労働力が直ちに副業・兼業に向けられる姿が示されている。さらに、後継者の基幹労働力化はより本格的な副業を可能とし、一九五〇年代にいったん取り組まれたのちに途絶えていた養鶏が一九六三年から再開され、翌年から定着・本格化することになるのである[7]。

当該期間の技術的変化を労働のあり方との関係でまとめると、以下のようになろう。土地区画整理による稲刈作業の大幅な減少と、この時期に進行した鹿島地方の開発が相俟って、一九六五年以降は稲刈の雇用労働が半減した[8]。次に、一九六七年に「田雑」の年間労働量が大きく減少していることが目を引くが、それらのほとんどは主として戸主妻（温子）が主に担当していた縄ない・俵製作類であり、俵の代わりに麻袋やビニール袋を使用するようになったためにこれらの作業は一気に消滅した。この変化は農閑期の副業・兼業の可能性を大きく広げる上で画期的なものであったが[9]、一方で縄の販売という副業を消滅させることにもなった。また、第2節で示したように、一九七〇年代初頭には除草剤の使用によって除草作業が激減したといわれている。労働強度の問題を別にしても、以上のように機械化だけではなく多様な技術的革新が稲作労働の合理化に大きく貢献しており、費用当たりの効果という点ではむしろそれらの方が優れていたであろう。また、この時期の農作業の変化は農繁期の雇用労働力を減少させ、遂にはそれを消滅させていったものと、主として農閑期の家族の農作業時間を減らす性質のものの二種類に分けて考えることができよう。以下では、この両者に整理して議論を進めていくことにする。

4　農家の労働力構成

まず、村松家構成員と雇用労働の労働構成の変化を分析してみよう。一九六〇年から一九六九年にかけての家族外労働の比率を計算すると、三七％、二九％、二九％、一九％、二九％、一七％、一七％、一八％、一三％、一〇％である。ここにみられる家族外労働（主として雇用だが、手伝いを含む）の低下傾向の中身は実はやや複雑なものであ

図3-7　日々の稲作労働量の変化

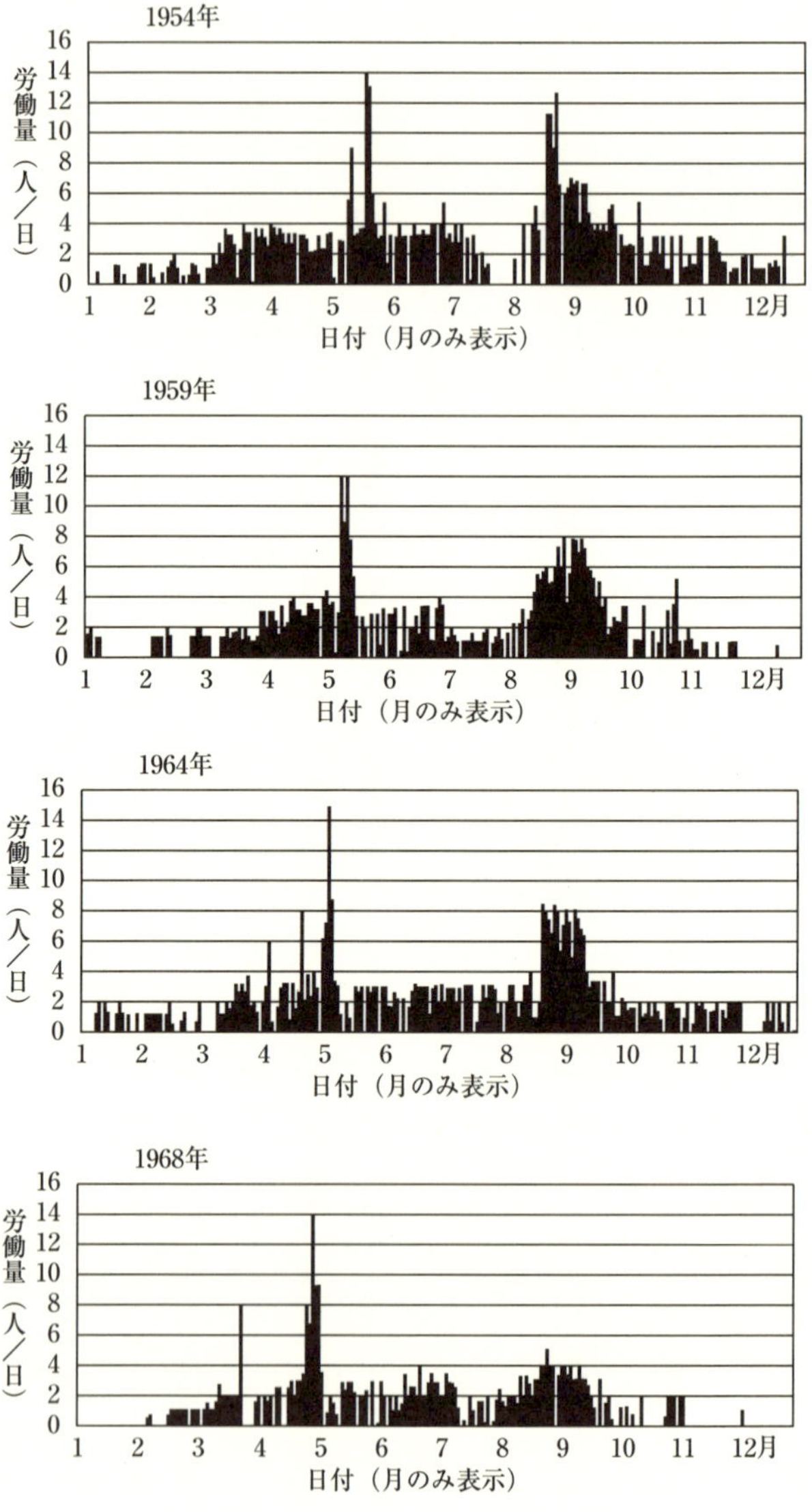

る。村松家の場合は第二世代の成長・労働力化がちょうど一九六三年であったため、この時期に雇用労働から家族労働への代替によって家族外労働率が低下した。さらに、一九六四年の土地区画整理以降は船農業からの脱却、稲刈り、田植えの機械化と順を追って必要労働量が急速に合理化（減少）し、一九六〇年代後半の低下をもたらした。一九六〇年代に軽減が意識された強度の労働は雇用労働が必要な部分（つまり「田植」と「稲刈」）でもあったから、両者が同時に進行したのである。一九六八年と一九七一年にそれぞれコンバインと田植機が導入されることによって、両

作業の雇用は最終的に消滅し、長年にわたる雇用労働の合理化はようやく完成した。

図3-7は、稲作に関係する作業について日々の労働量を四つの年次で図示したものである。ここから村松家の稲作要員数の推移を観察すると、第一に稲刈に必要な人員がピーク数・総量ともに減少していったことが明確に示されている。これに反して、田植に関する要員の合理化は緩慢であり、ピーク要員に関してはほとんど改善されていない。一九五四年の時点では農繁期以外にも常態的に三~四人程度の労働力を費やしていることが特徴的である。表3-18はこの点をより明示的に示すものである。一九六〇年前後は村松家が家族労働力の世代的な空白期にあたっていたために、夫婦二人による作業遂行を余儀なくされていたことが改めて確認され、一九六三年から後継者が本格的に基幹労働力化してからは再び二・〇~三・〇（人日）を費やす日数が増加している。一方で、土地区画整理（一九六二年）およびコンバイン導入（一九六八年）が、一日に四・〇以上の労働量を必要とする日数（つまり雇用が必要な日）を減少させたことがわかるであろう。属人別の年間労働量を示した表3-16に戻れば、一九六〇年代後半はすでに後継者が中核となっており、敗戦直後までの慣行ならば戸主の引退・交代の時機が近づきつつあったと考えられる。しかし、戸主の体力的消耗を早めたといわれる苦汗労働はすでに過去のものであり、技術的改善は農閑期の作業さえも合理化させていたから、大きく合理化された農作業を親世代が継続し、働き盛りが兼業に出るという選択を可能とする条件も整いつつあった。もちろん、第二世代が兼業機会を利用する経済的有利性や長寿化などの社会的変化が、後継者の兼業化に作用

表3-18　農作業（田および畑）要員数の推移

年次	延べ日数（1日の労働量別）			
	2.0以下	2.0～3.0	3.0～4.0	4.0超
1954	104	66	31	30
1955	193	10	18	30
1956	165	35	13	34
1957	150	40	14	32
1958	122	51	17	37
1959	131	41	17	34
1960	215	25	11	31
1961	176	19	5	32
1962	102	23	9	31
1963	125	54	10	38
1964	158	65	4	27
1965	147	68	13	23
1966	165	52	10	20
1967	147	30	12	17
1968	150	59	13	9
1969	57	58	26	10

したことは疑いのないところであるが、三町歩近い経営でさえ後継者の兼業が行われる客観的条件は、村松日記データの中からもはっきりと確認されたわけである。

労働者の確保

稲刈			
家族	村内・親戚	鹿島	不詳・その他
	彦左衛門祖母，新右衛門より女２人	悌喜，弟，要一	
	新右衛門夫婦	鹿島より男３人女１人，悌喜，要一，政重	
	彦左衛門，新右衛門より男１人	鹿島内儀，修，悌喜，千代子，久子，とし子	
		栄子他女１人，勇二，とみ子，要一，政好	
	大貫叔母，瑞枝	要一，悌喜，栄子	
		悌喜，要一，栄子	真六女，真六
		悌喜，栄子，より子，要一	勇，真六，弟（ゆうじ）
		悌喜，栄子，祥子，治平より鹿島２人	
		栄子主人，悌喜，祥子	
昭次	治平，四郎兵エ，高四３人	悌喜，祥子，千代子	大洋村飯島
昭次		悌喜，浜田さん，鹿島３人，千代子	すみ子
	瑞枝，新右衛門，清右衛門より男女	悌喜	日向寺女１人，山崎，安□
	清右衛門より３人，新右衛門より２人	悌喜と息子	
昭次	治平		仲治，押砂バインダー，篤志，伸一
昭次		悌喜内儀，祥子	バインダー
昭次，君枝	利秋		コンバイン
昭次，君枝			コンバイン

く鹿島からの雇用者と思われる。

表３-19　田植および稲刈の雇用

年次	田植				
	家　族	村内・親戚	大　貫	鹿　島	不詳・その他
1954		新右衛門夫婦	大貫女５人，お君，大貫祖母		桜田の女２人，神宿みつ
1955			大貫君子	内儀２人，要一	
1956	昭次			祥子，栄子，千代子，要一	
1957			大貫君子，大貫叔母	要一，悌喜母，悌喜	
1958			大貫おば他３人	要一	ふじみ母，沼里の女４人
1959			大貫より２人，大貫より□と４人	要一，栄子	町田より３人，川尻より３人
1960		森戸		栄子，要一	
1961		治右衛門新宅内儀，高四，新右衛門	大貫より12人	祥子	新宅，藤み
1962		島田３人，桜井２人，森戸２人	大貫		菅沢２人，押砂，七沢２人，神宿
1963		治平内儀，治平，鈴木	大貫６人，大貫老母		郡より１人
1964		高治，高四，鈴木２人，こう，高四内儀	大貫より４人		
1965		高四より２人，鈴木，鈴木内儀，清右衛門内儀	大貫より７人		方月より２人
1966			大貫より（2，11，7人）		
1967	昭次	清右衛門，森戸子供つれてくる			□□内儀，篤志
1968		森戸夫婦	大貫より８人		鳥羽より５人，武田新田より４人
1969	昭次，君枝	毛成，森戸	成井		鳥羽
1970	昭次，君枝	新右衛門，森戸	大貫（２人），成井（４人）		篠原新田（２人），鳥羽（２人）

注：(1)　固有名詞や地元が分かる記事を抽出したもので，各年の作業従事者全体を必ずしも示していない。
　　(2)　□□より△人となっている場合，紹介者の属性を優先して分類した。詳細不明の固有名詞の人物はおそら
　　(3)　参考に，機械使用の記事を「不詳・その他」の欄に掲げる。

地域の労働市場の動向とのかかわりを考えるため、この間の雇用の変化についても明らかにしておこう。表3-19は一九五四年以降の村松家の雇用者を判明する限りで抜き書きしたものである。東村一般では、稲作作業の労働雇用は鹿島地方の人々を中心として田植と刈取で行われていた。これに対して村松家の場合、刈取に関してはやはり鹿島からの出稼ぎによって労働力を調達していたが、春先の植付作業には近隣集落在住の親戚筋（表3-19の「大貫」）[10]とその紹介者を雇っていた。各日付の労働量を示した先の図3-9を一見すれば分かるように、田植が実働三日間程度のピークに一〇人近い労働者を雇うのに対し、稲刈りは約一カ月にわたって数人を雇い続けるという違いがある。

村松家にやってくる鹿島労働者は固定的で、「悌喜」という人物が毎年数人の身内を連れてくることが慣行化しており、一九五五年に何らかの事情で田植要員が確保できなかった際にもこの悌喜に労働者探しを依頼している。一方、田植と稲刈の両方に来ていた「要一」という人物は単身で来ており、人を紹介することはなかった。[11]村松家とこれら両者の関係は戦前期の先代から続くものであり、戦後になっていっそう促進された早生志向による農作業の時期の変化は、こうした雇用者の顔ぶれには影響を与えなかった。それは、鹿島が半漁半農（畑）で、稲作の農繁期とほとんど関係がなかったためである。

このように、村松家の場合は鹿島労働者と固定的な関係を持っていたが、要一が一九六〇年限りで隣村の本新島村に行くようになったり、自分から仕事を探しに来た人物（一九六四年の「浜田さん」など）を雇うこともあるなど、地域に存在していた労働市場とかかわる流動的な関係も垣間見える。さらに、日記の記述からは手紙や直接交渉を毎年行って村松氏の方から鹿島関係者に求人を行っていることが確認できる。これらを考慮すると、雇用者の顔ぶれの固定性は調達する側にとって便利ではあったが、農業労働市場はあくまでその年限りのスポット的なものであったと考えられる。そのためかえって、機械化にあたって雇用者との長期にわたる関係が障害となることもなく、機械化を理由にして悌喜という人物が村松家から雇用されなくなった際にも、特に問題は生じなかったということである。[12]

表3-16をみてもわかるように、記録をみるとコンバインの導入（一九六八年）以前から稲刈の雇用は大幅に縮小しつつあることが判明し、機械化はこの動向に終止符を打ったにすぎない。そもそも短期間に大量の農業労働者を雇用する背景は、水害を避けるための早生化を必要とする土地条件、苦汗労働による消耗、次・三男の流出という社会的動向による家族労働力の構成条件などによるもので、第1章が明らかにしたように土地条件の克服が雇用労働を必要とする前提を失わせたことの方が重要なのである。したがって、一九六三年、一九六四にそれぞれ耕耘機・稲刈機が導入された影響も無視しえないにしても、単に雇用労働が機械化で代替されたという理解はあたらないといえよう。

その一方で、鹿島の側でも開発が進むにつれ東村の農業労働機会の意義が急速に失われていたことも事実である。稲刈よりも機械化が遅れた田植の労働者の出身が一九六〇年代末に多様化していることは、近隣の労働市場が発達して人材の確保が困難となったことを反映している。このように地域全体としてみるなら、重労働からの解放という歴史的事情と農業労働市場の逼迫の相互作用が、一九六〇年代に東村で進行した事態の姿であった。雇用労働の消滅は、河川改修から始まり、用排水路の整備、区画整理に至る土地改良を前提に、各経営の農業技術の高度化・合理化が行われ、稲作の近代化が完成されたことを示す象徴的なできごとであった。他方では農業労働市場を逼迫させた事情、すなわち所得の農工間格差が雇用農家側をも巻き込み、周知のごとく兼業問題を生じさせていたわけだが、残念ながら村松日記にはこの問題を分析する材料を欠いていることは冒頭に述べたとおりである。

5 小括――村松家でみられた農業多角化と後継者の兼業――

本節では、年間労働量だけでなく雇用労働、属人別、作業別、要員などの切り口から村松家の一六年間の動きを観察してきた。その結果、稲作を中心とする農業労働における、①「多面的な」技術的発展→②労働合理化→③労働の

「軽減あるいは多角化」の可能性という連関が具体的に明らかとなった。こうした連関は技術的な性格が強いものであり、村松家ないし東村にとどまらず全国的動向に一般化できると考えられるが、③を前提として農家経営の方向性を決定するのは、地域ごと、さらには個別農家の経営的問題であるといえる。この点、水害常習地帯における上層農家であった村松家の事例の特徴は、①季節雇依存からの脱却、②二町八反という経営規模でも後継者夫婦が兼業化、③稲作収入の安定化努力と家内副業の並立、などが指摘できるが、その意味を明らかにするには地域・全国的動向との比較が必要であろう。

したがってこの点については見透しを簡単に述べるにとどまらざるをえない。ひとまず、稲作の「重労働からの解放」が高度成長の下で完成したことについては、以下のように考えられる。戦前以来長年にわたって追求されてきた生産力向上・労働合理化が土木・化学産業などの発展によってほぼ完成したように、近代工業部門を中心とする高度成長の農業への影響は両面的なものであった。本書が強調しているように農家の側が重労働の解放や経営安定を積極的に追求したきたことを考えれば、その完成は高度成長の成果を主体的につかみ取ったものと評価することができよう。多角化ないし兼業化という論点を考える上でも、増産と合理化という伝統的目標が達成された状況こそが、自作農体制の帰結とその限界性に直面し、その克服に挑戦する高度成長期の農業の前提にあったと考えられるのである。

（1）ただし、一九六九年は一～三月および一一～一二月の記録がない。また、一九七〇年は田植についての記録があるだけなのでここでは割愛した。

（2）村松日記の中では「一・〇」とピリオドが省略された「一〇」という表記が混用されているが、後者は時間（hour）単位との誤解を招きやすいので、むしろ「人日」という概念に近い前者に統一して記述を進めることとする。

（3）「神田（かんのた）」・「青年団」はそれぞれ集落の神社・若年層組織運営のための共同田の通称である。

（4）村松家の経営面積にほぼ変化がなく、人日から時間への換算率も時期にかかわりなく一定としているので、村松家労働生産性の指数はその年間稲作労働量（人日）の指数と等しい。
（5）養鶏そのものは、一九五〇年代までの東村で隠居者の庭先副業として広くみられたものであった。
（6）第1章第1節を参照。
（7）本章第1節を参照。
（8）ただし、節夫の主観では鹿島から人が来なくなって困ったという認識はなく、機械化で人が不要になったので来なくなったという意識を持っている。
（9）東村内の他家では、この縄作りを副業として続けた例も聞かれたが、きわめて例外的だったようである。
（10）「大貫」とは、近隣地域の他家に入り婿した節夫の実弟ないしはその家の呼称である。特に田植期には必要な女性労働者の確保が短期間に競合していたため、村内で一般的な鹿島労働者よりも、こうした近隣に住む身内のつてを頼る方が確実であった。
（11）一般的には、新たに労働者を求める場合は地域の周旋人を介することが多かった。
（12）聞き取りにもとづくが、稲刈雇用がわずかに行われていた時期にも、悌喜関係の人物の記事がみられることはその裏づけとなろう。

第4節　村松家の経営の特質

本章では、村松節夫が一九五二年以来書き続けてきた日記を素材として、主として農業生産技術の変化、農作業の変化と労働配分、農家経済の推移という点から分析してきた。そして全体として明らかになったことは、一九六二年の区画整理事業がさまざまな意味で村松家の農業経営の変化をもたらした画期であったという事実である。したがってここでは、一九六二年以前と以後に区分し、村松家の村内での社会的・政治的活動の変化の意味も含めて小括することとしたい。

まず舟農業が主体であり、常習的に水害をうけ、耕地も強湿田であった時期の村松家の性格は、これら悪条件を自らの力で克服しようと努力していた篤農家として位置づけられる。すでに一九五〇年代には、水稲の反収は三石を超えており、これは十余島村の二石台をはるかに凌ぐ高さであった。こうした高い稲作生産力は、村松家の篤農技術によるところが大きい。第2節で詳細に検討したように、早生・多収を目指す品種の選定、さらにそれを補強する保温折衷苗代の早期導入、慎重な施肥設計が積極的かつ独自に追求されており、周辺農家の中でも指導的立場にあったのである。節夫が一九五六年に各集落の農事研究会を束ねる形で設立された東村農業研究連絡協議会の会長に就任していることがそれを示す。

しかし、村松家のこの時期の篤農技術は労働力の多投を前提に組み立てられていたもので、省力化に直ちにつながるものではなかった。事実、年によって差はあるものの第3節で示したように反当稲作労働時間が一九六〇年までは顕著に減少したとはいえず、むしろこの時期の「土入れ」、「堆肥」労働の多さなどを考えれば、労働力の多投によって村松家の篤農技術は生かされたといってよい。そしてこうした労働力の多投を可能にしたのが、この時期の村松家の家族労働力が四人あるという家族構成と伝統的に確保してきた鹿島等からの季節的雇用労働力であった。

では、こうした篤農村松家の農家経済の性格はいかなるものと押さえうるか。農業経営費を確定しえなかったので一定の留保が必要であるが、主として米の販売収入からなる村松家総収入は、この時期米価水準の低迷ということもあり停滞的であるが、家計支出との差はかなり大きく、比較的安定したものであったと考えられることである。これは村松家が政府売渡米以外にかなりの「かつぎ屋」等への自由販売米――政府買入価格より、この時期かなり高い――を動かしていたことも関係すると思われる。村松家は、米の等級格付にも高い関心をこの時期示していることを考えれば、周辺農家より比較的安定した経営を篤農家として維持していたと思われ、そのことが節夫の農業技術面での社会的活動を可能にしていたと考えられる。増産・増収を目指すこの時期の農家の頂点に村松家は位置していたのであり、土地改良・区画整理の実施の際には工事監督として陣頭に立つことにもなったのである。

しかし、苦汗労働からの解放を目指した土地改良・区画整理は高度経済成長のさなかの一九六二年という時期に実施されたこともあり、村松家の経営に大きな変化をもたらす。第一に指摘しなければならないことは、村松家の稲作投入労働力量を大幅に減少させたことである。六角の区画整理が完了して以後も二年位は下流域の区画整理が未了のため半湿田が残存したということもあり、稲作投入労働力量に大きな変化はないが、一九六三年の耕耘機、六四年の稲刈機の導入を画期に主として稲刈時の労働が激減していく。そして一九六八年のコンバイン導入により、こうした傾向は決定的となり、刈取・調整過程の省力化が進む。また最後まで手植を必要とした田植も、一九七一年に田植機を導入しているので、稲作投入労働力量はさらに激減したのである。その意味で土地改良・区画整理は、それまでの苦汗労働から村松家を解放し、農業経営の近代化をすすめる画期となったのであり、その意義は大きい。

そして、ここで触れておきたいことは、区画整理事業にコミットしていく過程で、新利根川土地改良区の理事長である中山栄一代議士との関係を深めたことである。日記でみるかぎり、一九六〇年総選挙までは中山代議士との関係を示す記述はないが、区画整理直後の一九六三年選挙では中山代議士の後援会に加入し、当選祝にも出席している。そして翌一九六四年には、中山代議士を議員会館に訪ね、息子の学費や娘の縁談について秘書に相談している。こうした選挙での関係は、一九六七年、一九六九年の選挙でも続くが、一九七二年選挙では、そのことを示す記述はないので、中山代議士との強い関係は一九七〇年代にはみられなくなったといえよう。

ところで、こうした稲作労働の軽減は、第3節で強調したように、一方でこれまで恒常的にあった雇用労働力を排除するとともに、他方で家族労働力の編成にも変化をもたらした。つまり第1節で示したように、一九六〇年代は後継の長男を残し、次男以下が他出することで小家族化するが、その長男も農閑期には出稼ぎにいくことが恒常化する。そして戸主の節夫も稲作労働が軽減される中で副業としての養鶏をはじめ、長男が結婚することで家族労働力の強化がはかられると養鶏は本格化し、村松家の収入の中で無視しえない位置を占めることになった。稲作労働の軽減は、経済成長による労働需要の拡大ということもあり、村松家の副業と兼業をすすめることになった。戸主夫妻は養鶏を含む農業専業の基幹労働力としてとどまったにしても、後継夫妻は農閑期には兼業に出ることが恒常化しているのであるから、篤農家として知られた三町歩農家村松家といえども、東村でこの時期急速に進行した兼業化という方向に添う動きを示したのである。

では一九五〇年代に明確にみられた村松家の篤農家としての性格は、いかなる変化をみせるか。区画整理完了以降、機械の導入がはかられ省力化が進んだことはすでに触れたが、堆肥や鶏糞という有機質肥料を主体に肥料設計を行うという点では、一九六〇年代を通じて変わらなかった。しかし第2節で分析したように、一九七〇年代ともなると化成肥料や除草剤を使用するようになり、周辺農家と同様の栽培技術も取り入れている。そして何よりも重要なことは村松家の水稲反収は一九六〇年代以降停滞し、東村の平均値とほとんど差がなくなっていることである。一九五〇年代に隔絶した生産力水準を示した篤農家としての村松家の性格は水稲栽培技術が平均化する中で大幅に後退したとしなければならない。村松家自身は堆肥や鶏糞の利用など一九五〇年代以来の篤農技術を今日まで堅持している側面があることは否定できないが、労働集約的な篤農技術により周辺農家より高い生産力水準を示すという性格は薄まったといえよう。

最後に村松家の農家経済であるが、区画整理以降、収入は順調な伸びを示す。これは養鶏収入が加わったことにもよるが、基本的には米価の上昇が大きかったことによる。また家計支出との差も大きくなっているから、後継者の兼業収入をも考慮に入れれば、村松家の農家経済は好調といって差し支えない。しかし、一九七〇年代に入ると、後継者の突然の入院・治療という事故もあり、かつ減反政策の中で米価が低迷するということもあり、村松家の経済は悪化したと思われる。

村松家は、後継者の不慮の事故ということもあるが、一九七〇年代以降は節夫の養鶏も中止を最終的には余儀なくされ、農業としては水稲作に特化していかざるをえなかった。村松家は今もなお茅葺の屋根をもつ篤農家にふさわしい風格ある家屋を維持し、有機農業を続けているという点では特記しなければならない農家であるが、全体としては経済成長、および減反政策の開始という条件のもとで、東村の平均的農家に近づいていったのである。

第4章　新平須協同農場の成立と展開

第1節　戦後開拓政策の展開と入植状況

1　全国的開拓政策の展開と入植状況

本章では一九四七年に設立された平須開拓帰農組合を前提とし、翌一九四八年に創設され、その後三〇年間にわたり共同経営を存続・発展してきた新利根開拓実験農場の成立・展開・解消過程が分析される。新利根開拓実験農場が創設された一九四八年当時は、戦後緊急開拓政策において開拓・入植が最も進展した時期であった。しかしこの時期の特徴として、入植時において共同で開拓作業に従事した事例は多数みられても、開拓完了後は個別経営に移行してしまうケースが大勢であった。そのため新利根開拓実験農場のように開拓作業終了後においても共同経営を持続した事例はほとんど存在していない。一般に農業協業化、農業生産の共同化が進展するのは一九五〇年代以降であり、とりわけ一九六〇年前後にかけてはブームといわれるほど農業協業化・共同化が生まれる。一九六〇年前後は農業基本法制定期であり農業の技術革新が進展するとともに、米以外の農産物が自由化により市場競争が本格化し、また農工間の所得格差の問題も顕在化してきた。その中で脚光を浴びた経営形態の一つが「協業化」であり「共同化」であった。いうまでもなく本章で分析される新利根開拓実験農場における共同化は前者の戦後の緊急開拓・開拓事業実施要領期の開拓・入植にルーツを持つものであった。そこで本節前半部においては、本章分析の史的前提となる開拓政策の展開を緊急開拓政策時期を中心にプレビューするとともに、当時における入植・開拓組合・共同化の実態を把握することを課題とする[1]。

1 全国における開拓政策の展開

(1) 緊急開拓事業期

一九四五年八月一五日に敗戦をむかえた日本は、国民の日常生活の窮乏という非常事態の中、戦時中の空襲により住居を焼かれ生業を失った者、また七〇〇万人とも言われた海外からの復員・引揚邦人の受け入れ、さらに離職した工員・軍人などの膨大な失業者に対し就業の機会を与えなければならない状態にあった。さらに一九四五年秋の米の生産量は、戦前平年作の半分近くまで落ち込み農村ですら食糧に不足する恐れがあるといわれていた。この失業対策と食糧増産に早急に対処することが愁眉の課題であった日本政府は、一九四五年一一月九日「緊急開拓事業実施要領」を閣議決定した。基本方針には当時の社会状況を反映し、食糧増産計画、帰農促進計画が盛り込まれ、「終戦後の食糧事情及復員にともなう新農村建設の要請に即応し、大規模なる開墾、干拓及土地改良事業を実施し以て食糧の自給化をはかるとともに離職せる工員、軍人其他の者の帰農を促進せんとす[2]」と定められた。この実施要領の目標は五年間に一五五万ha（内地八五万ha、北海道七〇万ha）の開墾、六年間に一〇万ha（湖面干拓七万五〇〇〇ha、海面干拓二万五〇〇〇ha）の干拓を実施し、五年間に一〇〇万戸（内地八〇万戸、北海道二〇万戸）の入植を実施するとした[3]。そして開墾地では米、麦、豆類、藷、雑穀等を米換算で一四〇〇万石、干拓地については米二〇〇万石、麦三四万石の食糧生産をはかることとされた[4]。事業はすべて国が実施するという考えの下、三〇〇ha以上の開墾団地は国営事業として実施され、五〇～三〇〇haの開墾団地は都道府県、農地開発営団、地方農業会へ国が開墾事業を委託し、費用は全額国が負担する方法で実施された[5]。五〇ha未満に関しては知事が適当と認める団体に開墾費の五割を助成する補助開墾も行われた。また軍用地中耕地適地は自作農創設のため急速に開発させ、できるだけすみやかに払下げ等の処分をして、旧耕作者および新入植者に譲渡する方針であることが明らかにされた(6)。

帰農計画としては、一〇〇万戸中集団地入植が内地三五万戸、北海道二〇万戸、計五五万戸、その一戸当たり経営面積は、東北地方で二・五ha、東北以外の内地で一・五ha、北海道五haとされ、農村工業の導入を積極的に行い、副業の開発に努めることにしている(7)。そしてこれら開拓・入植事業における農地取得は、あらかじめ政府が取得したものを、開墾後に所期の成果による成功検査に合格すると売り渡す仕組みであった。この農地取得に関する法制上の根拠は、当初一九四五年一二月に出された農地調整法改正、いわゆる第一次農地改革法があてられた。この法令における農地取得の特徴は、農地開発営団、都道府県、市町村、その他自作農創設事業団体が、都道府県知事の許可を受けて開発に必要な未開墾地の取得について、所有者と協議し、協議が整わない時は、都道府県農地良委員会の裁定により開拓用地を取得することができるようになり(8)、農地調整法改正以前のような土地収容法による複雑な手続きが必要なくなった(9)。しかし自由取引であり国による強制買収ではなかったため、開拓事業を進める上で急速に用地を確保することは困難であり、開拓用地確保の実績としては、旧軍用地のような国有地の一部を開放した程度であった(10)。その後の用地取得は一九四六年一〇月二一日制定された「自作農創設特別措置法」、いわゆる第二次農地改革法により進展する。この法令では未墾地の開放事業も自作農創設事業として行われ、開拓事業も農地改革の一環として位置づけられた。自作農創設特別措置法により規定された買収方法の特徴は(11)、①従来のように買収主体が都道府県、市町村農業会、農地開発営団等ではなく、国が直接取得者であること、②買収の対象は開拓の用に供する土地のみならず、立木、権利（漁業権、水利権）採草地、薪炭林も含まれること、③買収計画の樹立者は、農地委員会であること、④買収の方法は、強制主義の立場をとり、開発の用に供しうると認定された土地等は、所有者の意志いかんにかかわらずまたその所有者の在村不在村を問わず、かつ買収面積に制限もなく取得できること、⑤国有地についても積極的に解放に参加せしめるものであった。以上のようにそれまでの開拓事業の根本課題であった用地取得が自由取引から国による直接的強制買収が可能になった。未墾地取得の際の国の強制買収方式は戦後開拓前期における大きな特徴であったが、これに対する抵抗・反対運動も多く発生する。

この土地取得に関する制度のほかに、緊急入植期の重要な制度として「開拓者資金融通法」（一九四七年一月一八日制定公布、二月一日施行）が挙げられる。緊急開拓事業発足当時において入植者に対する国の補助金は、少額の住宅補助金と開墾作業補助金のみであった(12)。しかしこれでは営農基盤整備等が十分に行われなかったため、この補助制度を補完的する金融対策が必要とされた(13)。政府は一九四五年暮にはすでにこの制度化の検討を始めていたが、関係方面の意見がまとまり開拓者資金融通特別会計法として公布されたのが一九四七年一月一八日であった(14)。その内容は(15)、①政府が融資する方式をとること、②営農資金（農具、肥料、家畜、その他耕作業務に必要な資材、施設）、住宅資金を対象とすること、③償還期間は二〇年（内据え置き五年）、年利三分六厘五毛の均等年賦償還であった。以上戦後開拓初期の段階において、国が開拓用地を調達し、国が直接融資する方式がとられたのである。

開拓行政の担当機関としては、一九四五年一〇月に農林省に二部六課からなる開拓局が設置され、都道府県においてもこれに対応する組織が作られた。その後一九四六年一月二五日付けの示達で農林省および都道府県に開拓増産本部が設けられ、これに開拓増産隊と開拓建設隊が配された(17)。また営農指導にあたる営農指導員制度、医療施設にめぐまれない僻地に入植した開拓者の保健衛生、生活改善等を目的とした開拓保健婦の制度が設けられた(18)。これらの制度はその後幾多の改正により充実がはかられていくことになる(19)。

他方開拓者自身の声を政府に伝える側の組織として開拓者連盟が設立される(20)。必要な制度、資金・資材、技術指導等の支援等はおよそ開拓者の望むところとは大きく離れている実状であったので開拓者は独自の組織として規模の大小は問わず、開拓帰農組合、就農組合等を設立した(21)。この組織は開拓地建設において主体となり、また指導の中心となるとともに、外に向かっては開拓者の経済的社会的な利益を代表するようになったのである。[22]個々の開拓組合の上部組織として、府県一円、さらには全国規模の開拓者組織の必要性が指摘される中で茨城県開拓者同盟、岩手県開拓者同盟が結成され、一九四六年一一月には全日本開拓者連盟が結成創立されたのである。[23]その後一九四七年一二月には農業協同組合法が公布され、一九四八年には農業協同組合の設立が進められたが、政府側の認識として、開拓独自の行政をすすめるには開拓独自に農協の設立する必要があるとされ、また上述帰農組合、開拓者連盟結成の沿革もあり、従来の地区ごとの帰農組合、就農組合、開拓団は独自の開拓農業協同組合として法人化された。[24]これにともない各都道府県には開拓農業協同組合都道府県連合会、全国組織として全国開拓農業協同組合連合会の設立をみたのである。[25]

しかしこの時代の開拓政策は走りながら考えられ、これらの政策は後から小出しに出され、そして徐々に固められていく状態であった。[26]たとえば開拓者に対する支援策は、開拓者が入植したかなり後に決められたり、開拓適地選定基準の計画の立て方が後から決められたり、土壌調査が入植後実施されたりというように順序が逆になって始められた場合が少なくない。結果として開拓者の困難は大きく、その後の手直しは必至であった。[27]このような状態をうけ、

一九四七（昭和二二）年一〇月二四日「緊急開拓事業実施要領」が「開拓事業要領」に改定された。基本方針は「緊急」という文字が消され、「国土の資源合理的開発の見地から開拓事業を強力に推進して、土地の農業上の利用増進と、人口収容力の安定的増大を図り、以て新農村の建設に寄与することを目的とす

変動

31～32年	33～34年	35年
戸 6,380	戸 3,835	戸 955
2,026	1,361	192
4,354	2,474	763
221	158	48
165	60	21
232	134	39
207	76	30
78	47	3
502		
78	47	3
127		
50		
77		
65		
66		
12		
12		
4		
11		

表4-1　入植農家戸数の

府県別順位	年度	昭和35年度入植現在戸数	入植現在戸数の入植年度別内訳				
			昭和19年以前	20～24年	25～26年	27～28年	29～30年
	全国	戸 137,112	戸 1,778	戸 87,357	戸 14,912	戸 12,181	戸 9,714
	北海道	26,330	29	12,926	3,336	3,211	3,249
	都府県計	110,782	1,749	74,431	11,576	8,970	6,465
1	岩手	9,245	8	6,704	885	728	523
2	福島	8,804	14	6,996	703	565	280
3	鹿児島	5,514	2	3,399	737	562	409
4	宮崎	5,390	1	3,788	485	335	468
5	茨城	5,140		3,734	675	341	262
	周辺地区計	24,809	43	19,148	2,355	1,413	997
5	茨城	5,140		3,734	675	341	262
9	静岡	3,588	3	2,504	388	302	200
10	千葉	3,449		2,857	225	180	106
11	長野	3,434	3	3,145	268	142	199
16	群馬	2,587	8	2,018	290	121	67
17	栃木	2,442		2,362	267	129	79
30	埼玉	1,287	29	1,044	86	60	38
32	山梨	1,156		1,000	43	62	30
42	神奈川	469		389	24	37	8
44	東京	257		95	89	39	8

出典：農林省農地局『開拓地営農実績調査』昭和35年度，8，9頁。

る」ことに改められた(28)。緊急開拓時には復員者、疎開した人々に対する生活場所の提供が大きな目的であったが、この実施要領では食糧増産とともに、国土の開発が目的とされた(29)。

事業計画は開墾が一五五万ha（内地八五万ha、北海道七〇万ha）、干拓は半減し五万ha、入植戸数は三四万六〇〇〇戸（内地二〇万戸、北海道八万八〇〇〇戸、干拓二万八〇〇〇戸）、増反九四万六〇〇〇戸（内地八五万戸、北海道八万八〇〇〇戸、干拓八〇〇〇戸）とされ(30)、入植戸数が減少し増反による地元農家の規模拡大が重視された入植増反実施計画が定められた。営農規模拡大がはかられ一戸当たり面積は内地一年一作地域で四ha、二年三作地で二・五ha、一年二作地で二ha、北海道が五haとし、これらのほかに開拓予定地区では適当な採草地、薪炭備林、防風林、防災緑地等の面積も見込むことが明示された(31)。

事業主体はそれまでの農地開発道路、灌漑

排水等の重要な建設工事は国の直営とし、全額国費を原則とし、特別な事情があるときにのみ都道府県に行わせることとした[32]。開墾作業等は開拓者またはその組織する団体等に自主的に行わせ、これに対し一定の補助金を交付することにした[33]。入植者に必要な住宅、共同作業場、その他社会施設に対しては、国による補助金を交付するとともに、住宅資金および営農資金の融通方法も整備した[34]。また用地取得に関しては自作農創設特別措置法にある未墾地開放を強力に推進するため未墾地開拓五カ年計画が作成された。これは一九四七年から一九五一年までの五カ年間で一九七万haを取得するというものであった[35]。しかし用地取得はその後GHQの意向のもと五カ年計画とは関係なく農地解放の一環として急速に進められることとなった。一九四八年末までに、すでに取得した開拓用地を含めて、都道府県で七五万ha、北海道で六五万ha、計一四〇万haの開拓用地の取得を行う旨の閣議決定が行われ、一九四八年四月二日には、都道府県宛てに取得目標が割り当てられた[36]。計画された土地の中には開拓適地にふさわしくない土地も多く、土地所有者と用地取得事務を担当する都道府県庁職員との間で、当該未開墾地の開拓の適否についてはげしい論争を巻き起こし、一九四八年八月にはGHQにより未墾地買収の中止令が出されることもあった[37]。土地所有者などからの抵抗運動も活発化し、未墾地開放を不服とする訴訟は大量件数に達した。この訴訟件数においても茨城県が全国のなかで岩手県に次いで最も多かったとされる[38]。割り当てに対する実績としては全国平均七五％（内地八〇％、北海道七〇％）と一応の成果をあげたといえよう。しかし茨城県に関しては実績は計画の五〇％を下回っていた[39]。

以上が戦後直後に展開された開拓政策の概況である。その後の開拓政策の展開は、急速な社会経済状況の変化にともない、当初の意義・役割は変貌を遂げ、新規入植者の激減という状況の中、一九六一年に「開発パイロット事業」発足により施策は入植中心から地元増反政策に移行していくのである。

このような施策をうけ実際に入植がどのように展開されていたのかを表わしたのが表4-1である。この表は一九四四年から、一九六〇年にかけて入植農家戸数の多い府県と、本分析対象地域周辺都県の入植農家戸数の推移を示したものである。これによると茨城県における入植農家戸数実績は、一九六〇年度時点において全国第五位、周辺地区別では第一位となっている。とりわけ一九四五年から一九四九年にかけての茨城県の入植農家戸数は全国第四位である。つまり平須開拓帰農組合が設立された当時（一九四七年）は、全国的にも、また茨城県においても開拓・入植が進展した時期であり、なおかつ茨城県は全国的に最も開拓・入植が盛んな地域であったといえよう。しかし、未墾地買収目標の達成率の低さ、また未墾地訴訟件数の多さなどからも、茨城県は開拓入植に対する問題も多い県であった。

また開拓農協の設立件数は、一九四九年度の『第二次農業協同組合統計書（特殊組合）』によると生産事業別組合数合計五九九組合であり、そのうち茨城県は全国第五位の三七組合であった。入植農家戸数の多さを反映し開拓組合も多数存在していた。

（1）　戦後開拓史編纂委員会『戦後開拓史』（全国開拓農業協同組合連合会、一九六七年）、戦後開拓史編纂委員会『戦後開拓史完結編』（全国開拓農業協同組合連合会、一九七七年）、開拓五〇周年記念事業会編『戦後開拓五〇年の歩み』（開拓五〇周年記念事業会、一九九八年）。
（2）　前掲『戦後開拓史』三五頁。
（3）　同右、三四頁。および前掲『戦後開拓五〇年の歩み』六頁。
（4）　前掲『戦後開拓史』三四頁。
（5）　前掲『戦後開拓史完結編』六頁。
（6）　前掲『戦後開拓史』三四頁。
（7）　同右、三五頁。
（8）　同右。
（9）　前掲『戦後開拓史完結編』二八頁。
（10）　前掲『戦後開拓史』三五頁。

(11) 以下①~⑤まで前掲『戦後開拓史完結編』二九頁。
(12) 前掲『戦後開拓五〇年の歩み』八頁。
(13) 同右、八頁。
(14) 前掲『戦後開拓史』三八頁。
(15) 以下①~③まで同右、三八頁。
(16) 前掲『戦後開拓五〇年の歩み』八頁。
(17) 前掲『戦後開拓史完結編』六頁。
(18) 前掲『戦後開拓五〇年の歩み』八頁。
(19) 同右、八頁。
(20) 前掲『戦後開拓史』三九頁。
(21) 同右、三九頁。
(22) 同右。
(23) 同右。
(24) 前掲『戦後開拓五〇年の歩み』八頁。
(25) 前掲『戦後開拓史』四〇頁。
(26) 前掲『戦後開拓史完結編』七頁、五四四~五四五頁。
(27) 前掲『戦後開拓五〇年の歩み』八頁。
(28) 前掲『戦後開拓史』四〇頁。
(29) 前掲『戦後開拓史完結編』五四四頁、座談会資料、佐々木四郎発言による。
(30) 前掲『戦後開拓五〇年の歩み』、八頁。
(31) 同右、八頁。
(32) 同右。
(33) 前掲『戦後開拓史』四一頁。

(34) 同右、四一頁。
(35) 同右、四一～四二頁。
(36) 同右、四一頁。
(37) 同右、四二頁。
(38) 同右、一二〇頁。
(39) 同右、四二頁。

2　茨城県の状況

戦後高度成長期の基本法農政下において、農業の構造改善の類型として、小農形態を維持したまま「選択的拡大」を行う路線のほかに、脚光を浴びた経営形態として、「共同化」路線が存在した。それは戦後日本においては、緊急開拓事業下の開拓営農に一つのルーツを持つものであった。本章で取り上げられる平須農場における有畜協同経営を分析するためにも、その史的前提としての、戦後茨城県の開拓・入植政策について分析し、基本法農政下の共同経営の展開がいかなる歴史的条件のもとで形成されてきたかを明らかにする必要があるだろう。

本節では最初に、戦後茨城県における緊急開拓事業の展開過程を分析し、開拓事業が戦後自作農体制を超える可能性を秘めた共同化路線を志向した、その背景を明らかにする。また一方で入植者自らが開拓経営を向上させるために組織した政治組織であり、後出平須農場の指導者であった上野満も一時期深く関与した、茨城県開拓者同盟の分析を通して、開拓・入植政策をめぐる政策と、現地の開拓者の政治的経済的活動の実情を明らかにしたい。

1　茨城県における開拓政策の展開

(1)　茨城県における開拓行政

①　一九四五〜四八年（事実後追い型の政策と、指導系統の混乱）

「戦後開拓は事実が先行した。政策はあとを追いかけて、たてられていった」という。[1] 第二次大戦の敗戦は、生産力の摩耗と復員・引き揚げ者の帰還による人口増大のため、危機的な食糧難を招来した。都市部の戦災者や軍人の中には個々に未墾地に入り、耕作を始める者も多く、行政側による開拓事業は、こうした既成事実に対応することから始められることになる。政府が緊急開拓の方針をまとめるのが、四五年一一月九日の緊急開拓実施要綱であるが、これはすでに終戦から三カ月近くも経過しており、それまでの対応は各県レベルで個別に展開されたのである。

茨城県では終戦直後、開拓に関する指導系統が一元化されておらず、状勢は混迷をきわめたといわれている。県経済部に開拓課が新設されたのは四六年三月一五日のことであるが、県内にはすでに戦時期から農業会と農地開発営団が存在し、開拓事業の斡旋主体として活動を行っていた。特に県農業会は、四六年四月に開拓事業の指導部署として農地部を新設し、国の委託による緊急開拓委託事業を柱として、未墾地の開拓全般について指導を行っていた。[2] 農業会が事業主体で行った事業は旧軍用地を中心とした未墾地解放が主であり、解散までに約五〇〇町歩の未墾地が取得された。[3] そのほかにも常東農民組合も独自に事業主体となり未墾地解放に乗り出すなど、複数の事業主体によって、ばらばらに開拓事業が展開されていたのが、終戦直後の実態であった。

四六年一一月に入ると、県開拓課が農地部所属となり、開拓課は県下二万六〇〇〇町歩を開拓、入植者一万戸、増反者約二万戸を定着させる方針をとったが、[4] 以上のような事業斡旋主体の並存は、各事業主体や開拓者に混乱をもたらすことになった。この混乱は四七年九月に農業会と農地開発営団の閉鎖が決定され、開拓事業が県開拓課に一元化

表4-2　未墾地訴訟提訴件数（1947～54年）

	1947年	1948年	1949年	1950年	1951年	1952年	1953年	1954年	計
茨　城	7	17	26	9	15	11	3	9	97
山　梨	1	5	8	34	9	2	0	1	60
栃　木	1	6	6	6	15	6	5	2	47
千　葉	0	13	8	12	9	0	1	0	43
群　馬	0	10	8	5	8	1	1	1	34
長　野	0	3	7	1	4	3	0	2	20
静　岡	0	3	2	6	5	2	0	0	18
埼　玉	2	1	3	1	4	1	0	0	12
神奈川	2	5	2	0	0	0	0	1	10
東　京	0	6	2	1	0	0	0	0	9
計	13	69	72	75	69	26	10	16	350

注：(1)　東京農地事務局内での訴訟件数の集計。
　　(2)　件数は第一審での提訴件数である。
出典：『茨城県開拓十年史』70頁より。

されるまで続くことになったのである。

② 一九四九～五〇年（政策の一本化と抵抗運動の激化）

四九年に入ると、開拓事業の事業主体はほぼ県に一本化する。しかしこの時期はドッジ・ラインによる財政緊縮と、農地行政の開拓から土地改良への重心移動の時期であり、開拓事業規模が圧縮された。

このような全国的な開拓事業の圧縮基調の中、開拓事業に対する抵抗が顕在化し始めた。特に農地改革が一応の集結を見る四九年以降、未墾地買収による開拓事業に対する抵抗運動が活発化し始めることになった。表4-2に見られるように、茨城県の未墾地買収をめぐる訴訟件数は関東地区では最も多く、未墾地買収をめぐる争いは、県農地委員会の解散という事態（五〇年一一月）にまで展開したのである(5)。

こうした中、開拓政策は未墾地取得から、既開拓地の利用促進と営農保護に重点を移すことになった。新規の開拓事業についても、入植者優先の大開墾方式から地元優先の小開墾方式に重心が移されることになった。大規模な入植事業としては、本新島村における干拓地（約四〇〇町歩）への入植が最後になった。

表4－3　茨城県開拓農家における生産量推移

	全穀物(石)	いも類(貫)	一戸当たり	
			全穀物	いも類
1946年	1,305	329,185	0.6	146.5
1947年	2,292	385,552	0.6	108.5
1948年	8,027	2,467,486	1.9	580.0
1949年	19,973	1,754,747	4.2	371.1
1950年	47,411	3,522,586	9.6	716.0
1951年	69,101	5,214,995	13.9	1,049.0
1952年	99,187	7,605,585	19.4	1,490.4
1953年	75,787	6,767,553	15.0	1,343.8
1954年	131,001	8,750,604	25.4	1,696.2
1955年	127,553	8,666,200	24.5	1,666.3

出典：『茨城農政十年史』106頁より。原史料は茨城県『開拓営農実績調査』。

③　一九五〇年代以降（開拓営農の定着へ）

表4－3で見られるように、一九四〇年代において飢餓的状態に置かれていた開拓農家も、五〇年代に入ると、平均的にも既存農家の小規模経営に匹敵する程度の生産を挙げるようになった。そのため五〇年代以降の開拓政策は、開拓農家、開拓農協を自立経営路線に乗せてゆくことに向けられることになる。五三年より各種融資の償還期に入るが、それまでの小規模組合の乱立状況による経営の不振や、五三年の冷害、五八年の水害等による減収も重なり、開拓農家の借入金償還難が深刻化していった。

これに対応し、五七年四月六日に開拓営農振興臨時措置法が制定された。同法は建設工事の促進、資金の融通、負債の緩和等をその目的とし、各開拓者に対して、営農の年次計画の樹立を指導し、災害資金等については改善資金への切替を認めることで実質的な期限延長をはかったのである。しかしそれまでの償還問題に苦しんだ経験から、融資そのものに拒否反応を示す開拓農家も多く、新規資金への申込みは県割当の二〇〇〇万円余に対して九〇〇万円にとどまった。

一九六〇年に入ると、政府は開拓営農審議会に対し、「開拓の基本方策を確立することを目的とし、差し当たっては開拓営農振興対策の強化に努めるため」という主旨の下に「既入植者に対する営農振興対策の改善に関する方策、並びに開拓事業の今後の基本的方向及びその実施の方策について審議を願いたい」という諮問を行い、審議会は六一年一一月一四日に答申を行った。

これにもとづき対策は六三年より実施された。主な変更点は、開拓農家をその経営状態によって第一類型（営農が確立し、振興対策を要しない農家）、第二類型（振興対策を講じることによって営農水準を引き上げるべき農家）、第三類型（離農を促進すべき農家）の三者に分類し、第二類型農家に融資を集中すべきであるとする方針がとられたことである。(6)当地における実際の運用では、「本当の二類の上、一丁あがりにすることによって近傍類似の中庸農家程度になり得る者ではなく、いわば二類の下の方を一丁あがりにした」(7)と述懐されているように、このための資金（当地では「一丁あがり資金」と俗称されていたという）は、第二類型農家の中でも経営的により困難な階層に優先的に融資されたようである。なお、営農面への影響としては、この融資をきっかけとして、多くの農家が養豚業に進出する効果もあったといわれている。

(2)　開拓事業を巡る諸矛盾

一方現場の農村にとって、開拓事業はさまざまな次元における葛藤をもたらすことになった。戦後開拓における未墾地の用地買収・売渡しは自作農創設特別措置法（第三〇条以下）を根拠としており、その意味で緊急開拓事業は農地改革の一環であった。しかし原則として旧来の耕作者が所有権を取得する形式で行われた農地改革が、相対的にスムーズに展開したのに対し、耕作権の裏づけのない入植者が新たに外から参加する形式の未墾地解放は、より尖鋭的性格を持つ土地改革であったのであり、矛盾の大きさ、複雑さは一般の農地改革よりもはるかに大きなものであった。

まず入植者への抵抗の問題である。地元外の入植者に対する心理的抵抗という側面も重要だが、なにより受入れ先の農村においても復員等での人口増加があり、反対陳情の有力な類型として、開拓するにせよ、入植ではなく、増反にして欲しいという要求は一般的なものであった。(8)さらに入植者への抵抗を除いても、従来耕地化されていない土地を耕地化することに関して、現場レベルではさまざまな問題があった。たとえば、戦時中徴用された旧軍用地の開拓地化に対しては、元の所有者からの返還要求が出されるのは当然であった。(9)

中でも最も問題が複雑であったのは、未墾地に入会地的権利が絡む場合であった。たとえば稲敷郡の本新島干拓は、霞ヶ浦の東南部五七二町歩を干拓する大規模なものであり、戦後茨城県開拓の一大事業であったが、この干拓について地元の漁業組合や近隣農村からの反対運動が発生した。理由は同地が湖に生息する鯉や鮒の産卵場所に当たっていたこと、さらに湖沿岸の「藻」が近隣農村に肥料として使用されていたことなどが挙げられている[10]。また干拓ではない、通常の原野の開墾の場合でも、「茅」等の植物が近隣農家にとって経済価値を持つ場合も存在した。農村の生活は耕地のみで形成されていた訳ではなく、原野・森林の買収・開拓は、その所有者である地主の利害のみならず、それを入会的に利用する農村共同体の利害にかかわる問題としても浮上することになったのである。そのため開拓に対する反対陳情は、農地改革に対する地主の抵抗といった性質にとどまらぬものをもっていた。また未墾地の取得に関しては茨城県の山林所有に一〇町歩以下の小規模所有者が多かったことも買収を困難にしたとされている。

このような未墾地解放にかかわる反対運動は、その性格の複雑さのゆえに、最も激しい矛盾を生み、後に述べる大須賀村のケースのように、村内の政治問題などと複合して、より解決を困難なものとしていったのである。

(3) 論理の展開——開拓営農のアイデンティティ形成へ——

このような未墾地解放、入植を巡る各種の障害が存在する中、県の開拓政策も、困難を重ねることになった。しかしここでは、こうした開拓をめぐる困難が、開拓地をめぐる営農政策に新たに意義づけを与えるきっかけとなったことを指摘しておきたい。それは開拓事業にかかわった人々の次のような発言に現われている。

「他県人をいれても、なんにもならないというのに対して、他県との種子の交換とか、長野・山梨の技術のすすんでいる話をして、うまくもつていつた。はいつた人たちの結果はよかつた。それでその後をうまくやつていける原因をつくつた[11]」。

「一年ぐらいの間は営農についていては、食えるようにと念願していたが、次第に接しているうちに、これから新農村建設の先達だという看板にぬりかえた。国が一割増産だというのに開拓が三割増産であったのも印象的だつた。（中略）開拓は消ゴムのいらない農業だからスピードは早いことを実感をもつにいたつた。こうして誇りと自信をもつてすすんできた[12]」。

「当初開拓事業は、引揚者の救済的行事を開拓に求める感がつよかつた。私は性格が教育者だが、これではいけないと思つた。全国課長会議に森幸太郎大臣をひつぱりだして毒舌をふるつた。それは失業対策ではないといわせたかつたからだ、僕らは開拓は満州開拓とちがうことを認識させる必要があるとした。（中略）まず食糧政策と結びつけるべしと主張した。第二は増産で食うだけは作る。そうすれば、引揚者、□□は失業でも適正ではないかと本当にいつた。第三の段階は開拓者は頭がいいから、新しい施策を行わすべしと思つた[13]」。

茨城県開拓課では、中央から割り当てられる未墾地取得（二万六〇〇〇町歩）と入植戸数を消化しなければならなかったが、開拓、入植に対する地元の抵抗に対して、開拓の意義を積極的に提示する必要に迫られることになった。こうした状況の中で県開拓課は、戦後開拓を単なる復員者の救済方策とのみ位置づけるのではなく、入植者との交流による農事改良や、開拓農協の営農形態を積極的に評価してゆく方針をとったのである。また開拓農協関係者の中にも、後述の同盟関係者のように、革新的な経営形態について積極的に模索する人材が存在した。当時の農地部長戸島寛氏は次のように回想している。「開拓者のセンスによって本県の農業改良にまでもっていかねばならぬ。それには開拓者がまず範を示して改良ののろしをあげることであった。（中略）開拓政策は必ずしも開拓者の政策だけではなく、既存農村のともしびともなる。開拓には高い目標がある[14]」。

開拓政策に対する独自の期待は、中央政策レベルにも見ることができる。四七年八月に農林省開拓局が示した開拓地農村建設方針は次のように述べる。「新しい開拓地にのみ期待し得る質的な意義と役割が自覚されなければならない。何故なれば、日本農業の宿命的生産様式を今こそ止揚するのでなければ、将来の日本は真に世界の各国に互して立ちあがることが難しい（中略）理想農村の活模範を造り、新日本再建の先駆となることこそ、開拓地農村建設の自負しなければならない使命であり性格である」[15]。戦後開拓農協の提示した共同経営路線、さらに積極的な機械化経営は、戦後自作農体制に予感された経営拡大への閉塞感を打ち破る予感を、農林官僚をはじめ、当時の人々に感じさせたのである。こうして開拓者は「新農村の建設者」として自己を位置づけてゆくのである。

もちろんすべての開拓農家が、このような営農改善に協力する意思と能力を持っていたわけではない。開拓農家の中にはそもそも継続的に農業を続ける意思のない者も含まれていたからである。またその意思はあっても、当時の開拓農家に、そのような物質的余裕のなかったケースもあった。この点をめぐって次のようなエピソードがある。当時県開拓課の皇睦夫は、開拓農家の規模として一戸平均二町歩を考えていたという。「開拓者から零細農をつくるな」という氏の回想にもあるように、開拓営農を戦後自作農体制の限界を打破する可能性として位置づけていたことは明らかである。しかしこの構想は多くの場合実現しなかった。「残念に思ったのは、六〜七反でもいいじゃないか、と開拓者自身から逆襲のあったことである。一戸当の面積を増せば、入植者の数が減るという反面もあった」[16]。

2　開拓者の農民運動（同盟・県開連・自興会）

これまで行政側の開拓政策について述べてきたが、次に開拓者自身の政治組織であった、茨城県開拓者同盟について述べ、開拓者の下からの運動の形を明らかにする。

(1)　茨城県開拓者同盟の設立

茨城県開拓者同盟（以下、同盟と略記する）は、一九四六年八月一五日、委員長伊藤平四郎、副委員長飯島久等によって、開拓者のための政治組織として結成され、県内開拓農協を統合する組織として機能した。また同盟は政治組織を標榜していたが、後に茨城県開拓農業協同組合連合会（以下、県開連と略記）が設立されるまでの間、開拓農家の営農指導も行った。同盟の運動方針を明らかにするため、設立当初の綱領について、少し長くなるが挙げておこう。

①　茨城県開拓者同盟綱領（一九四六年八月一五日採択）

一、我等は相互扶助の精神に依り独立自営の道を確立せんことを期す。
一、我等は開拓事業の達成に依り新生農村の建設を期す。
一、我等は特殊農業協同組合の一翼として開拓協同組合の設立を期す。

②　宣言

祖国日本の再建の如何は開拓事業の成否にあり我等はここに茨城県開拓帰農者同盟を結成し、一致団結をもつて現下窮迫せる生活を打開すると共に、経済的文化的向上を図り新生農村の建設に邁進す。
右宣言する。

決議（対政府）

一、現下の経済事情の激化に対するため、政府は速やかに下記事項を断行するよう県において促進方要望す。
イ、現下の危機突破資金として二万円融通の道を講ずること。
ロ、開拓金庫を設立する等により特殊金融の道を講ずること。
ハ、開拓者に対して特に封鎖解除の道を講ずること。
二、開拓事業の全額国庫負担と営農指導の一元化。
　開拓事業はその国家的性質に鑑み全額国庫負担において行うこと。なお営農指導の多岐は事業の運営をはばむ最大の原因なるを以てこれが一元化を要望す。
三、入植者に対する各種助成金は現下の情勢に鑑み、大幅に引上げると共に全額前渡交付を要望す。
四、営農指導の徹底を要望す。
五、事業主体による開拓事業助成金の差別撤廃を要望す。
六、肥料、種苗、農機具その他開拓必需物資の迅速、適格なる支給を要望す。
七、地元及び隣接既村《(ママ)》部落の協力援助を懇望す。
八、開拓地における厚生施設の徹底を要望す。
九、住宅及電気施設の迅速なる設置を要望す。
十、開拓地における純帰農者の小作料並びに、供出に対しては下の措置を講ずること。
イ、集団地は五カ年間小作料の免除。
ロ、小団地の小作料は五カ年間国家全額負担。
ハ、供出は自主的供出によることとされたい。

(対営団)
一、営農指導を県農業会に一元化すること。

(対農業会)
一、県内入植地に対し営農指導専任職員を配置し、指導の徹底完璧を期すること。
二、小集団開拓地を集成し、大集団地区同等の処置を講ずること。
三、農業会の厚生文化設備を開拓地に斡旋せられたい。
四、前項の実現のため農地課の機構を拡大せられたい。

以上のように設立時点での綱領には、開拓農家の「独立自営」が目標とされており、「共同」、「協同」への志向は確認することができない。「新生農村の建設」というスローガンの内容も抽象的であり、この時点で「新農村」なるものの具体像は存在しなかったものと思われる。決議の内容は、開拓者への資金融資状況の改善とともに、前述してきた終戦当初の開拓事業主体の並立状況を改善し、事業を一元化することが最大の要求事項となっている。

(2)　開拓者組織の一元化

組織の一元化という問題は、行政側のみならず開拓者側にも存在した。まず同盟は政治組織を標榜していたので、営農指導を含めた経済活動を行う団体として、四七年一二月の農業協同組合法の公布にともない、四八年八月一五日、茨城県開拓農業協同組合連合会が設立され、会長に村山藤四郎が就任した。県農業会は当初、開拓者を一般農協に吸収しようとしたというが、連盟はこれに反対し開拓者だけの組織化を選択した。しかし一方で、当時の政府資金の受入体制の整備を急ぐあまり、法定の最低限の一五名前後で設立した開拓農協が乱立している状況もあったので、開拓農協の統括組織としての県開連が設立されたのである。同盟と県開連は幹部の多くが重複しており、同盟の経済部的な性格を持つことになった。

また組織一元化の問題でより深刻であったのが、茨城県開拓民自興会（以下自興会）の問題であった。開拓者の中には日本に引き上げてきた元満州開拓民が多く存在していた。彼らは帰国後の生活の相互扶助の組織として、四六年九月に開拓民自興会を設立しており、その一支部として、四七年四月、茨城県開拓民自興会が設立され会長に村山藤四郎（石岡市、半ノ木開拓農協）、副会長に戸谷義次（新治郡、新生開拓農協）が就任していた。後述する上野満が平須地区を訪れるきっかけとなったのも、自興会内原訓練所の江坂弥太郎の斡旋によるものであった。

表４－４　茨城県における入植者数

	入植					増反		
	実績		定着		定着率	実績	定着	定着率
	総数	内非助成	総数	内非助成				
1945年	910	37	527	0	58%	1,497	1,221	82%
1946年	1,590	84	1,206	0	76%	2,417	2,155	89%
1947年	1,514	131	1,245	0	82%	682	680	100%
1948年	1,174	663	482	17	41%	835	794	95%
1949年	933	712	221	24	24%	2,125	1,704	80%
1950年	417	276	176	42	42%	5,146	4,700	91%
1951年	329	135	208	23	63%	2,188	2,171	99%
1952年	295	30	280	21	95%	4,996	4,980	100%
1953年	793	24	793	24	100%	501	501	100%
1954年	277	0	277	0	100%	644	644	100%
1955年	25	0	25	0	100%	264	264	100%
計	8,257	2,092	5,440	151	66%	21,295	19,814	93%

注：「定着」は1955年時点で当初の入植地で営農している者の人数。
出典：『茨城県開拓十年史』132頁，138頁より作成。

しかし開拓者のすべてが満州移民であったわけではない。開拓者の組織を整備するにあたって、同盟と自興会の間にも矛盾が存在した。「自興会メンバーは結束力がかたく、なにごとにも積極的で、そのうえいわば開拓のベテランであったから、茨城県下の開拓事業の中でも出色の一団であった上に、開拓行政にたずさわる中央官庁に比較的満州開拓関係につながっていた係官が多かったことから、とかくえこひいきがあるとして一般開拓者からうとまれた。そのため一時、茨城県開拓者同盟と茨城県開拓民自興会のあいだにもつれさえ生じた」[17]。この問題は両者の話し合いの結果、最終的に、五〇年より自興会は引揚開拓民の親睦的役割を果たすことにとどまることに決し、以後開拓者の運動は同盟一本にしぼられてゆくことになった。

(3)　資金融通関係

設立当初の同盟の活動は、先に述べた指導系統一元化の要求に加え、資金融通の申請と配分に重点が置かれていた。開拓者資金融通法（四六年）にもとづく融資、また政府への働きかけにより四八年より実現した現物貸与等は、同盟の開拓資材委員会により、各開拓農協に配給・斡旋された。また五二年四月には、茨城県開拓信用基金協会を設立し、のちの茨城県開拓融資保証協会の前身となった。また融資問題では、非助成入植者の切替運動が重要であったという。表４-４でも示されるように、茨城県内には、開拓者資金の対象とならない非助成入植者が、当初約九〇〇戸、約二〇〇〇人存在したといわれ、助成入植者との格差が問題化していた。同盟は県と連携して農林省に働きかけ、五三年までに、約七七〇戸の切替を実現した[18]。

融資の問題と関連して、開拓農協の統合問題についても触れておかなければならない。初期の開拓農協が、当時の政府資金の受入体制の整備を急ぐあまり、法定の最低限の一五名前後で設立した零細開拓農協が乱立する状態となったことは前述したが、表４-５にも示されるように、こうした状況は五〇年代にも続いていた。五〇年代の資金償還期に入ると、償還に苦しむ組合が続出した。これに対し、五二年の同盟総会において、開拓農協の強化策のため、開拓農協の統合方針が議決され、県開拓課、同盟副委員長上野満等が中心となり、二八四組合の内一一七組合が、統合によって二一組合に整理された[19]。

表４－５　開拓農業協同組合設立状況
（1955年度末時点）

	全　国		茨城県	
	組合数	規模別比率	組合数	規模別比率
10戸以下	761	20.4％	89	35.0％
11～20戸	1,296	34.7％	93	36.6％
21～30戸	644	17.3％	26	10.2％
31～50戸	500	13.4％	32	12.6％
51～100戸	311	8.3％	9	3.5％
101戸以上	221	5.9％	5	2.0％
計	3,733	100.0％	254	100.0％

注：全国数値には山口，宮崎両県は含まれていない。
出典：『茨城県開拓十年史』188頁より作成。原史料は農林省農地局営農課調査。

(4)　営農活動

一九四八年末頃より、開拓政策が安定期に入ると、入植地の地元から開拓営農に対する不満が噴出するようになったことは前にも述べた。これに対応して同盟を中心とする開拓者側にも、従来の「物よこせ運動」路線よりの脱却の機運が高まり、「自らの生産によつて自らの生活を守ろう」というスローガンにより、同盟の中心である、飯島久、戸谷義次等が中心となり、興農推進運動を展開した。この運動では県内の農政運動である一割増産運動に対して、開拓地が三割増産を行うことをアピールした。当時まだ支配的な農政課題であった「食糧増産」に積極的に参加することで、開

表4-6　茨城県開拓農家設立状況

	農家戸数	耕地面積（単位／町）			計画面積(B)	開墾進度(A)／(B)
		田	畑	計(A)		
1949年		321	3,603	3,924	7,045	56%
1950年	4,920	380	4,485	4,865	6,878	71%
1951年	4,917	375	5,318	5,693	7,224	79%
1952年	5,103	427	5,845	6,272	7,328	86%
1953年	5,036	560	5,953	6,513	7,225	90%
1954年	5,159	684	6,454	7,138	7,427	96%

出典：茨城県『開拓営農実績調査』各年度版より作成。

拓地が「お荷物」呼ばわりされることを回避し、立場の維持をはかったのである。また地元とのトラブルの一因となった、割り当てられた耕地を有効に経営できない、いわゆる「不良入植者」に対しても同盟内部からの自発的な指導を行った。当時の営農指導にある「一人前になれば、それで万事終わりと考えるような開拓ならば、あまりに意義が小さい、あまりに情けない、そして、道義的にも許さるべきでないと思うのです[20]」、という文言は、当時の同盟指導者の認識をよく示している。

一九五〇年代に入ると、同盟・県開連は、開拓営農の安定方式として畜産化と落花生栽培の二大眼目を掲げた。元々開拓地には水稲作にとって条件のよい農地は少なく、表4-6にも見られるように、耕地中、畑地が多くの比率を占めていた。同盟はこうした開拓地の耕地条件に対応した営農指導をする必要に迫られたのである。畜産に関しては、五三年の冷害により、穀作が大きな被害を受けたことをきっかけに、積極的な導入がはかられることになった。また畑作収入の増大についても努力が重ねられ、落花生は「茨城開拓特産落花生」というブランドをつくる実績を示し、五八年から六一年までは好調であったが、六一年の値崩れ以降、畜産中心にシフトしていった。

(5)　同盟の政治運動

同盟は自ら「政治組織」を標榜し、「開拓者」の利害を代表するための、さまざまな政治活動を行った。同盟の運動の傾向の特徴は、「同じ条件の自作農の組織」と自らを位置づけ、左翼的農民運動路線から一定の距離を置いたことにある。また労働者に対する農民固有の利害を主張し、労農提携路線も採用しないといった、あくまで開拓者としての農業、農家固有の利害を追及する姿勢をとった。

一方同盟では、一九五〇年前後より、開拓者としての自らの代表を国政に送り込むという目標が盛り上がりを見せた。五六年六月に参院選では、元同盟委員長の飯島久を立候補させたが落選した。以後、五九年六月の参院選にも二名の候補者を擁立したが再び落選した。一方興農政治連盟傘下の一般農民と連携して戦った、五九年四月の知事選では初出馬の岩上二郎を推薦し、勝利した。[21] 同盟は、「開拓者」固有の代表を国政に送り込むことには結局成功せず、六〇年代に入ると、開拓固有の利害代表を推薦することが組織内でも疑問視されていった。これについては次のような回想がある。

「私の村にこういう事例があります。村から出る者を推薦して当選させた方が議案の通りがよいという現象です。私は、開拓者は町村の特殊部落、直接県と連つていると思われている。開拓者自身も特殊な施策を受けている特殊部落民のように思つている。こういうことが既村の人々から警戒される原因だと思います。[22]」

のちにも述べるが、戦後の復興過程から高度成長期に至る過程において、自らの特殊性を徐々に失ってゆき、戦後農政の重点推移とも相まって、自らの存在意義の模索に苦悩することになったのである。

3　同盟の運動論理

これまで戦後入植の過程で、未墾地の売渡しと県外入植者に対する現地農村の抵抗に対し、県の入植担当者が開拓営農の先進性を強調、それが既存の農村にも利益をもたらすものであることを主張してきたことを述べてきた。それでは開拓者の下からの組織である同盟は、この点についてどのように考えていたのか、年を追って検討しよう。

(1) 一九四〇年代

前述したように、設立当初の同盟綱領には、開拓農家の独立自営が最大の目標とされており、「相互扶助の精神」「新農村の建設」といった抽象的な言葉は用いられるものの、戦後開拓を日本農業に積極的に位置づける意識が、少なくとも同盟のコンセンサスとして定着していたとはいえない。戦後食糧危機を背景として食糧増産政策への対応や、農村過剰人口問題に対する言及も断片的には見られるが、それはもっぱら復員者・入植者自身の生活に直結するものであり、日本農業の中に開拓政策を意義づけるという性格のものではなかった。

しかし史料的に残されている個々の発言には、開拓農業を日本農業の近代化の一端として位置づける問題意識と理論武装の萌芽を見ることができる。たとえば同盟委員長飯島久は四八年四月の就任挨拶で「開拓者が常に自己の力を正当に判断する賢明さを保持しながら内に高い理想と鞏固《ママ》な決意を持し日本農民近代化の先駆者として既設農村の農民から亦全国民から絶大な声援と期待を懸けられ……」[23]と述べており、日本農業の近代化の一端として開拓農業の正当性を主張している。

また全国開拓民自興会長吉崎千秋は四八年九月二一日の文書において、「農地制度が改革されて小作人は自作者となり多くの開拓者が新に土地を得て入植しましたが単にそれだけでは零細農家の数が多くなったに過ぎません。農村を金融資本や産業資本の圧迫から守り又海外の農業に負けない為には多数の零細農家が協同組合の旗の下に結集して大農的機能を持つことが何よりも必要であると考えます。……県連はその組織の下に……開拓生産に必然ともなう開拓物資の購入、農作業の協同化、共同施設の利用等……半ば総合組合の性格を帯び開拓者の組合は当分この一本で運営される傾向にあります……」と述べており、農地改革による戦後自作農体制の限界の指摘と、その超克を見据えた観点から開拓農協を位置づけている。多くの開拓農協が、生活の困窮から、言わばやむをえず共同作業を行っていた状況で、この時点で共同化を農業近代化の一環として積極的に位置づけている点には注目しなければならない。

(2)　一九五〇年代

① 組織整備の問題

同盟が開拓政策の位置づけを真剣に模索し始めるのは四九年に入り、経済安定九原則とドッジ・ラインの実施以降のことである。この時期以降、開拓関連の予算は大幅な削減の途を歩むことになり、同盟内部でも危機感が高まっていった。四九年九月一五日の同盟大会趣意書では次のように述べられる。

「過般経済九原則の実施を見るや、政府並に政党方面に於ける開拓政策は漸次変貌の様相を呈し……（こうした状況に対し――引用者）自らの手に依って創意されたる科学的営農技術に立脚する抜本的飛躍的増産と計画面積の完全開墾の諸対策を樹立し……一部の誤れる世論に対しては機会ある毎にその蒙を啓き……過去における陳情、嘆願の卑屈の弊を放擲して……今後益々国策としての……開拓政策の速やかなる樹立を迫るべく……」。従来の陳情、嘆願中心の運動から脱却して開拓者組織と営農を自ら積極的に改善して行く姿勢が示されるようになっていることが注目されよう。こうした傾向は五〇年代前半における、「不良入植者」問題、開拓農協統合問題にかかわって同盟の主要な活動として浮上する。

五一年四月二三日付けの同盟委員長発の「不良入植者の処置に関する照会の件」は以下のように述べる。「自作農創設特別措置法第四十一条にもとづいて開拓者は農業に精進する見込みある適格者でなければならない……入植者にして開拓事業以外に他の職業を営み営農実績の劣悪なるものは本人の開拓者としての適格性を喪失するとともにその家族構成においても自作農としての見込がないと認められるので勧告によって反省を促し尚是正の途がない時は不適格者と認定して開拓者の許可条項にもとづき開拓認可、開拓財産の一時使用認可の取消処分を行う」。

また開拓農協統合問題をめぐっては、次のような主張がなされる。「若し開拓がただ単に開拓農家の安定位を目的とするものであったら、開拓者が強力なる組織の下で未墾地の開放を叫び、融資金や補助金等を国家に要請する根拠が何処にあるのか。……未墾地を開拓して是に世界的水準に於ける新農村を建設し、開拓を通じて日本の農業の改革を計ることが、日本再建の根本の道であるとの信念によるのである[24]」。「国策」の一環として補助金・低利融資を受けている以上、個々の開拓農家もその任に応えなければならないという論理が生まれ、「不良入植者」を自ら指導・排除する姿勢に出たのである。

② 近代的営農形態への模索

また従来「新農村建設」といった抽象的用語で示されてきた、営農形態についても一九五一年以降、具体的な方針が現われるようになる。五一年度の同盟運動方針案では、「開拓者及関係する政府官吏も一丸と成って左の各項を実現してこそ古い原始農法を改め畜力化機械化共同化に依る近代農業を確立出来るもので有る[25]」と示され、有畜農法の導入、機械化、共同化といった要素が、開拓農家の営農向上とともに、日本農業の近代化の展望として積極的に位置づけられるようになっていった。続く五二年度以降の同盟総会では、国内食糧自給、単作経営から有畜混合経営への移行、協同生産体制の確立等がスローガンとして明文化され、「開拓者よ日本農業の先駆者たれ」、と述べられたのである。また五一年以降の方針案には「農村次三男を組織的に入植させよ」という項目が盛り込まれるようになる。復員者の入植が一段落し、開拓政策の正当性を訴える一つの論点として農村過剰人口の解決を挙げていることとの関連で浮上した論点であると思われる。

開拓関連予算は五四年から五五年にかけての河野農相下でもさらなる縮小が進行する。この年の同盟「運動方針案」は、次のように述べる。この文は同盟による開拓政策の正当性主張の理論武装の到達点であるといえる。「農地改革によって農民の大部分は小作から解放され農地の所有者とはなったが、依然その経営規模の過小零細性を脱却していない。……一方農家の二・三男は急増し、農村の潜在□□の失業者は逐年増加し……我が国の食糧不足は人口の自然増と共に益々大となりつつある。……現在の食糧不足の悪化を防ぐためにも、この十年間に一五％以上の食糧増産をはからなければならない……現在の国際収支のバランスのギャップを埋めるために当然輸出の増大をはかることが必要であり、そのための原材料の輸入を増大しなければならぬので、食糧不足の増大は極力くいとめなければならない……即ち農村の二・三男を堅実な方向において救済し、過小零細農を適正規模化し、さらに米麦単作、手労働による苦役的農家から脱却して日本農業全体を総合的に拡大、強化しさらに国土全般の総合的開発によって真に日本の自立的経済を確立して、わが国土を豊かにすることは開拓政策の真の方向でなければならない」。

これを受けて、第九回通常総会において、同盟綱領の改訂が行われた。その変化について見ると、まず開拓農協について、当初は「設立を期す」とあったのが、「育成助長を期す」となっている。次に「同盟は農業改革による国内食糧の自給達成と、新農村建設の理想実現を期する」とされる。「農業改革」とは、戦後自作農体制の限界の突破を目指す含意を持つ表現であり、従来の農地改革の一環としての緊急開拓事業から、新たな段階に対応し、戦後自作農体制の制約の打破を目指すことが、新たな開拓政策の意義として合意されたと見るべきであろう。また開拓農家の「独立自営」という表現が削除されたという事実は、「新農村」のビジョンとして協同経営が念頭に置かれつつあったことをうかがわせる。

(3)　一九六〇年代の同盟（開拓政策の後退と基本法農政への接続）

六〇年代に入ると、農政課題としての「開拓」の後退は決定的な段階に入る。開拓農家が「開拓者」であることにアイデンティティを持つ外的条件は徐々に失われていったのである。基本法農政下では開拓農協であることの不利性も生じつつあり、開拓農協の中にも、一般の総合農協組織への統合を望む傾向が強まっていった。たとえば養豚の導入にあたり、開拓農協は振興対策資金で対応したが、基本的に振興対策資金は小型の施設資金であり、養豚等の導入にあたっては、近代化資金の導入を仰がねばならなかった。しかし県開連は近代化資金の受入機関となっておらず、開拓農協が近代化資金の導入に苦しむケースが生じていたのである(26)。

こうした中、同盟も自らの存在意義について、見直さざるをえない状況が生じつつあった。六六年九月に行われた同盟設立二〇周年を記念する座談会において注目される議論の一つは、「われわれはもっと自分の仕事に自信をもっていいのではないかと思う。開拓者のやった仕事の成果というものを、もっともっと世間に誇示していいのではないか」、「酪農などはほとんど大きくやっているのは開拓者だし、豚も鶏もほとんど大きくやっているのは開拓者で、全体の数からいえばそれ程でないにしても、指導的な立場にたっている。(中略) 実質的に酪農組合を動かしているのは開拓者だ」等と、基本法農政に対応して酪農・畜産方面に「開拓」のアイデンティティを求める傾向が強調されている点である。しかしこの座談会においても、「(同盟の) 名前を変えるかどうか、実質的にそこに開拓精神が働いていればかまわない」等と、「開拓」を同盟の統合原理とすることにはこだわることなく、名称の変更さえ議論されている(27)。

こうした中、六〇年代の開拓農協の多くは、結局既存の一般農協に統合されるか、自ら一般農協に編成替えする道を選ぶことになった。同盟が開拓農協のアイデンティティとして掲げた有畜共同化路線に対しても、個々の開拓農協が個別に対応するようになっていったのである。基本法農政下において、共同経営への理想は以後、「開拓」とは切り離されて展開してゆくことになったのである。

4 小　括

以上ここでは、戦後茨城県における開拓事業の展開を、県当局と開拓者同盟の両面から検討してきた。未墾地解放をともなう戦後開拓事業は、農地改革事業の中でも最も困難をともなう事業であり、中でも現地農村の入会権がかかわるケースでは、階級間の利害が錯綜し、問題の処理は困難をきわめた。こうした中、事業を推進した茨城県開拓課は、現地説得のロジックとして、開拓営農の先進性を強調して、在来経営の限界を突破する可能性が開拓営農、特に畜産経営に求められるという図式が形成されたのである。

一方の開拓者同盟も、四〇年代においては、組織整備、資金融通の改善、未墾地取得の増進等、具体的な要求に終始したものの、戦後改革の一段落、ドッジ・ラインによる財政収縮を前に、五〇年代に入ると、運動の形態を防衛的なものに変化させてゆくことになった。こうした状況の中、「開拓」農協独自のアイデンティティへの模索が繰り返され、結果として行政サイドの位置づけに呼応する形で、有畜・共同経営といった当時先進的とされた営農形態を自分達が担っていることを主張することによって、その存在意義を強調してゆく路線がとられることになったのである。

開拓農家が有畜・共同経営を先進的に取り入れることになったことには、いくつかの背景があった。一つは多くの開拓農家が旧満州移民出身者であり、有畜経営、共同経営について、一定のノウハウを持っていた者が多かったことであったが、同時に、開拓地の多くは水稲作の不利な地域にあり、本来米作に依存しない農業経営が模索される立地条件にあったことも関連していたし、入植当時の困難を克服するため、多くの開拓農協で自然発生的に共同経営が行われていたという経緯もあった。

開拓農家とは、そもそも長期にわたって固定される「階級」ないし「階層」ではなく、個々の経営の発展、また食糧危機の克服と農外労働市場の拡大により、その集団としての存立基盤が解体する素地を持つ集団であった。そのため六〇年代に入ると、多くの開拓農協は一般農協に統合・編成替えされ、一部の開拓者は農外に復帰・流出していった。それとともに開拓者同盟も、その存在意義を希薄化させていったのである。しかしこの間培われた有畜・共同経営が十分な発展を遂げた開拓者たちは、その後基本法農政下の選択的経営拡大路線や共同経営化路線に対し、特に開拓者としての来歴を強調することもなく、対応していったのである。

(1)『茨城県開拓十年史』(茨城県開拓十年史編集委員会、一九五五年)八頁。以下県開拓に関する記述は、特に断りなければ同書を主に参照した。
(2)『茨城県の農業会回顧録』(茨城県の農業会回顧録編集委員会、一九八〇年)三五二頁。
(3)茨城県農業史編纂会『開拓回顧座談会』(農業史内部資料第二五号、一九六八年)五頁。
(4)『茨城農政十年史』(茨城県興農推進連盟、一九五八年)九八頁。
(5)農地改革記録委員会編『農地改革顛末概要』(一九五一年)によれば、茨城県農地委員会の解散問題は、「地主勢力が、県農地委員会を動かして、未墾地解放を公然と阻害した最も代表的な事例」とされている。県農地委員会が県内数カ所の未墾地買収を取り消した事件がきっかけとなったこの問題は、県の農地委員会が解散を命じられる、全国唯一の事例となった(ただし引用は、御茶の水書房による復刻版、一九七七年、二三六頁)。
(6)第三類型農家に対しては、離農のための負債減免や助成などが行うこととされた。
(7)『茨城開拓二〇年の歩み』(茨城開拓二〇周年記念事業会、一九六七年)一〇五頁、における、川島武夫(元県開連専務理事)の発言。
(8)前掲『開拓回顧座談会』一一頁、皇睦夫(元県開拓課職員)の発言。皇自身はこうした要求を入植を回避するための「逃げ口上」と評している。
(9)前掲『開拓回顧座談会』七頁、飯島久(元同盟委員長)の発言。
(10)茨城県経済部水産課『昭和二二年八月霞ヶ浦北浦干拓関係綴』(茨城県歴史館所蔵)。
(11)前掲『開拓回顧座談会』皇睦夫発言、一四頁。
(12)前掲『開拓回顧座談会』真家耕三(元県開拓課長・農政課長)発言、二〇頁。
(13)前掲『開拓回顧座談会』竹田徳二(元県開拓課長)、二五頁。

(14)　前掲『茨城県開拓十年史』七四頁。
(15)　茨城県開拓者同盟『昭和二五年度県同盟関係書類綴』。
(16)　前掲『開拓回顧座談会』一一頁。
(17)　『新生開拓三十年の道』(新生開拓農業協同組合、一九七六年)三四八頁。
(18)　前掲『茨城開拓二〇年の歩み』五九頁。
(19)　前掲『茨城開拓二〇年の歩み』六三頁。
(20)　前掲『昭和二五年度県同盟関係書類綴』。
(21)　前掲『茨城開拓二〇年の歩み』六〇頁。
(22)　前掲『茨城開拓二〇年の歩み』一〇二頁。
(23)　平須開拓帰農組合『二十二年度開拓者同盟開拓民自興會関係受付書類』。
(24)　茨城県開拓者同盟『県同盟関係書類綴』昭和二七・二八年度。
(25)　前掲『県同盟関係綴』昭和二七・二八年度。
(26)　前掲『茨城開拓二〇年の歩み』一〇四頁。
(27)　前掲『茨城開拓二〇年の歩み』一〇六頁。

第2節　新利根開拓実験農場の建設過程（入植期一九四七〜五三年）

1　はじめに

前節では、基本法農政に対応した有畜共同経営の成立の必然性を、県行政側と開拓者団体の両面から分析した。そこでは、未墾地への入植という、困難な農地政策を完遂するための、一つの「方便」として、開拓農協をポスト戦後自作農体制の可能性として位置づけてゆく論理が、いわば追随的に形成されてきたことを明らかにした。とはいえ、このような議論が現地で説得力をもって展開されるためには、開拓農協の中に、現実に革新的経営を先導する先駆者が必要であったことは言うまでもない。ここで取り上げる新平須協同農場（以下平須農場）、および新利根開拓農業協同組合は、まさにそれを代表する事例であり、戦後開拓政策から高度成長期にかけて、茨城県の枠を超えて全国的な農業経営論に影響を与えた実践活動であった。そしてこの農場の指導者、組合長として、その生涯を自らの理想とする有畜機械化共同経営による農村建設に捧げたのが、本節で登場する上野満である。

上野の協同経営論は、終戦後、即席で形成されたものでなく、戦前より武者小路実篤の「新しき村」、満州開拓等における実践活動を通じて、長年にわたって培われてきたものであった。上野のプロフィールとその思想については、補論において詳述されるが、福岡県の自作農の息子であった[1]彼は、満州からの復員後、必ずしも開拓農業を営む境遇にあったわけではないにもかかわらず、自らの農業理論を実践するために、あえて同地へと入植したのである。

本節では、上野を中心とする平須農場の形成過程、すなわち入植期の一九四七年から水田酪農と共同経営の基盤が整備される一九五五年前後までを検討する。当時の平須農場の構成員達は、入植地における経営上の困難に加え、入植にかかわる地元農村とのさまざまなトラブルに直面することになった。本節で検討する事例は、全国有数の共同農場の形成期という特殊性とともに、戦後開拓集落としての一般性を内包していたのである。

2　入植前史――「満州」からの復員と大須賀村への入植――

多くの戦後開拓者がそうであったように、平須農場の創立者である上野満も満蒙開拓からの帰還者であった(2)。上野の満州時代の活動については、史料が現存せず、もっぱら本人の証言によらざるをえないが(3)、一九三八年に三一歳で渡満し、肇州県立指導農場長に就任、その後満州開拓青年義勇隊訓練本部員、扶桑義勇隊開拓団団長を歴任ののち、一九四四年召集。敗戦と同時に捕虜となり、以後四七年までシベリアに抑留された。

一九四七年六月に帰国した上野は、しかし、自身の農業理論への理想を捨てることはなく、郷里の福岡に一度帰郷するも、再び上京する。ここで満州開拓からの復員者の団体である、開拓民自興会会長であった田中孫平（元満州国開拓総局長）のもとを訪ね、「新農村建設」の候補地を探し始めたのである。茨城県内原には、内原訓練所と呼ばれた満州開拓の国内訓練施設があり、終戦後は復員した元開拓者たちの一時的な受入れ機関として機能していた。同所の江坂弥太郎より、竜ヶ崎の新利根川下流農業水利改良事務所が、県南新利根川下流の湿地帯開発のため、土地改良に着手していることを伝え聞いた上野は、現地を視察の上、同地に新しい開拓農場を建設することを決心したのである。「私は、あたかも画家が白紙に筆をおろし、自分の思うとおりの村を作ってみたいと考えたのでした(4)」。

3　用地獲得――開拓・入植にかかわる村政問題――

当初上野らが入植したのは茨城県稲敷郡大須賀村（現東町）の平須沼であった。同地は、戦前に村外地主が干拓を行い、その時点で反収二石の収穫をあげていたという。しかし戦争の進行にともなう労力不足により、耕作放棄が進み、上野等の入植時点では、完全に荒地化していた。上野は同地を耕地として復旧し、新たな開拓農場の設立を期したのである。上野は初めて平須地区を訪れた時の印象を、こう語っている。「私は、この新利根川流域というところが、すっかり気に入ってしまったのでした。（中略）洋々たる日本一の大河である坂東太郎の下流、東西南北どちらを見ても山一つ見えない大湿原のどまんなかで、我が生涯最後の新しき村作りができたら本望であると思いました。私には、この土地における村作りがどんなにか大変であろうということは、一目見ただけでわかりました。徹頭徹尾、泥沼のなかの水との戦いです。恐らく農林省の工事が完成するまでには十年はかかるだろう。その間には、幾たびか水害をこうむるであろう。しかし、すべてを覚悟のうえで、私の残る生涯の事業をこの土地で始めることをひそかに決意したのでした」(5)。

しかし上野らの平須沼への入植は、地元大須賀村との関係で、大きな問題となった。同地は、一度耕地化された実績のある土地ということもあり、ある程度の採算が見込めたため、大須賀村内部でも同地の耕作を望む者が多数存在したのである。所有者は村外在住であったため、不在地主扱いとされ、村農地委員会が同地を買収していたが、その売渡をめぐって、対立が生じていたのである。また折しも戦後の食糧危機の下で、湿地帯に棲む鯉・鮒・鰻等の漁業権等の利害も深刻であり、平須沼の再開発問題は、上野等入植者を村内の政治対立に巻き込むきっかけとなったのである。当時大須賀村では、入植を推進する村長派と、地元増反推進派が対立しており、入植した上野は本人の意図とは関係なく、村長派に位置づけられることとなった。

このような状況の中、上野は、一九四七年一〇月に県開拓課と稲敷郡の斡旋を受けて、大須賀村長、農地委員長の同意を得た上で、同村農地委員会より同地の売渡しを受け、同年一一月一八日の村開拓促進協議会の入植承認の決議を経て、平須開拓帰農組合を結成した(6)。上野自身は、入植者による開拓農協の結成を意図していたが、上述の村政上の事情により、村外入植者一三名と地元増反者七名からなる混成開拓組合とせざるをえなくなったのである。用地配分は総面積三七ha中地元入植者に一〇・五ha、県外入植者一三名は一戸〇・七haずつ、計九haを配分。残りの一七・五haについては増反組合を作って、その配分については大須賀村に一任した。同干拓地の復旧作業は四八年七月に完成し、その運営については、開拓組合と増反組合の協議によることとなった。村外入植者の選択については、山形県開拓民自興会長三沢一郎を介して同志青年を募集し、主に山形県の青年たちにより構成することになったのである。

ただ、完璧主義者の上野は、こうした村政問題に巻き込まれる中で、自身の農業理論を実現する場として、平須沼の干拓地には見切りをつけていたという。「いまさら平須干拓復旧の責任を回避するわけにはいかないが、しかし仮に復旧工事を完成し、作付けが可能になったとしても、村じゅうの人が用地の配分を求めて村はもめ、恐らく私たち入植者の用地は全耕地の半分以下になるだろうということは、眼に見えていたからです(7)」。彼らの入植の表向きの理由は平須干拓の復旧であったので、上野は平須開拓帰農組合の代表として、同地の権利移譲、提塘、排水等、干拓復旧作業に従事しつつも、その一方で村外者だけで入植でき、彼の目指した協同農業の建設に干渉の入らない、新たな候補地の物色を開始したのである。その結果大須賀村市崎地区にある、丑新田と呼ばれる湿地帯が新たな農場建設の地と定められた。

平須干拓地の復旧と並行して、入植者の市崎丑新田地区への入植も進められ、四八年一月の段階で入植者に対し、五戸分の住宅資金と補助金の内示が出ており、この補助金で、丑新田の土地の一部に三戸の妻帯者住宅と二戸の独身住宅を建設した。またその後入植者に配分された平須沼の九haの農地を丑新田の九haと交換し、丑新田原野の三〇ha中、民有地二三haすべての獲得に成功した。もっとも農地委員会の買収済みの用地と異なり、当時民有地の取得は困難であり、聞き取りによれば所有者との売買契約ののち、一度農地委員会の買収を受け、再度売渡しを受けるという手順を踏むことになったという(8)。

しかし一連の上野の活動は、県耕地課、さらには村内の入植反対派の心証を悪化させた模様である。そのため残り七haの公有地獲得に際しては、さまざまな妨害を受けることになったという。最終的に公有地七haのすべてを獲得できたのは、一九五三年のことであり、中でもこの内四haに相当する大浦地区(9)については、五〇年四月の時点で開拓申請を県当局に提出していたにもかかわらず、その許可は遅れ、逆に五三年二月には大須賀村の一部勢力から県会議員を通じた同地区取得への圧力がかかってきたという。最終的に同地の埋め立ては認められたが、そのために平須干拓地区の保有農地三haを手放す結果となったのである(10)。

4　新利根開拓実験農場建設の過程

1　揚排水施設の整備

市崎丑新田における新農場建設は、四八年から開始された。これは平須干拓の復旧作業と並行して行われた。同地に入植した当初、作付けに先立って、提塘、排水路の整備等の土地改良が先決であるとの上野の思惑に反し、一部の構成員はこれを無視して勝手に稲の作付けを開始したという。この時点で上野の指導力は十分な定着を見ていなかったものといえよう。しかし同年六月に同地は水害に襲われ、一一月まで床下浸水に見舞われることになった。この事

図4-1　平須農場平面図

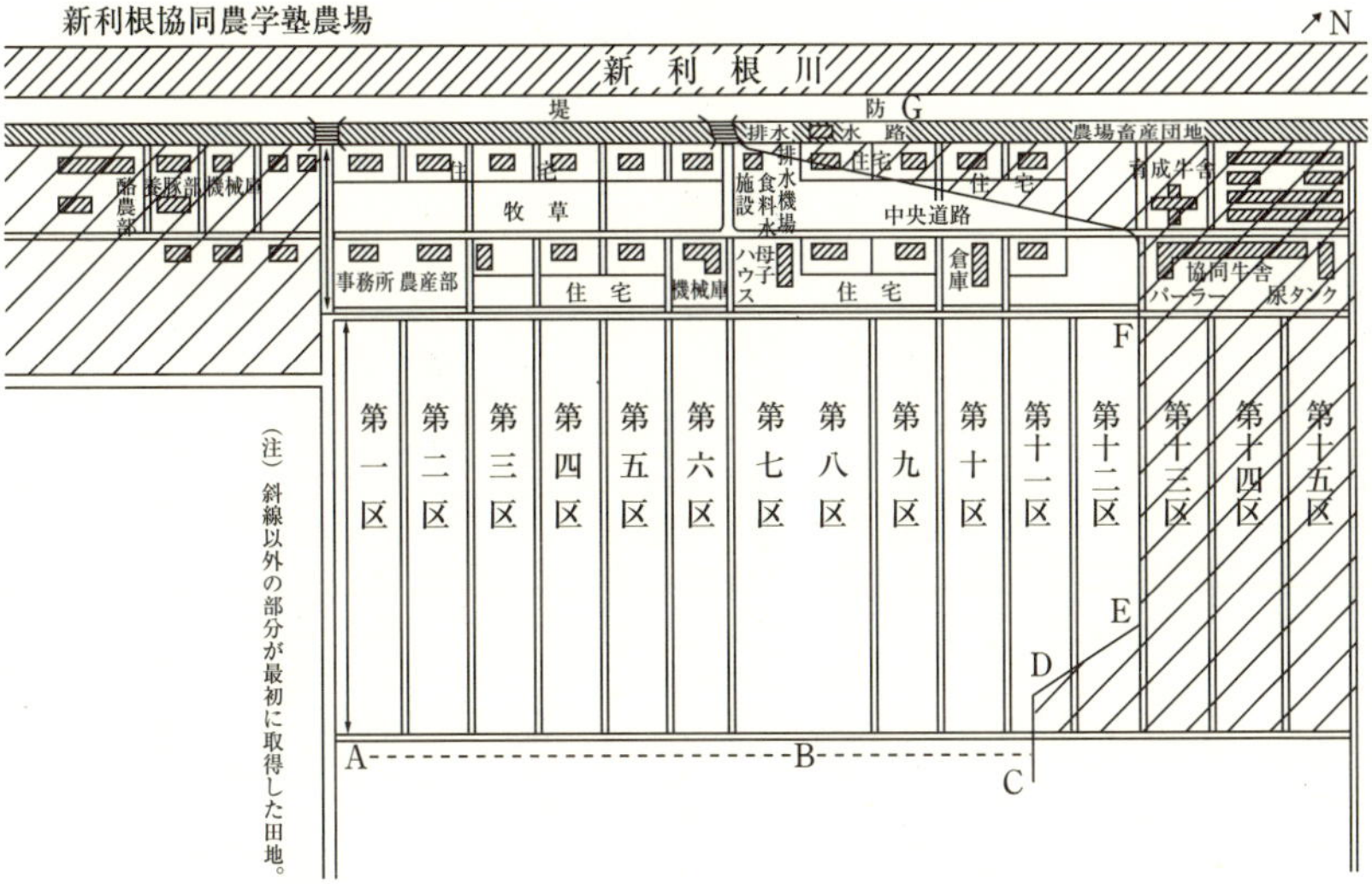

出典：『協同農場四十年』319頁より。

件により、組合内部で土地改良の必要性についての合意が確立し、四九年一月より堤防工事が開始された。図4-1は同農場の地図であるが、工事はまず農場全体を堤防で囲うことから開始された。農場南側に上幅三m、底幅六m、高さ二m、延長七五〇mの堤防を構築、すでにあった東西の堤防と接続して外水の流入を防いだ。またこの堤防に沿って排水用の「承水路」を掘り、その土で堤防・道路を補強。最後に集落内を十字型に幹線水路を掘りバーチカルポンプによる排水機につなぐ、という手順を踏み、四九年五月に工事を完了した。

しかしこの時点では導入したガーデントラクターの運用には不十分であったので、四九年の冬に一二〇m間隔、五〇年冬に六〇m間隔での支線排水路を掘り、また五一年秋には幹線水路をさらに深くする工事を行った。ここに至ってトラクター作業に十分な排水施設が完成したのである。排水施設についてはその後、五二年に口径四五〇㎜の渦巻型ポンプの中古品を入手し[11]、排水が大幅に向上した。五六年には全農場に暗渠排水を導入し、また揚水機を設置して土地改良は一応の完了を見たのである。

以上の土地改良工事は、上野等協同農場の構成員自らの手によって行われた。市崎丑新田地区の開墾は、県の土地改良事業外の存在であったからである。上野らはこうした犠牲を払って、なお、自らの理想とする協同農場の建設に邁進したのである。自家労働力による土地改良工事は八年の長きにわたり、堤防の長さは三〇〇〇m、明渠排水路は八〇〇〇m、暗渠排水路は一万五〇〇〇mに達した。(12) こうして当初の基盤を確立した平須農場は、新利根開拓実験農場と名づけられ、上野の実践活動の拠点となったのである。

2　設立当初の営農方針

農場設立当初の上野の経営方針を示す史料として四八年一〇月に記された「日本農業の革新」という文書がある。これは上野が協同経営に関してまとめた、確認できる最も早期の文書であり、農場設立当初の上野の経営方針とその意義について検討することができる。主要な部分を引用しよう。

「新日本農村建設の根本方策は、日本在来の小農対立の個人主義農法を修正し、出来る限り個々の農家の労力及資本を組織化し、分業化した部落協同農業を行ひ、農民を過重なる肉体労働から解放し、農民自身が有する天分能力をより高度の生産技術の高揚、農村文化の創造に発揮せしむることにあると思います。即ち私達は此の部落協同農道《(ママ)》を開拓し、先づ農業の協同化、機械化を計ると共に、水稲の麦間直播栽培を実施致し度く思います」。

日本農業の長年にわたる重要な問題である、零細農業を解決することが問題意識の根底にあることが、この当時から示されている。その手段として「分業化した部落協同農業」が指向されるという主張は、以後一貫して上野が主張し続けたことであった。また農民を苦汗労働から解放するという目的にもとづいて、機械化、直播栽培の導入などが取り入れられている。「農村文化の創造」という一節が、こうした農家の苦汗労働からの解放から導かれることは自明であるし、その具体的な農村像が上野の「新しき村」の経験から影響を受けていることは、ある程度推測することができよう。

また開拓地における経営上の困難性の問題とも関連し、「穀作のみの農業は不安定であり、米麦偏食は栄養的にも不完全とされています。農業の協同化、機械化によりて生ずる余剰労力活用の方途として、第一に、水田地区に於ける畜産の問題、特に酪農の問題を解決し度く思います」と述べ、協同経営、機械化経営による労働力節約分を酪農に投入し、所得の向上をはかるプランが示されている。

また「私達は特殊部落を作らんとするものではありません。少くとも新利根全域に普遍んす可き新しい営農の大道を開拓せんとするものであります(13)」と述べているように、協同経営による機械化水田酪農といった経営形態を、自らの集落において実現するだけでなく、それを広範に普及させ、日本農業全体に影響を与えることが志されているのである。前節で示された開拓者同盟における主張が時期を追って、徐々に形成されたのに比べ、上野の主張ははるかに早期の段階で確立しており、具体的かつ堅固である。県開拓担当者や開拓者組織の指導者層は、こうした上野らの先駆的開拓指導者の主張の一部を吸収しつつ、戦後開拓の正当性を主張していく上で役立てていったのである。

上野の主張は、このように一貫したものであり、少なくとも戦後入植から三〇年以上にわたり、上野の協同経営と水田酪農経営への追及の信念には少なくとも文書中には一分の揺らぎも確認することができないのである。

5　建設当初の五戸組協同経営

1　五戸組協同経営

以上のような理想にもとづき、上野が計画した協同経営の形態とは五戸組三班による、一五戸からなる集落の形成であった。設立当初の組織については次のように記されている。少し長くなるが引用する。

《隣組単位協同農法要領》

① 協同の単位は五戸。耕作面積は一戸当たり一乃至二ヘクタール。五戸協同で五乃至十ヘクタール程度を経営規模とする隣組協同農業を農業経営の単位とする。

② 農場を家庭農園と協同農園の二つに分ける。家庭農園は山林田畑を通じ、農地面積の三分の一以下とし、三分の二以上を協同農園とする。

③ 家庭農園は各人の主張を活かし、家族労力により個人的に研究的あるいは趣味的に個人の好きなように経営するため、時間的には一年三百六十五日のうち三分の二以上をこれに充当できるようにすることを理想とする。家庭農園の収入は個人の収入とする。

④ 協同農園の経営は家庭農園における各人の研究の結果と、これまでの協同農園の実績を参考として、全体会議によって方針および方法を定め、各人はこれに己を没入して義務的に、しかもできるだけ機械化し能率的に経営する。協同農園の経営のための作業は、時間的には一日二十四時間のうち三分の一に相当する八時間。一週間のうち、一日は作業を休み、六日程度。一年のうち一か月ぐらいは、お互いに有給休暇を持つことができるようにして、一年の労働日数は二百五十日程度を目途とする。協同農園の収入は厳密に再生産費を差し引いた残りを、原則として平等配分する。

⑤ 畜産であれ、園芸であれ、家庭農園における個人経営の限界を超えるものは、話し合いのうえ部落協同の事業として行う。

⑥ 隣組単位協同の限界を超え、部落協同でやったほうがいいものは、話し合いのうえ部落協同の事業として行う。(14)

市崎丑新田地区の用地の売渡しを受けた上野らは、当時一三名であった男性入植者を五・四・四の三組に編成、農地をこの組別に配分した。上野がこの五戸組協同という営農形態に、いつたどり着いたのかについては、はっきりとしたことは確認できない。上野が戦前渡満以前に埼玉県において実施した協同農場が五戸組であったこと、満州における現地農業が五戸組協同であり、これに上野が触発を受けたと記していることなどから、こうした実践活動を経て、五戸組協同経営という営農形態が上野の理想とする経営形態の中で重要な要素として定着していったものと考えることができる[15]。

2　研究班の設定

一五戸三班の平須農場の中で、当初第一班は「研究班」として位置づけられ、他の二班よりも早期に先進技術が導入されることとなった。これについて上野は次のように述べている。「私たちの意図する新農法は、まだ完成したものではない。一〇ha単位の隣組共同農法といいあるいは水田農業の機械化・水稲の麦間直播栽培・水田地帯の酪農業といい、すべて新しい試みであって、これから研究開拓して、これが完成は将来に期すべきものである。したがってこれを、組合全般の経営に不用意に取り入れるときは、多少危険をともなう。すなわち、私たちは組合の一部に実験農場を設置し、あらゆる新しい知識・技術の導入はこれを通じておこない、あらゆる新しい試みはまずこの実験農場において実験し、組合全般への実施はその実験の結果に鑑み、組合員が自主的におこなうという建前をとる[16]」。

研究班の設置は、新技術をいきなり全体に導入することによるリスクを低下させるとともに、集約的に新技術の農事研究を行える利点が存在したものと考えられる。この研究班に関する発想は新利根開拓農協にも拡大され、平須農場は組合の「実験農場」として位置づけるきっかけとなったのである。史料的には平須農場は四九年三月から六一年まで「新利根開拓実験農場」と呼称されているが、これは以上のような経緯によるものである。

3　家庭菜園・個人部門の設置

すでに述べられたように、上野の協同農業構想の中には当初から協同部門と個人部門の複合経営という構想があった。しかし五戸組協同といっても入植当初、ほとんどの構成員が独身男性で構成されていた時期には、生産労働と生活を一体とした完全な協同生活であり、個人部門というものが事実上存在しない状態であったという。そのため、入植当初は個人部門の設置は行われず、農作業のすべてが協同で行われた。

しかし徐々に構成員が妻帯し、家庭を持つようになると、個人部門を持つ条件と要求が高まったものと思われる。これに応じて五一年七月以降、一五戸すべてに三反歩の家庭菜園を設置することが決定された。

この家庭菜園は、協同農場の中に個々の農家の創意を反映させる装置として、上野の協同農場の理念の中で大きな位置を占めたが、協同経営に部分的に個人経営部門を折衷する方式は、のちに大きな問題の種として浮上してくることになった。

4　組合の営農指導――営農研究会・営農共励会・営農協議会――

実験農場における営農活動としては、営農研究会、営農共励会、営農協議会という三つの農事研究組織が設置されている。営農研究会は個々の家庭菜園が設置された五一年以降活動を開始し、各農家の個人部門における農事研究の成果を毎月一回のペースで報告し合う研究会であった。営農共励会はそれらの成果の品評会を年に二回行う組織、そしてこうした個人農園で開発された営農手法やその他の新しい農業技術を協同経営に導入するかどうかを組合員で話し合い決定する機関として営農協議会が位置づけられ、これも毎月一度開催されることとされた(17)。またこの形態は組合が拡大し、新利根開拓農協となってからは、構成集落全体による営農研究会として拡大されてゆくことになったのである。

5　建設当初の収入

土地改良が完了するまでの、農場における米の収穫は微々たるもので、五一年にほぼ、二〇町歩にあたる農地の耕起が完了した時点で、反収はわずか一俵余にすぎなかった。平須干拓地に確保された入植者の農地からは反収五俵の収穫があがったが、これも一戸当たり二反の配分であったので、やはり不足は否めなかった。四〇年代の営農成績は、史料的には不明な点が多く、表4-7では五二年の研究班の営農実績を掲載している。この年度においてさえ、水稲反収は四俵を超えた程度であり、依然として裏作の麦類、菜種等の収入にも大きく依存している実態がうかがわれる。五二年以降になると、排水の進行により収量は急速に上昇したものの、特に四〇年代後半から五〇年代初頭の建設当初の生計は、同地の米収穫のみで賄える状態ではなかったのである。平須沼の干拓については土地改良事業

表4-7　昭和27年度班共同営農収支決算書

収入	小麦	作付面積	16
		収量（俵）	32
		産額	61,920
	菜種	作付面積	24
		収量（石）	30
		産額	91,500
	大麦	作付面積	6
		収量（メ）	700
		産額	7,000
	玄米	作付面積	60
		収量（俵）	269
		産額	934,500
	藁	作付面積	60
		収量（メ）	6,000
		産額	30,000
	計		1,124,920
支出	種子代	冬作	6,560
		夏作	27,500
	肥料代	冬作	78,203
		夏作	114,194
	農薬費	冬作	
		夏作	3,550
	農機具費	冬作	37,950
		夏作	73,450
	労賃	冬作	40,090
		夏作	68,650
	計		450,147
差引収支			674,773

注：数値は第一班（研究班）のもの。
出典：新利根開拓実験農場『営農研究会指導資料』1951年。

の枠で実施されたため、その作業については労賃が支給され、また配給米に関しても公共事業労務加配米を申請して認められるなど、あらゆる方法により、当座の生活費の確保がはかられた[18]が、到底十分な所得に達することはなく、不足分は田地の裏作や、比較的状態のよい、平須干拓地の収穫、周辺沼地地帯からの水産物、さらに周辺地区への作業手伝いや、沼地埋め立てにともなう労賃等で補填していたという。また入植に協力的であった江戸崎の県農地課開拓係が人手不足で雇用者を必要としている地域を紹介してくれたといい、また実験農場からは河内村の元地主の家の田作業に二、三人ずつまとまって労役に出ることも多かったという[19]。田地の裏作は当初菜種であり、その後、小麦、大麦と変わったが、乳牛の導入と水田酪農への経営イメージが形成されるにつれ、すべて牧草に転換した。ただ、牧草は雨に弱い性格上、暗渠排水の整備の必要性が高まっていった。

6　ガーデントラクターの導入

平須農場を著名な存在にした一つの要因に、同地が戦後全国で最も早い段階で、まだ試作段階であった新型の国産ガーデントラクターを導入したことがあった[20]。四九年二月、上野は東京農地事務局宛に次のような書簡を送り、トラクターの貸与を申請している。「日本農業の機械化が企図せらるるとすれば、利根下流の平原地帯、特に農林省に於て理想的農地の造成を目的として施行せられつつある、新利根川農業水利改良事業地区、五千町の地域こそ、先づ第一に是が実験普及を計る可き適当の地区と信じます。……別記の計画にもとづき小型トラクターによる開墾を試み度く、実験の意味に於て、優秀なる小型トラクター一台、御貸与方御取計ひ相成度……」。さらに難色を示す農林省の技官に対して、次のようにガーデントラクター導入の必要性を主張した。「未知数の機械の使用、未知数の経営方式の禁止は日本農業の発展を計る道ではない。……開拓者の使命は、荒地の開拓だけではない。技術面の開拓、新しい経営法の開拓もあるのだ……経営の協同化に導かれ、アメリカの農業とロシアのコルホーズに匹敵する、日本独自の農法が確立され、これによって日本の農村の革新は成るものと信じ、開拓地が、この生駆《ママ》的役割を果すときに於てのみ、国家に向って、誇りを以て、協力、助成を要求することが出来ると考える次第なのです」。

最終的には四九年一月に、国営事業所長佐倉俊夫、国営事業期成同盟会長の中山栄一等の後援により、石川島芝浦製の四・五馬力ガーデントラクターの導入が決定された。外国製の大馬力のトラクターでなく、国産小馬力のトラクターを導入したことについて上野は次のように述べる。

「トラクターの選定は経営規模に対する作業能率と償却費の負担能力によって決定しなければならない。……一〇町以下の経営規模では能率からいって五馬力前後が適しており、償却費から考えて機械の価格は五〇万円を超えてはならないというのが私達の信念である[21]」。

もっとも先に述べたように、導入当初の時期の排水状況では、表作にトラクターを入れられる状態ではなく、トラクターの車輪は空転を繰り返し、満足な耕起作業は展開できなかったという。しかし土壌が比較的乾燥する冬から春にかけての裏作はなんとか可能であったので、とりあえずはこれにトラクター耕起を導入することになった。こちらも当初は車輪が空転したが、何度か支線排水路を増やすことによって、一九五〇年春には自由に使えるようになった。「長さ一二〇間の耕地を一直線にすべるようにトラクターが進むとコロコロと土塊が風車のように転り倒れて見渡す限りの原野が刻々と変貌してゆく。『ああ遂に成功した。』当時私（上野――引用者）は圃上に立ってあかずその姿に見惚れながら感きわまって涙のにじむのを覚えたのであった。そしてそれは私だけではない、私とともに斗いぬいてきた十余名の青年達の凡ての感激であった」とは、後年の上野の回想であるが、トラクター導入にともなう困難と、トラクターの導入の成果に対する自信をうかがわせる叙述である[22]。

このトラクターを維持管理するため、上野はオペレーターを養成することを考え、第一班（研究班）から一名をトラクター係として信州松本の芝浦トラクター工場に派遣し、操作、整備の技術を習得させた。この特定分野の専門家

表4-8　平須農場家畜頭数

	役牛		乳牛	
	成牛	仔牛	成牛	仔牛
1948年	0	5	0	0
1949年	0	5	0	2
1950年	5	0	1	0
1951年	0	0	4	4
1952年	0	0	6	4
1953年	0	0	10	6
1954年	0	0	18	7
1955年	0	3	22	13
1956年	0	3	36	2

出典：昭和32年度『組合営農指導史料』新利根開拓農業協同組合より。

を研修に出して養成する方法は、のちに乳牛経営を導入する際にも採用された。世帯主クラスの基幹労働力を長期にわたって遠隔地で研修させる方法は、小農経営では考えられず、協同農場経営でしかありえない方法であり、当時の同農場の経営の優位性を示す事例であったといえよう。こうした長期研修は、大重集落や千葉野集落といった新利根開拓農協の所属集落に入植予定の人間に対しても実施され、各集落の農事技術向上に貢献したという。農業機械については、その後五五年にモアーと三輪トラック、九馬力乗用トラクターを相次いで購入し、酪農部門に投入できる労力確保に努めた。

7　乳牛の導入

茨城県は開拓者資金の一環として、各開拓農協に農耕用の黒牛の現物貸与を行っている。表4-8は農場における家畜頭数の推移であるが、これに示されるように、平須農場でも五頭の黒牛が導入されていた。しかし同地では四九年にガーデントラクターを導入したこともあり、農耕牛の必要性が低下していった。そのため五〇年から黒牛の乳牛への交換を始め、五三年時点で一五頭の乳牛を導入し、その内、五頭の搾乳を開始していたという。酪農の導入について、農場内の合意形成の契機となったのは、五三年、冷害と稲熱病被害による米の減収であったという。これをきっかけに水稲単作経営の不安定性への認識が共有されたというのである。

乳牛は当初個人管理の形態であり、協同作業部門からは切り離されていた。しかし徐々に搾乳作業が入る農家とそうでない農家との間に、協同部門、主に稲作作業の足並みの乱れが生じ始めた。当時農場において、水稲の早期供出奨励金の額は無視できないものであり、早期出荷を目指す収穫期の夜業の籾スリ作業などで軋轢が生じたというのである。結果、上野は酪農も協同化すべきであると決断し、営農協議会の議決を経て、五戸組単位の協同牛舎の建設、機械搾乳による酪農経営を開始した。また機械搾乳、種付け等の技術を育成するため、トラクターの時と同様に、酪農係一名を選任して福島県白河の農林省種畜牧場に長期派遣した。酪農経営が軌道に乗るにつれ、水田裏作の三分の二を牧草栽培に切り替え、サイロを一牛舎二基ずつ設置するなど、徐々に水田酪農経営の基盤が整備されていったのである。

6　協同化の合意調達

すでに示されたように、上野は平須農場入植の段階で、すでに協同経営による水田酪農経営のプランを固めていた。このような自らの理想実現のため、上野は山形県から入植する青年たちに、入植に際して、同農場が協同化を基本方策とすることについては了承を得たという。「私は、遠く山形まで行って、一人一人入植希望者に面接し、私たちの開拓は共同化を根本方針とすることを話したうえで、共同化のために守らなければならない三つの原則をあげ、お互に共同の精神をもって開拓をすすめることを約束しあった」[23]。ここでの三つの原則とは以下のようなものである。

一、お互いに自分の利益のために人に迷惑をかけてはならない。
一、お互いに協同の利益のためには協力しなければならない。
一、お互いに相談してきめたことは守らなくてはならない[24]。

その他入植者個人への援助は認めず、原則として農場ないし部落単位で受け入れることを定めた。このように、入植の以前にいわば「契約」を結ぶ形で協同経営に対する合意を調達し、それを受け入れたという設立当初のプロセスが、同農場の一つの特徴であり、協同経営を順調に進められた要因の一つであった。

しかし一五戸の入植者全員が、入植当初から上野の協同経営の理念を十分に理解し、それに賛同していた訳ではなく、協同経営に対する組合員の理解と合意は、入植から一定の時間をかけて徐々に形成・強化されていったものと見るべきである。たとえば先に述べた四八年の作付けの例からも、当初から農場内で上野が絶対的権力を持っていたわけではなく、彼の計画性と政治力、そして何より強いリーダーシップが、徐々に組合員の信頼を勝ち取っていった結果であった。

7　小　括

ここで取り上げた平須農場は、戦後開拓事業から高度成長期の有畜共同経営、水田酪農経営といった、当時の先進的経営を率先して実践した、言わば基本法農政のパイロット的役割を果たしてきた集落である。先達者であるだけに、同集落には一般的要素と特殊的要素とが混在しており、小括ではそれを可能な限り整理したい。

戦後開拓地の多くと同様に、満州開拓からの復員者で構成されていた点において、平須集落は戦後開拓集落の一般的特徴を備えている。彼らが入植の際に体験することになった現地農村におけるトラブルは、その意味で多くの農村における入植に際し、存在したであろう普遍的な性格を持つ事例であった。現地農村側には総じて入植に対する抵抗感が存在した。それにもかかわらず大須賀村において入植が比較的スムーズに行われた背景には、入植地が不在地主の土地であり、かつ当時耕作者が存在しない、一種の空白地帯となっていたことがあげられる。当時の村長、農業委員会長は、同地を村内で分配することにより、利害対立が発生することを恐れ、中立な第三者である入植者に耕作させた方が、村内生産力の観点からも有利であると判断したものと思われる。また入植者の受け入れが、干拓に要する補助金・融資の獲得に有利であるとの思惑もあったであろう。しかし、反対派は、あくまで村内の増反にこだわり、村内の政治的争いとも結び付くことにより、上野ら入植者は深刻な村政問題にまきこまれることになってしまった。

次に開拓集落としての平須農場の特殊性を述べよう。多くの開拓集落が旧植民地での社会集団を残存させ、復員者の旧来の組織のまま入植したのに対し、いったん復員した後、山形県から自らの理想に共鳴する協力者を新たに選出して集落を構成した平須集落の例は特殊な事例であった。また開拓集落のほとんどが、入植直後の必要性から、やむをえず協同経営を行い、経営が軌道に乗った時点で順次個別経営へと移行していったのに対し、平須農場は、指導者上野の強いリーダーシップの下で、その後三〇年間にわたる協同経営を展開していった事実は、同集落の特殊性というべきである。この特殊性の背景としては、以下の諸点が指摘される。

(1)　入植に際し人員の選定が行われ、協同経営に対して、一定の合意が形成されていたこと。

(2)　入植者の出身地、年齢層がかなり均質であり、家族構成が似通っていることから、協同経営による分配面のトラブルが生じにくい構成となっていたこと。なおかつ指導者の上野は他の構成員よりも一回り年長であり、経験の差もあって指導力を発揮しやすかったこと。

(3)　指導者上野の経営に関する識見と政治力、リーダーシップが、事後的に個々のメンバーの信頼を獲得し、彼の方針への同意を調達していったこと。

以上のように協同経営に関しては、平須農場のような事例を除けば、戦後開拓におけるそれと、六〇年代に展開したそれとの間には断絶がある。戦後開拓集落で、当初経営共同化を行っていた集落の多くも、五〇年代に入り、経営が一定の軌道に乗るに従い、個人経営へと移行していった。平須農場のように協同経営を日本農業近代化のためにポジティブに位置づけ、その後も継続していったケースは稀な事例であったといえるが、六〇年代の基本法農政期に、水稲作に片寄らない複合経営の優等生となった地区の多くに元開拓集落が名を連ねたことは、別個に指摘されなければならないのである。

(1) 満氏は次男であったが、長男が死亡。
(2) 特に注釈のない場合、上野満『協同農業四十年』(家の光協会、一九七五年)による。
(3) 上野満『農に燃える—協同農場六十年の軌跡』家の光協会、一九八五年。
(4) 前掲『協同農業四十年』二六二頁。
(5) 同右、二六五頁。
(6) 東村『市崎丑新田土地関係書類綴』一九五四年一二月二五日付。
(7) 前掲『協同農業四十年』二六八頁。
(8) 入植者の一人である木村六郎氏からの聞き取り(一九九八年九月三〇日)による。
(9) この大浦地区はのちの新利根開拓農協の一集落となる大浦集落とは異なる。同地は史料的には「公有水面大浦波よけ地区」と表記されていることもある。
(10) 前掲『市崎丑新田土地関係書類綴』。
(11) 当時隣村であった十余島村橋向集落からの好意であったという。
(12) 的場徳造・鶴田知也・上野満『農業の近代化と共同経営』(文教書院、一九六〇年)六五頁。
(13) 新利根開拓実験農場「日本農業の革新」一九四八年一〇月。
(14) 前掲『協同農業四十年』三〇八頁。
(15) 前掲『農に燃える』五七頁、七三頁。
(16) 平須開拓農業協同組合『新利根開拓計画書』(昭和二三年一一月起)。
(17) 前掲『新利根開拓計画書』。
(18) 平須開拓帰農組合『発送文書綴』一九四七〜一九四八年。
(19) 東村元経済課の渡部一男氏のからの聞き取り(一九九九年四月二三日)。
(20) 茨城県農地部営農課『新利根開拓農業協同組合の概要』一九五七年、五頁。
(21) 新利根開拓農業協同組合『機械化による水田二毛作経営実績報告』一九五四年三月。

(22) 前掲『新利根開拓農業協同組合の概要』七頁。
(23) 前掲『農業の近代化と共同経営』七三頁。
(24) 前掲『協同農業四十年』二七六頁。

第3節　新利根開拓農業協同組合の活動

1　はじめに

上野満の協同農業論は、本来その広域的な波及を目指すものであり、平須農場一つにおいて協同経営を実現することに最終目的があるわけではなかった。「私達は特殊部落を作らんとするものではありません。少くとも新利根全域に普遍んす可き新しい営農の大道を開拓せんとするものであります」と述べているように、上野は自らが所在する平須農場を中心に、あらゆる方法をもって、協同経営論を全国的に波及させることを、自らの使命としていたのである。本節で取り上げる新利根開拓農業協同組合（以下、新利根開拓農協と略記）は、平須農場を中心に、行政村の枠を超えた広域的な開拓農業の連合体として上野が構築したものである。同農協の成立期においては、上野の協同経営の理想は「開拓」と分かち難く結びついていた。しかし高度成長期に入り、上野の思想にも変化が現われ、開拓農協の位置づけも上野の中では変化してゆくのである。

本節では、行政村の枠を超えた広域的な開拓農協の連合体である新利根開拓農協と新利根協同農学塾について、上野の協同経営論とのかかわりで述べてゆきたい。そこでは個々の構成集落の経営についても可能なかぎり触れてゆくが、分析の目的は上野が自らの協同経営論をいかなる組織、政策に委ねて普及をはかったのかを検討することにある。

2　新利根開拓農業協同組合の設立

1　平須農場と周辺集落

新利根開拓農協は、その性格上、①上野自身の入植地（平須干拓・平須農場）、②上野のプランにそって開拓・入植が行われた集落（千葉野集落・大重集落・大浦集落）、③設立自体は上野とは無関係の近辺の開拓集落（正志集落・神落集落）、④新利根協同農学塾の、四つの集団で構成されていた。図4-2において、組合を構成する各集落の年表を示しているが、組合の大まかな流れを略記しておこう。①平須干拓地と実験集落である市崎丑新田の開拓は一九四七年から五〇年一〇月にかけて実施され、上野等入植者の生活拠点は形成された。しかし上野はそれだけでなく、周辺湿地帯の中で開拓適地を調査し、新たな開拓集落を周囲に形成することに力を注ぐようになる。千葉野・大重・大浦集落はこうして形成された集落であった。(1) その後県開拓者同盟で開拓農協の統合運動が盛んになる。戦後緊急開拓期に乱立した開拓農協は、政府資金の受入機関としての性格が強く、農協としての経営には問題のある組合が多かった。そのため茨城県では零細な開拓農協を統合し、生産者組織としても有効な協同組合として再編しようと開拓農協の統合を課題として打ち出し、開拓者の組織である茨城県開拓者同盟もその動きに呼応したのである。上野は一九五二年から五三年にかけて茨城県開拓者同盟の副委員長であったが、この時期はこうした開拓農協の統合が展開していた時期であり、上野は副委員長として統合問題に積極的にかかわることとなった。こうした開拓農協をめぐる情勢は上野自身の経営思想にも影響を与えたものと考えられ、この時期平須開拓農業協同組合は③に相当する浮島村の正志集落・神落集落を吸収合併し、新利根開拓農協を成立させたのである。同組合は図4-3で示されるような五カ村にまたがる広域開拓農協であり、一九五〇年時点で次のような運動方針を掲げていた。

（平須開拓農業協同組合　運動方針）

1、当組合が意図する農業は、みんな新しい試みであって、最初から部落全体に実施せしめることには問題があるので、四つの部落のうち（その後七部落となる——引用者注）市崎丑新田部落を組合の実験部落とし、農業に関するあらゆる新しい知識、技術の道入《ママ》はこの実験部落を通じて行い、すべての新しい試みは、この実験部落で試み、組合全体え《ママ》の普及は、実験部落の実績を見て、各部落の組合員が、自主的に行うことによつて計《ママ》るものとする。

2、組合は、部落実行組合の連合会的役割をにない、対外的な組合活動と併せて対内的には、建設及び経営の指導及び資金の転貸業務に重点をおき、公会堂や協同作業場、機械器具等の協同施設は凡て部落単位に行い、夫々の部落の営農経営方式は、夫々の部落の立地条件にもとづき部落毎に、自主的に決定するものとする。[2]

平須農場は五〇年代において、「新利根開拓実験農場」と呼称されるが、これは以上の文言からも明らかなように、新利根開拓農協における、新技術の先行導入とその研究を担う役割を負う、というところからきている。これは平須農場内部では「研究班」が担った、新技術の導入と実験という役割を、開拓農協内部では平須農場が担うことを意味しているのである。新利根開拓農協の役割は建設と経営の指導と資金問題であり、基本的な経営は各部落の自主性に委ねられている。上野が構成集落すべてに自らの協同農法を押しつけたわけではないことがわかるが、上野は将来的にはこの広域農協を一つの協同経営として有機的に結合させる展望のもとに新利根開拓農協の運営を行っていたのである。

関連年表

大重	千葉野	正志	神落	大浦
山形県より13名の青年を招聘 大重沼，県より入植の許可受	部落建設の決定	6戸入植		
	2戸住宅建設完了 6haの開墾と作付け完了	平須開拓農業協同組合に吸収合併		
大重大浦沼県営代行開拓事業採択 大重沼埋立工事開始 地元入植3名を加え部落成立	協同経営解体	全配分地の埋立完了	10戸入植組合加入	
機械化実験集落に指定				埋立完了7戸入植組合加入
個人経営に移行				

2　組合の組織

組合の組織編成は八名の理事と三名の監事からなる役員会を頂点に、組合長と会計・庶務・会議担当の常務理事、さらに購買担当と書記にそれぞれ一名の職員を抱える編成となっていた。

図4-4は組合内の組織構成を示したものである。各集落内では、部落長を中心に、揚排水、動力農具、一般農具、営農、畜産、書記、購販売、備

図4－2　新利根開拓農協

	上野満	新利根開拓農協	平須農場	農学塾	平須干拓
1945年	37歳				
1946年	38歳				
1947年	39歳	平須開拓帰農組合結成			大須賀村で平須開拓帰農組合結成
1948年	40歳		県外入植者，市崎丑新田に入植		県外入植者は市崎丑新田に移動
1949年	41歳	平須開拓農業協同組合と改称	5戸単位の協同経営体制確立		
1950年	42歳		49年12月より新利根開拓実験農場		
1951年	43歳		市崎丑新田全耕地の開拓を完了		
1952年	44歳				
1953年	45歳	新利根開拓農業協同組合と改称	冷害による大減収		
1954年	46歳	↓			
1955年	47歳				
1956年	48歳			新利根協同農学塾設立	
1957年	49歳				
1958年	50歳		台風による水害→償還問題の発生		
1959年	51歳				
1960年	52歳		建設省利根川浚渫の土を貰い，客土	財団法人化	
1961年	53歳		15戸協同経営への移行に伴い		
1962年	54歳		新利根共同化実験農場と改称		
1963年	55歳				
1964年	56歳				
1965年	57歳			農事組合法人化	
1966年	58歳				
1967年	59歳				
1968年	60歳		農業組合法人化に伴い，新平須協同農場と改称		
1969年	61歳				
1970年	62歳				
1971年	63歳				
1972年	64歳				
1973年	65歳	新利根開拓農協解散			
1974年	66歳				
1975年	67歳				
1976年	68歳		後継者の家出事件		
1977年	69歳				
1978年	70歳		協同経営解散		
1979年	71歳				

注：グレー部分は各集落が協同組合に加入している時期を示す。

品、建築、加工、道路、婦人の一二の部門にそれぞれ担当者を設ける形式となっており、平須農場、大重集落、千葉野集落はそれぞれ担当者を任命している。共同経営を導入していない正志、神落集落は部落長を役員会に派遣し、平須干拓地区に関しては、揚排水関係の調整担当者を決定するにとどまっていた模様である。またそのほかに、研究会として、営農研究会、営農共励会、営農協議会の三つが存在した。これらの研究会は平須農場に以前から存在した組織を拡大したもので、営農研究会は「それぞれの研究の結果を報告しあい互に啓発研さんしあうことを目的とする」。研究会、営農共励会は、各集落の家庭農園の作物の品評会を主催、営農

図４－３　新利根開拓農協集落位置図

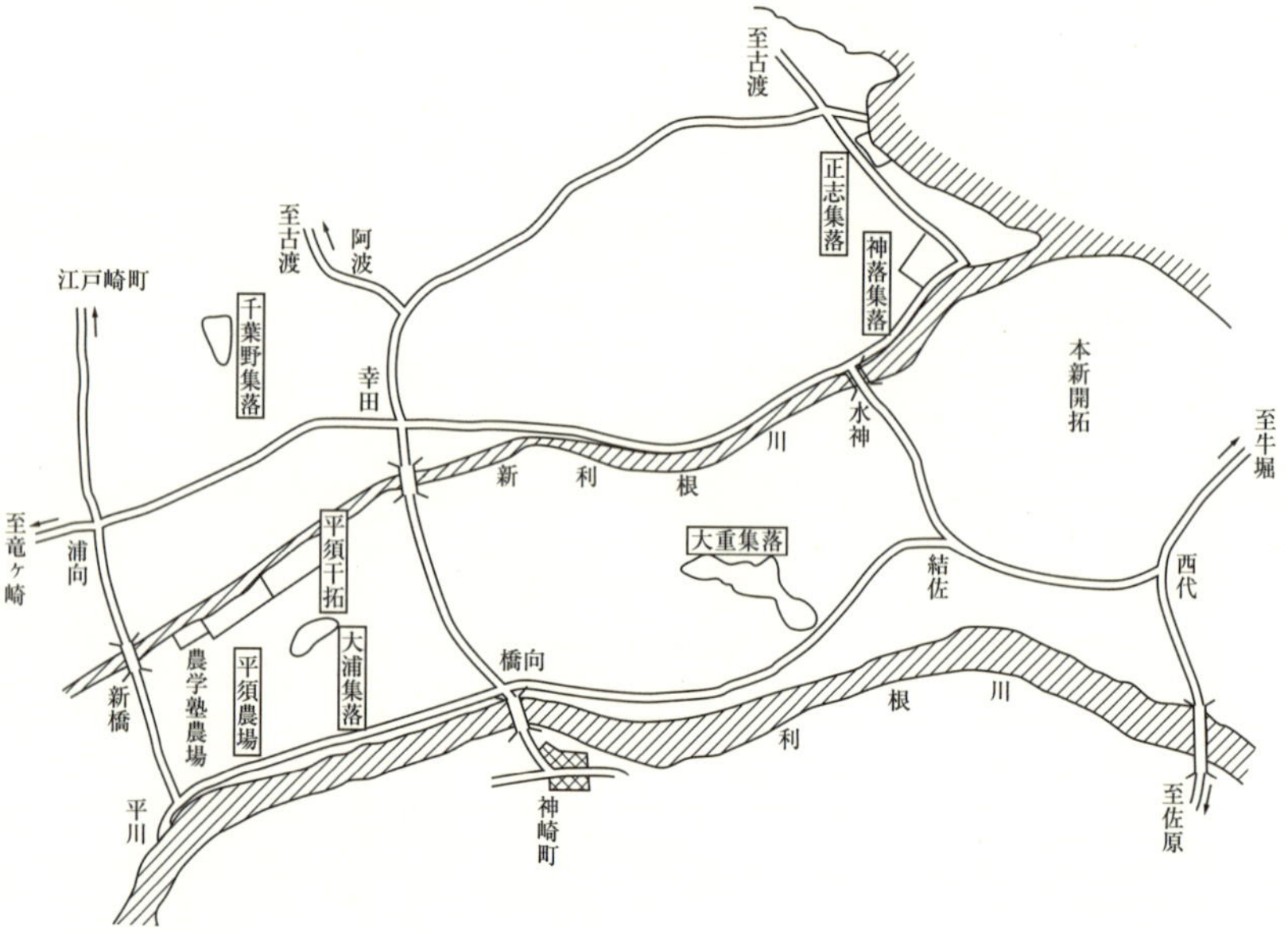

協議会はこれらの個人部門の成果の、組合や各集落の協同部門への還元を協議する機関と位置づけられた。五〇年代においては、研究会主催による立毛品評会、畜産品評会、総合経営審査会等の開催を確認することができ、各集落ごとの部落協議会は月に一度、全集落による組合協議会は四半期に一度行われ、組合の運営について議論が交されたのである。

3　戦後緊急開拓と協同経営

戦後初期の上野の協同経営論は、戦後緊急開拓事業と分かち難く結びついて展開された。一九五五年に出版された『茨城県開拓十年史』の中で上野は開拓農業と協同経営について次のように語っている。「日本農業改革の道は、新しい開拓地で新しい農業を試み、その実績を通じてこれを既成農村に及ぼすほかはないのである。開拓地はいわば白紙と同じである。ここに何を企画し、いかに立派な農村を作ろうとも、自由である開拓の面白さはここにあるのである」[3]。

ここで言う「新しい農業」は上野の目指す有畜協同経営を指していた。上野にとって、未墾地の開拓事業は、戦前来の日本の農業問題を解決する、歴史的必然の産物と認識されていた。入植期から五〇年代にかけての上野は、自らの協同農業の実践による日本農業の近代化という理想を開拓政策に結びつけることで普及をはかろうとしていたのである。「日本の長い歴史を通じ、数十万ヘクタールというような未懇地が、処女地のまま農民に解放されたというようなことが、かつてあったろうか。……私はこの機会に、解放された開拓地だけでは協同化による新農村を建設したいと思いました。解放される数十万ヘクタールの未墾地のうち、僅か十パーセントか五パーセントの開拓地だけでもいい、私の意図するような協同化による新農村を建設することができるならば。期せずして日本の農業全体がこの新しい農業の影響をうけて、このような方向に向かって進むであろう。私は、革命によらずして、日本の農業を改革する道は、これ以外にないと考えたのでした」(4)。

新利根開拓農協という組織は、上野が平須農場において蓄積した経験を周囲の開拓集落に普及させ、有畜協同経営を広範に普及させようとした組織であったのである。

しかし現実の戦後開拓事業は、敗戦による復員者や都市疎開者の救済という、いわば特殊な要因によって開始されたことが問題の本質であった。上野や開拓者組織が強調しつづけてきた「日本農業近代化のための開拓」というスローガンは、全国的な農業政策の中ではついに中心的な位置づけを獲得することができなかったのである。上野らの開拓政策に対する理論設計は、現状追認型に陥りがちな県の開拓政策に、理論的支柱を提供し、入植問題を比較的順調に展開する上で、与えた影響は非常に大きなものがあったと考えられるが、皮肉にも、この点がのちに彼を「開拓」から最終的に引き離していった重要な要因となってゆくのである。

4　各集落の性格

ここで新利根開拓農協に属する各集落について触れ、相互の経営的発展の差異について述べてゆくことにしたい。

（1955年５月時点）

営農	畜産	書記	購販売	物品	建築	加工	道路	婦人
○	○	○	○	○	○	○	○	○
○	○	○	○	○	○		○	○
○	○	○	○	○	○		○	

1　新利根開拓実験農場（平須農場）

本章で平須農場と呼称している集落で、上野が在住した集落でもある。旧大須賀村の市崎丑新田と呼ばれる土地に上野他、一五戸が入植し、設立された。設立当初は、後出の平須干拓集落とともに、平須開拓帰農組合を形成していたが、のち、地元大須賀村入植者で形成されている平須干拓地を別集落として分離して、上野等県外入植者からなる市崎丑新田地区を新利根開拓実験農場と称した。当初は五戸三組の協同経営であったが、一九六二年に一五戸協同経営に移行し、その際新利根協同化実験農場と改称した。さらに六八年の農事組合法人化に際し、新平須協同農場と名称を変更している。一戸当たり経営面積は一・五haであった。本節では混乱を避けるため、平須農場と呼称しておく。

2　平須干拓

上野が当初入植した平須沼の干拓地を指す。同地は当初大須賀村の地元入植者と、上野をはじめとする県外入植者が協力して復旧したものである。同地の干拓復旧作

図4－4 新利根開拓農協組織図

役員会	理事	上野以下８名
	監事	３名

執行部	組合長 常務理事	上野満兼任
	会計担任	一名（千葉野）
	庶務担任	一名（実験）
	会議担任	一名（大重）
	購買担任	一名（職員）
	書記	一名（職員）

研究会	営農研究会
	営農共励会
	営農協議会

部落営農組織

	部落長	揚排水	動力農具	一般農具
平須農場	○	○	○	○
大重	○	○	○	○
千葉野	○		○	○
平須干拓		○		
正志	○			
神落	○			

注：部落営農組織表の白丸は，当該部門に担当者が存在することを示す。
出典：新利根開拓農協『往復文書綴』（1954年起）より作成。

業の終了後、県外入植者は市崎丑新田地区（平須農場）に移動した。そのため復旧された干拓地は地元入植者と、増反者とによって再配分され、平須干拓集落を形成した。入植者と増反者が入り混じる構成となったため、集落としての運営には相当な困難を来した様子が確認されるが、土地改良事業と区画整理の進行とともに、入植者中心の換地が実現し、以後経営近代化が徐々に進むようになったとされる。一戸当たり経営面積は五七年時点で一・四ha、六五年には一・六haになった。

3 大重集落

東村手賀組新田の中にある大重集落は、新利根開拓農協の中でも、実験農場に次いで機械化・水田酪農化・協同化を積極的に押し進めた集落であり、一九六〇年に機械化実験集落に指定されたこともあって、全国的にも有名な集落となった。経営に関する記述も多く残されているので、若干多めに叙述を割きたい。

一九四八年八月、竜ヶ崎国営土地改良事務所により、旧十余島村手賀組新田内にある、大重沼の埋立構想が浮上した。これに対して上野が同年一〇月、同地への入植予定者として一三名の青年を山形県より招聘したことが、同集落のはじまりである。(5) 当初は揚水機程度の設備で実験農場のメンバーとともに、新利根川沿岸の用水工事に従事しつつ居住施設の建設を行い、五三年五月に一九・五町歩（一戸平均八反）の干拓を完成、その後逐次増反し、五八年五月には一九・五町歩（一戸平均一・五ha）となった。また五四年には資金三〇万円を借入して六馬力の乗用トラクターを購入、五六年には農林漁業資金の借入れによりサイロ、農林中金資金により堆肥舎四棟を建設し、五八年には六馬力のトラクターとバーチカルポンプ四台を購入するなど、機械化と水田酪農の展開に積極的な集落建設を行った。

一九六〇年には前述のように機械化実験集落に指定され、これにより一七馬力の大型トラクターの貸与を受け、五カ年計画にもとづく共同化と機械化による水田酪農の近代化を目指し、さらに六一年には茨城県の水田酪農協業経営モデル部落の指定を受け、機械化水田酪農経営、共同経営の全国的なモデル地区として脚光を浴びることになったのである。

同集落の経営は四～五戸ずつの三組の組織が、組単位で乳牛と稲作の二部門の共同経営を展開した。組織としては部落長、支部長の元に、会計係二名、営農係一名が置かれ、さらに各組別に畜産係が一名ずつ任命され、各組間では毎月営農協議会を開き、営農計画・方針を樹立し、苗代計画から本田計画を作成し、品種の選択から施肥管理に至る計画にしたがって協業を展開した。

耕地は各戸当たり、水田一・二ha、畑〇・二haが割り当てられていたが、水田については各組別の協業で行われ、畑については実験農場と同様に各戸別の個人経営部分とし、養鶏・養豚に関しても各戸の経営に任された。

酪農の導入については、実験的意味合いから当初五六年に第一組に協同畜舎を建設し全組による集中管理を行い、ノウハウの浸透と機械化による余剰労働力の発生を待って、六一年に農業近代化資金に融資により、各組別の畜舎の所有を実現、組別協同の水田酪農経営を軌道に乗せた。また飼料については六一年に一部農地を三年輪作で田畑転換し、また水田裏作との複合により、自給飼料の作付けを実施した。

4　大浦部落

一九六〇年に現河内村内にある、大浦沼の埋め立て作業が完了し、七戸の農家が入植した。同年新利根開拓農協に加入している。同地は組合内で最も入植が遅い集落であったが、この集落に関してはそれが幸いし、六二年には早くも水道、電気の導入が完了。畜産技術の導入も、他集落の経験を活かして、スムーズな導入がはかられたという。

5　千葉野部落

一九四九年、旧高田村（現江戸崎町）の千葉野地区に、長野県から六名、石川県から一名が組合に加入。内二名は平須農場に追加入植したことから、残り五名で千葉野集落を結成した（七二年時点では八戸）。水田のない、畑地のみで構成された集落であり、新利根開拓農協の中では、水害時の避難所として、また野菜等畑作物の供給地と位置づけられたという。当初は酪農を主体とした協同経営を行っていたが、一九五七年に個人経営に移行し、養豚と蔬菜作を拡大した。一戸当たり平均は五七年で一・三haと組合内では小さく、その後も六五年で一・一haと縮小している。

6　正志集落

一九四六年、旧浮島村（現桜川村）の和田地区と呼ばれる霞ヶ浦湖畔の湿地帯に、六戸が入植したことがはじまりである。大重、千葉野集落と異なり、入植時点で上野との関連はなかった模様である。その後、一九五三年の開拓農協の整理統合の流れの中で、平須開拓農業協同組合に吸収合併され、これを機に、平須開拓農業協同組合が、新利根開拓農業協同組合へと名称変更された。当初一戸当たり平均で一・一haと小規模であったが、一九五七年より霞ヶ浦浚渫土による全配分地の埋め立てが開始され、六一年の六戸で三〇〇万円の借入れをもとに、六二年には一戸当たり二haと、組合内で最大の規模に達した。さらにその後の客土事業等の土地改良事業により、旧浮島村内でも生産性の高い集落へと成長を遂げた。

7　神落集落

一九五五年に、旧浮島村の神落地区に村内農家の次三男からなる一〇戸の農家が入植し（一戸当たり平均一・六ha）、同年新利根開拓農協への加入が決定された。集落として協同化、水田酪農化は進まなかったが、内一戸が水田酪農経営に移行し、好成績を納めた。

5　集落別経営状況

各集落の経営状況について、茨城県『開拓営農実態調査』により検討しよう。表4-9は各集落の農作物別の作付面積である。平須農場が一貫して水田酪農に邁進し、六二年以降は水稲作付けを飼料作付けが上回っていることがわかる。これに近い構成をとっているのが大重集落である。土地改良が終了し、機械化実験集落指定後の同集落は、飼料作付面積を急速に拡大し、平須農場に次ぐ水田酪農経営を実現した。畑作集落である千葉野集落は麦作に加え、さつまいも、落花生等の作付けを行っていた。飼料作物については、五七年以降減少の一途をたどっている。六〇年代中盤には果樹栽培への模索も確認される。その他の集落については基本的に水稲単作経営が行われた。正志集落は耕地面積の拡大による水稲単作内での所得向上を目指し、神落集落では一戸が独自に水田酪農を導入して、成果を挙げたという。

表4-10は畜産の導入動向を示している。平須農場と大重集落は乳牛を基調に経営を拡大しながら、養豚養鶏にも

表4－9　新利根開拓農協農産物別作付面積

（単位：町）

		1957年	1958年	1960年	1962年	1963年	1964年	1965年
平須農場	水稲	18.0	18.0	15.9	15.0	15.0	15.0	15.0
	陸稲							
	麦豆芋類雑穀	3.7		2.8	1.6			
	果樹蔬菜				4.0			
	青刈飼料	13.3	14.0	14.5	20.5	20.5	34.6	34.6
	その他				0.3			
	計	35.0	32.0	33.2	41.4	35.5	49.6	49.6
平須干拓	水稲	12.7	12.0	10.9	11.6	11.7	14.1	12.2
	陸稲							
	麦豆芋類雑穀			0.2	0.1	0.1		1.8
	果樹蔬菜			0.1				
	青刈飼料							
	その他							
	計	12.7	12.0	11.2	11.7	11.8	14.1	14.0
大重・大浦	水稲	9.1	17.0	21.4	30.2	21.1	30.2	30.6
	陸稲							
	麦豆芋類雑穀	6.5		1.2	0.4			
	果樹蔬菜			0.3	0.1			
	青刈飼料	3.8	1.0	1.7	9.4	9.3	4.7	10.4
	その他				0.2			
	計	19.4	18.0	24.6	40.3	30.4	34.9	41.0
千葉野	水稲							0.2
	陸稲	0.2		0.3	0.4	0.3	0.1	
	麦豆芋類雑穀	15.2		11.2	12.6	8.7	10.3	10.1
	果樹蔬菜			0.5	0.1	0.2	0.8	4.1
	青刈飼料	2.8		1.0	0.1			
	その他							
	計	18.2	0.0	13.0	13.2	9.2	11.2	14.4
正志	水稲	6.6	7.0	6.6	12.0	12.0	12.0	12.0
	陸稲							
	麦豆芋類雑穀		8.0	0.3				
	果樹蔬菜							
	青刈飼料							
	その他							
	計	6.6	15.0	6.9	12.0	12.0	12.0	12.0
神落	水稲	15.5	16.0	15.0	15.8	15.8	15.9	15.9
	陸稲	0.2						
	麦豆芋類雑穀	2.3		0.2				
	果樹蔬菜							
	青刈飼料		4.0					
	その他							
	計	18.0	20.0	15.2	15.8	15.8	15.9	15.9

出典：茨城県『開拓営農実績調査』（各年度）より作成。

表4-10　新利根開拓農協家畜頭（羽）数

		1957年	1958年	1960年	1962年	1963年	1964年	1965年
平須農場	乳牛	39	40	35	75	77	80	80
	豚	4	24	58	180	200	449	28
	鶏	278	305	155	450	395	395	360
平須干拓	乳牛		0	0	0	0	0	0
	豚		0	0	0	9	36	62
	鶏	97	74	130	75	105	215	0
大重・大浦	乳牛	15	14	8	55	58	56	45
	豚	6	21	60	44	48	40	232
	鶏	193	130	175	846	1,222	610	630
千葉野	乳牛	8	3	2	1	2	0	0
	豚	63	43	127	150	140	125	24
	鶏	65	70	62	220	115	0	0
正志	乳牛		0	0	0	0	0	0
	豚	23	44	63	43	66	7	0
	鶏	37	20	0	0	35	0	0
神落	乳牛		0	0	0	3	2	0
	豚	2	0	0	0	0	0	0
	鶏	54	11	11	0	0	0	0

出典：茨城県『開拓営農実績調査』（各年度）より作成。

実績を示している。特に大重集落の機械化実験集落指定後の乳牛導入の伸長は著しい。千葉野集落は五七年以降酪農を縮小し、養豚・養鶏の拡大を目指した模様である。しかし六四・六五年の数値を見るに、成功したとは言い難い状況である。他の三集落は基本的に水稲単作であり、養豚・養鶏を若干導入してはいるが、経営の機軸となるには至らなかった模様である。

最後に表4-11で農業粗収入を見ると、平須農場は負債の問題があるとはいえ、最も安定した上昇を示している。これに次いで機械化実験集落の大重集落、水稲単作の正志集落が平須農場に準ずる収入を挙げていることがわかる。これは二つのことを意味していよう。一つは水田酪農経営を実現した二集落が高所得を実現していること、もう一つは六〇年代に入ると水稲単作経営の集落にあっても、水田酪農経営に匹敵する所得を挙げることができる条件が整いつつあったこと、である。五〇年代後半にあっては、水稲単作の三集落の所得は相対的に高くはない。正志集落は耕地拡張による水稲単作により、所得向上を目指し、当時の米価上昇に乗って、所得向上を実現したのである。六〇年代における米価上昇傾向は、協同化による水田酪農を強く推奨

表４-11　新利根開拓農協農業粗収入

		1957年	1958年	1960年	1962年	1963年	1964年	1965年
平須農場	90万以上						15	15
	70万以上				15	15		
	70～50万	10		15				
	50～30万	5	15					
	30～20万							
	20万円以下							
平須干拓	90万以上							
	70万以上					3		6
	70～50万	2			5	5	9	3
	50～30万	6		4	4	1		
	30～20万	1	9	5				
	20万円以下							
大重・大浦	90万以上						17	15
	70万以上				16	14	1	5
	70～50万				7	8	5	3
	50～30万	13		13		1		
	30～20万		13	3				
	20万円以下							
千葉野	90万以上							
	70万以上			2	2	3		2
	70～50万	1			1		2	3
	50～30万	3		2	2	1	4	1
	30～20万	2	7	1	1	3		
	20万円以下	1		2	1	1	2	2
正志	90万以上						6	6
	70万以上			1	5	3		
	70～50万			5	1	3		
	50～30万		6					
	30～20万	6						
	20万円以下							
神落	90万以上						1	2
	70万以上				4	1	9	7
	70～50万				6	9		1
	50～30万	7		10				
	30～20万	3	10					
	20万円以下							

注：90万円以上の項目は1964年度から追加。
出典：茨城県『開拓営農実績調査』（各年度）より作成。

した上野の指導力を徐々に弱めていったのである。

全集落を通じて最も所得の伸び悩んだのが、畑作中心の千葉野集落であった。五七年に酪農の協同飼育に失敗して以来、養豚・養鶏の飼育に力を入れたが、それも軌道には乗らず、さらに水田に恵まれない集落の立地条件が災いして米作収入を期待できなかったのが最大の要因であったと考えれられる。上野は七〇年代に至るまで人員補充や農事指導等により千葉野集落に対する働きかけを継続しているが、集落としての経営は遂に再建することがなかった。

6 「開拓」との決別

すでに述べてきたように、上野にとって「開拓」とはあくまで農業近代化の手段であった。上野は戦後緊急開拓事業を契機に自らの理想とする新農村建設、農業の近代化を実現しようとしたのである。しかし緊急開拓事業が本質的に戦後の復員者問題・食糧危機に対する応急対策であり、多くの開拓者が上野のように、日本農業の変革のため、「望んで」開拓者となった訳ではない以上、このような上野の立場が、開拓者の中で主流になることは遂になく、上野の立場は同盟内部でも微妙なものになっていったのである。

開拓者同盟と上野の最終的な決裂は一九五八年に起こった。同年茨城県は水害に襲われ、大幅な収入減に見舞われた。当時平須農場では積極的に農業用機械の導入を行っていたため、農林中央金庫から年利一一%のプロパー資金の融資を受けていたのであるが、それが償還不能に陥ってしまったのである。上野は自ら県開連の理事を務めていたが、県開連、県同盟では上野の経営への批判が集中したという。こうした背景には、かつて同盟の副委員長として経営不振の開拓農協の統合を積極的に推進してきたことも、影響していたものと思われる。

償還問題とそれからの回復過程については後節で詳しく分析するが、この事件をきっかけに、六〇年代の上野の著作に、「開拓」の二文字が記されることはほとんどなくなってゆく。彼の協同経営論から「開拓」は切り捨てられ、これ以降の上野は協同経営と日本農業近代化の理想を、基本法農政への協力と、農学塾による全国的な活動に求めるようになっていったのである。五八年の償還危機からの脱却が、開拓営農振興対策資金によるものではなく、農業近代化資金の供給によるものであり、その後多くの開拓農協が開拓農協であるがゆえに近代化資金の導入に苦しんだことも、上野の「開拓」離れに拍車をかけたものと考えられる。六〇年代の新利根開拓農協通常総会の文書においても、各組合の「開拓」からの脱却が声高に語られるようになった(6)。たとえば一九六二年には、次のように書かれている。

「開拓者資金貸付金の一本化による組合からの分離が終わった。是によって開拓組合としての特殊性は一段とうすらいで、一般農協に近いものになった」。

「組合設立以来一四年を経過して開拓の特殊性もなくなってきて、各部落と既存部落との関係も益々密接となり購買や販売等の事業を既存の農村と離れて開拓組合だけでやる事が困難になってきた。各部落とも購買、販売の事業は村の一般農協を利用する傾向が益々強くなり組合の購買、販売の事業量は伸び悩みとなり是を続けることは困難になってきた」。

一九六三年、六四年にも同様の記述が見られ、六五年にも、「三八年概況と同様の状況の中、開拓組合としての活動の範囲も益々狭くなってきた。この為年度の初めの総会の決議にしたがい、新利根開拓農協の名において行った方がいい事業は組合でとりあげつつ、購買、販売等の事業は所属町村農協を利用して、組合としては用地の売り渡し登記等開拓組合としての残務処理に重点をおいた」と述べられている。

以上の引用は、上野の「開拓」離れとともに、新利根開拓農協の求心力が徐々に弱まってきていたことも示しているように思われる。複数の行政村にまたがる開拓農協は、「開拓」というアイデンティティを喪失し、また各集落が協同経営からも離脱してゆく中で、その求心力を失っていったのである。新利根開拓農協の解散は一九七三年のことであるが、上野の著作の中で、この事件に触れている箇所は存在しない。構成各集落が協同経営を放棄し、また開拓集落の連合に価値を見出せなくなった時点で、上野にとっての新利根開拓農協の役割は終わっていたのではないだろうか。同農協が、六〇年以後もなお一〇年以上存続したのは、上野の意思というよりも、むしろ各種融資において、新利根開拓農協の名前が構成各集落にとって利用価値があったからであろう。

7　新利根協同農学塾農場

開拓者組織と距離を取るようになった上野が、協同経営普及の手段として、その後重視するようになったのは、新利根協同農学塾であった。同塾は集落とは異なり、上野の協同農業理論の普及のための独自の機関としての役割を果たした。協同農業の普及のための組織として、早くからユニークな活動を展開した同塾の実態について見てみよう。

上野の協同経営の普及活動は、開拓農協の統合による地域的拡大という枠にとどまらなかった。自ら県開拓者同盟や県開連の役職を歴任する中で、上野は協同経営の普及を開拓農協の枠内で行うことに限界を感ずるようになったのである。一九五六年、平須農場に隣接する五haの土地に、新利根協同農学塾を設立。全国各地より実習生を迎え入れ、協同経営と酪農経営の研修を行った。研修の趣旨について、上野は次のように述べている。

「共同化による近代農業のあり方を学ぶには、何よりも共同化による農業の実習の場がいる。わが塾は、農場を以って教育の場とし、共同化による新しい農業経営の実際を通じて、農業共同化の理論と実際の方法を修得せしめんことを期する。……共同化による近代農業は、一人ではできない。共同の仲間がいる。三年や五年ではない。生涯共同しなければならない。したがってこれらの仲間が生涯共同をつづけるためには、互に共同しても他の自由を妨げず、自分を生かしても共同を妨げない、共同の道徳と習慣を身につけさせることが必要である」(7)。

同農場の当初の役割は、新規入植者の実習場としてのそれであった。上野が直接入植に携わった実験農場、大重・大浦集落、千葉野集落、さらに東村本新島開拓地において、上野はできるだけ自らの協同農業に理解のある人材の入植を望んでおり、疾病等による欠員補充、入植地の完成までの暫定的受け入れ地として、何らかの設備が具体的に必要であった。その意味で同農場は、入植地の完成までの入植予定者の暫定的な受入れ先であったと同時に、新規入植者に対して、開拓農業の基本的技術、並びに上野の有畜協同農業理論を注入される教育機関としての役割を果たしたのである。たとえば平須農場の一名は、山形県に講演と募集にきた上野に応じて五二年に入植、農学塾で二年間共同経営について勉強し、その後、福島県にある農林省の施設で酪農技術を二年間学び、一九五六年に平須農場の欠員を機に正式に入植したのである。このように上野の呼びかけに呼応して、同地に入植した人々は、一定期間同農場での研修を受け、その間入植予定地の土木作業に参加することで賃金を獲得しながら、その後それぞれの入植地に新規に、あるいは欠員補充として追加入植していったのである(8)。

入植が一通り終了した後の農学塾は、全国各県からの有畜経営、協同経営を学びたいという研修生を受け入れ、上野の農業理論を普及する場としての役割を果たすようになった。一九六〇年三月に財団法人化された農学塾は、それ以後一層多くの研修生を受け入れるようになる。表4-12は農学塾の研修生の受入状況であるが、研修生の受入数が六〇年以降急増し、それ以後一貫して毎年一〇〇名以上の研修生を全国から受け入れていたことがわかる。研修生の出身地は北海道、東北等の東日本のほかに、九州など西日本からの者も多く、基本法農政下で共同農業が奨励される中、全国から訪れた多くの研修生は、上野の薫陶を受け、また全国へと散って行ったのである。

表4-12　新利根協同農学塾研修生受入状況

	研修回数	研修生数（人）	研修生派遣元（人）						
			北海道	東北	関東	中部近畿	中国四国	九州	官庁・中央農協連・大学
1958年	2	10	0	0	10	0	0	0	0
1959年	9	20	12	0	0	8	0	0	0
1960年	12	121	60	6	11	20	13	0	11
1961年	13	149	82	39	9	22	0	16	1
1962年	13	262	53	43	54	7	0	84	2
1963年	10	176	36	68	12	24	0	31	4
1964年	10	239	73	48	10	62	0	41	5
1965年	12	266	148	44	5	24	0	43	2
1966年	10	220	148	0	16	14	0	41	1
1967年	12	315	209	14	31	9	2	39	11
1968年	12	288	155	8	40	35	2	37	11
1969年	8	229	111	56	0	22	0	39	0
1970年	6	184	135	1	1	0	0	75	3
1971年	7	172	89	0	6	0	0	34	43
1972年	7	152	82	0	0	0	0	19	51
1973年	5	138	85	0	1	0	0	18	34
1974年	8	162	73	4	1	17	0	29	38
1975年	6	158	75	1	22	5	0	13	4
計	162	3,261	1,626	332	229	269	17	559	221

注：派遣元人数の合計と研修生総数には不整合があるが，史料のままとした。
出典：新利根開拓農業協同組合『新利根開拓農業協同組合二十五年史』。

その後一九六五年、長期実習生の内、定着した三名と上野とその長男による五名で、農事組合法人農学塾農場を設立し、農産と酪農と養豚の部門別分担による協同経営を展開した。その後経営は酪農へと特化してゆき、一九七二年時には全耕地を牧草とする主畜農業経営となっている。同盟・県開連と袂を分かったのちの上野は、協同経営の普及活動を、各地における講演活動と、この農学塾農場における研修活動を中心に据えてゆくことになったのである。

8　小括

上野満は自らの協同経営論を戦後三〇年間、ほぼ揺らぐことなく追求し、平須農場のみならず、あらゆる手段をもって社会的に展開することを考え続けた。しかも無媒介に自己の理想を唱えるだけでなく、時の農政課題の中に協同農業論を位置づけ、時にはその農政課題のPRにも積極的な協力を惜しまない上野の姿勢は、一徹な理想主義者という側面とは異質の、怜悧な現実主義者という側面を浮き彫りにしている。

戦後四〇年代から五〇年代における上野の協同経営論は、緊急開拓事業の一環として展開された。「日本農業近代化のための開拓」というスローガンは、他の多くの開拓指導者や政策担当者にとっては苦肉の方便であったと考えられるが、上野にとっては必然の論理であった。戦後開拓者の生活の保護に尽力する開拓者同盟の中にあって、上野は開拓政策の必要性を日本農業論全体の中で位置づけることにより、同盟の予算獲得要求の理論的支柱を提供し続けた。その一方で自らの所属する平須農場を核として、周辺地区の開拓・入植を進め、新利根開拓農協を設立し、その後の開拓農協統合運動の流れに乗って、組織の拡大を進めた。平須農場を核として、周辺開拓集落に協同経営を浸透させながら、広域的な協同経営を確立させることが、当時の上野の協同化普及の戦略であったものと考えられる。

新利根開拓農協の各集落は、平須農場の協同経営をどの程度導入するかについては個別の判断で行うことが認められていた。平須農場のノウハウを積極的に吸収し、独自に機械化実験集落に指定され、平須農場以上の所得を実現するに至った大重集落、戸数の少なさと水田に恵まれなかったことが災いし、早期に協同経営を放棄、その後も所得が伸び悩んだ千葉野集落、当初から協同経営は導入せず、一部農家が個別に水田酪農のエッセンスのみを導入して、高所得を挙げた神落集落等、各集落はそれぞれの判断と距離感で開拓農協に所属していたのである。もちろん上野はこうした各集落の独自の意思決定権を尊重しつつ、長期的にはすべての集落が有畜協同経営を導入することを望んでいた。特に自ら入植に携わった、千葉野集落、大重集落に関しては思い入れが強く、長期にわたって働きかけを続けたのである。

しかし上野が有畜協同経営の理想を開拓政策に重ねていたのは五〇年代までであった。同盟の必死の政治活動にもかかわらず、日本農業政策における開拓政策の位置は衰退の一途をたどり、折しも五八年の水害による、平須農場自身の経営悪化とも重なって、上野と同盟の関係は決定的に悪化する。その後の経営再建が農業近代化資金の融資によってなされたことからもわかるように、六〇年代における上野は、基本法農政における「経営共同化」に自らの協同経営の理想を重ねてゆくことになるのである。

六〇年代の基本法農政期において、上野が協同経営普及の拠点としたのは新利根協同農学塾であった。設立当初は新利根開拓農協の入植者の滞在、研修施設としての性格が強かった農学塾であるが、六〇年代においては、有畜協同経営に関心のある人々を全国から募り、その経験を現地の農業に還元してもらうという、協同経営の思想の「種まき」を目的とする組織として機能するようになっていった。この農学塾における研修は、実験農場が協同経営を解体した後も継続し、文筆活動による啓蒙活動に加えて、上野の生涯にわたる活動として続けられてゆくことになったのである。

(1) 四九年に千葉野、大重集落を加えた組合は、五三年の正志集落の吸収まで平須開拓農業協同組合と呼称されている。
(2) 新利根開拓農業協同組合『新利根開拓農業協同組合設立二十五年史』(一九七二年)二頁。
(3) 茨城県開拓十年史編纂委員会『茨城県開拓十年史』(一九五五年)三一一頁。
(4) 上野満『協同農業四十年』(家の光協会、一九七五年)二八九頁。
(5) 大重集落については、茨城県農林水産部企画課『農業共同化推進史料(2)』(一九六三年)、『稲敷郡東村大重集落における協業経営形態の概要』(一九六三年)。
(6) 新利根開拓農業協同組合『新利根開拓農協通常総会資料』各年度。
(7) 新利根協同農学塾『農業協同化伝習農場新利根協同農学塾要覧』一九五六年。
(8) 木村六郎氏からの聞き取り(一九九八年九月三〇日)。

第4節　協同経営の発展とその性格

1　はじめに

本節では一九五三年から一九六九年にかけての平須農場の経営について分析する。建設期の困難を乗り越えた平須農場は、その後も上野満の協同経営の理念の下、全国でも有名な協同経営の集落として、成長を続けていった。当初経営を共同化していた多くの開拓集落が、一定の経営の安定化とともに協同経営を解体し、順次個人経営へと移行してゆく中、この平須農場は一貫して協同経営を堅持し、当時の先端技術を次々に導入することにより、注目を集め続けたのである。本節では、これまで十分に分析されてこなかった平須農場の、高度成長期における経営の実態、協同経営の運営に当たって生じたさまざまな問題点の表出と、その克服の過程について明らかにすることを課題とする。表4-13は五〇年代における平須農場研究班（第一組）の営農成績である。同農場の五〇年代までの経営史料は基本的に研究班のものしか存在しない。そのこと自体、五戸組協同経営の問題点を示唆しているのであるが、それは後述することとし、順次経営について述べてゆくことにする。

2　五戸組協同経営の展開（一九五四〜五七年）

平須農場は、四〇年代後半の建設期を乗り越え、基礎的な土地改良事業を完了し、建設段階における一応の確立をみた。水稲二毛作経営が基本となる五二年までの経営は、五三年の冷害で被害を受けていることが確認できるが、その被害をきっかけとして、農場は水田酪農経営への転換をはかっていることがわかる。この時点での経営実態について、検討しておこう。

1　酪農部門の協同化

有畜経営の導入について、上野自身は入植当初から経営構想の重要な一環として酪農を位置づけていたが、農場全体で合意を獲得したのは五三年における冷害がきっかけとなったという。乳牛についてはすでに個人部門において導入されており、個々で搾乳が行われていた。しかし個別農家に乳牛が導入されることによって、稲作部門の協同作業の足並みに乱れが生じたため、上野は乳牛部門の協同化の必要を感じ始めたのである。

その頃、英国製のミルカーが日本に初めて輸入され、日本搾乳機株式会社が取手市にできたことなどの影響も受け、平須農場は酪農部門の五戸組経営を導入することを決定したのである。五四年九月二〇日付けの「搾乳牛の五戸

推移

1958年	1959年
53	55
250	413
750,000	1,644,000
12	3
53	8
89,200	0
0	0
0	0
0	0
0	0
0	0
0	0
49	51
31,200	67,800
400,400	470,000
1,239,600	2,114,000
8	10
8,505	
789,978	605,414
6	7
52,546	61,405
12	38
145,000	525,000
100,000	
1,087,524	1,191,819
2,327,124	3,305,819

表4-13　平須農場研究班による営農成績

			1952年	1953年	1954年	1955年	1956年	1957年
農産	水　稲	作付(反)	73	73	55	60	60	53
		収量(俵)	325	150	254	326	333	345
		金額(円)	1,137,500	602,000	1,054,000	1,271,550	1,352,000	1,380,000
	大　麦	作付(反)	6	0	12	24	12	12
		収量(俵)	6	0	49	83	52	55
		金額(円)	7,000	0	20,560	192,440	83,200	105,600
	小　麦	作付(反)	20	35	12	0	0	0
		収量(俵)	62	117	38	0	0	0
		金額(円)	119,970	206,739	80,607	0	0	0
	菜　種	作付(反)	30	20	12	0	0	0
		収量(俵)	57	22	33	0	0	0
		金額(円)	173,850	105,730	79,218	0	0	0
	飼　料	作付(反)			22	34	46	49
		収量(〆)			16,000	51,600	72,000	66,400
		金額(円)			11,200	361,200	510,000	460,300
農産計			1,438,320	914,469	1,245,585	1,825,190	1,945,200	1,945,900
畜産	乳　牛	頭数		3	3	12	12	8
		乳量(〆)		1,562	2,516	8,961	9,950	7,450
		金額		153,700	251,600	885,942	995,000	745,000
	育成牛	頭数		3	2	8	11	5
		金額		99,000	49,574	50,810	110,000	139,900
	養　豚	販売頭数		0	0	0	0	1
		金額		0	0	0	0	12,000
	養　鶏	羽数		75	75	75	75	
		金額		135,666	105,000	100,000	75,000	158,000
畜産計			0	388,366	406,174	1,036,752	1,180,000	1,054,900
研究班合計			1,438,320	1,302,835	1,651,759	2,861,942	3,125,200	3,000,800

注：数値に不整合があるが，史料のままとした。59年度の数値には数ヵ所の欠落がある。
出典：新利根開拓農協『数表による組合建設の経過総覧』（昭和34年）より。

協同管理施設実施要領案」では「搾乳牛の合理的飼育管理を行う為、一戸当二頭、五戸班単位に一〇頭の協同管理を行う（中略）乳牛の協同管理には、一人の責任者を定め、朝夕の畜舎の清掃、飼料の配合調整、厩肥の堆積等は責任者の指揮の下に、班員が毎日交代で是に従事し、搾乳・給餌等は責任者がやる」と協同化の方針が示されている(1)。

この酪農の協同化により、専門技術者の養成も行うこととなり、

第2節でも述べたように、福島県白河の農林省施設に五三年一二月一日より二五日まで二名、翌五四年一月五日から三一日にかけてほかに数名を派遣し、技術習得のための実習を受けさせた。実習内容は一二月のグループは「主として乳牛の繁殖、育成、搾乳牛の管理」に重点を置き、一月のグループは「飼料の研究に重点をおき、土壌、肥料、牧草栽培を勉強して貰うこと」とされ、のちの酪農部門の主軸になる人材の育成をはかった(2)。この研修に参加したのは実験農場の組合員だけでなく、のちに大重集落、千葉野集落にも入植し、同集落の畜産部門の主力となっていった者も含まれていた。

こうして五四年秋には全三組のうち、第一組と第二組に収容頭数一五頭の協同牛舎を建設、酪農部門の協同化に踏み出したのである(3)。同時に水田裏作部門については、そのすべてを自給飼料に切り替え、イタリアンライグラスとラジノクローバーを混播した。さらにこれらの裏作牧草を貯蔵するため、直径三m、高さ九mのサイロを自家労働力で四基建設したのである。なお、乳牛導入に関する融資の償還計画としては、「一戸一頭の生后七日の子乳牛を飼育し、年間利益金一戸二万円五戸一〇万円を農林漁業資金借入金の償還に充当する」(4)とされた。

協同部門に移された乳牛の所有権については、当初「組合の個人の牛は、組が買上げて、其の所有権は、五戸等分従って負担も等分する」という構想であったが、五四年一月二〇日付けの「搾乳牛の協同管理について」において、「乳牛の協同管理は、飽く迄も個人所有の乳牛を、ある特定の人に委託して管理せしむると言ふ考へ方で行ふ」とされた(5)。この理由に関しては、「強制された協同は、本当ではないのであって、個人でやってもいいのだが、協同でやった方が個人でやるより有利だからと云ふので、各人が進んでやるのでなければ本当の協同ではない」との理由が説明されている。酪農の責任者の設定に関しては、「五戸の者が全員酪農の専門家になるよりも、五人の内一人が酪農家の専門家になることの方が容易であるからである」という上野の考え方から来ているが、個人所有の形式を取ることにより、「搾乳係の乳牛の管理が適当でない場合は、乳牛の持主は、その係に対し、注意する権利があるし、若しより適当な人があれば、交替せしむることができる」ことも認められた(6)。協同経営内において、個々の組合員に経営に積極的に参画する回路を維持しようとする上野の工夫をうかがうことができる。

こうした営農形態の変化にともない、建物等の設備の設置に関しても指針が示された。五三年一一月二九日付けの「建物の配置及設計」では、「生産施設は、五戸組又は部落協同で行い、個人単位の生産施設は、最小限に止めること。個人単位の生産施設の拡大は協同を破壊する」、「畜舎、搾乳舎は、五戸協同の完全なる大作業場を作り、個人畜舎は育成牛と、鶏舎のみに止める」と規定された。また日常生活に余裕が生じた場合、「余力があったら旅行し、見学し、生活を楽しみ、教養を高めるために使いたい」と自らが理想とする農村生活の一端をのぞかせている(7)。

2　トラクターの協同利用

平須農場のトラクター作業は当初、研究班（第一組）のみにおいて、ガーデントラクターが導入されたが、この運用が軌道に乗ると、研究班のトラクターで全三班の耕起作業を行うようになった。すなわち、トラクター作業のみは五戸三組ではなく、当初から部落協同であったのである。とはいえ班別の施設を平等に整備する観点から、上野は当初三班全部に一台ずつのトラクターを設置する意図であった。しかし水田酪農経営の進行とともに、トラクターの大型化の必要性が高まり、新規に導入されるトラクターが、前のものよりも大型化する傾向が生まれた。たとえば五五年の例を引くと、青刈飼料を刈り取った後の砕土作業が、それまでの四馬力、六馬力のトラクターでは実行できず、追って一〇馬力のトラクター導入が決定された(8)。結局のところトラクター耕起に関する限り、五戸組別の作業は行われることなく、一貫して一五戸協同が貫かれたのである。

五六年時点で平須農場には四馬力、六馬力、一〇馬力の三台のトラクターがあったが、この三台を作業別に分担し、大型を牧草跡地の耕起作業に、中型を牧草刈や砕土、深溝切に、小型は作条やカルチに使用するという構成をとった(9)。

3　水稲作と裏作飼料作

水稲作部門でこの時期特記すべきことは、牧草跡の裸地直播に成功したことであろう。上野自身、牧草裏作の直播栽培には不安を感じていた模様である。しかし牧草跡地に関しては、直播栽培で良好な成績を挙げ、水稲作労力の節減に貢献した。しかし大麦跡地は雑草の繁殖が激しく、田植作業による稲作を行わざるをえなかったという。

また湿地帯である平須農場においては、一通りの土地改良を完了したのちも、排水問題による稲作の不振は継続し、上野は地域の篤農家や農林省の技師に至るまで、積極的に教えを乞い、稲作収入の増加に努めている。一つの例を挙げておこう。五六年度における稲作計画書に「丸木式稲作法」という移植栽培技術の導入が示されている。(10) 土地改良が不十分な段階で根腐れによる減収をたびたび被った、同農場の経験を踏まえて導入された農法であり、その要は「いい根を持った稲を作ること」であると記されている。具体的内容は耕起、施肥、排水から品種選定まで多岐にわたっているが、根腐れ防止という観点からは、暗渠作業の追加（地下水を地下四尺まで下げる）、深耕、品種選定等が強調されている。当時の労力配分上の問題で、すべての自給飼料を裏作で賄うことの難しかった平須農場では、五〇年代においては、水稲作付面積を縮小し、飼料作のみの面積を増やしつつ、水稲の反収を向上させることにより、所得の維持、拡大をはかったのである。

4　水田酪農の技術的困難と設備投資

(1)　機械化の必要性

水田酪農経営における技術的問題は、表作の水稲と裏作自給飼料の作業日程の調整に端的に現われた。春季の飼料収穫の直後に田植の時期が重なること、未だ排水施設が完全でなく、雨が降ると牧草の刈取作業が極度に遅延することなどが主な問題であった。この時期の牧草の刈取作業はすべて手作業であり、組合員は柄の長さ三mのロシア鎌をふるい、刈取作業を行っていたのである。

五四年の事例を見てみると、平須農場では五四年一月一五日に飼料自給計画を樹立、宅地周辺の水田の稲作を止め、すべてを飼料作に切り替える等、飼料自給を強化した。しかし五四年春作においては、六月と九月から一一月にかけて、青刈飼料の不足を来してしまったという。その結果上野は自給計画の改善を試みる[11]。五四年五月の文書では次のように述べられる。「イ、作物がナタネと小麦の二種の時は、六月が一時に急が《(ママ)》しかった。ロ、二十九年度はナタネと小麦の外に、大麦と燕麦をとり入れ耕地を四等分して作付した処、五月の末が一時に急が《(ママ)》しくなった。ハ、明三十年度に於ては、作付計画は飼料に重点をおいて、春期の労力を四、五、六三か月に分散する方法をとる」[12]。こうして五四年六月の「酪農計画書」では水田裏作一二反歩を四等分し、次のような作付けを計画している。「青刈燕麦とクローバーを組合せて作付けし、五月中旬収穫一戸当三〇〇〇メのエンシレージを作る」、「青刈大麦レンゲを作り四月中旬一戸当三〇〇〇メのエンシレージを作る」、「実取大麦を作り、五月下旬収穫一二石の種籾を得」、「実取大麦（別品種）を作付し五月下旬収穫種籾一二石を得」[13]。

しかしこうした必死の営農設計による改善も、当初十分な成果を挙げることができなかった。五五年の状況を上野は次のように回想する。「昭和三十年春などは、新利根流域では田植が終わるのが五月二十日頃だというのに、私たちの農場では、牧草の収穫が終わったのが六月の半ばでした。田植えをするためには、それから耕起し、整地し、代掻きをしなければなりません。死ぬような思いをして田植えが終わったのは七月の上旬でした。もちろん、米の収量はほとんど半減しました」[14]。

こうした状況で飼料部門における、特に刈取作業の機械化の必要性は高まり、五五年には牧草刈取のためモアーを、運搬のため三輪トラックを購入した。またモアー運用のため、より大馬力のトラクターが必要になり、芝浦農機の九

表4-14　平須農場借入金の年度末残高推移

		1953年9月末	1955年度	1956年度	1957年度	1958年度	1959年度
長期制度金融資金（期間4年以上）	開拓融資金	3,445,698	1,145,950	1,010,944	1,005,539	1,005,539	938,401
	公庫酪農施設			1,277,662	1,120,116	1,050,885	1,011,607
	同上協調融資			120,000	93,200	93,200	53,200
	公庫サイロ			461,814	392,990	356,631	338,090
	同上協調融資			36,000	28,000	28,000	16,000
	公庫堆肥舎			162,298	143,968	134,192	134,192
	公庫水道				1,000,000	1,000,000	1,000,000
	53年冷害			225,000	112,000		
	58年災害						1,239,939
	農村工業資金	379,498	310,000				
	有蓄農家創設資金	73,500		258,000	86,000		
	小　計	3,898,696	1,455,950	3,551,718	3,981,813	3,668,447	4,731,429
中期借入金（期間3年以内）	中金（プロパー）			1,200,000	600,000		
	信連住宅				1,650,000	1,100,000	1,100,000
	組合家畜	170,000	843,374	1,130,081	556,424		
	組合中期	415,000	1,040,000		659,000	659,000	659,000
	小　計	585,000	1,883,374	2,330,081	3,465,424	1,759,000	1,759,000
短期借入金（期間1年以内）	組合短期			1,391,533	2,829,758	4,311,064	1,747,149
	組合買掛			264,768	256,042	592,923	303,776
	小　計		975,551	1,656,301	3,085,800	4,903,987	2,050,925
合　計		4,483,696	4,314,875	7,538,100	10,533,037	10,331,434	8,541,354
一戸当たり		298,913	287,658	502,540	702,202	688,762	569,424

注：年度末は翌年3月末（ただし1953年度は9月末，1959年度は2月末日の数値）。
出典：1953，55年度は『営農指導資料』，それ以降は新利根開拓農業協同組合『昭和三十五年度議事録綴』より作成。

馬力乗用トラクターも購入した。さらに自給肥料の有効活用のため、動力用尿散布機もこの年度に購入している。生産性向上のため、立て続けにこうした最新の農業機械を導入したことにより、平須農場十五戸の五戸組協同の水田酪農はようやく軌道に乗るに至ったのである。しかし一方で相次ぐ農業機械の購入は、農場の負債額を確実に累積していった。表4-14はこの時期の農場の借入金の推移を示しているが、五五年から五六年にかけて急速に借入額が増加していることが確認できる。またこれらの機械購入に農林中央金庫の年利一一%のプロパー資金（償還期限三年）を導入したことも、農場のその後に影を落とすことになった。

(2)　労力配分上の問題点

また平須農場の困難は水田酪農の技術的問題だけではなく、組織面、労働配分の面でも表面化しつつあった。五四年八月一二日付けの「乳牛の協同管理にともなふ五戸組協同営農の組織改正について」において、上野は次のように述べる。「一年間を通じ、協同作業に追われているのは、作業のやり方が悪いだけでなく、作業組織に缺陥があったのである。つまり組長の負担が大き過ぎて、真先に立ってみんなを統率して行く可き組長が、計画だけは建てても、実際の仕事をするときには、疲れていて真先に立てない(15)」。五戸組の営農計画と実際の作業を指揮する組長の負担が重くなっている状況を示している(16)。

また「今度搾乳牛を協同管理にうつせば、協同の仕事はさらに一つ殖えることになるが、僅か五戸の処に農耕係、畜産係と分けたのでは、労力が分散してなくなってしまう」と述べられているように、畜産部門と農産部門の分離による労力不足の兆候も見られる。

結果としてここで上野は、従来の組長の権限を分割し、総務的仕事を行う組長に加え、農作業を指揮する作業係を設置することにより組長の負担の軽減をはかり、さらに組別に専任の乳牛係を置くことにしているが、これは先の部門別の労力不足に対しては何の解決も与えるものではなかった。

最終的にこの年度は各組別に酪農部門を設置することは断念されたらしく、研究班（第一組）の協同畜舎に農場の乳牛を集中し、酪農係一名を置き、交替制で助手を一名置くことで、技術普及を行うこととした。飼料は全集落から供給され、所得は研究班においては平等配分し、また研究班以外の組合員の所有牛からの所得は、費用を差し引いた額を支払うこととされた。このように五四年度において、すでに五戸組協同による水田酪農の、特に労力面における限界が表面化しつつあったが、この時点では将来的には各組別に畜舎を設置する方向に向かっていた。

(3)　養豚の導入

五六年以降、それまでの水田酪農に加え、養豚が導入されたが、その背景にも労力配分上の問題があったという。

その理由としては、「一協同畜舎に十二頭の乳牛管理は、一人では不可能であるが、二人では少し余力がある。しかしこの上乳牛を増加するには青刈飼料が不足である。故に二等牛、初乳の利用を兼ね雑草利用の養豚をはじむるものとする」という労力上の説明と「将来乳価の暴落も予想しておかなければならない」という経営多角化的側面が説明された。この時期は、当初組に一人であった畜産係が二人必要となる過渡期であり、その労力負担を調整するために養豚が導入されたというのである。導入当初の養豚は個人部門とされ、飼料も家庭菜園における「自給馬鈴薯と自給雑草で出来る範囲内で」導入されることとなった。(17)

(4) 総務部門の問題

また労力配分のもう一つの難点として、総務部門の問題があった。機械や畜産については積極的な専門家の養成を行ってきた平須農場であったが、総務部門、特に簿記担当者については専門家の育成は、積極的に行われなかった。上野は「事務なくしては農業の近代化は成立しない」と考えていたにもかかわらず、個々の組合員が経理の知識を持たぬまま、専門家を養成することにより、「勤労農民が少数の知識人に支配される」ことを恐れ、また「人に勘定して貰はなければならない様な農民を独立農民と云えるか」といった考えもあった。しかし結果として、組合員内部に簿記担当の専門家を育成することは現実には困難と判断し、結局組合では五六年に専属の職員を雇用することになったのである。(18)

5　生活部門の整備

五戸組協同の水田酪農による営農形態を軌道に乗せるため、一連の生産設備に対する投資が続く中、この間の組合員の生活面に対しては、置き去りにされていた感は強く、上野自身この点を憂慮していた。水田酪農に関する施設整備が一段落した五五年元旦の挨拶において、上野は次のように述べている。「実験農場は今年こそガーデントラクターとミルカーによる新らしい組織農業の完成の年であります。……愈々是から生活をよくする仕事に移ります。住宅はブロック建に改め、入浴場は立派な組協同浴場に直し、時折慰労演芸会等催すためには公会堂を建てる等、愈々たのしい農村の建設に向って進みませう」(19)。住宅の設置に関しては、「一人一年二万円積立の住宅無尽を作り、五ヶ年間に実験農場、大重、千葉野全家屋をブロック建築に改造する。二十八、九年度の住宅補助は組合の住宅補助規定にもとづき全組合に配分し、然る後是を積建せしめ、二十八、九年度分の六棟の未建設住宅の建築は住宅無尽第一回分として実施するものとする」とされた。

また同年には集落の公会堂が建設された。公会堂は組合員子弟と婦人の教育・修養の場を兼ねる意味で「母子ハウス」という名で計画された。「いい子供を育てるには、小さい頃から、美しい環境の中で、秩序ある団体生活訓練をしなければならない。農作業や婦人の解放をも併せ考慮するとき、託児所を設置するが一番いいと思ふ」。またハウスは子供のみならず、「母親達が修養し、勉強する為の」施設という意味合いも設けられ、その運営は「婦人の利用に一任」され、「部落婦人が自主的に自力で経営する」こととされた。子供たちの保育には上野の妻と長女があたったという。これをきっかけとして組合の生活施設の整備は本格化し、以後五八年四月にかけて、全戸一斉に一〇坪建のブロック住宅を建設、簡易浄水機場を設置し飲用水施設の整備も同時に行った。しかしこうした一連の生活施設整備にも中金プロパー資金が導入され、のちの償還危機の遠因となった感は否めない。

6　農場の評価の向上

以上のように、内部的にはさまざまな問題の芽をはらみながらも、五五年前後は五戸組協同営農の安定期であり、平須農場の存在が世間の注目を集め始めるようになった時期であった。「新利根開拓に対する政府や県や、連合会等の評判が益々よくなってきた次第です。……農林省は土地改良の成果を見せる為には、実験農場につれてきます。関東東山試験場は映画をとりに来ました。県からは、関係部課長が、自動車四名で来ました」[20]。こうした世間の追い風を受け、上野らが自らの経営に自信を深めていったことは想像に難くない。しかし一方で組合の声価が上がると、同時に組合に対する批判的発言も生じてゆく。ともあれ、五戸組協同経営に対するこうした自信は二つの傾向を生んだ、一つは「そう言ふ訳で、借金が殖え、貸付限度を超過して貸付□□ことを御了承願いたい」という資金借入に対する強気の姿勢。もう一つは、「今迄、私の本当の考へというものは、実験農場だけでやって来た。……しかし、この様に、やれば出来るとわかった以上は実験農場の方針を組合全体の方針として認めて欲しい」という協同組織の拡大整備の方向であった。

3　償還危機発生の構造（一九五八～六〇年）

以上述べてきたように、五〇年代の平須農場は、農場の基盤整備を進める一方で、協同経営の手段である機械化、有畜化を進めるため、立て続けに設備投資を重ねてきた。また五〇年代中盤に入ると、生活施設の整備を並行して進行させることにより、農場の借入額は急速に累積し、組合経営の危機が進行しつつあった。

1　償還危機の発生

(1)　台風被害

五八年秋に発生した台風二一号による被害により、平須農場の水稲作、飼料作は大減収を被ることになった。同年の台風被害について、新利根開拓農協の事業報告書では次のように述べられている。「九月一八日の二一号台風では大重、千葉野、神落の協同作業場はみんな倒壊。つづいて襲来した二二号台風では、新利根流域五〇〇〇町歩は全面湛水状態となって、実験農場部落と大重は冠水一〇日間に及び、刈取直前の稲は悉く一寸以上発芽し、冬期半年分の家畜飼料は全滅。神落部落の堤防は決壊し、約四町歩の水稲は水没して収穫は皆無の大被害を受けた。水害を受けなかった平須部落は、夏の異常旱バツでひどい塩害を受けたし、結局災害を受けなかったのは、六部落中正志だけであった[21]」。

この被害により、予定されていた五八年度の決算において、平須農場および新利根開拓農協は、多額の未償還金、未払金を計上することになった。これにより、当時最大の融資元であった農林中央金庫が、一切の融資を停止し、農場は深刻な経営危機を迎えることになったのである。さらにそれまでの農場の経営に対して当局の批判が強まることにより、翌五九年には茨城県農地部から会計検査を受けるなど、危機は農場の存続にかかわる問題として拡大していった。

(2)　負債累積の背景

五八年から六〇年にかけて、平須農場が遭遇した困難の原因は、台風による被害一般で説明されるものではなかった。五三年の冷害時に比べ、この時期の債務危機が深刻化した背景には、一つには債務の性質の問題（短期プロパー資金のシェア増加）、もう一つは農場を取り巻く環境の変化が存在したのである。

まず五〇年代中盤から後半にかけての債務内容を見ると短期プロパー資金が増加しているが、このことが、一年の不作で経営を危機に追い込んだ大きな原因であった。ではそのような債務構造がなぜ発生したのか。五〇年代中盤の平須農場にはさまざまなレベルでの不満が蓄積しつつあった。まず生産設備優先による生活の圧迫が、組合員の不満を蓄積させていたこと。また新利根開拓農協内部において、平須農場に優先的に新技術を導入してきたことに対して、組合内部で不満が高まったこと。上野はこうした不満を察知しており、それゆえに、短期資金の借入れによる、早期建設早期償還というリスクの高い選択を行ったのである。上野自身はこの件について次のように語っている。「組合員は、長期資金になると、貰ったような気になるが、これが累積して行った場合、決して少ない金額ではなくなる。それより三年四年の中期資金の場合には、次から次に償還して行くので、借入金の累積ということがない。そう考えたからである」[22]。

こうした償還危機の発生により、平須農場を取り巻く周囲の状況は、正に一変した。上野は当時の状況を次のように述懐する。「私たちが泥にまみれて堤防を築き、排水路を掘り、土地改良をすすめていたときにはむしろ同情的であった世論も、だんだんと実績があがってくると、一部の人たちからは共産主義ではないかと警戒されるようになりました。私たちの農場は幾たびか某県会議員によって茨城県議会においてすら問題にされ、私が長く役員をやっていた開拓者の組織のなかにおいてすら、だんだんと孤立化してゆきました」[23]。基本的に開拓事業が救済事業として行われていた時期には同情的であった世論も、日本の政治的保守化の流れの中で、生産協同化を指向する実験農場にイデオロギー的反感が生じつつあったのである。上野が農地改革によって生じた戦後自作農体制に対して一貫して批判を続けていたこと、用地取得にあたって旧大須賀村との間にかつて軋轢があったことなど、一連の状況も、平須農場の償還危機に際して「批判」を誘発する要因となった。

2　矛盾の噴出

以後五九年から六〇年にかけて、上野は打ち切られた中金資金の替りに市中銀行から年利一五％の資金を借り、延滞利子を支払いながら、経営の再建に尽力する。しかし一連の債務危機は農場内部、さらに新利根開拓農協内部の求心力を低下させた模様である。それによって、それまで蓄積しつつあった組合内部の矛盾が一挙に噴出する結果となった。しかし後述するように、これらの不満の芽は五〇年代半ばにおいてすでに見られ、償還危機発生直前の五七年より強まった。当該時期の諸矛盾の表面化は台風被害と償還危機を契機としていたが、それにとどまらない構造的なものであったのである。

(1)　平須農場内部の不満

①　部門間の技能の専門化

五七年二月二四日、上野は組合内の分担業務の任期を一年にすることを提案している。趣旨説明では「其の仕事が旨く行くか行かぬは、直接みんなの損得に影響するので互に其の仕事のやり方については、気になっても、しかし、協同のためには感情問題が大切なので、お互に云い度い事も我慢し、あんなやり方では困ると思い乍らも、自分にも確信がある訳でもないので気を揉みつつも黙って我慢して居る場合が多い[24]」と語られており、専門化する部署間で労働の負担配分や能率について不信感が生じていることが背景にあったものと思われる。結局この任期制も再任を妨げない結果となったため、実質的に担当者が頻繁に入れ替わる結果とはならなかった。こうした部門間の不信の原因の一つには、畜産技術・機械技術等が徐々に専門高度化し、こうした技術を取得したものと、そうでないものとの間に格差の発生があったものと思われる。

②　所得分配上の問題

また五七年一〇月の営農研究会では、農産部（稲作）の組合員が、酪農部門の利益が組合員の手取り所得に反映されていないことを理由に、水稲裏作に自給飼料を栽培するよりも麦などを栽培すべきではないかと主張した模様である。これに対し上野は、「畜舎の収入で他の組や他部落の子牛の育成費から組合員の電気量(ママ)、排水費、組合事務所の旅費等まで払って来たからである。利益がなかったのではない」と反論している。部門別に考えると、裏作飼料の栽培、刈取は農産部と畜産部の利害が最も衝突しやすい部分であり、この調整はのちのちまで問題となるのである。

③ 部門間の調整

またたとえば五八年一月の部落協議会では、水稲作と飼料作のバッティングを防ぐため、「水稲の二期作を行って反当収量を倍加し、出来るだけ、水稲の作付面積を減らして牧草作付面積をふやす」ことが目指された。(25) 純粋に収量増の観点もあったかと思われるが、前年度より表面化しつつあった、農産部と畜産部の衝突を回避する狙いもあった。また五八年度の年末協議会では、ある組合員が「エコヒイキしないでくれ」等と発言、また二組内部では組合長が組長を特別扱いし、「何か特別な手当でも出しているかのような」疑問が出されたり、三組においても「一組は何かいいことをしている」かのような、組内部、組別の不満が一挙に表出している。(26)

さらにこの時期、協同経営への不満が組合員の婦人層からも表出していることも注目される。六〇年一一月の婦人部会では、「是程働いているのに、尚、小使もない」という不満や、労力配分に関する「他への不満」等の経営に対する不満が表面化している。(27) こうした不満の背景には、前述した部門間の衝突の調整や、すき間労働の多くを婦人層が負担している実態が存在した。少しのちの数値になるが、六三年の農産部における婦人労力は、延べ一一九八・五人であり、男の七一四人を大きく上回っていた。(28) 婦人層への労働負担の増加は、協同経営を根底からゆるがす可能性をはらんでいたのである。

(2) 集落間の不満

設備投資、償還をめぐる問題は新利根開拓農協の各集落間の不満をも表面化させている。五七年五月の「新利根開

表4-15　新利根開拓農協集落別資金貸付状況

	1957年度		1958年度		1959年度	
	金　額	比率（%）	金　額	比率（%）	金　額	比率（%）
平須農場	10,578,468	42.1%	12,369,419	41.3%	10,672,398	34.3%
大重	2,670,923	10.6%	4,360,999	14.6%	4,818,652	15.5%
平須	469,353	1.9%	433,239	1.4%	707,578	2.3%
千葉野	3,024,492	12.0%	2,738,788	9.1%	2,796,159	9.0%
正志	195,343	0.8%	163,946	0.5%	373,863	1.2%
神落	1,330,302	5.3%	1,320,000	4.4%	1,862,286	6.0%
農学塾	6,332,237	25.2%	8,021,719	26.8%	9,397,742	30.2%
組合内留保	535,910	2.1%	535,910	1.8%	503,944	1.6%
計	25,137,028	100.0%	29,944,020	100.0%	31,132,622	100.0%

出典：新利根開拓農協『営農指導資料』各年版より。

拓実験農場償還完了四ヶ年計画書」では次のように述べられる。「新利根開拓実験農場部落十五戸は、同部落組合員の異常なる努力と、新利根開拓農業協同組合が同部落の完成のため重点的に資金を集中利用せしめた事によって昭和三十二年度を以て経営安定の基礎を完成出来ることになった。然し乍ら、組合内の残る五部落の悉くに実験農場（平須農場のこと――引用者）同様の融資をせんとする場合（中略）かかる多額の資金を借入ることは、ほとんど不可能に近い（中略）さりとて同組合内に於て、実験農場にだけ一戸五十万円以上の融資を行い、他部落のみ、その半分に抑えるということは出来ない[29]」。

それまで組合内部の設備投資は、新技術を実験するリスクを背負う意味もあって、平須農場に優先的に行ってきたわけであるが、営農が安定してくると、それが他集落にとって不公平感と映る。表4-15は組合における集落別の資金貸付状況を示したものであるが、平須農場に対する貸付額が突出していることが明らかである。また集落ではない農学塾への貸付額が大きいことも農学塾を推進する上野への批判の一つの要因となった。上野は協同化を採用していない集落に対しては、「畜産収入を上げるためには、結局二倍の労力がかかるのであるから、何らかの方法にて労力問題を解決しなければならないのである。労力問題の処には、組合としては畜産融資はできない」と牽制し、一方平須農場内部に対しては、組合の負債のほとんどが平須農場関係であるから、償還にいっそう努力するように呼びかけている。この計画書では、ひとまず平須農場への追加投資を停止し、償還を終了させた後、他集落への投資を開始することとされている。

3　協同経営解体の危機

五八年に入って、集落間の軋轢はいっそう加速する。三月の役員会では融資金の不公平が指摘され「実験農場ばかり貸して、何故俺達に貸さんか」との批判が現われている。これに対し上野は個人経営の集落であっても「部落が協同で責任をもつならば」と応じている。(30) 五八年の七月の営農研究会では、集落間の問題が一挙に表面化している感がある。まず大重、千葉野集落等において組合執行部に属し、長年上野に協力してきた組長層が各集落で孤立しつつあった。特に協同化を解体した千葉野集落はその後組長を選任せず、営農研究会等に参加しなくなっている。その背景には各集落内部において、平須農場との格差に対する不満が存在した。「実験農場は君達を搾取はしてない」、「実験農場が組合（新利根開拓農協）を支えている」という当時の上野の発言はこうした不満の存在を裏づけているといえよう。(31)

また翌年五九年六月の第七回総会においては議題の冒頭で、「三三年度を以って組合全体の基本的問題は解決した。かくて三四年度の本総会こそは設立当初の理想である、組合全体の新しき村作りの完成を目ざして益々組合組織を強化して進むか、寧ろ現状で已に目的は達成したるものとして、組合解散の方向に向って進むかの岐路に立つものである」(32) と組合の解散が議題に登るに至っている。また組合監事の意見書では、「実験農場の如きは特に此の様にして無理な建設をつづけて生産施設を整備したのだから今後は此の施設を活用して飛躍的に生産をあげ、借入金の償還に支障を来さない様にすることを要望致します」(33) と、平須農場への要求が明文化され、上野が指導する平須農場が深刻な局面に立たされていることがわかる。

こうした状況に対し上野は、組合長挨拶で次のような釈明を行う。「コロンブスのアメリカ発見の航海の途中、いつまで経っても陸地が見えないので船員連中が途中で反乱を起こし、コロンブスを海にたたき込んで、引き返そうとした様に、農業協同化の道が余りに遠く、困難であるため、みんな途中で崩壊するか、引き返してしまって、協同化の目的である新大陸をつきとめるまで頑張り抜いた人はないのであります。しかしコロンブスが帰ってアメリカを発見したことを報告するや、アメリカ航路はひとりでにひらけた様に、農業の協同化も小さい部落一つでもいい、誰か完成して実績をあぐれば、あとはひとりでに道はひらけるのであります。最初の一つだけは理屈抜きに、何がなんでもやって見る外はないのであります。……決して決して協同化が悪いのではなければ、組合の方針を誤ったのでもなく、無理な建設の揚句、水害を受けた結果に過ぎないのであります」と説明し、正に解体せんとする新利根開拓農協や平須農場における協同経営建設への批判に対する必死の弁明を試みている(34)。

4　基本法農政の開始と農林漁業金融公庫資金の導入（一九六一〜六二年）

1　農業共同化の啓蒙活動

五八年の台風被害に端を発する償還危機は、一九七八年の解体以前の平須農場における最大の危機であった。それは台風による水害だけのものでもなく、それを契機として、新利根開拓農協における集落間の矛盾、平須農場内における班別、作業分担別の矛盾が一気に噴き出す形となったのである。この危機から農場を救ったのは、協同農業の重要性を説く、上野の必死の啓蒙活動と、折りから盛り上がりつつあった農業基本法についての世間の関心の、幸運な一致であった。

かねてから上野の協同経営に理解を示していた、農林省総合農業研究所の的場徳造、農林省関東東山農業試験場経営部長の武藤三雄への相談の結果、上野らは農業協同化研究会を組織、五九年から六一年にかけて、協同経営についての積極的な啓蒙活動を行ったのである。こうした活動は当時の農業基本法制定前夜における農業問題に対する世論の関心に迎えられた。東畑精一、小倉武一といった当事の農政学者や農政担当者の中にも、農業基本法により農地改革後の課題となった零細錯圃を解消すべきであるという問題関心は存在し、そのため上野らによる協同経営は改めて注目を集めるに至ったのである。六〇年五月における「農林漁業基本問題調査会」の答申では、自立経営農業の維持のためには協業化もまた必要である、という趣旨の条項が加えられ、基本法農政の一環として農業の協業化が浮上してきたのである。

こうして協同経営に対する世論は、農業基本法への議論を背景に、徐々に追い風へと転じつつあった。こうした中で、的場徳造や農林漁業金融公庫の吉田六順らの仲介もあり、当時の農林漁業金融公庫総裁清井正の現地視察を経て、埋め立て、客土、整地および揚水施設工事費として、農林漁業金融公庫資金六五〇万円の融資が認められたのである。上野自身「この六百五十万円の公庫資金というものは、私たちにとっては今でも忘れることのできない起死回生、旱天に慈雨の資金でした[35]」と回想している。この公庫資金融資を転機に、平須農場は最大の危機を脱し、以後新たな段階へと進むことになったのである。

2　利根川浚渫土砂による埋立・客土工事

上野らは、この融資された公庫資金の内、四五〇万円を累積した債務の償還に充当し、事実上、返済時期を繰り延べることに成功するとともに、残りの資金で埋め立て、客土工事を行った。埋め立てについては、農場東端にある大浦地区が対象となった。第2節で述べたように、同地は上野らが当時の大須賀村との間で、当初入植した干拓地の耕地と引き替えに入手した土地であり、それまでも耕地として利用されていたが、「市崎丑新田地区以上の低湿地であり、年々水害を受けると共に、開墾後数年を経過し、草の根等が腐熟するにともない、益々泥深くなり、今や腰迄沈んで作業困難を来し三十五年度には反収四俵迄落ちた(36)」という状態であった。作業は深さ二m近くの沼地に利根川の浚渫土を流し込むことにより、約六haの畑地を整備するというものであった。そして同地はのちに乳牛、種豚、肥育豚等一〇〇〇頭を超える家畜の畜産団地と、その放牧採草地として利用されることになった。

しかし、農場の経営にとって、より大きなインパクトをもたらしたのは、客土工事であったという。土地改良を必要とする理由については関東東山農業試験場の調査結果を受け、「市崎丑新田弐拾町歩は……耕土が有機質過多のため水稲作が不安定」とされており、それによる「被害を免れる道は、客土と揚水施設の整備による常時清浄な灌漑水の供給以外にない」とされたのである。当時農場近くの利根川流域では建設省による浚渫工事が行われており、この浚渫土を格安で引き受け、客土に使用したのである。先の大浦地区の埋め立てには、サンドポンプを使ってこの土砂を流し込み、既存の農地に対しては、六〇年から六一年の暮れにかけて、トロッコによる手作業で客土が行われたという。

この客土工事の効果はかなりのものであったらしく、それまで五〇馬力クラスの大型トラクターの使用につきまとった困難が、この工事によって一挙に解消されたという。聞き取りにおいても、その客土による機械運用の向上を回想する農家が多く確認された。また浚渫土を建設省工事のいわば「廃材」を利用することで格安で取得したことが、融資資金の多くを償還に振り向けることを可能にしたのであった(37)。

5　一五戸協同経営の展開（一九六二年〜）

1　五戸組協同経営の限界

また上野はこの公庫資金の借入と、基盤整備を契機に、それまで懸案となっていた内部問題についても一挙にその解消をはかった。五戸組三班による協同経営から一五戸部落協同経営への再編がそれであった。ある意味で、五〇年代末の償還危機は、それまで表面化しなかった五戸組協同経営の問題点を一挙に浮上させる契機となった。上野は公庫資金と農業近代化資金の融資をテコにして、これらの問題点の一挙解決をはかったのである。

この問題点について、上野自身は次のように総括している。「五戸協同の場合、男の労力は五人と云っても一人は、部落及組の管理事務があるから作業労力は四人きりないことになる。これが為家畜がふえて来た結果は、酪農と飼料の方へ各々一人奪はれるしあとは男の労力は二人だけとなるから、男が機械を担当すると結局労働の主力は婦人になる。かくて五戸協同経営も又、次の様に、個別経営に於ける農業の多角化と同じ結果となってしまったのである」[38]。つまり畜産部門の拡大により、農産部門で機械のオペレーターが専門化すると、他の多くの農作業の労働力が不足し、結局婦人層の労力に依存せざるをえなくなったとされているのである。また「婦人が農作業の中心になってしまえば、生活は荒廃する。（中略）婦人労力を農作業から解放するにはいかにす可きかということが、再び問題となってきた」と述べられている。これは労働負担の増加を背景に協同化に不満を噴出させるようになった婦人層を、再び経営から切り離す意図もあったものと思われる。またその他の要因として、五戸組七・五haの経営規模ではトラクター運用の採算が悪化し始め、トラクター運用に関しては、より大規模な耕作単位が要請されたこと、従来の組合簿記は研究班のみで行われていたが、それでは組合の経理としては不完全であり、さりとて各班に一名ずつの経理担当者を置くことは負担が大きく、経理の一本化が望まれていたこと、等が指摘されている。

2　一五戸経営への再編

以上のような問題点を解決するため、平須農場では六一年一一月の総会において、五戸組協同農業から部門別分担による一五戸部落協同農業への移行を決議、総額約一〇〇〇万円の農業近代化資金を県信連に申請すると同時に、新たな各種施設の建設工事に着手した。工事は二名の建設係を中心として、六カ月間にわたる一五戸の組合員夫婦の昼夜兼行の協同作業によって完成した。各施設の新築、改築は以下の通りである。

(1)　協同豚舎

建坪一〇〇坪、腰下ブロック、上家バラック建、トタン屋根。一一月中旬より、まず敷地の整地工事から始め翌一月中旬に竣工した。旧第三作業場を解体し、古材のうち利用出来るものはこれを利用した。

(2)　ルーズバーン式協同搾乳牛舎

搾乳室二四坪、ブロック二階建。待機室七七坪、うち五〇坪新築二七坪旧作業場解体移築。バラック建、トタン屋根。屋内と屋外にスタンチヨン給餌場取付。六二年一月に着工、四月三〇日搾乳室の内部工事等を除き、大体完了した。

(3)　育成牛舎

建坪二〇〇坪、中心部事務室および作業室は、ブロック建。その他畜舎、バラック建トタン屋根。六二年二月中旬より着工。四月三〇日床のコンクリート打ちを完了した。

以上の工事は四月三〇日に完成し、五月六日全員の協議会を開き、別記の申合せを行った上で、部落協同による部門別経営への移行がなされた。機械や畜産に関する五戸協同財産の部落協同への移管がなされたが、その際各組の機械、畜産の主任者が、新たな部落協同の部門担当者に対し、組合長立会の下で価格を決定し、売り渡す形式を取り、組合員全員の了承を得る形式を採った。

3　一五戸協同経営の組織

(1)　農産部：水稲作

「農産部の担当者は五人とし、一戸当たり一・五haのうちその二分の一で水稲を作り、米七五俵、二分の一で飼料を作り、搾乳牛五、育成牛五、計一〇頭分の年間飼料七〇%と、種豚二、肥育豚三〇頭分の三〇%の飼料を自給することを目標に一五戸分一二・五haの水田の二毛作経営と一二・五haの専用飼料畑の作付の責任を負うものとする」とされた。また「是迄の水田七分畠作三分九年輪作による水田酪農方式を改めて水田と飼料専用畑等分の三年輪作田畑輪換経営とする[39]」とされ、加えて三〇馬力の大型トラクターの導入が決定された。先に述べた利根川の浚渫土を用いた客土事業が、大型トラクター導入の条件整備に役立ったことが特筆されよう。

(2)　酪農部

酪農部は搾乳牛係二名、育成牛係二名、飼料係三名の七名編成とされた。搾乳牛係は「搾乳牛は七五頭とするも、常時その二〇%は乾乳牛と見て六〇頭の管理を二人で担当する」とされ、搾乳牛舎にはルーズバーン方式と呼ばれる当時の最新の畜舎が導入された。育成係は「七五頭の搾乳牛から生産される子牛は育成牛舎に収容する。育成牛は七五頭とするも是に乾乳牛一五頭を含めて育成牛舎の常時収容頭数は九〇頭とし、是を二人で担当する」。飼料係は飼料畑の施肥管理、収穫、供給を担当し、「一二・五haの飼料畑の管理と是が収穫、畜舎え納入《(ママ)》するまでの責任を負う」こととされた。この飼料係を緩衝役とすることにより、従来の農産部と酪農部間の労力問題の調整がはかられた。

(3)　養豚部

養豚係は一名が置かれ、集落四五〇頭の肥育を担当した。なお種豚は個人部門として残され、生まれた子豚が養豚部に引き取られるシステムとなった。

(4)　総務部

総務部は組合長、総務係の二人の常勤と、部落長および全体の管理にあたる連絡係の二人の非常勤の四人で構成することとされた。業務の内容は、イ、各部門間の計画の調整、取りまとめ、ロ、土地および施設等の協同財産の管理、ハ、経理作業および、予算・決算の作成であった。基本的に組合員の世帯主層を事務作業から撤退させる内容になっており、これは上野自身不本意なことであったろう。とはいえ、労力配分上の問題の一つであった、事務作業を部落一本化することにより、労力の節減、一本化による明瞭化等のメリットをもたらしたことも事実である。

4　個人部門の縮小

こうして平須農場は、六二年春より総務、農産、酪農、養豚の四部門による部落協同経営へと移行したのである。

同時に名称を新たに新平須協同農場と改め、農業基本法下における共同経営のモデル地区として、さらなる注目を集めていくことになったのである。しかし六二年の組織変化の裏面として、個人部門の縮小ないし、抑制が顕著に見られるようになった。上野の組合設立当初の構想としては、協同農場においても協同で行う部門と、各家庭における個人作業部門を併置し、個人部門における営農研究の成果を協同部門に還元することが考えられていた。入植当初こそ、ほとんどの組合員が独身であったため、完全協同経営が行われていたが、組合員の多くが結婚した五一年以降は、この構想に沿って個人部門が確保されたことは第2節で述べた通りである。しかし農場において協同部門と個人部門とを良好な関係で運営することに関しては、上野の想像を超える困難がつきまとうこととなった。

当初問題となったのは酪農部門であった。この部門については水田酪農経営の中で、酪農部門の搾乳作業と稲作部門の作業が競合する状況になったことについてはすでに述べた通りである。酪農部門は五四年に協同部門に編入されることになった。

そしてこの時期問題となったのは養豚部門であった。これは五〇年代末の償還危機に際して、上野が個人部門からも償還費を拠出することを組合員に求めた。しかし組合員はこれに反発し、さらに協同部門から個人部門へと労働の重心を移す傾向が現われたというのである。その後近代化資金の導入等によって危機を乗り越えた農場は、養豚部門も協同部門に再編（六一年）し、個人部門は一部養鶏と家庭菜園のレベルに縮小されるに至った。この段階に至ると個人部門の研究成果を組合全体に反映させるという当初の構想は実効性を失い、協同部門と個人部門の二部門制による協同経営構想は最終的に放棄せざるをえなかったといえよう。

6　集落協同移行後の経営（一九六二〜六九年）

1　酪農部門の安定化——一九六二〜六五年——

六二年度の集落協同経営へ移行後の経営について、表4-16をもとに検討してみよう。六二年以降の経営史料は総務部門の整備により、集落全体の経営が把握できる史料が残されている。この点だけでも一五戸協同への組織再編は効果を挙げたといえる。しかし営農の実態面では、再建直後にさまざまなトラブルが発生した。二〇haを超える農地における何毛作にも及ぶ自給飼料の刈取は、稲作の合間を縫って行われるため、刈取に機械が導入されていてもなお、大変な作業となった。またルーズバーン方式の牛舎についても新技術の導入に、当初は試行錯誤の繰り返しであったという。一五戸協同の初年度であった六二年度は、養豚と育成牛舎以外の部門は軒並みの減収を来し、純益で三〇〇万円もの収入減となったのである。また六三年時点においては、飼料の作付けと収穫をめぐって農産部と酪農部飼料係のチームワークの悪さが指摘されている[40]。

六四年度の営農実績の反省では、農産部の水稲収入は収量の減収にもかかわらず、米価の上昇に支えられて安定していること、養豚部の成績が好調であることにより、組合全体の収入としては良好な状態にあったとされている。しかし六二年の組織変革で最も多大な設備投資を行い、ルーズバーン方式等の最新技術を導入した酪農部門は、未だに成績不振が続いていた。「これだけ自給飼料を与えて居るのに、何故当農場の乳牛は活力がないのか。自給飼料の少ない大重部落より、当農場の乳牛の方が乳量が少いのは何故か[41]」。自給飼料による水田酪農経営を追及する組合の成績が、購入飼料に多くを依存する他集落の経営に及ばない現状に上野は苛立ちを見せている。

原因について六五年年頭の営農計画書では二つの点が指摘されている。一つは酪農部門内の分業にかかわる点である。「酪農部の第一の問題点は、搾乳牛舎と育成牛舎と飼料係の三つに分かれて経営されて居る点である。三つに分れて経営して居るため労力的には、非常に楽であるが、三つに分れて居るため、若し協力がうまく行かなかったらいくら働らいても実績はあがらないことになる。……搾乳牛の係は育成牛舎の乾乳牛の管理が悪いからいい牛が出来ないといい、育成牛舎では飼料が悪いからいい牛が出来ないと云う様におたがいにうまく行かないのを人の責任にしておったのでは、何時までたっても酪農の成績はあがらないと思う(42)」。

農場実績

1965年		1966年		1967年		1968年	
金額(円)	比率	金額(円)	比率	金額(円)	比率	金額(円)	比率
36,631,956	100%	33,586,442	100%	42,648,802	100%	54,692,167	100%
24,903,411	68%	21,934,352	65%	28,624,846	67%	38,316,276	70%
11,728,545	32%	11,652,900	35%	14,023,956	33%	16,312,891	30%
1,708,438	5%	1,601,253	5%	2,855,455	7%	1,261,360	2%
1,456,848	4%	1,001,550	3%	1,258,230	3%	1,353,167	2%
4,022,217	11%	3,382,471	10%	2,646,172	6%	3,401,789	6%
652,488	2%	242,715	1%	2,010,676	5%	3,348,701	6%
3,851,988	11%	4,004,384	12%	5,179,975	12%	6,895,436	13%
36,566	0%	1,419,717	4%	73,448	0%	52,438	0%
8,262,455		10,197,085		10,727,664		11,682,550	
3,753,315		3,446,688		4,094,804		4,136,528	
4,509,140	12%	6,750,397	20%	6,632,860	16%	7,546,022	14%
13,854,230		10,827,000		12,207,943		18,974,495	
10,969,116		7,831,619		8,785,032		15,742,530	
2,885,114	8%	2,995,381	9%	3,422,911	8%	3,231,965	6%
12,545,009		11,385,392		13,980,460		21,876,026	
9,806,066		9,504,659		11,323,462		17,817,366	
2,738,943	7%	1,880,733	6%	2,656,998	6%	4,058,660	7%
1,970,262		1,176,965		1,732,735		2,346,096	
374,914		1,151,386		421,548		619,851	
1,595,348	4%	25,579	0%	1,311,187	3%	1,726,245	3%
36,631,956		33,586,442		38,648,802		54,879,167	
24,903,411		21,934,352		24,624,846		38,316,275	
11,728,545		11,652,090		14,023,956		16,562,892	

もう一点が飼料管理の問題である。酪農部門の成績不振の原因の一つに、自給飼料に執着するあまり、飼料の質を不安定なものにしてしまったことが挙げられた。具体的には「春の若草になれたかと思うと夏の青刈トーモロコシになり、青刈トーモロコシになったかと思うと、秋には藁と牧草だけになる。藁と牧草になれたかと思うと家畜カブになるというように飼料の変動が余りにもはげし

表4-16 15戸経営移行後の平須

		1962年		1963年		1964年	
		金額(円)	比率	金額(円)	比率	金額(円)	比率
営農実績	事業収入	18,316,310	100%	29,334,583	100%	34,098,435	100%
	直接生産・償却費	13,135,991	72%	20,590,349	70%	25,117,386	74%
	営農利益	5,180,319	28%	8,744,234	30%	8,981,049	26%
農場外収益		2,100,600	11%				
農外費	管理費・未払金支払	570,164	3%	786,348	3%	1,277,425	4%
	借入金利息	997,254	5%	1,383,273	5%	1,298,085	4%
	借入償還	129,901	1%	3,613,670	12%	3,063,089	9%
利益の用途	設備投資・増資		0%		0%		0%
	分配金・給料	1,532,318	8%	2,251,590	8%	3,342,450	10%
	剰余・繰越	4,051,282	22%	709,353	2%		0%
(部門別)							
農産部	収入	5,258,757		6,919,127		8,366,477	
	生産費	2,134,327		2,692,586		3,377,264	
	粗利益	3,124,430	17%	4,226,541	14%	4,989,213	15%
酪農部	収入	9,224,603		12,428,246		13,241,066	
	生産費	7,831,015		11,919,714		12,992,951	
	粗利益	1,393,588	8%	508,532	2%	248,115	1%
養豚部	収入	2,930,000		8,105,376		10,896,131	
	生産費	2,365,781		5,668,216		8,322,980	
	粗利益	564,219	3%	2,437,160	8%	2,573,151	8%
その他	収入	902,950		1,881,834		1,594,761	
	生産費	804,868		309,833		424,191	
	粗利益	98,082	1%	1,572,001	5%	1,171,570	3%
計	収入	18,316,310		29,334,583		34,098,435	
	生産費	13,135,991		20,590,349		25,117,386	
	粗利益	5,180,319		8,744,234		8,982,049	

出典：新利根協同実験農場『営農指導資料』各年度版より集計。

かった」とされ、また「青刈飼料を主体とする酪農の場合飼料の豊富なのは、四月、五月の二カ月だけであり、この二カ月だけは、購入飼料を減らしてもよく牛乳は出るのであるが、それは体力によって乳が出るのではなく高蛋白の青刈飼料の多給のために乳が出るのであるから、七月になって青刈飼料が不足すると、毎年乳牛はやせ乳量は激減し、それが翌年の三月まで尾を引いて恢復しないのであった。年間乳量が低かった原因である[43]」と分析されている。対策

表4-17　平須農場部門別収支状況推移

			1964年度	1965年度	1967年度	1968年度
総務部	収入		256,911	0	444,055	549,206
	支出		0		0	0
	粗利益		256,911		444,055	549,206
農産部	収入	水稲	6,639,735	7,031,697	8,661,384	9,114,150
		飼料	1,726,742	907,075	2,066,280	2,568,400
		その他	0	323,683	0	0
		計	8,366,477	8,262,455	10,727,664	11,682,550
		比率	100.0%	100.0%	100.0%	100.0%
	支出	水稲	2,120,094	2,055,242	2,954,541	3,112,433
		飼料	1,257,170	1,698,073	1,140,263	1,024,095
		その他	0	0	0	0
		計	3,377,264	3,753,315	4,094,804	4,136,528
		比率	40.4%	45.4%	38.2%	35.4%
	粗利益	水稲	4,519,641	4,976,455	5,706,843	6,001,717
		飼料	469,572	−790,998	9,260,170	1,544,305
		その他	0	323,683	0	0
		計	4,989,213	4,509,140	6,632,860	7,546,022
		比率	59.6%	54.6%	61.8%	64.6%
酪農部	収入	搾乳牛舎	5,240,060	5,756,631	9,234,985	13,957,995
		育成牛舎	5,781,280	6,446,069	2,972,958	5,016,500
		飼料係	2,219,726	1,651,530	0	0
		小計	13,241,066	13,854,230	12,207,943	18,974,495
		比率	100.0%	100.0%	100.0%	100.0%
	支出	搾乳牛舎	4,367,378	3,586,478	5,845,137	10,025,731
		育成牛舎	6,902,022	5,934,018	2,131,895	5,716,799
		飼料係	1,723,551	1,448,620	0	0
		小計	12,992,951	10,969,116	8,785,032	15,742,530
		比率	98.1%	79.2%	72.0%	83.0%
	粗利益	搾乳牛舎	872,682	2,170,153	3,389,848	3,932,264
		育成牛舎	−1,120,742	512,051	841,063	−700,299
		飼料係	496,175	202,910	0	0
		小計	248,115	2,885,114	3,422,911	3,231,965
		比率	1.9%	20.8%	28.0%	17.0%
養豚部	収入	金額	10,896,131	12,545,009	13,980,460	21,876,026
		比率	100.0%	100.0%	100.0%	100.0%
	支出	金額	8,322,980	9,806,066	11,323,462	17,817,366
		比率	76.4%	78.2%	81.0%	81.4%
	粗利益	金額	2,573,151	2,738,943	2,656,998	4,058,660
		比率	23.6%	21.8%	19.0%	18.6%
トラクター	収入		1,094,990	1,064,570	695,750	808,870
	支出		193,755	140,668	82,435	230,251
	粗利益		901,235	923,902	613,315	578,619
三輪車	収入		242,860	359,300	592,930	988,020
	支出		230,436	234,246	339,113	389,600
	粗利益		12,424	125,054	253,817	598,420
その他	収入		0	551,392	0	0
	支出		0	0	0	0
	粗利益		0	551,392	0	0
合計	収入	金額	34,098,435	36,085,564	38,648,802	54,329,961
		比率	100.0%	100.0%	100.0%	100.0%
	支出	金額	25,117,386	24,903,411	24,624,846	38,316,275
		比率	73.7%	69.0%	63.7%	70.5%
	粗利益	金額	8,981,049	11,182,153	14,023,956	16,013,686
		比率	26.3%	31.0%	36.3%	29.5%

出典：新利根協同実験農場『営農指導資料』各年度版より集計。

としては農林省鴻巣試験場の指導に従い、春作の青刈飼料を一時期に与えてしまわず、自給飼料の七〇%をサイロにてサイレージとして保存し、一日一頭当たり二〇～三〇kgを年間通じて給与する方針とした。これにより年間通じて平均的品質の飼料を与えることにより、乳量の安定化をはかったのである。

こうした改善策は即座に成果をもたらすことになる。表4-17によれば酪農部門の収益は六五年度において、劇的に改善され、部門粗利益は六四年度の一〇倍もの成績を挙げることになった。部門別収支を細分化した同表により酪農部門の内訳を見ると、育成牛舎、搾乳牛舎のそれぞれで、一〇〇万円近くのコストダウンを実現、育成牛舎は前年の赤字から黒字へと好転し、搾乳牛舎においても収入額を倍増させていることがわかる。前述した飼料管理の改善に加え、新導入したルーズバーン等の新畜舎による酪農が軌道に乗り始めたことが、この結果を産んだと見るべきだろう。六五年度は他部門の成績も良好であり、決算において、組合の粗収入は遂に一〇〇〇万円を超えるに至ったのである。上野自身決算の冒頭で「過ぎし一年間の営農の経過を反省して見て、今年だけは、これ以上改める可きことを見出すことができない(44)」と述べるのである。ここに至って一五戸協同経営は完成し、農場は一応の安定期を迎えたかのように見えた。

2　後継者問題

(1)　後継者問題の発生

六五年度における農場粗収入の一〇〇〇万円の突破は、経済面について、上野に一定の達成感をもたらした。これ以降、組合では経済面だけでなく、生活面の整備に関する議論を活発に行うようになった。六六年の営農計画書では「これまでの十八年間は、いわば個人の生活を犠牲にして、ただただ農業の合理化と、近代化を進めて来たのであった。……これからの五年間は……本来の目的である環境の整備や個人住宅の本建築並に農業後継者育成の問題等を取り上げて新らしい村作りの総仕上げを行うものとする(45)」と、農村全体のデザインに思いが馳せられている。しかし中でもとりわけ深い関心が寄せられ、議論の中心となったのは後継者問題であった。七〇年代初頭には多くの組合員の後継者世代が高校に入学、卒業する時期に差しかかりつつあり、彼らの就学問題、さらに部門分担問題、経営委譲問題等が順次現実味を帯びた課題として浮上しつつあったのである。

また後継者問題への関心の背景には、上野自身の年齢の問題もあった。六六年に上野は次のように述べている。「私はすでに五十九才になった。働らけるのは、あと十年である。この十年間に実験農場を完成したい。これまでは、云わば準備のようなもので『協同』は手段。目的は生活である。これからがいよいよ私達の本番の仕事である」[46]。上野は自らの年齢の限界を意識しつつ、協同農場建設の最後の段階に取りかかることに最後の熱意を燃やそうとしていたのである。

(2) 後継者の就学問題

後継者の就学問題は、来るべき経営委譲を念頭に置いて考えられた。農場では後継者に限り農場の責任で男女共全員高校に進学させることとし、特に優秀なものについては、大学に進学させることとされた。進学先についても次のように計画された。

(一) 農産部関係

二人ないし三人は、水稲を中心とする耕種農業を専攻させ、二人くらいは、農業機械の専門技術を修得せしむ。

(二) 畜産関係

二人くらいは、酪農、二人くらいは養豚の専門技術者を養成し、できれば一人くらいは、大学に進学させ獣医師の免状をとらしむ。

(三) 事務関係

少なくとも一人は、商業高校に進学簿記および事務能力を修得せしむ。

なお、女子後継者については、「全員高校に進学せしめた上特に農家のよき主婦としての教養を身につけ□□□ため、育児、料理と共に、生花、茶の湯を学ばしむ。尚農場の事務の一部は、婦人が担当するのが適当と思はれるので女子後継者のうち、二〜三人は、高校は、女子商業を選ばしむ(47)」とされた。後継者が就農する部門については特に世襲することは定めず、「適材適所」とされた。

また後継者進学の学費については、組合が全額貸与することとなっていたが、六八年の協議会では次のような議論が行われている。「今年からは特定の人に対する貸付けが、全体の人の毎月の小使いに影響を及ぼさないよう別途資金を用意する。学費の貸与金額は、なる可く最小限度に止め、その金額は関係者同志相談の上なる可く一定する(48)」。これは後継者学費の貸与が個人所得を抑圧しているという組合員の不満が背景にあったことが考えられ、学費の組合貸与について賛否があったことを推測させる。

(3) 後継者の就農と所得

学業を終了し、就農する後継者については、最初の一年間は総務部をはじめ、全部門を研修し農場全体の経営を把握した上で、必要な部門に配置されることとされた。所得に関しては、後継者を定着させるために、次のような議論がなされている。「卒業して家で働くようになっても、月に一万円くらいはやらねば家に落ち着かなくなる(49)」(六六年)、「外に出て働けば、日当二〇〇〇円にもなるのに、家で働らいていたのではロクロク小使いも貰えないとしたら家をとびだしはしないだろうか(50)」(六八年)。このように農外部門の労賃所得との比較も考慮しながら、「月額一万五千円とする。五千円は小使で支払い一万円は貸付金の回収にあてる」(六八年)とされた。当時の組合員世帯主の月手取りが三万円であったことから、後継者はその半額ということになった。

3 協同経営優位性の後退と農外所得との比較意識

六五年以降、画期的な収入増を実現し、軌道に乗ったかに見えた平須農場の経営であるが、六七年七月の文書で、上野は再び酪農部門の成績について、危機感を募らせている。「十五戸協同で酪農をはじめてから十五年にもなるというのに、まだ搾乳牛が五〇頭、一日産乳量が六〇〇Kにも達しないのはなぜか。本新では、親父と、女房とまだ二十にもならぬ息子の三人で、家から六粁もはなれた処から自給飼料を運びながら、四十五頭の乳牛を飼い、日産六〇〇kgの牛乳を販売して居るのに、本農場では成牛五〇、育成三〇頭飼うのに毎日五人がかりで、その上飼料は農産部に作ってもらい、牛舎の清掃には婦人を使っても尚忙がしく乳量は十五戸協同しても、本新における一人の多頭化酪農に及ばないのはなぜか」[52]。絶対額では収入増を実現した酪農部門であるが、他の個人経営集落における酪農経営との比較の上で、平須農場の酪農部門の成績が必ずしも優位に立てないことに上野は困惑を隠せない。「協同化すれば労働は半分に生産は三倍化する」と協同経営の優位性を経済面で説いてきた上野にとって、これは深刻な問題であった。

また比較の対象は、他集落の酪農経営農家だけではなく、一般的な農家所得と農外兼業の賃金上昇にも向けられている。上野は高度成長期の農村を取り巻く急激な状況の変化を敏感に感じ取りつつあった。四三年一月には次のように述べている。「昭和二十三年にこの土地に入植した頃の私達の農業経営目標は、米一〇〇俵、乳一〇〇石であった。一人前の生活をするには年収六〇万円もあればよかったのである。ところがその後二十年間に世の中は一変し……年間所得目標も少くとも一五〇万円以上、多きは数百万円を目ざすに到った。それでなければ農業の後継者を求むることが出来なくなったのである」[53]。

また四三年一二月には「鹿行工業都市、成田空港、学園都市、竜ヶ崎ニュータウン等の進展によって、労力が不足するため、恐らく近い将来には、出稼ぎ労賃は、日当三〇〇〇円近くなるであろう。そのときいくら働らいても月収にして二～三万円にきりならないとしたら、出稼ぎの方がいいと考えるものが出てくるであろう。その結果一人でも出稼ぎに行き、一ヵ月に五～六万円も稼ぐものが出てきたら、二十年かかって築き上げた協同経営も一ペンで崩れるようなことになろう」(54)。経営を軌道に乗せ、個人所得も順調に向上させてきたかに見えた平須農場であったが、農外兼業を含めた所得観念の変化は、専業である協同農場の所得の優位を脅かしつつあったのである。また前述してきた後継者を無事農場に定着させるという観点からしても、農外兼業の賃金上昇は深刻な危機をもたらすものとして浮上してきたのである。

こうした状況の中、上野はいくら協同経営であっても、一戸当たり一・五haの耕地規模による水田酪農経営に限界を感じ始める。「利根川下流地帯には……裏作牧草作付可能の水田が茨城県だけでも少なく共三〇〇〇〇haある。……しかるに農家戸数二九〇〇〇戸のなかで、酪農戸数は一〇〇〇戸にも達せず、裏作牧草作付面積は一〇〇haにも達していない。そして少なく共冬の半年は、どこの酪農家でも、家のまわりにいくらでも遊んでる土地があるというのに、多頭化が進んで来ると、粗飼料すらその大部分は遠く太平洋をこえてアメリカからの輸入飼料に依存している。……なぜこのようなことになったのだろうか。第一には、それはこれまで、日本の酪農指導では、一戸当一ha乃至二ha程度の狭い自分の耕地から生産される飼料作物だけを、自給飼料と考えて来たためである。交通通信機関が発達し三頭か五頭の乳牛を飼うくらいなら、出稼ぎの方がよく、酪農をやるとすれば少く共十五頭以上三〇頭乃至五〇頭の多頭化経営でなければ魅力がなくなった今日、自分の所有する土地から生産される飼料作物のみを自給飼料と考えるようなこれまでの指導方針を改め家の近くで少なく共冬の半年は遊んでいる数千或は数万haの土地から生産される飼料作物をも自給飼料と解釈し、能力のあるものは五〇頭でも一〇〇頭でも大地に根を下した多頭化酪農方式を開発す可きではなかろうか(55)」。この構想は従来の自給飼料による水田酪農経営路線の質的転換を意味する。上野は自給飼料の対概念を、従来の購入飼料から輸入飼料に読みかえているが、個別農家の所有する耕地の裏作から収穫される飼料によって賄いうる規模の酪農では、専業農家経営を維持するに十分な所得が獲得できなくなりつつあり、よりいっそうの購入飼料に依存する多頭化経営が求められざるをえないという方針の変換であるといえよう。以後七〇年代にかけての平須農場の経営は水稲部門の縮小と、飼料自給率の低下をともなう酪農部門の多頭化の方向へと向かうのである。

7 小括

以上本節では高度成長期における平須農場の経営について分析を行ってきた。五三年の冷害を経験した平須農場では、酪農部門の協同化、規模拡大の合意を調達し、以後五戸組協同による水田酪農集落の建設に邁進した。トラクターの共同利用や、裏作飼料の計画的設計等により、五五年以降経営は軌道に乗り、平須農場は第一の安定期を迎えた。しかしその間の急速な機械化や生活施設の整備のために過剰な設備投資を繰り返した結果、五八年の台風被害をきっかけとして、農場は深刻な償還危機を迎えることとなったのである。

その後五九年から六一年にかけては、平須農場が正に解体に瀕した危機の期間であったといえる。それまで蓄積されてきたさまざまな不満が一挙に噴出し、組合長上野は組合の内外からの批判にさらされることとなった。しかし上野は内部においては協同経営の有効性を訴えるとともに、組織改革の方法を模索しつつ、また外においては、協同経営の日本農業における位置づけを必死に世論へと訴え続けた。その結果農場は六二年以降農林漁業金融公庫資金、農業近代化資金の融資を引き出すことで、差し当たり危機を脱し、農場を再び軌道に乗せることに成功する。またもう一つ、この償還危機の期間において、農場の経営は成長を続けたことも指摘されなければならない。上野は開拓政策から基本法農政へと重心を移しつつある農政課題に、自らの協同経営の理念を重ねていく、政治力を持った人物であったが、同時に農場の経営についても実績を残す実践家でもあったのである。

多額の政府資金融資の獲得により、償還危機を乗り越えた平須農場は五戸組協同経営から一五戸協同経営への組織改造を行い、より大規模な協同経営組織の整備をはかり、また酪農についてもルーズバーン方式等の新技術を導入することにより、さらなる経営拡大を目指した。六〇年代前半こそ、新技術の定着に手間取り収入が伸び悩んだものの、技術の定着、飼料技術の向上等により、六五年以降、農場の所得は急速に上昇していった。平須農場はここに第二の安定期を迎えたのである。

しかし六〇年代において周囲の状況は上野の予想を超えて、激しい変化を見せつつあった。農外労働における賃金上昇、兼業機会の拡大、そして個人経営による酪農農家、稲作農家の所得上昇などがそれであった。自給飼料に固執する上野の水田酪農経営の経営上の優位性は徐々に失われつつあったのである。七〇年代に入り、後継者層の就農を控え、平須農場は新たな危機の段階を迎えつつあったのである。

（1）新利根開拓実験農場『昭和二六年度起営農研究会指導資料』。
（2）同右。
（3）当初建設費用の関係で第三班には協同畜舎がなかった、建設されたのは五六年のことである。
（4）前掲『昭和二六年度起営農研究会指導資料』。
（5）新利根営農研究会『昭和二九年度営農指導資料』。
（6）もっとも研修により酪農技術者の能力が上昇し、専門化してくると、実質的には交替は不可能であったろう。
（7）前掲『昭和二六年度起営農研究会指導資料』。
（8）新利根開拓実験農場『五戸協同による酪農中心の水田機械化農業実績報告書』一九五六年。

（9）新利根開拓実験農場『協同化による水田酪農機械化経営報告書』一九五六年。
（10）新利根開拓農業協同組合『昭和三十年度営農指導資料』。
（11）前掲『昭和二九年度営農指導資料』。
（12）同右。
（13）同右。
（14）前傾『協同農場四十年』三四七頁。
（15）前掲『昭和二九年度営農指導資料』。
（16）組長層の負担が著しく高まる例は、当該期の開拓農協には多く見られる事例であり、構成員の少ない開拓農協ほど、組長への負担が重くなり、結果として多くの組合経営の不透明、不安定を招く一因となった。
（17）新利根開拓農業協同組合『昭和三一年度営農指導資料』。
（18）同右。
（19）同右。
（20）同右。五五年四月二日における営農研究会での記録。
（21）新利根開拓農業協同組合『昭和三十四年度議事録綴』。
（22）的場徳造・鶴田知也・上野満『農業の近代化と共同経営』（文教書院、一九六〇年）九七頁。
（23）前掲『協同農場四十年』三五二頁。
（24）新利根開拓農協『昭和三二年組合営農指導資料』。
（25）新利根開拓農協『昭和三三年度営農指導資料』。
（26）同右。
（27）新利根開拓農協『昭和三五年度営農指導資料』。
（28）新利根協同実験農場『昭和三八年度実験農場指導資料』
（29）前掲『昭和三二年組合営農指導資料』。
（30）前掲『昭和三三年度営農指導資料』。

（31）同右。
（32）新利根開拓農業協同組合『昭和三十四年度議事録綴』。
（33）同右。
（34）同右。
（35）前掲『協同農業四十年』三三〇頁。
（36）新利根開拓農業協同組合『昭和三十五年度議事録綴』。
（37）聞き取りによれば、この浚渫土を用いた客土は、以後周辺集落でもなされたが、ある集落でこれを転売して儲けた事例が発覚したことにより、以後認められなくなったということである。
（38）新利根協同化実験農場『五戸協同より部落協同へ、経営転換による農業近代化計画書』一九六二年。
（39）新利根協同化実験農場『昭和三十七年度営農実績報告書』。
（40）新利根協同化実験農場『昭和三十八年度営農実績報告書』。
（41）新利根協同化実験農場『営農指導資料』一九六五年。
（42）同右。
（43）同右。
（44）新利根協同化実験農場『昭和四〇年度営農実績報告書』。
（45）新利根協同化実験農場『営農指導史料』一九六六年。
（46）同右。
（47）同右。
（48）新利根協同農場『指導資料』一九六八年度。
（49）前掲『営農指導史料』一九六六年。
（50）前掲『指導資料』一九六八年度。
（51）平須農場と同じ東村内の元開拓集落、その入植には上野も尽力し、一時期協同経営も取り入れていたが、一九六三年に個人経営に移行した。

(52) 新利根協同農場『営農指導資料』一九六七年度。
(53) 同右。
(54) 前掲『指導資料』一九六八年度。
(55) 新平須協同農場『営農指導資料綴』一九六九年度。

第5節　協同経営の解体と個別経営としての再出発

1　はじめに

本節は「新平須協同農場」(当時、以下「平須農場」と記述する)における共同経営の晩期・解体期を取り扱う。具体的には、東村内外の他の共同経営集落が個人経営へ移行していくなど、農業共同化への取り組みが衰退していく中で平須農場が地域で唯一の協同経営として活動していた時期である。この時期の最大の特徴は、新技術を利用した畜産設備が整備され、水田酪農の技術がひとまず完成したことであった。次に、協同経営解体にかけて米作の縮小・消滅がみられたことは一九七〇年代前後の農業問題・農政の転換と直接かかわるものであり、協同経営の解体および個人経営への移行は「減反政策下の畜産経営」という性格を持っていたと考えることができる。

平須農場が三〇年に及ぶその歴史に終止符を打ち、一五戸それぞれの個人経営に移行したのは一九七八年のことであった。したがって、平須農場の解体過程はすでに時期的には本書のテーマである高度成長期の範囲を逸脱しているが、平須農場の解体をめぐる論点は単なる後日談にとどまるものではない。なぜなら、一九六〇年代の農業構造改善事業の追い風を受けて軌道に乗ったはずの水田酪農協同経営の解体は、一九六〇年代の農業問題への対応の模索がその役割を終えたことの最終的帰結であったとみられるからである。

しかし、平須農場の終焉＝協同経営の解体については、共同経営自体への注目がなくなったこともあり、その最盛期に比べてほとんど関心が寄せられず、平須農場の指導者である上野満がその解体と初期の個人経営の様子を振り返った記録を残しているだけである。われわれはこの上野自身の総括を参考としつつ、これを現地での聞き取りや経営記録によって補いながら、解体期の協同経営と個別経営の概略を示すことにしたい(1)。そこから明らかとなるのは、高度成長終焉前後の平須農場が多額の酪農設備の投資を行い、酪農を中心とする複合経営を確かに実現したことである。これは、生産調整の開始や農家戸数の激減に象徴されるような日本農業の衰退の中で、平須農場が生き残りをはかるのに適合的な選択であったといえる。しかし、あらかじめ結論を示せば、その選択が平須農場の全国的な位置づけを変化させた、と思われるのである。

以上を踏まえて、本節は、高度成長下に行われた革新的農業経営の帰結という視点に立ちつつ、解体前後の平須地区農業を素材にその歴史的評価を再確認し、前節までの分析に付け加える一方、農業構造改善事業の中で東村にみられたような熱気が、平須の協同経営でも収縮していったことを示す。元農場長上野満による解体後の総括は、協同化に即した観点から行われているという特徴がある。しかし、本章の各節が明らかにしてきたとおり、平須農場は実験農場という名を冠した時期があったことにも現われているように、農業技術の革新とその経営的成功を追及したところに特徴があった。そこには協同経営も当然含まれているが、平須農場の「実験農場」という属性に視野を広げた方が、一九六〇年代の平須農場の活動目標とも合致した形で歴史的総括を行いうると考えられる。

業績

（単位：円，％は農場収益に対する割合，▲は支出あるいはマイナスを示す）

	1974年		1975年		1976年		1977年	
100％	176,349,909	100％	209,875,281	100％	202,189,428	100％	200,559,421	100％
79％	▲149,144,519	85％	▲159,055,127	76％	▲155,303,307	77％	▲164,820,941	82％
21％	27,205,390	15％	50,820,154	24％	46,886,121	23％	35,738,480	18％
5％	5,601,805	3％	5,818,076	3％	8,477,535	4％	8,230,849	4％
2％	▲2,157,863	1％	▲3,285,487	2％	▲4,533,485	2％	▲2,623,851	1％
2％	▲2,867,751	2％	▲3,006,996	1％	▲2,544,616	1％	▲1,908,000	1％
	—		—		—		—	
17％	25,669,364	15％	47,200,000	22％	46,030,000	23％	36,000,000	18％
6％	2,112,217	1％	3,145,747	1％	2,255,555	1％	3,437,478	2％
	7,732,430		10,336,781		0		0	
	▲3,848,445		▲4,939,796		0		0	
2％	3,883,985	2％	5,396,985	3％	0	0％	0	0％
	56,678,670		73,143,303		78,895,054		88,961,178	
	▲44,914,470		▲54,877,650		▲55,557,093		▲68,829,888	
11％	11,764,200	7％	18,265,653	9％	23,337,961	12％	20,131,290	10％
	104,574,529		124,476,308		122,283,734		111,598,243	
	▲89,455,413		▲89,216,078		▲90,190,396		▲88,708,043	
14％	15,119,116	9％	35,260,230	17％	32,093,338	16％	22,890,200	11％
	1,871,975		1,918,889		1,010,640			
	▲1,556,255		▲1,524,963		▲856,030			
0％	315,720	0％	393,926	0％	154,610	0％	0	0％

『財団法人日本農業協同化普及協会20年史』（1982年）添付資料。

2　協同経営末期の平須農場

最初に、表4-18によって一九六〇年代と比較しつつこの時期の経営収支の推移を観察してみたい。第4節で示されたとおり、一九六〇年代中に農場事業の収益性が改善されることによって、設備投資や分配金の原資が安定的に確保されるようになっていったが、一九七〇年代になるとコスト比率は再び八〇％前後に上昇している。オイル・ショック以降のインフレーションはコスト・販売価格ともに影響したと考えられるが、ここにみられるように営農部門の収益性を明らかに低下させている。ただし、この時期は農場外収益に計上している米作の生産調整補償関係収入が毎年数百万円あり、これを

表4-18　協同経営末期の平須農場

		1970年		1971年		1973年
営農実績	事業収入	62,137,821	100%	71,936,768	100%	141,471,235
	直接生産費・償却費	▲44,366,713	71%	▲59,040,968	82%	▲111,690,399
	営農利益	17,771,108	29%	12,895,800	18%	29,780,836
農場外収益			0%	4,148,579	6%	7,540,744
農外費	管理費・未払金支払	▲2,238,064	4%	▲2,048,531	3%	▲2,588,659
	借入金利息	▲2,074,227	3%	▲3,134,135	4%	▲2,843,070
利益の用途	借入償還	▲1,298,000	2%	—		—
	分配金・給料	12,000,000	19%	11,775,000	16%	23,400,000
	剰余・繰越	160,817	0%	86,713	0%	8,489,851
部門別						
農産	収入	8,064,479		—		5,646,144
	生産費	▲2,894,376		—		▲2,672,315
	利益	5,170,103	8%	—		2,973,829
酪農	収入	24,877,149		—		51,396,093
	生産費	▲17,778,501		—		▲36,457,589
	利益	7,098,648	11%	—		14,938,504
養豚	収入	24,579,586		—		83,826,198
	生産費	▲20,005,266		—		▲64,539,280
	利益	4,574,320	7%	—		19,286,918
その他	収入	847,700		—		602,800
	生産費	▲81,120		—		▲248,520
	利益	766,580	1%	—		354,280

注：「—」欄は資料未見，あるいは記載なし．1972年については資料未見．
出典：上野家所蔵文書「営農指導資料綴」。『農事組合法人新平須協同農場設立27年史』（第2版，1974年）。上野満

加えると農場全体の収益性は若干改善されることになる。しかし、一九七〇年代は部門別構造や支出構造が一九六〇年代とは様変わりしており、償還・利子負担はわずか一～二％にまで低下した（償還負担については後述）。また、収益の順位は養豚、酪農、稲作の順に入れ替わっており、一九七〇年前後に行われた畜産頭数規模の拡大の成果が明確に現われている。この時期の収益の主力は、農場全体の収入額の十数％に当たる収益を生み出す養豚であったが、収益性の順序は逆転して稲作、酪農、養豚となる。総じて、この時期の事業の収支構造は硬直的であったこと、減反関係の収入だけで管理費・利子支払をほぼ賄っていたことが収益性の低下をある程度カバーしていたことが大きな特徴である。

これに対し、利益の処分方法はこの間に大きく変化している。一九七四年から一九七五年にかけて組合員への分配金はほぼ倍増しており、この年の方針変更を反映している（後述）。しかし、一九七〇年代前半の分配水準といえども、一九六〇年代と比較すれば名目額や絶対水準、および収益に占める割合などの点で上回っており、借入金による負担が軽減された分は生産費と分配に振り分けられたことがわかる。一九七〇年代前半はその上に剰余（繰越金）を内部に留保しようとしているが、最後の四年間はその額はわずかなものにとどまっている。このように、一九七〇年代の平須農場は安定的となった農場利益の分配をめぐって模索が続く時期であったといえよう。

以上のとおり、本節が扱う時期、すなわち一九六〇年代末から一九七〇年代にかけての安定期の平須農場は、酪農および養豚を行う畜産経営への集中度を高めたことが事業面での最大の特徴である。東町には現在でも相当数の酪農農家が存在するが、それらは平須地区を含めてほぼすべてが戦後の開拓集落の経営である(2)。結果的に、高度成長期の東村では開拓農家を除けば酪農は定着せず、その開拓農家でも複合経営は発展しなかったのである。第2章でみられたように、農業構造改善事業でも水田と畜産の複合経営が目標とされたが(3)、平須農場では一九五〇年代からすでに畜産が開始されていた。本章第2節および第3節で紹介されている通り、平須農場その他の新利根開拓農協の場合には集約的な土地利用を目指す複合経営という目標が存在したが、それだけでなく不安定な開拓初期には入植者の栄養確保という直接的な事情も酪農の開始と関係していた。また、養豚の導入についても借金未償還問題と絡んだ現金収入確保がきっかけとなったもので、長期的な方向性はともかく、短期的な効果では他の開拓畜産経営と共通した側面もあった。そのため、養豚の導入当初は建設や作物栽培と違って各人が分担して飼育していたが、協同化の発展にともなって畜産と作物栽培の関係や作業の分担も整理され、むしろ協同経営の重要な要素として養豚が定着していったのである。

しかし、酪農部門の自給飼料を追及し続けた点で平須農場は他の開拓集落とは異なる特徴を持っていた。それは、複合経営が目標とした土地の合理的利用（自給肥料、複数回収穫）による農業生産、労働力の集約化（共同作業）などの路線を維持したためである。全耕地面積の約三分の一を収益性の点で不利化した米作に当て続けたのも、ようやく完成させた水田酪農という複合経営体制の維持にこだわったという側面があったことは否定しえない。

その一方で、水田酪農の完成にあたっては生産調整関係の資金も利用された。一九七〇年前後の時期に、構造改善事業による水田酪農の普及が挫折したのを横目に、飼育頭数の拡大と同時に酪農を中心とする有畜農業を技術的に確立させるため、平須農場は設備投資と組織の再編成を実施した。一九四〇年代の創設以来絶え間なく建設活動と農業生産の改革を模索してきた平須農場にとって、結果的にこれが最後の大規模設備投資となった。すでに一九六〇年代から、農業近代化政策が採られていたために以前のような資金確保の困難がみられなくなったのは前章でみたとおりである。一九七〇年前後の設備投資でも農業総合資金・農業近代化資金の借入れが行われたが、それに加えて減反政策の開始はその補償金を年々平須農場にもたらした。このように、従来のボトルネックとなっていた資金環境の改善がみられる中で一九七〇年前後に一気に設備投資を行った後、解散に至るまで経営拡大・建設が意識的に収束させられることになる。総じて、一九七〇年代に入ってからは、ひとまず完成させた生産体制をもって借入償還を進めつつ農場の営農事業を安定させ、第二世代へと継承していくことが平須農場の課題であった[4]。

設備拡張と頭数拡大を行いつつあった一九七〇年代初頭には、作業の分担は以下のように行われていた。農産部には三人が所属して飼料作物の栽培およびサイロ詰めまでを行った。酪農部は六人のうち一人が育成牛舎五〇頭の担当であり、残る五人で搾乳牛舎一五〇頭の作業を行った。したがって、一人当たりの乳牛頭数は三〇頭である。同様に養豚部でも一人が種豚一〇〇頭以上を担当し、年間二〇〇〇頭の肥育豚を二人で飼育した。

一九六九年から行われた設備投資・近代化の中心となったのは真空（気密）サイロの建設であり、これによって飼料生産をヘイレージへ全面転換することが可能となった。作付けは一貫機械化作業が可能な牧草に一本化され、さらに、真空サイロでの貯蔵による飼料ロスの削減があり、これらが多頭化（当初の計画では乳牛六〇頭から一二〇頭へ倍増）を目指す前提となったのである。そのうえで、畜舎拡張建設とともに尿散布施設・バーンクリーナー設置などの設備近代化が行われ、新たに飼料係専用トラクターを購入して常時作業を可能とした。以上を前提に、一九六〇年代に四人で行われていた飼料生産（サイロ詰め込みまで）が農産部から酪農部へ移管され、うち二人は乳牛係に加わり、さらに作業合理化を前提とした養豚経営の拡大がはかられて、新たに創設された種豚部の人員確保が可能となった。要するに、飼料生産の拡大・合理化、飼料歩留りの向上を総合的に展開し、余剰労働力を畜産部門の拡大に振り向けたのである。

以上の建設工事は一九六九年から一九七一年にかけて行われ、創設期から追求されてきた協同化・機械化による労力削減を畜産複合化に振り向ける生産・経営体制がここに一応の完成をみたといってよい。最終的には乳牛二〇〇頭（一戸当たり一二・三頭）、種豚一二〇頭（同八頭）、肥育豚二〇〇〇頭（同一二三頭）の体制となり、安定期から解体にかけての平須農場の畜産経営は基本的にこの状態を維持していくことになる。すなわち、農場を三分して地力維持のために七haは米作を行い、残る一三haを牧草地とし、後者はさらに耕地を二分して作付けと更新を交互に行う。耐肥性が強く収量の多い品種の牧草を栽培して自給飼料の確保を行い、さらに、農場から出る糞尿を元にした堆肥を農場内で消費した。このように、平須農場の畜産経営の特質は購買による配合飼料を排除した低コスト化にあり、糞尿の活用と三〜五回にわたる牧草の収穫によって飼料の自給率上昇をはかった。逆にいえば、糞尿の処理能力および確保可能な自給飼料の量、ひいては土地の面積が経営規模を制限しており、事実、周囲の酪農経営と比べて一戸当たりの飼育頭数は決して多くない。

平須農場全体の経営は、安定の基礎を酪農に置き収入の不足を養豚で補ったという説明が、しばしば上野農場長によってされているが、例として一九七六年の両者の収益を比較すると、実際には酪農が二三〇〇万円余りであるのに対して養豚は約三二〇〇万円となっており、利益の絶対額では養豚が酪農を上回っていた。しかも、養豚部門の方が人数は少なかったから、担当員一人当たりの労働生産性という点ではその差がさらに広がることがわかる。それにもかかわらずあくまで酪農を経営基盤と考えていた理由は、加工部門である関東協同乳業株式会社や利根酪農組合の社長・組合長を農場長である上野が兼任するなど、加工・販売過程への関与によって経営の安定化をはかっていたこと、売上げに対する利益率の点では酪農の三〇％が養豚の二六％を上回っていたことなどのためと考えられる。つまり、相対的に養豚は薄利多売で生産・販売額の拡大で収益を確保する構造になっていたのである。肥育豚を次々と販売する養豚の場合、資本固定的な酪農に比べて規模拡大の制約が小さく、こうした性格の異なる畜産を組み合わせることで農場経営の安定化をはかっていたといえよう。

ここでは、加工製造部門である関東協同乳業株式会社の状況について紹介しておこう。上野農場長は一九六〇年代末から同社の社長を務めている。同社の設立は一九六〇年のことであるが、その前身は利根酪農協同組合の自営工場が協同乳業株式会社と販売提携を行っていたものである。利根酪農自営工場時代ないし関東協同乳業設立当時、平須農場の中では酪農生産の比重はそれほど大きいものではなかったが、平須農場の酪農重視の姿勢はこうした動きにも広がりをみせていたのである。協同乳業株式会社と利根酪農協同組合の共同出資による同社の設立によって、利根酪農協同組合は酪農指導および集乳事業に専念することになった。しかし、同社の社長は代々利根酪農協同組合の組合長が務めており、生産農家の側からの製造部門参入ないしメーカーとの提携の事例として注目される。

もっとも、その経営が軌道に乗ったのは利益配当を行うようになった一九七四年頃からとみられ、この時期から利根酪農生産原乳の全量処理や「利根酪農牛乳」ブランドによる販売など、事業上の展開がみられるようになった。その構図は、利根酪農の原乳供給力の増加と、関東協同乳業の設備投資による製造能力の上昇とが相まって、一定の規模の利益を実現するに至ったものとみられる。このように、製造部門進出による酪農経営安定化の試みは十数年を経てようやく軌道に乗りつつあり、それは一九七〇年代にみられた水田酪農の技術的確立と相互依存的に実現したものだったと考えられる。

3　解体直前の平須農場の経営

一九七〇年代に入ってからの平須農場の実績を紹介すると、一九七二年の生産額（事業収入）が一億二〇〇〇万円（一戸当たり八〇〇万円）、一九七三年一億四〇〇〇万円（同九三三万円）、一九七六年二億二〇〇〇万円（同一三四七万円）となっている。このうち、一九七三年と一九七六年の経営内容を比較してみよう。当時はオイル・ショックの直後のインフレが進行した時期であるから、この間の名目額の上昇はインフレ分が相当含まれていると考えられる。また、一九七六年は協同経営としては最後から二年目にあたり、この年から米作を完全に停止したため、その事業はすべて酪農・養豚によるものであるから、米作停止の前後を比較する上で都合がよい年次である。

表4-18によれば、事業収益の名目額は一九七三年から一九七六年にかけて七〇％近く上昇したが、剰余・繰越金は約八四九万円から約二二五万円へと六〇〇万円以上の大幅な下落を示している。その原因は、一九七四年から七五年にかけて給料・労賃支払いの増加が二倍近くにまで達したことにあった。一九七五年の損益計算書によるとそのうち家族雇用分は四七八万円にすぎず、残る四一二五万円の給料が戸主分として一戸当たり二七五万円の分配が行われたことになる。生産額はこの間に七割の上昇を示しているが、畜産の規模が現状維持である以上、実質収益の大幅な向上はなかったと考えるべきであろう。協同経営における給料は農場の純収益の分配に近い性格を持つと考えられるから、増収分を割り当てるということであれば理解できるが、この間には収益の向上を上回る額が各家庭に割り振られたとみられる。なぜなら、生産額（事業収益）に占める給料・労賃の割合は一七％から二三％へ六ポイント上昇し、

その分が剰余・繰越金の減少にそのまま反映しているからである。インフレは借入金償還などの実質的な減価を意味するから費用削減的な効果を持つ反面、各家庭の実質購買力を維持するための分配増加によって、農場経営による事業収益をさらに上昇させる必要性が高まりつつあった。[5] しかし、事業収益に対する生産費の割合が一定であることは、名目額の上昇にかかわらず営農実績自体は現状維持で推移したことをうかがわせる。

実際に、一九七四年に農場内で給料引上げを検討した資料が残されており、それまでの利益分配が少なかったことは自覚されていたといえよう。[6] そこでは、分配の水準が低かった理由として、一九七〇年前後の設備拡張にともない運転資金が増加し、これを短期資金借入で賄ったために、長期・短期を合わせた償還費が年間一〇〇〇万円近くに上ったことが挙げられている。さらに、一九七一年から七三年にかけて付随的な設備投資を数百万円行っており、その資金を年々の事業収益から捻出したと説明されており、短期資金償還と設備投資が終わる一九七四年以降には給料の引上げをはかることが検討されていた。[7] 表4-18によっても、これが実施に移されたことが確認できよう。

第4節で明らかにされたように、一九六〇年代後半の平須農場は本新島の個人経営農家の実績との比較上で劣位にたち、これへのキャッチアップが大きな課題となっていた。そうした問題意識を受け、一九七〇前後に水田酪農・共同経営の二つを維持しながら畜産規模を拡大する技術的改善・経営合理化が行われたわけである。上記の経営収支上の検討によれば、オイル・ショック後のインフレ期に平須農場の農業活動による収支は横ばい傾向にあって、農場の経営が安定期に入ったことを再確認させる。つまり、水田酪農経営としては、当面これ以上の改善が見込めない域に達したとみられる。その一方では、周囲の個人経営農家との比較は生活水準の面にも及んでいたから、構成員への利益分配の低さを等閑視することを許さなかった。そこへさらにインフレの進行が重なることによって、労賃を費用と考える経営上の通念からみた場合の実質的な収益性は低下しつつあった。このように、水田酪農の技術完成度を当面可能な限りで高度化した成果は、構成員への分配を一般的な水準に確保することで精一杯だったといわざるをえない。

しかし、一九七〇年代には堆肥処理能力および自給粗飼料への依存の限界が生産の拡大を押しとどめていることが、所有する土地面積の拡大が困難であるという条件と相まって顕在化しつつあった。したがって、そのままでは兼業化による農外収入に頼らざるをえなくなる事態すら予想される状況であったといえよう。個人経営移行後は大規模畜産経営が行われており、上野元農場長はこれに批判的であったが、実はそのような限界を突破する点では建設期の平須農場の積極拡大方針を継承している側面があり、これが出稼ぎや兼業化に代わる収入確保を可能にしたことは間違いないのである。

4　解体の過程

東村内の三つの協同経営集落、すなわち平須・大重・本新島は、現在でもその大多数が酪農ないし養豚経営を営む専業農家として存続している。しかし、このうち本新島は一九六一年、大重は一九六八年に個人経営へすでに移行しており、一九七〇年代に引き続いて協同経営を行っていたのは平須農場のみであった。しかし、後継者が協同経営に強硬に反対したことをきっかけとして平須農場も一九七八年から個人経営に移行し(8)、これによって協同経営集落は東村から消滅することになる(9)。その平須農場の中でも、先にみたように設備投資や人員配置の転換によって、水田酪農による複合経営という形を残しつつも酪農および養豚による畜産経営の側へのシフトが解体前からみられた。そうした中で平須農場は米作の生産調整の当初からこれに積極的に応じる姿勢を示していたが、解体直前の一九七六年には遂に米作を完全に停止するに至った。

以上のような動きは、篤農的努力に依存した個人経営の限界を突破し、複合経営を実現するという目標を掲げた平須農場の理念が終焉したことを表わすものであった。上野農場長自身が、乳牛頭数の無秩序な増加が供給過剰を招くことは確実であると市場的観点から危惧しており、米作中心の日本農業にとって、米作を離れた平須農場の姿はもはやモデル性ないし一般化の可能性を喪失しているからである。

この時期に平須農場が米作を縮小した背景は二つの方面から考えることができる。一つはもちろん米作の過剰傾向とそれにともなう生産調整の実施である。過剰供給が明らかで政府の価格支持なしには成り立たない米作が、その政府によって供給抑制を迫られたとき、畜産にシフトしていったという平須農場の選択は経営合理性という面では妥当なものであった。しかし、生産調整の開始を待つまでもなく、東村近隣にはすでに一九六〇年代から大規模酪農専業経営が成立していた。それがほかならぬ、かつては開拓者の協同経営集落として平須農場とも関係の深かった本新島集落だったのである。その存在が畜産へ完全転換を行った二つ目の事情であった。本新島は一九六一年に農業近代化資金を利用して大型畜舎を建設し、三六戸の農家で合計二〇〇〇頭以上を飼育するに至った。平須農場を指導する上野農場長は購入飼料によるこうした規模拡大には強く反対していたが、この本新島集落の成功によって都市近郊酪農の可能性は十分に証明されていたのである。その一方で、構造改善事業の下で推進された水田酪農は東村には定着しなかったから、都市化にともなう牛乳消費の拡大にもかかわらず新規参入が相次ぐという危惧はほとんど存在しなかったといえる。ただし、流通手段の発達は競争の範囲をより遠隔地に広げたから、この地域の酪農が全く安泰だったわけでは決してない。

表4-19は一九七五年の搾乳・育成両牛舎の経営実績を示している。これによると、搾乳牛舎の総収入の四六%を占める購入飼料費が経営上の重要な鍵を握っていたことが明らかであろう。牧草による自給飼料は粗飼料部分であり、平須農場の行っていた飼料自給化といえども購入飼料費を抑制する程度には限界がある。自給部分の単価算出を厳密に評価することは難しいが、一応農場自身のそれに従うならば、自給へイレージのキロ当たり一二円一八銭に対して、購入粗飼料ではピートパルプが同六三円七〇銭、ヘイキューブが同五四円四六銭とされており、費用的には自給飼料

経営

（単位：円，％は収入額に対する割合）

（養豚部門）

	項目	金額（円）	対収入比	数量	単価（円）
種豚舎					
収入	子豚売上代（肥育仕向）	19,278,000	87％	1,569頭	12,000
	廃豚代（種豚処分）	2,266,804	10％	32頭	
	雑収入	610,900	3％		
	計	22,155,704	100％		
支出	飼料代	13,247,388	60％		
	繁殖代	1,627,840	7％		
	衛生費	1,700,955	8％		
	その他	2,033,786	9％		
	計	18,609,969	84％		
差引利益		3,545,735	16％		
肥育豚舎（第１・第２合計）					
収入	肉豚売上代（市場）	98,335,265	96％	2,183頭	43,500
	分譲豚（種豚用）	1,267,000	1％	29頭	46,000
	その他	2,516,339	2％		
	計	102,118,604	100％		
支出	子豚代（種豚舎）	24,909,975	24％		
	飼料代	35,271,415	35％		
	衛生費	1,083,290	1％		
	出荷経費	6,069,988	6％		
	その他	3,271,441	3％		
	計	70,606,109	69％		
差引利益		31,512,495	31％		

が圧倒的に有利であるとみられる。そのうえで、平須農場の自給化がどの程度行われていたのかを観察すると、これも単純に重量では比較しがたい面もあるが、自給ヘイレージ二五八トン余りに対して購入粗飼料は合わせて約一八〇トンであり、購入部分が相当あったことも確認できる。

結果として、搾乳牛舎の利益率でみた場合にその収入の三割にもなる差引利益を確保できたことに、粗飼料の過半を自給している効果は現われているといってよい。これに育成牛および飼料作を合わせた酪農部全体の利益額は一八〇〇万円余りで、搾乳牛舎の差引利益にほぼ相当することから、酪農全体の利益構造としても自給化の成果が反映していると考えてよい。ただし、利益率は酪農部全体で算出するとやや低下して二五％となるが、先にも触れたように翌一九七六年のそれは三〇％に達しており、飼料作を加えた酪農経営が安定的に利益を確保する構造は、一九七〇年代には確立されていたといえる。

しかしながら、この転換は協同経営を解体へと導く背景となったのである。ほぼ畜産中心となったのちも、平須農場は以前と同様に牧草栽培→自給飼料→堆肥

表4-19　1975年の酪農・養豚

（酪農部門）

	搾乳牛舎						育成牛舎			
		項　目	金　額	対収入比	数　量	単価(円.銭)		項　目	金　額	対収入比
収　入		牛乳代	53,881,454	87%	583,216kg	92.40		仕上牛	4,340,000	73%
		奨励金	1,026,044	2%				販売子牛代	354,000	6%
		子牛代	492,000	1%	80頭			廃用牛代	1,210,000	20%
		受取共済金	974,835	2%				雑収入	25,644	0%
		雑収入	648,524	1%						
		飼料代	2,232,602	4%						
		廃用牛代	2,500,000	4%	33頭					
合　計			61,755,459	100%					5,929,644	100%
支　出	自給飼料	ヘイレージ	3,100,440	5%	258,370kg	12.18	自給飼料	ヘイレージ	828,648	14%
		生草	617,400	1%	176,230kg	3.50		乾草	799,500	13%
								生草	160,738	3%
								わら	355,810	6%
								野草	15,330	0%
		計	3,717,840	6%				計	2,160,026	36%
	購入飼料	自家配合	7,159,929	12%	158,210kg	45.25	購入飼料	濃厚飼料	964,317	16%
		ビール粕	2,431,582	4%	255,600kg	9.51		育成初期飼料	1,021,460	17%
		メイズ粕	1,002,275	2%	118,550kg	8.45		粗飼料	1,074,425	18%
		厚ペン麦	2,997,120	5%	58,260kg	51.41				
		ビートパルプ	9,252,700	15%	144,800kg	63.70				
		ヘイキューブ	2,146,820	3%	39,420kg	54.46				
		鉱物質	785,400	1%	12,080kg	65.00				
		ワラ	1,500,665	2%	300,000kg	5.00				
		モレア荒種	841,530	1%						
		計	28,118,021	46%				計	3,060,202	52%
	経常費	乳牛経費	1,474,625	2%			経常費	乳牛経費	60,950	1%
		動力光熱費	904,243	1%				動力光熱費	59,889	1%
		器具備品費	357,204	1%				器具備品費	64,540	1%
		牛舎費	1,354,788	2%				牛舎費	9,000	0%
		労力費	1,815,400	3%				労力費	234,000	4%
		管理事務費	358,425	1%				諸材料費	51,638	1%
		共催掛金	610,400	1%				子牛購入費	265,000	4%
		乳牛処分損	3,600,000	6%				機械利用費	116,250	2%
		車機械利用費	503,635	1%				事務費	48,500	1%
		雑費	86,950	0%				乳牛購入費	940,000	16%
								雑費	5,400	0%
		計	11,065,670	18%				計	1,855,167	31%
								当期末未棚卸牛代	134,000	2%
合　計			42,901,531	69%					7,209,395	122%
差引利益			18,853,928	31%					−1,279,751	−22%

出典：昭和50年度組合総会資料より作成。

表4-20　解体直前（1976年末）の平須農場の貸借対照表

資　産			資本及負債		
現　金		125,562	未払金	未払金	2,445,534
預貯金	普通	10,285,388		飼料代未払金	3,658,315
	定期	500,000	借入金	農漁かんぱい事業資金借入金	
仮払金		56,200			12,150,000
建設仮勘定		13,060,490		県信連資金借入金	9,292,000
未収金		5,777,220		住宅資金借入金	7,286,000
販売未収金		261,391		総合施設資金借入金	25,110,469
組合員貸付金		2,869,840	出資金		5,690,000
住宅資金貸付金		6,105,500	積立金	特別積立金	91,028,130
外部出資金		6,295,400		積立金	15,441,090
回転出資金		55,715		法定準備金	600,000
土　地		29,974,970		任意積立金	390,000
建　物		23,405,310	剰余金	前期末繰越利益剰余金	768,271
構築物		18,341,573		当期末未処理利益剰余金	2,255,555
機械器具		6,876,866			
備　品		354,939			
乳　牛		29,379,000			
並　木		417,000			
育成牛舎棚卸		5,230,000			
種豚舎棚卸		6,428,000			
第1豚舎棚卸		7,200,000			
第2豚舎棚卸		3,115,000			
合　計		176,115,364	合　計		176,115,364

出典：上野満『財団法人日本農業協同化普及協会20年史』（1982年）添付資料。

使用という循環的な農業を実施していたが、すでに触れたとおりこの形態は牧草生産量および糞尿処理能力の点で自ずから飼育頭数に制限を課すものであった。したがって、平須農場では米作が停止された後に、米作を担当していた労働力は飼料作へ振り向けられ、酪農部門の拡大がはかられることもなかったのである。これに対して、いち早く個人経営に移行していた本新島、大重など他の集落では購入飼料中心へと移行しており、土地の制約を回避し、乳牛頭数の上限は家族労働力の量によって決定される構造になっていた。もちろんその場合には飼料コスト（ひいては変動費）は自給飼料に比べて上昇するが、規模の拡大で単位生産量当たりの固定費を低下させ、なおかつ牛乳生産量を増加すれば収益は増大したのである。通常、分業や共同作業の利益は労働生産性の上昇に現われると考えられるが、個人経営の他集落の方が協同経営を上回る労働生産性を示したことからもわかるように、平須農場の「協同」はそのような生産の効率化を達成したものではなかった。協同経営の解体後に個人経営への以降がスムーズに行われ、しかも頭数拡大が直ちに実現したことは、平須農場の畜産経営は個人作業に分解可能な技術体系の下で行われていたことを強く示唆している。

こうして、協同農場型酪農と個人経営型酪農という二つの路線が現実に目の前に示される中で、平須の第二世代後継者たちが後者を選択したことが直接的契機となって、協同経営は三〇年に及ぶ歴史に幕を閉じて解体した。すなわち、一九七七年一二月の総会で乳牛と養豚を分配して個人管理に移行することが決定され、翌年五月一日に実行されたのである。(10)これ以降、牧草栽培による自給飼料を残しつつも、配合飼料へシフトすることによって個人経営下の規模拡大が進行した。

解散にあたっての最大の懸案は残された借入金の償還問題であった。表4-20は解体の二年前の貸借対照表である。ここにみられるように、約三〇〇〇万円の剰余金の一方で借入金は合計五四〇〇万円近くに上っている。これから一年後の解散時（一九七七年末）には四三〇〇万円の借入金が残されていたが、一戸当たり約一〇〇万円の転作奨励金が毎年支払われていたため、一九八〇年末までに借入金を全額償還し、解体にともなう問題は清算された。

表4-21は個人経営移行後四年目に当たる一九八二年の酪農経営一二戸の収支を示している。これによると利益額の平均は四一〇万円であり、多くの経営は四〇〇万円以上かそれに近い利益を計上している。ただし、六〇〇万円近い利益を計上した経営が存在する一方で一〇〇万円前後に

表4-21　個人経営による酪農経営実績（1982年）

（単位：万円）

各戸	収入	支出	利益
A	1,332	736	596
B	1,495	957	538
C	1,482	946	536
D	1,246	755	491
E	1,310	833	477
F	1,074	627	447
G	1,320	899	421
H	1,324	918	406
I	1,000	594	406
J	1,044	661	383
K	879	737	142
L	845	763	82
平均	1,196	786	410

出典：上野満『茨城県，東村に於ける，三集落63戸の，協同化による，水田酪農経営経過報告書』（1983年）。

とどまった経営も二戸存在し、格差が明確に現われる結果となったことも事実である。しかし、協同経営解体直前(一九七七年)の平須農場の一戸当たり分配前利益を算出すると二六三万円となるから、これと比較すると個人経営の最高額は二倍以上に増加したことになり、土地の制約を離れた規模拡大の成果は現実のものとなったといえる。このように、個人経営移行後の結果は平均的な利益の向上と個人差の発生を生んだことが確認できるのである。

その一方で、指導者であった上野は解散後の個人経営が労働強化的な規模拡大を進めることに強い異論を唱えつつ、日本農業協同化普及協会名義で農学塾の経営を継続し、年二回(計二〇名前後)の研修の実施や著作活動など、共同経営理念の啓蒙活動に晩年を捧げていったのである。

5 おわりに——挑戦的農業の終焉——

上野農場長は解体後の個別経営を単なる儲け主義農業とみる記録を残しているが[11]、本節の分析で明らかとなった事実を踏まえると、農家所得の水準を維持する上でも多頭化問題は決定的になりつつあった。ほぼ全戸が専業後継者を確保したという事実が注目される一方で、その後継者が個人経営化を追求したという事実は、当時の社会的状況を踏まえれば、新規学卒者のほとんどがサラリーマンとなる中で農業のアイデンティティの一つが自由な自営業者という点にあったにもかかわらず、平須の協同経営ではそれが感じられなかった可能性を示唆する。

上野が説明しているとおり、解体とその後の多頭化が平須を周辺の畜産農家に同一化していく動きであることは確かであり、各経営の裁量が確保されたことによって個性化ではなく周囲との同一化が進んだことは一見逆説的である。この段階の農政の方向、一般農家像と平須農場の位置や距離という視点からみると、確かに当時の平須農場は先進的というよりは特殊的という性格を強めていたといってよい。つまり、一九六〇年代までの平須の協同経営が持っていた先進性は、機械化・集約化を含む作業の合理化、作付けの工夫とそのための先進的技術の積極的導入などであったが、農業機械の技術的進歩によって零細自営農業にも適合的な形の作業の合理化がもはや一般化しており、協同化が手段として存立しえなくなっていた。一方で、畜産の拡大とその中心化は開拓農家に独特な果断な決断ではあったが、そこには一九六〇年代の複合経営にみられたような将来の日本農業へ一般化されるべきモデル的な意味は失われており、むしろ他の農家が米作中心であることを前提とした社会的分業化であった。そうしたモデル性を失ったとはいえ、水田単作地帯の中での畜産シフトは、土地の制約によって経営規模拡大が困難であるという米作中心の日本農業の問題とは別の次元に立つことを可能にした。また、生産調整は稲作への意欲をそぐものであったが、一方で稲作に見切りをつけた農家にとっては減反に関する奨励金を集中的に確保できる効果があったことが平須の事例から確認できるのである。しかし、モデル的・理想的農業の建設というモチベーションはこの段階ではもはや現実的でなくなった。辛うじて稲作を続けていたとはいえ、かつて一九六〇年代に多くの共同経営から平須の協同経営を際立たせていた複合経営を目指す方向からは転換しており、他の共同経営が一様に解体したのと同じコースをたどらざるをえなかったのである。

それでも、平須農場は、高度成長下およびその後に進展した茨城県内の工業化の下で全戸が離農せずにとどまったのみならず、個人経営移行後の一町六反という経営面積でも専業経営を確立させるという成果を残した。平須に限らず、かつて新利根開拓協同組合に所属した各集落は多くが畜産経営の専業農家として存続しており、東村の中に残された専業農家は米作との離脱を条件としていたとさえ言いうるのである。上野自身も専業農家としての継続を協同経営の成果として強調したが、客観的にみても上野が指導してきた挑戦的農業全体の成果と評価してよいであろう。端的には、それは専業後継者の確保に成功したということにほかならない。もっとも、一九六〇年代に個人経営に移行していた平須以外の二部落の存在を重視するなら、この後継者の確保は協同化の影響よりも大規模畜産経営という条件が大きかったと考えることもできるであろう。

強い個性を持つ上野は、この新たな担い手の経営方針と決定的に対立する存在となって、その指導力を失うことになった。(12) 重要なことは、日本全体の生活水準が大きく上昇した中で一九六〇年代以来の農工間格差の解消という目標を追求すれば、土地の制約を外して労働能力発揮の水準を高めること、つまり購入飼料による「薄利多売」的畜産という結論はむしろ自然だったと考えられることである。しかしながら、協同経営崩壊後に上野はあらためて「余暇のある農業」像を強調した。それは明らかに高度成長へのアンチテーゼ型農業であり、今日ではむしろ高い評価を受けるであろう。上野は個人的には挑戦的農業を続けていたと評価してよい。逆にみれば、それが一個人の活動の中でしか存続できなかったという現実は、一九六〇年代に挑戦的農業を支えた社会的条件が一九七〇年代には失われていたことを象徴的に示しているのである。

(1) 本節で参照した上野満著によるパンフレット類は以下の通り。『新利根開拓農業協同組合設立二五年史』(一九七二年)、『農事組合法人新平須協同農場創立二七年史』(一九七四年)、『新平須協同農場のその後の経営の経過と今後の課題』(一九七九年)、『財団法人・日本農業協同化普及協会二十年史』(一九八二年)、『茨城県、東村に於ける、三集落六三戸の、協同化による、水田酪農経営経過報告書』(一九八三年)。

(2) 茨城県内で開拓農家と酪農の相関が高い事情について触れておくことにしよう。その多くの例は、開拓地が耕種作物の不適地であるために作物経営に行き詰まった末、追い詰められた状況で最後の手段として畜産が本格化したものであった。しかもその場合、近郊農村からの二・三男入植者は本家の支援で逼迫度が低く、そうした支援をあてにできない県外からの入植者が酪農に踏み切ったという事情があった。一九六〇年代に在来の農家でも水田と酪農の複合経営が試みられたのを別とすれば、このように畜産の開始自体に開拓者特有の事情が作用していた。さらに、定性的な問題であるが、初期の平須農場が借入れと建設による積極的拡大という性格を強く有していたように、開拓者の場合は借金への抵抗感のなさと積極的設備投資が一般的にみられたといわれている。一定の初期投資が必要な畜産経営は、すでに米作中心の経営が定着していた在来農家に広まらなかったのである。以上の経緯からもわかることだが、耕作不適地への入植という事情が酪農その他の畜産の動機となっている場合には、畜産専門経営となるのは自然の成り行きであった。こうして切羽詰った状況で始められた畜産が定着した条件はいくつか挙げられる。まず、東京地方の消費市場圏の存在が有利に作用したことはいうまでもないが、東村の場合は元来低湿地帯であるという自然条件から周辺に畜産農業は発達しておらず、この市場をめぐる周囲との摩擦が存在していなかった。さらに、構造改善事業の主産地形成策が追い風となって、入植後の行き詰まり状況を打開する畜産経営化が集団的に実施されたという事実も見逃せない（全国農業会議所　調査研究資料第六四号『開拓地に於ける畜産団地の形成』一九六三年）。

（3）上野農場長は、農業構造改善事業が東村の水田酪農定着に失敗した事情について、技術的条件とともに、以下のように水管理をめぐる稲作との調整などの社会的条件を指摘している。「春になって、裏作牧草がようやく青くなりはじめる頃になると、近所、隣の農家では苗代をはじめる。苗代に水を入れると牧草圃まで水浸しになってしまうのだ。……一〇〇〇ヘクタールの水田のまんなかで五戸や一〇戸の農家だけが牧草を作って酪農をやるなんていうことは、いうべくして不可能だったということなのである」（上野満『水田酪農の現状とこん後のあり方』パンフレット、一九七二年）。

（4）後継者をめぐる問題の中でも、その配偶者問題は特に深刻な問題であった。いったん農場内に妻を迎えた後継者が夫婦そろって農場を去るという事件があり、協同経営にともなう農作業の負担がその要因とみられたことは、第二世代への引継ぎをめぐる農場内の動揺を強めたとされている（上野満『後継者　新平須協同農場の今後の方針について』パンフレット、一九七七年、一五〜一六頁）。

（5）聞き取りによれば、平須農場ではこの時期のインフレの影響は生活上感じられなかったとのことである。実物消費の多さや収益分配増の実施がその原因と考えられる。

（6）上野家所蔵「一九七四年度営農協議会資料」。

（7）上野家所蔵「営農指導資料綴」による。

（8）個人経営への移行を要求する第二世代が集団で一九七六年に農場をいったん離れ、解体の決定的な引き金となった。

（9）ただし、農学塾の協同農場は活動を続けており、東村内の共同経営がこの時期全く消滅していたわけではない。

（10）実際には、乳牛と豚の実物交換が行われて各経営はどちらか一方に専門化した。

（11）上野満『新平須協同農場のその後の経過と今後の課題』（パンフレット、一九七四年）五〜九頁。
（12）上野自身も「指導者である私自身に、基本法農政移行後の農業事情に対応して、協同農業を守るだけの指導力がなかったことに（解体の理由が——引用者挿入）あったことを、自認せざるを得ませんでした」と述懐している。（『財団法人・日本農業協同化普及協会二十年史』二〇頁）

補論　上野満の思想と協同経営論

1　はじめに

豊かで自立した農村の実現を目指し、平須の協同農場を設立した上野満は、青年期に「新しき村」で培った理想を胸に、三〇年間にわたる経営の維持発展に尽くした。上野の思想は、武者小路実篤の説いた理想主義を踏襲するものであったが、実際の協同経営の展開にあたっては、農村出身の利を生かし、現実的かつ合理的な経営者として農場の長期継続を可能にした。経営の合理化には余念がなかったが、「協同」の維持継続を第一に優先し、協同を前提にした上での経営合理性の追及であった。

本節では、新しき村の影響、平須農場での労働と利益の分配、新利根協同農学塾の活動内容を分析し、上野満の協同農業における思想と経営論の特質を明らかにする。

2　新しき村

上野満は、一九〇七年に福岡県嘉穂町に中農・自作農の次男として生まれ、小学校卒業後、家の農業に携わっていた。農業経営には関心があったが、百姓の勉学を嫌う村の雰囲気に耐えられず、一九二六年一九歳の時に家出をし、武者小路実篤の新しき村運動に参加、宮崎県日向の新しき村に入村している。ここには二年余り参加したのち、脱退している。

上野満のその後の協同経営とのかかわりを考える上で、この新しき村の経験の果たした役割は非常に大きい。上野が協同農場で目指した理想は、その多くが新しき村が掲げていたものであるし、運営上の決まりごとなども新しき村を踏襲しているものが多い。上野自身、「私のその後今日に至るまでの四十五年間の人生は、この二カ年足らずの日向の新しき村の生活が決定したといっても過言ではない」と述べている。

武者小路実篤が、一九一八年に宮崎県木城村石河内に創設した新しき村は、彼の共生農園創造の願いから生まれたものである[1]。農業を生活基盤とした共同生活の場であり、入植した青年たちが文学や芸術に親しむ場でもあった。上野満の回想では、「正に浮き世離れした、恐らく世界中どこにもない別世界」と述べており、新しき村での生活に感銘した様子がうかがえる。上野は、ここで協同農業を初めて体験し、「生産は協同し、できるだけ合理化し、より少ない労働時間でより多くの生産をあげ、個人の自由時間をできるだけ増やし、各人の個性や天分を十分に実現、発揮できるような機会を与えようというものは、一点の非の打ち所のない立派なもの」であると考え、その後の協同農業の基本的な理念を培った。

武者小路は設立当初は、自活を目指していたが、日向の新しき村ではそれは達成されなかった（一九五八年に、埼玉に移設後の新しき村が、養鶏収入を中心に自活を達成している)。武者小路は、新しき村が世界へと広がっていくことを期待していたため、自活できないようでは人々を引きつける力を持たないと考えた。当初の見込みでは、新しき村は一〇年もすれば一応の経済的基礎を固め、労働は一日六時間足らずで十分になり、余暇は各人の自由にまかせ、その成果を見ならってあちらこちらに新しき村ができるはずであった(2)。しかしながら、現実には武者小路の原稿料や印税で村の生活が支えられていた。創設から八年間は、新しき村で生活していた武者小路も、一九二六年に村を出て二七年にかけて奈良と和歌山に住んだ。上野満が入村したのは二六年であるから、武者小路とは入れ違いである。その後二七年からは、武者小路は東京に移っている。

武者小路の新しき村が自活できなかったのは、武者小路自身が農業経験がなく、経済的独立に関しての現実的な対応不足から生じたとともに、掲げた理想が大きすぎたこともその原因として指摘されている(3)。たとえば、武者小路にとって共生とは、「楽しい共生」でなくてはならなかった。そのため、創設以来、義務労働は一日八時間と定められていたが、武者小路の提案で六時間に短縮された(規定を超える自発的な労働は常に自由であった)。しかし村民は自活第一主義で、武者小路がいないときは七時間の義務労働であったという(4)。武者小路は、村の経済的自立よりも、自らの理想主義の実現を優先させたのである。

現実の農村で農家の息子として育った上野満にとって、経済的に依存した新しき村の姿は、不健全なものとして映った。「経済的独立のない自由なんて、それこそ絵に描いた餅に過ぎない」と考えたのである。また、新しき村には労働の自由競争はなく、無差別平等に一日六時間労働が課されていた。それゆえに、民主的な形式の集会は毎週開催されていたが、「そこでの議論は武者小路流の議論だけがまかり通り、農場経営についてすら武者小路流」であったことを上野は批判している。「自由競争こそは人間の意志表現の根本の道であって、自由競争の機会と、個人の経済的独立の基礎がなくなると、必ず人間による人間の支配が始まる」と述べているように、上野は自由競争と経済的独立の二つが民主主義にとって重要であるとの認識を得る。

上野は、新しき村の経験から基本となる理想を受け継ぐが、経済的独立と経営合理性の追及という実践的な協同経営の姿は、日向の新しき村にはないものであった。上野が開拓者として未墾の地に入植し、生産の合理化と近代化の推進によって経済的独立を目指したのは、新しき村の精神を単なる理想としてではなく日本農業の目指すべき指針として捉え、限られた人々だけではなくすべての人にとって実現可能な現実的な協同農業の可能性を示そうとしたことが、発端であった。

3　労働分担と利益分配

1　労働分担

新利根開拓実験農場における労働分担は、当初三つの五戸組の経営組織の時は、稲作については協同経営で、酪農と養豚は個人経営であった。酪農は、一九五四年にミルカーが導入され協同搾乳が可能となると同時に協同牛舎を建て、搾乳牛が共同管理となった。養豚は一九五八年に個人経営で開始し、一九六二年に協同豚舎を建設した時に、協同経営に移行した。一九六二年以降は一五戸協同の部落協同経営による部門別の独立採算制の農場経営であった。畜産に重点を移した部落全体の協同経営は、総務、農産、酪農、養豚の四つの部門に分かれた。それぞれの部門の業務担当者は、一年を任期として話し合いで選任し、再任が可能であった。はじめのうちは、一年から三年で担当者が入れ替わったが、自然にそれぞれの業務ごとに担当者が決まってきて、専門化が進んだ。専門的な技術をそれぞれが獲得し、分業が進むことは生産性の向上につながるが、それぞれの労働量に固定的な差が生じ、不満の原因ともなった。

また、機械化と分業が進めば進むほど、個別労働が増加し、協同農業の直接的なメリットが減少していった。

労働分担のなかで、上野満は農場長としてどのように位置づけられていたのか。上野自身は、適所適材の観点から次のように述べている。「上野満が農場長だからといって、大地に向かっていくら号令かけても、米一粒とれはしません。豚一頭育ちはしません。上野満は計画したり、関係機関と交渉したりすることはできますが、機械を使うことにおいては機械係には及ばず、牛や豚を飼うことにおいて到底酪農係や養豚係には及ばないのです」。

上野は、協同農場実践の提唱者として、講演その他で忙しく、協同農場に月一〇日しか滞在しないこともあった。上野満の仕事は村の経営と、村外との折衝が主であったようだ。上野満は、戦前の満州において実験開拓団の団長を務めていたが、戦後の協同農場の運営においてもその時の軍隊的な秩序を引き継いだ面があり[5]、上野の指導のあり方にもそのことが反映していたと思われる。

2　利益分配

協同農場の利益分配は、戸主、主婦および後継者の妻、後継者（男）の三者に対してそれぞれ定額が分配された。たとえば、一九七四年度の場合は次のようになる[6]。

①　経営者である戸主の給与額は月額一三万円で、これは経常利益のなかから給料として支払う。

②　主婦と後継者（夫婦とも）は雇用労力として取り扱い、労働報酬は生産費の中から、下記の金額を労賃として支払う。

主婦および後継者の嫁　　月額　三万円
後継者（男）　　　　　　月額　四万円

この金額は、生産にともなう一切の経費が引かれている。すべて生活費として使えるため、上野満は給与水準は低くないとしている。一日八時間労働で、日曜も交替で休日であり、また、病気のため一、二カ月休んだ場合でも同様の給与が支払われることとなっていた。

上野満は、この賃金体系を一律平等のものとして捉えている。しかし、一戸当たりの給与額を平準化するという点に重点があるため、労働量の対価としての平等は失われていた。主婦と後継者に対する給与は絶対額として少なく、潜在的に他の就業機会へのインセンティブを強めることになった。男子の後継者が労働に見合う報酬を求めるのであれば、村外で就労すれば当時月額四万円以上の収入が見込まれた。戸主とそれ以外の世帯員との間の賃金格差は、戸主を一家の長とする戦前の思考を第一世代が共有していたために存続したものと思われる。

平等賃金によって、労働生産性に下方の圧力がかかることを避けることは難しい。上野満は、個々人の誇りに依拠することで労働意欲は保たれるとしているが、構成員間には、相互の労働意欲と能率に関して軋轢が存在していた可能性は否めない。また、労働の質を報酬に反映しないため、村民に不公平感をもたらしやすい賃金体系といえる。担当業務によって、早朝の労働が必要であったり、生産物への管理に差が生じるからである。

次に、上野満の競争と平等についての考え方を分析し、一律平等の賃金体系を選択した要因を探る。

3　競争と平等

競争と平等について、上野満は新しき村の経験を反面教師として、自由競争の必要性を痛感していた。人々は、自由に自らの能力を発揮して、実績を示すことによってのみ自分の意見を主張できると考えたのである。自由競争がないところには、表現の自由がなく、民主主義は成立しないというものであった。

しかし、上野満が平須農場で行った労働分担、利益分配は、ともに自由競争ではなかった。この理由は、経営者としての上野満が、協同農場を維持存続していくことに重点を置いたためであると考えられる。つまり、労働分担においては、初期の建設段階では業務の速やかな進行が優先されるため、競争関係を持ち込むよりも話し合いで分担していくほかなかった。そして、それぞれの業務が固定化されてしまった後となっては、結果としてその業務を担当しただけであるため、業務ごとの実績や労働量の違いを賃金格差という形にするのは、協同生産の基盤を揺るがしかねない要素を含んでいた。利益分配についても、一戸当たりの給与額を平準化することで、経済面での結果の平等を保障し、それ以上の収入を求めるものは、村内での一定の義務を果たした後で自由に経済活動をすればいいという考えであった。

一律平等賃金は、はじめから理念として存在していたのではなく、協同農場の経営を維持する観点から保持されたのである。自由競争は、理念としては当初よりあったが、協同農場の経営者としての立場から、経営維持を優先させた。ゆえに、競争よりも平等賃金のシステムの持続を選択していたと思われる。

4　新利根協同農学塾

新利根協同農学塾[7]は、一九五六年九月に財団法人として設立された協同農業の実践的な教育センターである。農産部は、四・五haの農場を有し、二ヘクタールを水田とし、二毛作経営を行って玄米と裏作牧草を生産して、残りの二・五haは専用飼料畑であり、自給飼料を生産した。畜産部は、水田裏作と専用飼料畑から毎年生産される自給飼料によって酪農・養豚・養鶏を行う。酪農部は、搾乳牛一五頭、育成牛五頭の計二〇頭からなる。養豚部は、種豚一〇頭、肥育豚一五〇頭の計一六〇頭。養鶏部は、成鶏一〇〇〇羽、育成鶏五〇〇羽の計一五〇〇羽である。

農学塾は、本科生と短期生の二種類の塾生を受け入れていた。本科生は、収容人員一五名で、満一六歳以上二五歳までが入塾でき、二年間もしくは希望により一年間学んだ。短期生は、随時受け入れをし、三日から二カ月間の研修を受けた。教科は大別して、政治問題、農村建設、共同経営、農産、畜産、農機具、土木建築、農村文化、青年運動、婦人問題の一〇科目であった。講師は、上野満のほか、農林省、農林省関係試験場・研究所、農業大学、農業関係各界から招いた。

一九六一年に財団法人日本農業協同化普及協会が設立されると、農学塾は協同化普及の全国的なセンターとしての位置づけとなる(8)。長期研修と短期研修に事業は分かれ、長期研修は、定員六名、期間は原則として三年間で、手当が支給された。一年目は、一般作業見習いであり、二年目は、総務、農産、酪農、養豚の四部門に分かれ、専門技術を習得した。三年目は、農場全体の計画と決算にも参画し、経営を学んだ。短期研修は、定員三〇名で、期間は一週間であった。一九五六～八一年の間に、一八五回の短期研修(9)を受け入れ、三五〇〇人を超す卒業生を送りだした。

新利根協同農学塾で上野満が行った「農業経営講座」の講義（一九五七年五月）で用いられていたテキスト(10)には、農業経営の基本問題として生活基準の設定、営農様式と営農規模の決定、資本の準備、農業経営、農業経営の研究の五つの問題が提示されている。この講義で用いられた上野満のノート(11)には、当時上野が想定していた協同農業経営のモデルが記されている。以下に引用する。

一、私達が考える一人前の農業
1、耕地　一五反。二毛作。米一〇〇俵　飼料自給
2、乳牛　三頭乃至五頭飼育し、乳牛五〇石乃至一〇〇石生産
3、豚　　一〇頭乃至二〇頭販売

4、鶏　三〇羽乃至五〇羽飼育　鶏卵五〇〇〇コ乃至一〇〇〇〇コ

5、年収目標　一〇〇万円

6、是を建設するに最低二〇〇万円の資金がいる。

二、新しい農家建設資金

1、耕地	一五反	反当五万	七五万円
2、住宅	一五坪	坪三万	五五万円
3、物置	一五坪		十五万円
4、畜舎	二〇坪		三〇万円
5、乳牛	三頭		三〇万円
6、豚	五頭		五万円
7、農キ具一式			十五万円
計			二二五万円

三、新しい農家を建設する方法

1、労力問題の解決……協同化してキカイ化する。個人によるキカイ化は成立しない。

2、技術の導入……協同化し□業化し専門化する。個人の多角形農場は失敗する。

3、資金問題の解決……組合を作り、協同化して解決する。個人で解決せうとすると之、弱肉強食となる。

協同化のみが解決の方法である。

四、協同化による農業経営の方法

1、家中心利己主義の精算……「儲ける農場から住みよい村作り」へ

2、人よりよくなろうと言うのではなく、人と一緒によくなろうという考え方にかはること
競争主義から、協同主義へ。
3、協同の道徳の確立
自らのために人に迷惑をかけない。
協同の利益のためには協力する。
相談して決めたことには、必ず従う。

農学塾の短期研修が農業協同化の総論の講義だけであることに対し、後年上野満は従来の経営技術のほかに、労務管理や人事管理、工場管理などの経営管理の各論を学習する必要性を指摘しているが[12]、平須農場の経験から協同農業の普及、継承における人的管理の重要性を認識したためと思われる。

農学塾で行っていた実践的な協同経営成立の方策の教育は、日本の零細規模農業の下でいかに協同化を推し進めていくべきなのかという課題に対するものであったが、機械化や畜産の導入といった経済合理性の追及や経営上の理念なども、上野満の基本的な協同経営思想によって貫かれていたところに特徴があったといえる。

5　経営と思想

戦後自作農体制の中で、個別経営から共同経営へと経営システムが変化する要因として、消極的な共同化と積極的な共同化の二タイプが挙げられる。消極的な共同化とは、小農の規模の制約による困難を打開することを目的にして共同化の経営システムを選択するものである。これには、家族内の労働力の変化によって必要な労働量の維持が困難

になった場合や、災害などの自然状況の変化によるもの、農産物価格など市場条件の変化によるものなどがある。それまでの経営システムを支えていた与件の変化に対応した消極的共同化といえる。それゆえ、この場合、与件のさらなる変化は経営システムのさらなる変化をもたらすという性格を内包している。困難が解消されると、共同経営を採るメリットは減少し、個別経営へと戻るパターンが多いのである。消極的共同化の非連続性は、与件依存型の農民の行動様式にその要因を見出すことができる。次に、積極的共同化であるが、これは小農体制による規模の制約を生産性を阻害するものと捉え、規模を拡大してさらなる発展を目指すために共同経営を採るものである。

上野満の協同農場においては、一九四七年一〇月の平須開拓地入植後の開墾、干拓、一九四九年一月からの丑新田土地改良、一九五三年の冷害による稲熱病の発生と大減収、一九五八年秋の台風による水害など、入植当初から個別経営で対応するには困難な状態にあり、一九六〇年頃に経営が軌道に乗るまで困難が続いた。しかし、このような困難は、入植時に十分予測されえたものであり、消極的共同化に見られるような与件依存型の行動様式とは異なる。戦後、数多く発生した開拓にともなう共同化は、与件依存型の消極的共同化というよりも、劣悪な生産手段と低生産性の開拓地といった条件により個別経営による開拓は不可能であるために、共同経営・共同作業は絶対的要請として存在していた(13)。そして、上野満の協同化は、開拓、干拓、土地改良といった初期のプロセスにともなう困難を乗り越えるという目的とともに、その先に収穫の三倍増という発展を目標に置くことで、積極的共同化の側面を有していた。

上野満は、「共同化とは、『共同化された経営の姿』ではなく、むしろ次から次へと生起する種々な問題を共同の力で解決していくその手段であり、方法である(14)」と述べているが、これは未開地に農村を建設する困難を打開するための「手段としての共同化」を意味すると同時に、新しき村の思想を実践するための「手段としての共同化」をも含意している。与件の変化に引きずられる形での消極的共同化が多く見られるなかで、上野満の手段としての共同化の思想は、個別経営では克服困難な種々の障害を乗り越えた後も、長期間の共同化存続を支える強みを発揮した。

一九七三年頃に、経済的基盤が完成すると、上野は協同経営の維持・存続を重視する視点から、文化的要素を協同化のメリットとして再度認識する。ようやく農村内に余暇を楽しむ余裕ができてきたためである。この時期から、平等賃金など、単に経済合理性では説明のつかない制度も、その矛盾を表面化し始め、協同経営存続のための装置であると同時に、協同経営を脅かす存在にもなっていく。

一九六〇年代までは、村全体が経済的に発展途上にあり、人々の生活向上の意欲[15]によって村民を説得し、まとめることが可能であった。共同経営にともなう性質として、生産性の向上がある間は共同経営が進み、生産性の停滞が起きたときに解体もしくは変質する傾向がある。[16]何らかの点で経済合理化の道を歩んでいたのが、ある段階でほぼ完成すると、経営存続に対し明確な目的がなくなるためである。村民（特に後継者）にとっては、村外への就職機会の存在も、協同農場参加への機会費用を増大させる要因となっていた。

一九七八年に協同経営は解散し、個別経営へ移行する。後継者である第二世代の意向を尊重した決定であった。協同経営の解散は上野満に大きな挫折感をもたらしたが、解散時点で七一歳の高齢であったことを考えるならば、経営の舵取りを第二世代に譲ったのは自然な世代交替であったとみることもできよう。上野満は協同経営の後継者問題を文化の浸透の問題であったと位置づけている。農村建設過程では遮二無二働く必要があり、後継者に農村の文化的豊かさを教えることができなかったことが原因であるとしている。「経済生活さえ安定するならば、ひとりでにみんな協同を信じ、後は自ら進んで協同農業を守るようになるだろう。働く農民に時間的にも、経済的にも余裕ができてくるならば、そこから新しい農村文化も芽生えてくるであろう」[17]と考えていたのは誤りであったと、上野は述懐している。しかし、協同化のスケールメリットがもたらす生産性向上と収入上昇が、個別経営に移行するよりも高い状態に維持されていれば協同経営は継続されたであろう。労働の個別化専門化と機械化のさらなる進展によって、協同化のもたらす労働生産性の向上は明白なものではなくなっていった。協同経営による経済的なメリットは減少していたのである。また、個人経営への移行後、後継者は一斉に協同経営時代の二倍も三倍も働きだし、生産規模、収入が拡大したことも、協同農場の制度疲労が限界に達していたことをうかがわせるのである。(18)

(1) 大津山国男『武者小路実篤研究』(明治書院、一九九七年)四二頁。武者小路実篤が新しき村を提唱した段階で抱いていた願いとして、大津山は次の三つを挙げている。一つ目は、階級と搾取のない、万民平等の理想国家の建設。これは当時の社会主義者や無政府主義者の究極の理想と合致していたが、武者小路は愛と理性の自ずからな効力に期待し、力による急進的な社会改造をしりぞけていた。二つ目が、共生農園創造。三つ目は、武者小路個人の生活改造であり、これは「有産の負い目」から生じたものである。

(2) 同右、九九頁。

(3) 同右、一〇五頁。

(4) 同右、一〇八頁。

(5) 上野達氏(上野満の長男)からの聞き取りによる。

(6) 上野満『協同農業四十年』(家の光協会、一九七五年)三九四頁。

(7) 農学塾の概要は、「昭和三一年九月設立農業協同化伝習農場新利根協同農学塾要覧」(的場徳造・鶴田知也・上野満『農業の近代化と共同経営――新利根開拓農協の歩み――』文教書院、一九六〇年)と、財団法人・日本農業協同化普及協会『新利根協同農学塾要覧』(一九六八年)による。

(8) 一九六一年に、「農林中央金庫を通じ、会計検査院の会計検査にもとづく指摘事項の通達」があり、その中で、「全国を相手とするそのような事業を農業協同組合の事業として行うのは穏当ではないから、農学塾の経営は協同組合から分離し、財団法人組織のような別の法人組織に改めるようにとの」勧告を受け、その勧告にしたがって、一九六一年一二月に、「東畑精一先生に理事長をお願いし、当時の農林次官小倉武一氏、茨城県知事岩上次郎氏、朝日新聞重役団野信夫氏、農業協同化研究会会長的場徳造氏、農林省関東東山農業試験場経営部長武藤三雄氏に理事になっていただき、私が常任理事になって、財団法人日本農業協同化普及協会を設立し、新利根協同農学塾の経営をそちらに移したのでした」(前掲『協同農業四十年』三五八頁）。

（9）短期研修の「第一回研修生は、昭和三十年に設立されたばかりの野口希彦氏が指導する北海道農業自立推進協議会の派遣によるものであった。以来二五年間この自立推進協議会との交流はつづき、新利根協同農学塾における一八五回に達する短期研修のうち九〇回はこの自立推進協議会の派遣によるものであり、そのほか同協議会が実施している移動村づくり大学、あるいは北海道各地の研修会等によって行なった講演回数は、この二五年間に二〇〇回以上にも」達した。上野満『農に燃える――協同農業六十年の軌跡』（家の光協会、一九八五年）二四五頁。

（10）上野家史料三六二「農業経営講座」一九五七年。

（11）上野家史料三六二「農業経営講座」一九五七年。

（12）前掲『協同農業四十年』四四六頁。

（13）武藤三雄「開拓地における農業共同化の実際」（『農業共同化論』農林省農政局、一九六〇年）。

（14）前掲『農業の近代化と共同経営――新利根開拓農協の歩み――』一六七頁。

（15）上野満は、「経済的な建設の段階は欲望によって指導することができます」と述べている。上野家史料五七六「大利根にえがく新農村の夢」（『富民第三十一巻・第八号別刷』一九五七年頃）。

（16）西村甲一「資料に見る農業共同経営」（『農業共同化論』農林省農政局、一九六〇年）三三二頁。

（17）上野満『東欧農業に問う』家の光協会、一九七八年。

（18）「協同経営から個人経営に移行するとともに、一四戸の農家はいっせいに、男も女も、親父も伜も、家族全員が朝は四～五時に起床、夜は八～九時まで年中休みなく、協同経営のときの二倍も三倍も働きだしたのである」。上野は、個人経営移行後のこのような状況を、余暇のない「金もうけ主義」の農業として批判している。前掲『農に燃える――協同農業六十年の軌跡』一三八頁。

終　章　総　括

——戦後自作農体制への挑戦と帰結——

以上四つの章を通じて、一九六〇年代の一〇年間を中心とする調査地の農業の推移について、それぞれの領域ごとに分析してきた。最後に、各章で各論別に論じてきた問題を相互に関連づけて、時期別の変化を明確にしつつ全体の流れを整理することがこの章の課題である。

1　東村十余島地区

土地条件の変化が農業生産の改変を可能とし、その基礎の上で農家経済が推移してきたという関連を考慮して、土地条件、農業技術、農家経済の順に各時期別の特徴を整理しておこう。

1　一九四五〜五〇年

(1)　土地条件

田は湛水状態であり、苦役的農作業が強いられていただけではなく、中干し・密植が不可能で肥料効果も薄く生産力が低かった上、いったん水害が起きると収穫は皆無に近くなった。この状況を打開するために一九四六年から国営農業水利事業が開始されたが、この時期には完成を見ず、耕地条件はほぼ戦前と同様であった。沼地が放置されていたこと、戦時期の労力不足の下で荒れ地に戻る田が多かったことによって開墾可能な土地が多く、その一部は村外からの入植者に割り当てられたが、多くは地元増反のために残され開墾事業が要望されていた。

(2)　農業生産

戦前期において調査地域は県内で最も反当たり生産力の低い地域であり、「人力耕が主体、排水のよい所だけ牛馬耕（全体の三〇％くらい）」であり[1]、動力脱穀機・動力籾摺機の普及は多少見られたが、耕作面については機械の導入は不可能であった。この状態はこの期にも基本的には変化がなかったが、牛耕を行う農家がかなり増加した[2]。作目はほぼ米単作であり、乾田化不能のために田はすべて一毛作田で裏作はない。作付面積は水稲が八六九町歩であるのに対して、大麦は二五町歩、小麦は七町歩にすぎなかった（一九五〇年について）。肥料投入量の増加にともなって反当たり生産量は確実に増加し戦前の一・五石水準から二石に近づいていった。

(3)　農家経済

農地改革の断行、食糧不足・ヤミ経済の下で、農家は都市勤労者に比較して相対的には安定した生活を送ることができたが、耕作規模に応じた裕福度の序列があった。

農業以外の就業機会はほとんどなく、労働力の多投が増産の最も確かな保障であったこともあって、二、三男も農業に従事している者が多かった。全農家の八五％が専業であり、冬季も藁加工作業等に従事し、出稼者はなかった（一九五〇年）。

2　一九五〇～五五年

(1)　土地条件

国営事業の成果として一九五一年に排水機場が運転を開始し、「概ね（昭和）二六～二七年に湛水害対策が完成し[3]」、用水機場・用水路も順次完成した。工事の経過中にもその生産力効果、省力効果が明らかであったので、新利根土地改良区の設立（一九五三年）以降の県営および団体営の用排水整備事業も農民の要望に支えられて順調に進展した。

（2）　農業生産

排水工事だけでも増産が達成され、一九五一〜五五年の稲作反収は二・一九石となって県平均を初めて凌駕した（第1章第2節表1-5）。しかし江間を通って田に通う舟農業である点に変化はなく――ただし舟の動力化による能率向上が部分的には見られた――、他地域では動力耕耘機が普及を始めていた一九五五年においても十余島地区には一台も入っていない。(4) 稲刈作業は戦前と同様に、「手刈り→舟運搬→水路沿いに架干し（多段式）→舟運搬→収納」という労力を要するものであったし、(5) 干している稲穂が盗まれないように、青年団員が夜見廻りに回る習慣も続いていた。(6)

増産の努力は早植えの実現に向けられた。そのためには地温が低いうちに苗を育てなければならなかったので、保温折衷苗代が普及した。「保温折衷苗代は（昭和）二五年から先駆的農家によって実験的に実施、二八年の冷害回避でその効果を確認。二九〜三〇年に全村的に定着」したと言われており、(7) 同時に早稲品種への切り替えが進んだ。新しい保温折衷苗代技術と早植えのために、それらの技術を自ら工夫しながら身につけた技術熱心な農業者が指導力を発揮していた。その背景には、村松家に見られたように、一筆ごとの田の特性に応じて細かく管理方法を区別したり、苗代改良に取り組んだ篤農家層の反収が、他の一般農家のそれを大きく抜きんでていたという事実があった。

（3）　農家経済

食糧不足は緩和されたが、自由米市場への販売は継続し、増産が増収に直結した。農家の耕作規模別分布は、五反以上、二町歩未満規模への集中化が進行したが、その背景としては、一方では、土地改良にともなう耕地全体の増加が農家各階層の所有規模を若干ずつ上昇させる動きがあり、他方では、大規模農家が二三男を分家させたり、排水の改良による増産余地を生かすために、遠方の耕地を放棄して合理化をはかったりしたという事情があった。(8) 家畜頭数は多少増加したが、米の単作地という性格には変化がなかった。

労働集約的な農業を支えていた傍系世帯員が、経済回復にともなって次第に流出していき、直系世帯員による農作業に単純化されていった。農繁期における「鹿島乙女」を中心に臨時雇も豊富であった。周辺地区の耕地改良・公共事業等に農閑期に従事する農家世帯員が多少増えたが、特に開拓入植者等にはそれが重要な所得源であった。

3　一九五五〜六〇年

(1)　土地条件

用排水工事が一九五八年で一応の完成をみたので、その末端工事の性格を持つ区画整理事業がそれに前後して開始された。すなわち、清久島（五七〜六〇年度）から順に上流から下流へと団体営で工事がなされ、六〇年度までに橋向・押砂（五八〜六〇年度）、曲渕（五九年度）、佐原組新田（五九〜六〇年度）で工事が終了した。

この工事によって江間は埋められ、舟農業はなくなった。舟による田への往復が農道を通じた移動に変化したこと、交換分合によって農地を集団化したことは、それだけでも労働時間を大幅に圧縮した。同時に、二人の協働を必要としていた舟での移動・運搬がなくなったために、夫婦が別々に労働を分担することができるようになり、すべての田が農道・水路に面することによって各家で独立的に作業が行えるようになったことなども、労働の自由度・効率を高めることに寄与した。(9)

(2)　農業生産

区画整理が実施された集落から耕耘機の導入が始まったが、導入初年の五八年から六〇年の間に一挙に半数前後の農家が耕耘機を購入している（第2章第1節表2-6）。しかし下流域集落の区画整理が残されていたため、工事完了地においても完全には乾田化できなかったので、耕耘機の利用は田の全体には及ばず、畜力の利用が残存するとともに、広範な手作業も継続した。

保温折衷苗代は五五年までに普及が終わり、田植の早期化がさらに進展したが、その結果、田植時期のずれた周辺の農家の労働力を雇用することが可能になるとともに、台風前に刈取りをすませることもできるようになった(10)。

品種の選択に関しては、村松家の分析で示したように、篤農家的農業者の役割が大きく、増産を主たる目的として、肥料耐性がよく早植えできる品種のうちで地元の耕地条件に合うものを試行錯誤をともないつつ選択していたのである。篤農家層は試験田をもち、自ら種子を求めて産地に出向くなど独自の努力を繰り返しており、互いに情報交換をしつつ、優良と考えられる品種の栽培を各集落で自主的に活動していた農事研究会を通じて一般農家にも推奨していた。農協が地域の推奨品種を決めるといった組織立った取組みをしていなかったのは、品種ごとの価格差が反映しない政府米のみを仲介している農協としては、品種選択に乗り気でなかったためであろう。それに対して、自由販売部分を多く持つ中堅以上の農家は品種の選択に熱心であった。

(3)　農家経済

米価は完全に停滞状況になり、勤労者所得に比べて農業所得は不利化したが、それが増産志向をいっそう強め、区画整理や技術改良を志向させた。

区画整理は上層農家よりも中堅農家層が熱心であったが（第1章第2節）、その理由は、機械化以前で労働力を多量に必要としたために、規模の大きな農家は相対的に粗放的な経営となり反当たり収量が少なかったため、反当たりの負担金額の米販売額に対する比率が大きかったからであると想定される。しかしいっそうの増産可能性が見込まれれば、その負担はそれほど重いものではなかったから(11)、負担金があるからといって区画整理に否定的に対処する者はなく、全集落で切れ目なく区画整理が進行した。

区画整理事業の工事には地元の農家が人夫として出役し賃金収入を得た。順次工事が行われていたこの時期には、農閑期の所得としてこれが重要な意味を持った。しかし恒常的に賃金労働に従事する機会はなく、『農業センサス』での兼業農家数は全農家の二三％にすぎなかった（一九六〇年）。

4　一九六〇〜六五年

(1)　土地条件

前期に引き続いて区画整理事業が手賀組（一九六一年度）、六角・四ツ谷（六一〜六二年度）、結佐（六三〜六四年度）で実施され、十余島地区全体の工事が完了し、地区全体の乾田化が可能となった。

(2)　農業生産

耕耘機が全階層に普及し、牛耕はなくなった。未だ機械化が不可能であった田植・刈取り工程においては、共同作業、ゆい・手間替えが実施されるようになった。しかし早植にはなったが、田植労働のピークは分散されなかった（第3章第3節図3-9）。他方、刈取り期には家族総出の作業が続き、経営主夫婦は月間三〇〇時間を超える長時間労働を余儀なくされていたが、乾田化の達成は作業時間の大幅な削減、稲運搬労働の円滑化をもたらし、全体としての労働量は顕著に減少した。

米の反収は四二〇〜四三〇キロ前後で安定的であった。技術の平準化の結果、農家間の収穫量格差が縮小し、篤農層の生産力的優位は失われ、農事研究会に代わって農業改良普及所が地域標準的技術を普及する役割を担った。

(3) 農家経済

一九五〇年代の後半には全く停滞的であった政府買入米価は農業基本法制定の六一年から上昇を始めたため、農業所得は順調に増加した。農家の階層別の構成は六〇年から六五年にかけて二・五町歩以上農家が顕著に増加し、それ以下の階層の農家数は減少し、分解基軸の上昇傾向が現われている。

農作業の雇用労働力は集めにくくなり賃金が上昇したが、省力化の努力と早植え等によって、鹿島地区からの臨時雇の減少を周辺地区からの雇用で埋め合わせている。

農家世帯員男子の就業状態は、この五年間に「主に農業」、「主に兼業」が増加しているが、六五年においても依然として「農業専従」が最多であり、二町歩以上層の世帯員で兼業に従事しているのは未だ例外的である。また六五年時点では冬季の藁加工作業も残存しており（第3章第3節表3-17）、冬季賃労働への従事もそれほど広がっていない。さらに、女子世帯員については耕地規模を問わず「農業のみ」で一貫している（第2章第4節図2-3）というように、他地域に比較して農業専業度はきわめて高く維持されていた。ただし、零細農家が冬場に住込み等の形で京葉・京浜工業地帯で働くという従来からあった傾向はいっそう強まった。

5　一九六五〜七〇年

(1) 土地条件

区画整理の終了によって大きな工事はなくなり、パイプライン灌漑が実施された（一九六八年に橋向、押砂、佐原組、曲渕、六九年に余ツ谷、清久島）。

(2) 農業生産

全国的な豊作であった六七～六八年には十余島地区でもそれまでの最高である四五〇キロ（一〇a当たり）の収穫を挙げている。水位調整が自由になったために、成育段階に応じた細かな水管理が実施できるようになったことがその要因の一つである。

六四～六五年に農業構造改善事業によって導入された乗用トラクターは四〇馬力程度のものであったが、一時間当たりの耕起面積は二〇a前後であり、耕耘機（五a前後）に比較して作業能率は高まった。[12] 刈取作業の機械化がバインダー（一九六七年から）、自脱型コンバイン（一九六八年から）の導入によって進展したことにも見られるように、新規技術の目的は増収から省力化へと変化しつつあった。乗用型トラクターの導入においても、当地では省力化に目的が集中されており、深耕による増収は独自に追求されてはいない。

(3)　農家経済

市場条件の変化によって、冬場の藁加工作業は経済的意味を失い、一九六〇年代後半にはほぼ消滅した。このため畜産農家以外には冬場の農作業はなくなった。複合経営の奨励方針もあって、一部には畜産の導入も見られたが、米価に比較して畜産の採算が悪く、牧草を栽培すると米収量に影響するという状況の下では、河川敷を牧草地として占有利用できた畜産の先発地区以外は畜産経営を維持・拡大させることが困難であり、米単作への単純化がさらに進んだ。

六七年までは米価の上昇の下で農家所得は順調に推移し、特に二町歩以上農家は平均的な都市勤労者を上回る所得を挙げていた。しかし六八年から米の過剰と米価抑制が進み、それに対する対応力のなさが露呈されるに至った。大型景気による都市勤労者の所得向上の下で、以後、急速に所得の不利化が拡大する。

農家の階層構成は、前期の傾向を引き継いで二・五ha以上の農家数が急増を示し、分解基軸の上昇がさらに明瞭化した。請負耕作による上層農家への作業の集中傾向も多少の展開を見せ始めた(13)。

六〇年代後半の大型成長によって京浜地区の労働需要が拡大し、離村または通勤で、恒常的にその地域で働く者が増加した。同時に、鹿島工業地帯の開発が本格化し、その土木関係労働力が急増した。さらに、東村内の事業所での就業者数もかなりのペースで増加している（第2章第3節表2-36）。こうした三つの労働需要によって農家世帯員の賃労働従事が増加する。

農家の男子世帯員の就業状況は、六五年においては「農業専従」が各年齢階層で最多を占めていたが、七一年には過半が「農業が主」に転じている（第2章第3節表2-39）。ただし、兼業の程度は「農業が主」にとどまり、他の地域に比べれば、耕地規模が大きいだけに兼業化は限定されていた。冬季の農作業がほとんどない状況でこの程度の兼業度であるということは、稲作期の農業従事度の高さを示している。

後継者を得て二世代で農作業を行っている場合、村松家がそうであったように、中堅以上農家では親世代は農業専業、子世代は農業および兼業従事という形が多く、小規模農家では両世代ともに農業と兼業に従事するという状況が一般化した。

なお男子若年層の農業従事の比重を東村全体について見ると、二〇～二四歳階層では、六五年には就業者二五五人のうち一九二人（七五％）が農業であったのに対して、七〇年には四八一人のうち二八九人（六〇％）になっている（第2章第5節表2-52）。農業就業者の比率は七五％から六〇％へと落ちているが、同時に、七〇年においても就業者数の六〇％もの多数が主として農業に就業している（しかも絶対数は増加している）という層の厚さが明らかである。農業の高所得の反映であるといえよう。

他方、農業労働者の雇用についてはその総数はかなり減少しているが、一九七〇年にも十余島地区の八割程度の農家が三〇～四〇人日程度の臨時雇を入れている(14)。

6　一九七〇〜七五年

(1)　土地条件

村内他地区では土地改良が盛んに行われているが、区画整理の済んだ十余島地区では事業はない。土地改良によっても増収も省力化も見込みにくくなったためであろう。

(2)　農業生産

一九六八年から導入が開始された自脱型コンバインが七二〜三年頃にはほぼ普及を終え、刈取工程の省力化が実現した。最後に残された田植機も七五年には半数以上の農家が個人所有しており（第2章第1節表2-6）、この地域における機械共同利用の多さから考えて、大半の農家が一貫機械化体系を形成するに至ったと見ることができる。

生産力は四五〇キロを超えて高位安定の状態にあるが、独自の販売努力と対応して、食味本位の品種へのシフトが進展している。

(3)　農家経済

転作と米価の抑制の下で、農業所得による家計費充足率は急低下を示し、第二種兼業へ地すべり的に移動する階層が中堅層以上に及ぶ。しかし請負耕作に出す農家はほとんど増加せず[15]、小規模農家もなお自力で耕作をする道を選択していることがわかる。これが上層農家への農地の集積を制約していた。

耕地面積五町歩以上の農家は七〇年の四戸から七五年の七戸に増加するが、二・五〜五町歩階層の農家数は減少し、分解基軸がさらに切り上がったことがわかる。

日雇労働市場は成田空港、筑波学園都市建設の本格化によって拡張し、茨城県内の公共土木事業の労務者数は、六〇年代の後半期に比較して三倍近くに急増した（第2章第3節表2-33）。他方、農村部の工業化に対応した東村内の事業所の従業員数は、六九年から七二年の三年間に急増したのち、七二年から七五年には完全に停滞に転じている（第2章第3節表2-36）。オイル・ショック後の経済調整局面の影響が強く現われ、自生的な就業機会が頭打ちになって、公共事業に就労せざるをえない状況を垣間見ることができる。

七一年時点では男子の農家世帯員は二一～五〇歳階層まで「主に農業」が過半を占めていたが、これが七六年には二一～六〇歳階層まで「主に兼業」が過半を占めるように変化しており（第2章第3節表2-39）、地滑り的な兼業化が進行したことが確認できる(16)。

女子については、七一年には二一～五〇歳階層まで「主に農業」が最も多いが、七六年には二六～四五歳階層までは「主に兼業」が、四六～五五歳階層では「農業専従」がそれぞれ最も多い。雇用企業による年齢別の選別の下で、若壮年層の兼業化と中高年層の農業回帰が進んだといえる。

7　小　括

以上の時期別推移を前提として、農家および行政が農業・農家経済をどのように変革しようとしていたのか、その志向の推移を整理しておこう。

まず終戦直後期においては、戦時期に計画だけで終わってしまった水利事業を実施して水害を防ぎ、排水条件を改善して収量を安定・増加させることが農家にとっても村行政にとっても絶対的な要請であった。このため「新利根川下流部湛水排除期成同盟会」の会長をかついで衆議院議員に当選させ、長期にわたった国営事業をスムーズに実施することを可能にしたのである。さらにこれに引き続いて県営事業によって用水系統を整備し、敗戦後の一〇余年で排水・用水の骨格部分を完成させた。この過程では、農地改革によって全農民層が農業土木事業の受益者になり、地域内に利害対立が存在しなかったことの意味が大きい。また、耕地条件が毎年変化しつつあったため、実践的な判断力にもとづいて増産を可能にする力のある篤農的人物の権威が高く、各種の新しい農業技術は彼らの試験田での実験とそれに続く多数農民の試行錯誤を通じて、地域標準的な技術となっていった。

一九六〇年前後の一〇年弱の期間は、区画整理を実施し舟農業に終止符を打って、低位生産力地帯の生産力を一気に引き上げるとともに、苦痛多い労働からの解放を達成するという希望を実現させた時期である。[17] この段階でも引き続き国の政策を有利に引き出すことが必要であり、区画整理の事業採択と補助金ないし低利資金の確保のために一丸となって運動を進めている。しかし、上流から下流の集落へと順次事業が採択されることがほぼ確かになることによって、政治運動の必要性は低下し、農協系統の一般的な農政運動の線に吸収されていったと見られる。また、区画整理後の平均的な増産によって篤農家層の社会的役割は薄れ、技術改良に向けた農民間の熱気は失われ、農協から個々の農家が顧客として技術指導を受ける体制に変化していった。区画整理後には、新たな事業を追加的に実施しても飛躍的な生産力拡大は期待できないと考えられるようになり、大半の農家が事業導入には消極的態度に転じている。

農業基本法以降の農業構造再編構想に関しては、村農政は全農民階層の「自立経営」化を目指し、田の面積が不足する農家については酪農との複合化を奨励したが、米価が好調であった一九六〇年代には採算のとりにくい複合化の方向は農民の要求とはなりにくかった。農民の多数は従来の農業のままで「自立経営」にとどまれると想定しており、行政的推進策と農家の志向とが乖離し、行政的施策が空回りする段階が始まった。特に一九六〇年代の後半に入ると、兼業に従事する農家が増加し、それを制約する畜産を営む農家は減少した。

米価が低下に転じる六〇年代末からは、農協系統の米価引上げ運動の末端を担うことはあっても、大規模層以外の農家は兼業労働の有利な選択を最も重視するようになり、農業投資の目的も増産から省力化へと変化した。これに対して大規模農家層は、農地の取得や請負耕作によって規模拡大を進める意思を示し、トラクター利用組合が生産組織に移行する例なども見られたが、転作が開始されるとその層においても後継者層については農外の年功制的就業機会に就くことを希望し、経営主自身も他産業への転身等、不連続的な動きを示す者が増加し、農業経営への執着は限定的になってくる。

こうした推移の背後には、二町歩以上層であれば農業所得によって家計費が十分に賄われていた六〇年代の状態から、兼業所得が不可欠となった状態への変化があった。十余島地区における家計費の増加傾向は、戦前的生活水準からの離脱の端緒ともいうべき簡易水道の完成（一九五五年）、テレビ等の電化製品の普及による生活スタイルの都市生活者との同一化（テレビの普及は一九六〇年前後）、高校進学の一般化、農業生産目的以外の自動車の取得（一九七〇年頃以降）等の変化を経て進んでいき、農業所得によって家計費水準が規定される関係を過去のものとしていったのである。

2　平須協同農場

1　一九四五～五〇年

一九四八年初に入植地を確定した入植者たちは、同年すぐに水害に見舞われた。四九年春に耕作に先立って堤防工事がなされて一応は耕作可能となったが、五〇～五一年に排水路が作られるまで雨が降ると湛水するという状態が続いた。一戸当たり一・五ヘクタールの短冊形の水田を入手して稲作を行った点では区画整理は当初から済んでいたといえるが、反当たり生産力の低さから生活は厳しかった。しかし入植者たちはほぼ全員が独身であり、地元農家とは異なって老親らの扶養者はいなかったから、スタート時の所得の低さでも生活可能であり、周辺農家の農作業や公共事業等に雇用されつつ初期の困難を乗り切ることができた。この事情は周辺の開拓入植地でも同様であり、農地・農機具・食糧の確保のためにほかに選択枝のない状況の下で共同生産・共同生活が一般的であり、農場経営としての自立は果たされていなかった。

2　一九五〇～五五年

一九五〇～五一年に排水路が作られて、標高差のない新利根川と接していることによる不利性がある程度克服できた。水田に小麦、菜種を植えて二毛作地化し、それを次第に牧草に変えていった。独身で入植した若者たちが配偶者を得て世帯経済として独立し、子供が生まれ、それにともなって個々の世帯の消費生活が成り立つだけの所得配分が始まった。全農家を五戸ずつ三組に分ける「五戸組協同」方式をとるとともに、全農地を家庭菜園（全体の三分の一以下とされた）と協同農地に二分し、家庭菜園の利用方法は個人の自由とした。具体的には五一年七月に全戸に三反歩ずつが配分されて自給用の食料が作られた。

協同経営部分は水田であり、四九年に国から貸与を受けたトラクターを五〇年から利用した。このオペレーター養成のためにトラクター工場で農場員に研修を受けさせるなどして技術修得に努め、周辺の農家には真似のできない高い技術水準が得られたという。

酪農は一九五〇年から開始された。飼育は当初は個人管理とされたが、搾乳作業をする農家としない農家の間で共同の農作業に悪影響が現われたため、酪農部分も五戸組協同経営に組み入れ、五四～五六年にそれぞれの組ごとに共同畜舎、サイロが順次建設された。

3　一九五五〜六〇年

酪農部門の協同経営への再編は「主穀農業から主畜農業への大転換(18)」を意味しており、この時期以降、販売額では酪農が稲作収入を凌駕することになる。しかし、急速な設備投資によって累積していた負債が五八年の水害後に返済難を引き起こして政策的支援を断ち切られ、開拓集落ゆえに保護されていた段階から、通常の経営体としての競争にさらされる段階に移行したことが明瞭になった。ここで償還金返済を急ぐ必要から構成員への配分金を制限せざるをえなくなったので、所得補充の目的で五九年に一戸一頭ずつの種豚が貸与され、養豚事業が開始された。

一九五五年には三輪トラック、乗用トラクターを購入しているなど、周辺の農家に耕耘機も入っていない時期に借入金で積極的に機械化を進めていったが、土地条件が悪いためにその利点は十全には発揮されなかった。これを打開するために五六年に水田に暗渠排水施設を設けたことによって、裏作として牧草を栽培することが容易になった。周辺農家が手労働で舟農業を続けている時期に一戸平均一・五町歩の規模であるにもかかわらず機械化を進めているのは、苦役的重労働にもとづく日本農業を先進的技術によって乗り切ろうとしたリーダーの意図によるが、雇用労働力を入れない方針の下で酪農・飼料作も行い、実際に労働力不足の時期があったためでもあった。それはまた、新しい農業技術をいれて反収の増加と酪農の拡大をはかっていこうとした若い構成員の意欲に支えられた方針でもあった。

4　一九六〇〜六五年

一九六一年に利根川浚渫土による客土を行って、全農地での大型トラクターの利用が可能になった。共同経営は、この時期、農業基本法の論理と効率的機械化の方針の下で、今後の農業のいくべき方向を示すものとして重視された。大型機械の導入、三畜舎の一畜舎への統合・大型化なども進み、労働過程は共同経営に適合的な部分があり、個人経営に比較して効率的に作業は進んだが、同時にそれは引き続き多額の借金による設備投資を不可避とし、収入に占める借入金返済・利息支払い額の比率の高さが周辺農家の経営とは大きく異なる点であった。この時期の投資の主たる対象は酪農部門であり、すでに六二年から飼料の作付面積が米のそれを上回っていた[19]。選択的拡大路線を信じ、水田酪農の成功に賭けて積極的投資を継続していた時期であったが、米価上昇の下で収益的には稲作が主体であって酪農は伸び悩んでいた。

三つの五戸共同経営グループがそれぞれ独立採算で酪農を行う従来のシステムが六二年に改められ、一五戸協同経営へ再編された。同時にこの時に、個人経営であった養豚事業の経営形態が、種豚飼育は個人経営のままとしつつ肥育は一五戸協同で協同畜舎で実施する体制に変更された。また六二年を最後として農場外賃金収入が消滅し、全員が農場内での労働に専従する体制になった。

5 一九六五～七〇年

一九六〇年代後半には、それまで多額の投資をしつつも利益を生まなかった酪農が収益部門として一応の安定を示し、一層の多頭化が追求され始めた。ただし機械化技術の水準は向上したにもかかわらず、個人経営化した周辺集落の酪農経営に比較して、労働生産性は相当に劣っていた。経営費の現金支出を抑制し、資源の循環を理想とする水田酪農の原則に立って自給肥料を使用していたために、頻繁な牧草の刈取り作業が労働力の限界と衝突し、飼育頭数拡大の要求が自給肥料の量的限界と衝突した。周辺の酪農家との労働生産性の格差の根拠として、共同経営ゆえの労働密度の低さも表面化してきた。

周辺地区の入植地はこの時期の前後に共同経営から個別農家単位の経営へ分解する。これに対して平須農場は強いリーダーシップの下に共同経営を維持したが、その背景には、それまでの積極的投資のための借入金が負債として累積していたこと、大型機械を使用した自給飼料の栽培が労働工程の家族単位化を困難にさせていたこと等の独自の事情もあった。

しかし周辺地域の酪農家が平須農場の構成員よりも高い所得を得ているという事実が、次第に協同経営への異論を形成させていく。配分金のための消費ファンドが設備投資のために制約されている下で、兼業所得も加えて所得を高めている他の農家との比較を通じて、消費生活充実の要求が表面化する。経営を自らマネッジできないという一般構成員の感覚の下で、消費向上欲求が自立化し不満が増大する。さらに世帯経営の場合には意識されない、各作業部門間の労働負担＝苦痛の平等化要求も日常的に出される。労働市場拡大の下で労働市場との関係を切断した協同経営を維持することの困難が自覚されてくる時期である。

6　一九七〇～七八年

協同経営は七〇年前後にその性格を大きく変える。第一に、酪農部門で自給飼料依存から購入飼料依存へ転換し、多頭化が追求されるようになったことである。第二に、転作の開始にともなって村内の転作を引き受けて転作奨励金を入手し、稲作を縮小して牧草の周年栽培へ転じたことである。

労働市場が拡大している中で、兼業賃労働を禁止して農場での共同作業を構成員の義務としている体制は、種々の面で無理を表面化させつつあったが、この点は特に七〇年前後に高校を卒業する年代に達した後継者世代に集中的に現われた。すでに新規高卒者で農業に従事する者はほとんどいないという一般的状況の下で、他の集落の農家子弟等と中学・高校時代に交流していた世代には、長男は当然に農場の後継者となり、自らの意志にかかわらず農場内の作業分担の一部に配置されるという体制は大きな不満となった。七五年前後に結婚した二人の後継者が、それぞれの妻が農場の労働義務制に耐えられずに農場を離れたことをきっかけとして、後継者たちは七六年に「集団家出」を敢行し、七八年に農場は三〇年の歴史を閉じて個人経営に分解したのである。一般農家の機械化水準の高まりによって作業工程・使用機械が個別農家でも利用可能なものとなっていたために、この移行は農作業面では大きな困難なく進行したのである。

7 小　括

以上のような平須協同農場の推移は、十余島地区農業の推移と同様に、土地条件の整備にともなって機械利用が可能になり労働生産性が急伸したこと、しかしその後における労働市場の拡大の下でその成果を安定的に維持することが困難になったことを示している。ここではこの事例を、基本法農政以前に複合経営化を達成したという先行性と、経営形態における協同経営性という二つの点でまとめておこう。

まず複合経営について。平須協同農場は、分業と機械化を進めて余剰労働部分を積極的に作り出し、裏作、酪農、養豚に事業領域を広げ、複合経営化をはかっている。その点では東村全体としては挫折した複合経営化に早くから成功した先進事例であった。しかしその反面として、この経営体が負った問題点も大きかった。第一は、畜舎・サイロ等の建設をはじめとする施設の整備に繰り返し借入金を余儀なくされたことである[20]。第二は、多頭化競争の激しい畜産経営のために絶えざる規模拡大競争に追い込まれ、それが一方では労働力の限界と衝突して飼料栽培・搾乳関係等の新たな機械化投資を不可欠とさせ、他方では、自給飼料の生産限界と衝突して、資源循環型の「水田酪農」方式を放棄し、購入飼料による規模拡大路線に転じ、飼料価格の変動によって収支を左右される状態に陥ったことである。これらの事実は十余島地区農民が複合経営に進みえなかった事情を間接的に説明しているともいえよう。

次に協同経営形態について。入植当初の協同経営は生活と生産のために余儀なくされたそれであったが、経営が一応の安定を達成した段階で選択された協同経営の性格は、協同経営一般ではなく、労働市場との関係を切断して、全面的な協同化をはかっている点で独自のものであり、所得面でも周辺農家と遜色のないものであった。しかし労働市場の発展につれて一般農家が消費水準の上昇、消費内容の選択の自由を高めていった過程において、平須農場の農民達も家計費上昇の趨勢を回避することはできなかった。その結果、投資のための借入金の累積とその返済のための配分金の制約が協同経営に対する批判を強めることになり、リーダーはそれへの対応上、配分金の手直しや経営組織の再編を行わざるをえなかった。しかし、当初は個別農家に比較して隔絶した機械化・装置化水準にあった生産面も、周辺地域の個別畜産農家の技術装備が体系的に整備されていく過程で優位性を失い、個人経営に分割しても労働工程に大きな変化が現われないことが確認された時、協同経営は解体の方向へ傾斜するのである。(21)

3　おわりに

一九六〇年時点において農民たちは、劣悪な耕地条件が政策的支援と農家全体の合意・努力によって克服され、増産・増益が実現されると期待することができた。米価の上昇、借入金機会の充実等が、その方向を現実化させつつあると見られていた。地域内農家のほぼ全階層が「自立経営」に成長し、あるいは余暇に恵まれた水田酪農地として自足するという目標が、現実感を持って提起されていたのである。われわれのいう戦後自作農体制への挑戦が、農民全体の目標になっていたといえる。実際、そうした経営環境の下で一九六〇年代には、十余島地区では土地改良と機械化が着実に進展し、平須農場では大規模な複合経営が実現され、いずれもそれ以前に比較して顕著に農業所得を増加させたのである。

しかしその時点でも、経営の順調な展開をおびやかす要因は知られていた。十余島地区農業については、基本法制定時にも強調されていた米消費の減退による米作農業の不利化の可能性であり、平須農場にとっては積極的投資にともなう借入金の累増傾向であった。前者に対しては複合経営化が、後者に対しては収益と投資額の調整が必要とされていたが、前者は六三年以降の米不足と米価の急上昇によって、後者はインフレ下における元利返済額の相対的軽減と担保としての農地評価額の上昇によって、それぞれその表面化を回避されていた。その結果として、政府買入米価上昇への依存、借入金への依存はいっそう強められた。

一九六八年からの米価抑制と七〇年からの減反政策は、米単作農家の経済を苦境に追い込み、大規模農家も含めた地すべり的な兼業化が進んだ。請負耕作によって規模拡大を実現しつつあった農家も少数ながら存在したが、彼らの多くは経済計算にもとづいて後継者を得ることを放棄し、自身も一定の年齢において農外自営業等へ転身する者を輩出し、上層農家として安定した存在とはなりえないことを示していた。

他方、畜産技術の激変にともなう急速な多頭化競争の下で、大規模畜産経営の競争条件は厳しくなったが、激しい競争を乗り切った他地区の経営体の主要な武器であった自己搾取＝長時間労働や低賃金労働の利用は協同経営においては不可能であり、配分金と周辺畜産農家の所得との差が意識されざるをえなかった。そうした素地の上で、進路の多様な可能性を持った跡継ぎ世代が、農場の方針のゆえに後継者化を迫られ、しかもその労働・生活のあり方の決定に自分たちが関与できない状況に直面したことをきっかけとして、経営形態の転換が余儀なくされたのである。

もちろん一九六〇年代に準備され、七〇年代に現実化した挫折は、調査地における農業経営の最終的な挫折であったわけではない。上層農家の形成、個別農家としての畜産経営の展開はその後現在に至る曲折をなおたどるのであって、われわれが分析した局面は、当時の目標に照らして評価される限りでの、過渡的な、しかし不可逆的な挫折であったと言える。

水稲単作地帯農家にとっての状況の急展開をもたらした原因は、直接的には六〇年代末における米過剰化と米価抑制・減反政策であったが、それを不可避とし、かつ可能とさせた前提条件は、土地生産性・労働生産性の上昇であった。この変化の方向自体は全国共通のものであったが、生産性の急上昇が個々の農家の経営・労働のあり方の急激な変化をともなって進行した際の具体的様相は、地域によってきわめて多様であり、歴史分析としてはその多様性の把握が重要な意味を持つ。本研究は、モータリゼーションの下で労働市場が拡張し、都市近郊的性格を次第に帯びつつあった地域の具体例を提供するものであるが、同時に、全国を対象とした農業政策メニューを巧みに利用して、労働と経営のあり方を積極的に変容させることに経過的に成功しつつあった一事例として、戦後自作農体制下の経営展開の到達点と限界を論理的に示すものである。

さて、本書は高度経済成長期前後における水稲単作地帯の農業構造の変化を、可能な限り文書資料を用いて描写することに努力してきた。それによって、同時代になされた先行研究に比較して、マクロ的動向を支えた諸構成分子——農家、農村リーダー、農業者集団、村政当局、土地改良区等——のそれぞれの立場から見た農業問題の変容が具体的に把握できたと考えられる。利用した文書資料の多くは公表を意識して作成されたものではないだけに、それぞれの関心事項・利害関係を率直に反映している。日本農村が未曾有の変化を遂げた一九六〇年代の農村の実態を解明する作業として、歴史学的分析手法が現状分析的手法とともに有効であることを確認しておきたい。

（1）茨城県農業会議『農業生産組織の発展過程と農業就業構造の近代化』（一九七〇年）八頁。
（2）十余島村四九九農家のうち農作業に畜力を使った農家が三三八戸（六八％）であり、そのうち「役肉用牛」を所有しているのは二四七戸であった。『一九五〇年　世界農業センサス』。以下、一九五〇年の数値については基本的にこの資料による。
（3）関東東山農業試験場農業経営部『水田単作地帯における農業の実態と動向——茨城県稲敷郡東村の調査』（一九六一年三月）五三頁。
（4）農林省統計調査部編『臨時農業基本調査市町村別統計表』一九五九年。以下、一九五五年の数値については基本的にこの資料による。

(5)　前掲『農業生産組織の発展過程と農業就業構造の近代化』一〇頁。

(6)　早瀬圭一『成毛平昌伝』（茨城新聞社、一九九八年）一四六頁。

(7)　前掲『農業生産組織の発展過程と農業就業構造の近代化』九頁。なお、「（昭和）二七年の早期栽培の実績は全体の一割にも満たなかった」が、二八年の冷害で早植えした田の被害が少ないことがわかった結果、「早期栽培の本田面積率は三〇年の五五％から加速化して三五年には全村的実施の段階に入った」という（同書、一五頁）。

(8)　「耕地の遠いところは一～四キロもあり、これを舟でゆくと一キロ二五～三〇分もかかった」（前掲『水田単作地帯における農業の実態と動向』二〇頁）ので、耕地面積の大きい農家は労働効率を高めるために遠方の田を売却することがあったという。

(9)　特に区画整理後に耕耘機を購入した場合、田への移動効率は著しく高まった。すなわち、「従来荷舟で片道九〇分かかっていたものが陸路耕耘機で往復するので片道七分とな」ったという（前掲『水田単作地帯における農業の実態と動向』九六頁）。

(10)　一九五〇年代末期の東村全体の状況について、次のように解説されている。「保温折衷苗代技術の確立による育苗の早期化と耕耘機耕の波及進展による耕耘・整地作業の能率化、用水の確保がほ区、耕区ごとに随時可能になったことから、早期栽培の技術が確立した。これによって田植、刈取り作業において周辺町村からの労働力調達が容易となり、秋の台風禍をも回避する可能性を高めた」（前掲『農業生産組織の発展過程と農業就業構造の近代化』一四頁）。なお、早期栽培の前後を比較して一報告書は、播種の時期が四月二〇～三〇日から三月二五日～四月一〇日へ、田植が六月一～二五日から五月五～二〇日へ変化したと整理している（前掲『水稲単作地帯における農業の実態と動向』九頁）。

(11)　一九五五～六〇年の政府買入れ米価は六〇キロ当たり四〇〇〇円弱であったから、一〇a当たり収量が四六～五〇年平均の約三〇〇キロから五九年の四二〇キロ前後（約二・八万円）に上昇する中では、一〇a当たりの事業費一万二〇〇〇円（第1章、第2節、表5）を長期分割で支払うことはそれほど大きな負担ではなかったと思われる。

(12)　茨城県『農業機械化実験集落調査報告書（昭和四二年）』八三～四頁。

(13)　七〇年の『農業センサス』によると十余島地区で水稲作を請負作業に出した農家は六〇戸であった。

(14)　一九六五年には五〇六農家のうち三八七戸が二万二〇七六人（うち男が一万一四二四人）を臨時雇として雇用していた状

態から、七〇年には四七八農家のうち三九六戸が一万四一八三人（うち男が三七一二人）を雇用する状態へと変化している。いずれも『農業センサス』による。

(15) 一九七〇年の六〇戸から七五年の六四戸へ（『農業センサス』による）。

(16) ただし「農業専従」の人数に注目すると、七一年の一一二人から七六年の九三人に減少している下で、七一年時点での三一〜四五歳階層が七六年の三六〜五〇歳階層へ移行する過程で二四人から四一人へと急増していることがわかる（それよりも若い層、および年長の層はいずれも減少している）。父親が隠退して一世代型の労働力構成をとっている年齢階層において、労働市場条件の悪化の下で、農業従事の比重を高めている者が相当数存在しているといえる。この点では、農家世帯員は景気変動下の労働力需給の調節弁とされていたと解釈できる。

(17) 従来の湛水状態の田での苦しい作業は神経痛等を頻発させ、五〇歳代に入ると程なく農作業から隠退することが普通であったという。舟農業の終焉はこの状態を変化させ、農家世帯員の健康状態を改善し、やがて六〇歳代でも農作業に従事する者が増加し始める条件が作られた（前掲『水稲単作地帯における農業の実態と動向』一〇四頁）。

(18) 茨城県農林水産部構造改善課『茨城県における農業協業化の実態と推進対策』（一九六四年）三〇頁。

(19) 青刈飼料の作付面積は六〇年の一五haから六四年の三五haへと急速に増加し、耕地利用率の上昇と乳牛頭数の増加が確認できる（第4章第3節表4-13・表4-14）。

(20) 酪農開始後の多額の借入金の実態とその借入方針については、的場徳造・鶴田知也・上野満『農業の近代化と共同経営——新利根開拓農協の歩み——』に詳しい。

(21) 綿谷赳夫は一九六四年の論文の中で平須農場の共同経営の存立根拠を農地の共有に求めていたが、農地は分割可能である以上、共同経営存続の最終的保証とはなりえなかった。共同経営と個別経営の間に労働工程としての大きな相違がなくなり、その構成員が新たな自立経営への転換が可能であると想定できる条件の下では、解体への圧力が強まったといえる。それは先行した共同経営の解体事例が、「昨日の自立経営と明日の自立経営のあいだには、経営規模の飛躍的な拡大と経営組織の再編、これにおうじた農法＝技術体系の変革、および家族関係の近代化があり、共同経営は、これらを実現するための、過渡的な階梯にほかならない」と評されたのと同様の意味で、結果的には酪農および養豚部門において集落内農家全戸が自立経営農家として定着するための条件を整備したといえる。綿谷赳夫「高度経済成長下の農業共同経営の動態」（『綿谷赳夫著

作集』第四巻、農林統計協会、一九八〇年、一七一頁、一八二頁。原論文は『農業総合研究』第一八巻第三・四号、一九六四年)。

あとがき

本書は、一九九六年春以来、西田・加瀬が主宰する大学院演習で行ってきた東村（現東町）の農村調査の報告書である。なぜ、一九六〇年代を中心とする「高度経済成長期」に焦点をあてつつ分析したかは、以下の二つの要因によっている。一つは、この時期に日本農業は史上かつてない大きな変化を遂げたという周知の事情である。大規模な土地改良事業が実施され、その基礎上で農業の機械化・省力化が一挙に進むと同時に、労働力の流出も急速に進み、農業労働力の劣弱化がもたらされ、一九七〇年から始まる減反政策はこうした傾向に拍車をかけることとなった。「高度経済成長期の農業問題」の歴史的性格を実証的に分析することは、すでに歴史研究者の守備範囲に入ってきたという判断である。二つ目の理由は、調査参加者の構成による。一九九六年度の調査参加院生は、戦前期を含む経済史研究を行っている山口由等・樋口隆正・宋在晟・永江雅和などのグループと、河添誠・槇平龍宏・小塩道子・染谷優志などの主として農業の現状分析を行っているグループよりなっていた。経済史の院生には、自らの研究の歴史的展望をうるという意味で、また現状分析の院生には、今日の農業問題の歴史的起点を確認するという意味で、「高度経済成長期」は重要な時期だと思われたのである。

次になぜ、調査地を東村に定めたかについて記しておきたい。高度経済成長期の農業政策といえば、一九六一年に制定された農業基本法がまさに基本であり、それを具体化したのが農業構造改善事業であった。そこで東京から近く、かつ専業農家率が比較的高い茨城県を対象に、農業構造改善事業の実施状況を確認したうえで、竜ヶ崎市（計画認定一九六二年）、東村（同一九六四年）、常澄村（同一九六六年）を選定し、調査することにした。一九九五年夏のことであった。まず竜ヶ崎市は西田を責任者とし、常澄村は前に水戸市史を執筆した関係で土地感のある加瀬を責任者として調査を開始した。竜ヶ崎市では歴史民俗資料館・市役所・牛久沼土地改良区・農協等を数回にわたって訪問し、資料の探索に努めたが構造改善事業関係の資料は、牛久沼土地改良区に残されているのみであった。構造改善事業は、主として農協がかかわることが多い経営近代化事業と、土地改良区が担う土地基盤整備事業からなるので、農協の資料が是非共欲しかったが、われわれが訪ねる数カ月前に書庫整理のため廃棄されたとのことであった。それでも、牛久沼土地改良区では資料のコピーを許可される便宜をはかっていただき、調査対象時期についての〝資料勘〟を培うことができたのであり、謝意を表しておきたい。

一方、常澄村の調査も基本資料に巡り会うことができなかった。欲しい資料に出会うのはむづかしいというのが調査参加者全員の実感であったと思う。しかし、一九九六年春に最後に残った東村の調査に入ると事態は急進展することとなる。まず、加瀬が東村役場経済課の根本英誠氏に調査の目的を説明し、資料の残存状況を問い合せ、さらに聴取に応じて下さる方の紹介を依頼した。そして全員で東村役場に伺ったのであるが、まず驚かされたのは、役場の書庫に農業構造改善事業関係の書類が大量に残されていたことである。早速、資料整理を役場の隣りの公民館で始め、フィルム撮影にとりかかった。しかし、これだけ構造改善事業関係の資料が整理されているのであるから、当時の他の農業関係資料がないのが不思議であった。現在は使う必要がないとはいえ、どこかに「積まれている」可能性があると思い根本氏に「何かありませんか」と執拗に尋ねた。そして、ついにこの年の夏には、役場の裏手にある倉庫からダンボールに入っているが埃のかぶっている『農業センサス』、『農業基本調査』等を発見することができた。また、農業委員会の御好意で当時の農地移動関係の資料を閲覧することもできた。そしてこれらの資料は第2章の分析にあてられることになった。

一方、この年の秋と翌一九九七年の春には本格的な聴取調査を実施し、東村農業の歴史とその特色、農業機械化実験集落の事業、構造改善事業について当事者である農家の方から直接伺うことができた。この聴取調査により、調査参加者の東村農業についてのイメージは確かなものになりつつあったといってよい。そして、今でも鮮明に思い出される村松節夫日記との出会いも、この聴取調査の中であった。村松氏は東村農業研究連絡協議会の会長も務めた篤農家であり、聴取の最中には、六角の「村絵図」を示しながら、われわれの質問に応対して下さった。また「家屋」も茅葺であり、建替えた様子もないので、もしかしたら農業経営記録を保存されているかも知れないと思った。これは、新潟で「西山光一日記」(この農民日記は西田美昭・久保安夫編著『西山光一日記　一九二五―一九五〇年』『西山光一戦後日記　一九五一―一九九五年』として、東京大学出版会より、それぞれ一九九一年、一九九八年に出版されている)と出合ったときの直感に似ていたと思う。村松氏に単刀直入、「記録があったらみせていただけないでしょうか」と尋ねたところ、一九五二年以来、今日まで綴られている農業日記をわれわれの前に積まれたのである。日記はミクロ・データであるが、リアルに当時の農家の生活と経営を伝えてくれる貴重なものなのである。早速、村松氏から日記を借用し、分析にとりかかり、これは本書の第3章を構成することになったのである。

さらに、竜ヶ崎市の場合と同様、農協と土地改良区を訪ね資料の閲覧を申入れた。そして農協には資料はなかったが、新利根川土地改良区では、われわれの要望を全面的に受入れていただき、この資料は第1章で分析されることになったのである。

そして最後に触れなければならないのは平須関係の資料との出会いである。一九九七年春の聴取調査の際お世話になった大重集落の鈴木一雄氏の紹介で平須の木村六郎・江口三男両氏から共同経営当時の話を伺う機会があり、どうしても資料をみたいと思うようになっていた。農場の事務所は集落の最西部にあるが、今は全く使われていない。木村氏によれば、共同経営当時は資料をそこに整理保存されていたとのことであるが、今はわからないという。われわれは「もしや」という一縷の希望をもちつつ農場事務所跡を訪ね、破れたガラス窓から中を覗いたところ、埃をかぶった「薄冊」のようなものが「見えた」のである。どうしても見たいという一念にかられ、木村六郎氏に頼んで事務所に足を踏み入れると、開拓当初の一九四七年当時のものから解散時の一九七八年のものまで、相当痛んでいる資料も含めてかなりの量のものがある。さっそく平須の公民館（元の母子ハウス）を借り整理していった。そして、同時に上野達家を訪れ、農業塾の建物を見学させていただくとともに、大量に残されていた上野満氏の著作・パンフレット類の一部をいただくことができた。上野氏は、その時「重要資料は大切に保管している」といわれたが、その時は、われわれは、大量にあった農場事務所の資料と上野満氏の著作・パンフレット類から新平須共同農場の輪廓を描くことが出来ると考えた。しかし、分析をすすめていくうちに経営内容を追える基本資料がないのがどうしても気になった。すでに本書の取纏めに入っていた一九九九年の春、再び上野達家を訪ね、資料の閲覧許可を願った。上野氏は、われわれの調査の意味を確認する質問を次々と発し、なかなか「みてよい」とは言わなかったが、最後には東町歴史民俗資料館に目録をとるため寄託してある資料の閲覧を許可して下さった。院生をはじめとするわれわれの熱意が通じたのである。『営農実績報告書綴』、『営農指導資料』といった基本資料も組み込むことができて、第4章は、より意味のある分析となったと思う。

第1章から第4章までの基本資料との出会いのプロセスは以上の通りであるが、本書を作成する過程の特徴として以下の点を記しておきたい。それは、役場資料・村松日記・平須関係資料・土地改良区資料を整理・分析するにあたって、当初は分担を決めず全員で整理分析したことである。たとえば、『センサス』、『農業基本調査』については、入力のフォーマットを全員で討議して決め、十余島地区の集落毎に入力の分担を行った。最終的には小塩や山口が主として分析・執筆することになったが、全員の成果であるという性格をもつ。また村松日記、平須関係資料についても同様の手順を踏んでおり、全員の力で一定程度まで整理・分析し、それを最終的に執筆担当者が責任をもつという形をとっている。左記の執筆担当者が最終責任をもつことはいうまでもないが、本書に成果があるとすれば、それは個人的事情から執筆に参加できなかった院生にも帰属する部分が大きいことも銘記しておきたいと思う。特に、河添誠・樋口隆正・宋在晟・伊藤太郎の諸君が本共同研究に投入したエネルギーは大きかったのである。

〈執筆分担〉

序　章　第1節　加瀬和俊
　　　　第2・3節　西田美昭
第1章　第1節　古屋　亮
　　　　第2・3節　槇平龍宏
第2章　第1節　加瀬和俊
　　　　第2節　永江雅和
　　　　第3節　山口由等
　　　　第4節　小塩道子
　　　　第5節　加瀬和俊
第3章　第1節　永江雅和
　　　　第2節　市川大祐
　　　　第3節　山口由等
　　　　第4節　西田美昭
第4章　第1節1項　古屋　亮

2・3項　永江雅和
第2・3・4節　永江雅和
第5節　山口由等
補　論　菅野滋樹
終　章　加瀬和俊

ここで私事にわたるが、本書が恐らく私の東京大学での演習を基礎とした最後の共同研究の成果となるので院生との共同研究について考えていることを記させていただきたい。最初の院生との共同研究の成果は、長野県西塩田村（現上田市）をフィールドにした『昭和恐慌下の農村社会運動』（御茶の水書房、一九七八年）である。この著書の執筆者には加瀬も参加している。私はこの共同研究を〝新しい型の共同研究〟と呼び、〝新しい型〟という意味は「すでに研究者となっている者同志の共同研究ではなく、大学院生という養成されつつある研究者と教官との共同研究」ということであり、「その場合の教官と院生の関係は、単なる指導・被指導という関係ではなく、相互批判の契機を含む民主的なものでなければならない」と記した。私は、こうした姿勢の下で、埼玉県をフィールドにして分析した『戦後改革期の農業問題』（日本経済評論社、一九九四年）を世に問い、そして今回、本書を公刊することになった。

私は今、東京大学における大学院教育の責任の一半を果したという解放感とともに、若い院生と向かい合いつつ共同研究を行ったことで自らの研究が発展したという充実感を味わっている。もちろん、私は様々な構成・形態をとる共同研究を通じて多くのことを学んだ。しかし、院生との共同研究が最も刺激にみちていた一つの形態であったというのが実感である。農村史・農業史の研究は、資料調査を含むフィールド・ワークが一つの基本と考えているので、私が主宰した院生との共同研究に参加し、今は第一線で活躍している研究者の諸君には、是非そのときの経験を生かし、新たな視点から共同研究を推進していっていただきたいと思う。

つぎに本書が完成するまでにすでに触れさせていただいた方々以外にも多くの方々・機関にお世話になったことを記しておかなければならない。東町では、不慮の交通事故で亡くなられた成毛平昌前町長には大変お世話になった。御冥福をお祈りしたい。また聴取調査では、大野克己氏をはじめたくさんの方に協力していただいた。さらに渡辺一夫氏には豊富な研究蓄積をもとにいろいろアドバイスをいただいた。厚く感謝したい。その他、東町歴史民俗資料館、水戸の茨城県立歴史館・茨城県立図書館では資料の閲覧・コピーの便宜をはかっていただいた。

最後に、出版事情が厳しさを増す中、出版を決断していただいた日本経済評論社の栗原哲也社長、また執筆者が多いこともあり、不揃いな原稿であったにもかかわらず、適切に処理して下さった谷口京延氏に執筆者を代表して厚く感謝の意を表わしたい。

二〇〇〇年二月

西田　美昭

[付記]　本書をとりまとめる過程では、平成八・平成九年度の文部省科学研究費補助金（基盤研究C）の交付をうけ、また出版に際しては、学術振興会から平成一一年度科学研究費補助金「研究成果公開促進費」の交付をうけた。なお本書は、東京大学社会科学研究所研究報告第六一集として登録される。

【執筆者略歴】（執筆順）

古屋　亮（ふるや・りょう）

1972年生まれ。

東京大学大学院農学生命科学研究科修士課程在学中。

槇平龍宏（まきだいら・たつひろ）

1970年生まれ。

財団法人・農政調査委員会研究員。

主な業績：「地域農業の総合産業化の意義と展望」（矢口芳生編著『中山間地域振興の在り方を問う』農林統計協会，1999年，所収）

永江雅和（ながえ・まさかず）

1970年生まれ。

一橋大学大学院経済学研究科博士課程単位取得退学。

日本学術振興会特別研究員。

主な業績：「食糧供出と農地改革——埼玉県南埼玉郡八條村を事例として——」（『土地制度史学』第161号，1998年，所収）

山口由等（やまぐち・よしと）

1967年生まれ。

東京大学大学院経済学研究科博士課程在学中。

主な業績：「第一次大戦後の都市構造の変容——住宅問題を中心として——」（『土地制度史学』第156号，1997年，所収）

小塩道子（こしお・みちこ）

1967年生まれ。

東京大学大学院農学生命科学研究科博士課程在学中。

市川大祐（いちかわ・だいすけ）

1974年生まれ。

東京大学大学院人文社会系研究科博士課程在学中。

菅野滋樹（すがの・しげき）

1975年生まれ。

東京大学大学院経済学研究科修士課程在学中。

【編著者略歴】

西田美昭（にしだ・よしあき）

1940年生まれ。

東京大学社会科学研究所教授。

主な業績：『近代日本農民運動史研究』東京大学出版会，1997年，『農地改革期の農業問題』（編著）日本経済評論社，1994年。

加瀬和俊（かせ・かずとし）

1949年生まれ。

東京大学社会科学研究所教授。

主な業績：『戦前日本の失業対策』日本経済評論社，1998年，『集団就職の時代』青木書店，1997年。

高度成長期の農業問題——戦後自作農体制への挑戦と帰結——

2000年2月25日　第1刷発行　定価（本体6200円＋税）

編著者　西田美昭
　　　　加瀬和俊
発行者　栗原哲也

発行所　株式会社　日本経済評論社

〒101-0051　東京都千代田区神田神保町3-2
電話 03-3230-1661　FAX 03-3265-2993
E-mail: nikkeihyo@ma4.justnet.ne.jp
URL: http://www.nikkeihyo.co.jp/
文昇堂印刷・山本製本所
装幀＊渡辺美知子

乱丁落丁はお取替えいたします。　Printed in Japan

ISBN4-8188-1195-5

西田美昭編
戦後改革期の農業問題
―埼玉県を事例として―
A5判　八五〇〇円

戦後日本農業の出発点となった戦後改革期の農業問題の構造を総体的にとらえる。食糧危機からの脱出、農地改革、農業会の解散、農協の設立など情勢変化の背後にあるものを究明する。

大石嘉一郎・西田美昭編著
近代日本の行政村
―長野県埴科郡五加村の研究―
A5判　一四〇〇〇円

近代天皇制国家の基礎単位として制度化された行政村が、いかにして民主的「公共性」を獲得していったか。膨大な役場文書を駆使し、近代日本の政治構造をその基底から捉え直す。

大門正克著
近代日本と農村社会
―農民世界の変容と国家―
A5判　五六〇〇円

大正デモクラシーから戦時ファシズム体制への変化、及び明治社会から現代社会への移行の契機が現われた時期の農村社会と国家の相互関連を山梨県落合村を事例として検討する。

森　武麿・大門正克編
地域における戦時と戦後
―庄内地方の農村・都市・社会運動―
A5判　五一〇〇円

山形県庄内地方の農村と鶴岡を中心にとりあげ、当時の多様な社会運動との関連にも光をあてて第二次大戦前から戦後にかけての地域社会変貌の総体的把握をめざす。

加瀬和俊著
戦前日本の失業対策
―救済型公共土木事業の史的分析―
A5判　六八〇〇円

就業機会提供政策が集中的に実施された一九二五～三五年の日本の実態にそくして、その立案過程・実施過程の全体像を歴史具体的に分析する。初めての救済型公共事業政策研究。